国家科学技术学术著作出版基金资助出版

因子图组合导航理论与应用

赖际舟　白师宇　吕　品　袁　诚　曾庆化　著

科学出版社

北　京

内 容 简 介

因子图作为一种状态估计与推理方法，可实现组合导航系统中多源传感器的"即插即用"，在组合导航领域受到广泛关注。本书系统讲述了因子图组合导航的概念内涵、理论架构及其实现，介绍了因子图融合理论、惯性预积分理论、基于因子图优化的多源融合方法等，并结合车载导航、行人导航、视觉SLAM、激光雷达SLAM以及多无人机协同导航应用场景需求，介绍了因子图组合导航的优化架构及其实现方案等。

本书可供从事无人系统感知导航相关研究与技术开发的专业人员参考使用，亦可作为导航及相关技术方向的研究生教材，在适度简化部分内容后，还可用于导航工程、自动化、人工智能等专业高年级本科生的教学。

图书在版编目(CIP)数据

因子图组合导航理论与应用 / 赖际舟等著. -- 北京 : 科学出版社, 2025. 7. -- ISBN 978-7-03-081161-5

Ⅰ. TN967.2

中国国家版本馆CIP数据核字第2025DY9382号

责任编辑：胡文治　纪四稳 / 责任校对：谭宏宇
责任印制：黄晓鸣 / 封面设计：殷　靓

科学出版社 出版
北京东黄城根北街16号
邮政编码：100717
http：//www.sciencep.com

南京展望文化发展有限公司排版
苏州市越洋印刷有限公司印刷
科学出版社发行　各地新华书店经销

*

2025年7月第　一　版　开本：B5(720×1000)
2025年7月第一次印刷　印张：16 1/2
字数：324 000

定价：150.00元

(如有印装质量问题，我社负责调换)

前 言

导航系统是各类运动载体平台不可或缺的关键感知信息源，可实时提供载体准确的位置、速度、姿态等信息，是保障载体安全运行和自主运行的重要组成单元。近年来，随着光电信息、人工智能及高端制造技术的快速发展，以无人车、无人机、机器人、机器狗为代表的自主智能体发展迅猛。面向不同的任务需求和成本需求，自主智能体通常会搭载多类导航传感器，并利用多源信息组合导航技术将导航传感器信息进行融合处理，取长补短，以提高组合导航系统在复杂环境下的精度、可靠性、连续性和可用性。

在组合导航技术的发展中，基于卡尔曼滤波（Kalman filter, KF）的多源信息融合技术是一种被广泛采用的方法。近年来，一种新的因子图优化（factor graph optimization, FGO）融合方法引起了人们的广泛关注。与卡尔曼滤波多源信息组合方法不同，因子图优化保留了历史时刻信息，并通过迭代计算的方式将多个时刻的状态进行联合估计，从而可以提升估计精度。因子图优化可有效减少非线性观测信息对状态估计的影响，同时具备对多源异步观测信息的即插即用能力。目前，该方法迅速发展成为无人系统基于视觉/激光雷达即时定位与构图（simultaneous localization and mapping, SLAM）领域中应用较多的方法。同时，因子图优化方法也被逐渐拓展应用于不同形式的组合导航系统中，并被证明可以实现比滤波更优的估计结果。

全书共 12 章，分为理论篇和应用篇，其中理论篇对组合导航系统理论基础及因子图组合导航理论方法进行介绍，应用篇则针对因子图在不同应用环境下的组合导航架构设计、应用方法及其验证进行介绍，从而为复杂环境下的高精度自适应导航提供参考。

本书是南京航空航天大学导航研究中心团队师生集体智慧的结晶，也结合了团队近年来在多源信息融合、惯性导航、视觉/激光雷达 SLAM 等领域开展科研工作的全面凝练和梳理。其中，赖际舟教授总体负责全书内容撰写，从整体上构建了全书的思路、框架和主体内容，并负责第 1～3、12 章的撰写工作；吕品副教授负责第 4、10、11 章的撰写工作；白师宇博士负责第 5～7 章的撰写工作；袁诚博士生负责第 8 章的撰写工作；曾庆化教授负责第 9 章的撰写工作等。在此，还要感谢作者指导的多位博士和硕士研究生为本书付出的辛勤劳动。其中，朱徐东博士、王炳清博士、方玮博士以及杨子寒硕士分别参与了第 4、9～11 章的撰写工作。

目前因子图组合导航理论与方法正经历着快速的发展，尽管作者努力使本书能够满足广大读者的要求，但由于自身的知识水平有限，本书仅代表团队当前的一些粗浅理解和认识，疏漏和不当之处还望各位读者批评指正。

2024 年 10 月于南京

目 录

第1章 绪 论

1.1 引言

日常生活中的运动体都不同程度地进行着某种形式的导航。载体在空间的位置、速度、姿态等参数是载体运动过程的基本参数,检测和确定这些参数主要通过具有导航功能的系统完成。早期的导航系统主要是功能单一的仪表,随着科学技术的进步和发展,当前的导航系统主要是由具有各种功能的传感器构成的高精度复杂系统。

本章从综述和发展的角度,简要介绍导航的基本概念与各种导航方式的基本情况,为后续章节细致深入地研究导航系统奠定基础。

1.2 导航的基本概念及无人系统中的导航

1.2.1 导航的基本概念

确定载体的位置和姿态,从而引导载体到达目的地的指示和控制过程称为导航。导航的任务就是提供运动载体的六自由度导航参数,即三维位置和三维角度,它们决定了一个物体的空间位置和状态。

能够提供导航参数,实现导航任务的设备或装置称为导航系统,其有两种工作状态:指示状态和自动导航状态。在指示状态下,导航设备提供的导航信息仅供驾驶员操纵和引导载体用,导航系统不直接对载体进行控制;在自动导航状态下,导航系统直接提供信息给载体的自动驾驶控制系统,由自动驾驶控制系统操作和引导载体。在这两种工作状态下,导航系统的作用都只是提供导航参数,它们为自动控制和导引载体按预定轨迹准确到达目的地的制导过程提供了坚实的信息保障。制导、导航与控制的关系如图1.1所示。

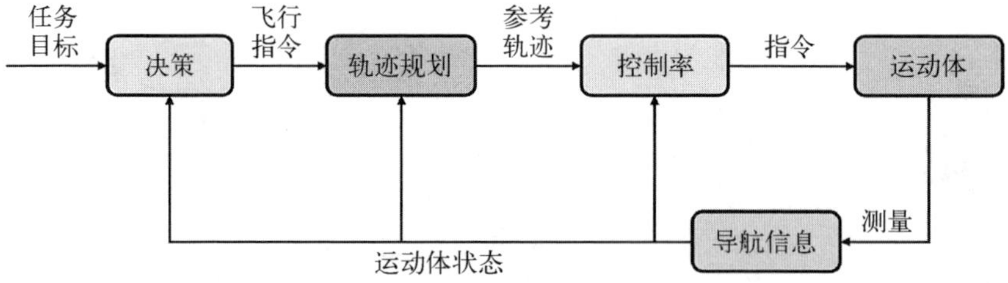

图 1.1　制导、导航与控制的关系

1.2.2　无人系统中的导航

近年来，随着城市智能化的发展，无人系统在不同的行业领域中被广泛应用，为社会生产和人民生活提供了许多便利，如电力巡检无人机、工业园区巡检无人车、变电站巡检无人车等。在大型矿区的开采、运输、无人勘探及安保方面，利用无人系统代替现场工作人员与巡逻人员，可以最大限度地降低人员伤亡风险。在智能港口及无人码头的运输和精细化作业方面，移动机器人正在逐渐发挥着重要作用。目前，90%的国内码头采用人工驾驶运输方式。利用移动机器人代替港口的装载、巡检等大部分工作，可以有效提高港口工作人员的安全保障和作业效率。在重要公共场合的大范围安全巡检中，如高铁站、飞机场、大型商场等城市人员密集的公共区域，利用移动机器人进行全天时自主轨迹规划无人巡查，可以及时发现可疑人员、可疑物体和设施危险隐患等，提高公共安全水平。

无人系统在运行时，需要导航系统为其提供速度、位置、姿态信息，保障其自主运行。无人系统通常结合全球定位系统和惯性导航系统来实现机器人自身定位。然而，通过卫星信号进行定位易受到环境影响。在地形环境较为复杂的场景下，如被高楼包围的街道、树木茂盛的森林，卫星信号会在传播过程中多次反射，形成多路径效应，产生定位误差。室外阴雨多云时，卫星信号在穿透云层时强度减弱从而影响定位。在室内环境下，无法接收到卫星信号。上述情况卫星导航定位稳定性都难以保证。

在卫星拒止环境中，无人系统通常使用视觉传感器或激光雷达(light detection and ranging, LiDAR)实现导航功能。在一些固定场景下(如工厂、园区、码头等)，通过预先铺设磁条、反光板等标志物，可以为无人车提供高精度的定位信息。然而，该方法铺设成本高、维护困难，无人系统仅可沿标志物在既定区域内行驶，限制了其作业的灵活性。视觉传感器凭借体积小、价格低等优点，在无人车导航领域也得到了广泛的应用，如视觉 SLAM、巡线、二维码辅助定位等，但是其定位精度通常受到光线变化、环境特征的影响，使其应用场合受到一定限制。激光雷达作为一种主动式传感器，通过发射激光感知周围环境，具有全天时、高精度的优点。其结合

SLAM 技术可以实时提供位姿信息，是无人系统导航常用的传感器之一。然而，激光雷达主要工作在结构差异性明显的环境中，在处于长廊等特征退化场景下时，其定位精度有所下降。

单一传感器在应用于不同环境时存在的不足，使得无人系统通常采用多源传感器融合方案。目前，无人系统在环境感知方面常配备摄像头或激光雷达等感知传感器，在导航定位方面则搭载全球定位系统（global positioning system，GPS）接收机、微惯性传感器、气压高度计、地磁传感器等导航传感器，并通过信息融合实现导航信息的输出（图 1.2）。

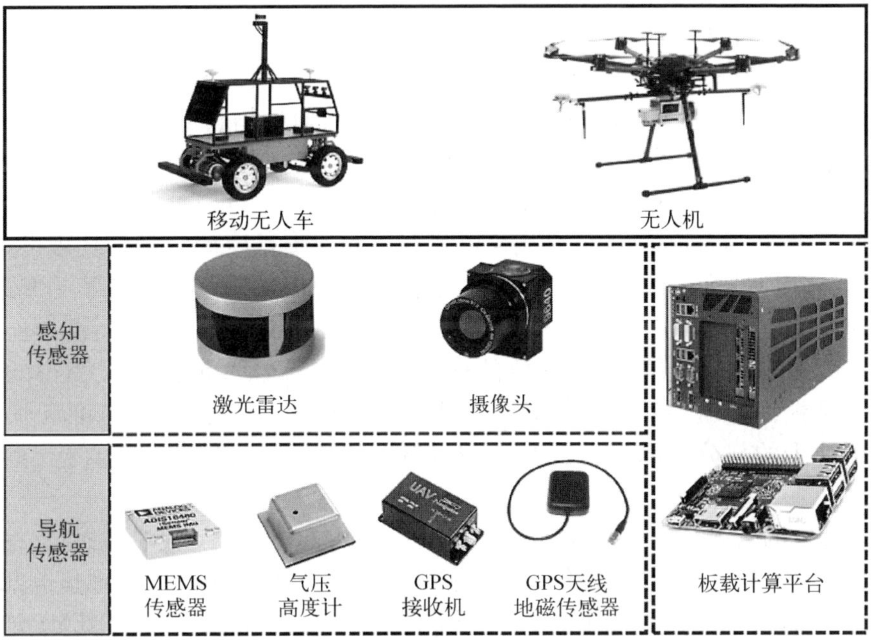

图 1.2　无人系统常用导航与感知传感器

MEMS 指微机电系统（micro-electro-mechanical system）

1.3　常用的导航传感器及其导航方式

目前，在导航领域常用的传感器包括惯性测量单元（inertial measurement unit，IMU）、里程仪、卫星接收机、摄像头、激光雷达等，这些传感器能够通过测量载体自身的运动状态与外部的环境实现导航。根据测量信息的不同，常用的导航方式主要包括推算定位式导航、几何定位式导航、地图匹配式导航及新型感知导航等，下面对各类导航方式进行简单介绍。

1.3.1 常用导航传感器

1. 惯性传感器

惯性传感器包含陀螺仪和加速度计。陀螺仪(gyroscope)是敏感角运动的装置,是惯性导航系统中最重要、技术含量最高的仪器。陀螺仪不但是载体航行和驾驶的重要仪器,而且是载体控制系统、惯性导航系统和惯性制导系统的核心元件,是惯性导航系统的关键组成部分[1,2]。陀螺仪的精度是惯性导航系统精度的决定因素,陀螺仪的更新换代促进了惯性导航技术的迅速发展。

传统意义上的陀螺仪是用动量矩(由转子自转产生)敏感壳体相对惯性空间绕正交于自转轴的一个或两个轴的角运动的装置。陀螺仪具有稳定性和进动性。随着科学技术的发展,光学、MEMS 等技术被引入陀螺仪的研制,新型陀螺仪大量出现。新型陀螺仪虽然已经没有高速旋转的转子,但是仍然可以利用其他物理效应来测量物体相对惯性空间的角运动,因此人们也把陀螺仪这一名称扩展到没有刚体转子而功能与经典陀螺仪等同的敏感器。

加速度计(accelerometer)是用来测量载体相对惯性空间运动加速度的装置。各种加速度计虽然工作形式不同,但其工作原理都以牛顿的经典力学为基础,所以加速度计也是惯性传感器。从整个系统的角度看,加速度计是惯性导航系统中确定载体速度、位置等导航参数的核心传感器。同时,加速度计测得的加速度信号是惯性导航系统的关键输入信号,是实现惯性平台初始对准和惯性导航不可缺少的部分,加速度计的精度对惯性导航系统的精度有着直接、重要的影响。

陀螺仪的发展至今可以分为框架式转子陀螺仪(含液浮、气浮、磁浮支撑的陀螺仪)、挠性陀螺仪、静电陀螺仪、激光陀螺仪、光纤陀螺仪、MEMS 陀螺仪等几个阶段;加速度计可以分为摆式加速度计、压电加速度计、光纤加速度计、MEMS 加速度计等几个阶段。随着科学技术的发展,新型的惯性传感器不断出现。目前,惯性传感器的研究主要在以下三个方面:

(1) 使用新的材料和工艺,选用硅片、石英或光电材料等新型材料;

(2) 采用新原理、新结构;

(3) 轻量化、小型化、微型化和低功耗。

其中,小型化 MEMS 惯性器件,以及采用集成光学的光纤传感器是当前惯性传感器领域研究的热点。

惯性传感器可以组成惯性导航系统,其中陀螺仪可以形成导航坐标系,将三轴加速度计稳定在该坐标系中,根据输出的角速度进行积分得到载体姿态角,加速度计输出的一次积分得到速度,根据已知的初始位置和姿态进行连续的姿态角和速度递推,可以得到当前时刻的位置信息,其解算原理如图 1.3 所示。

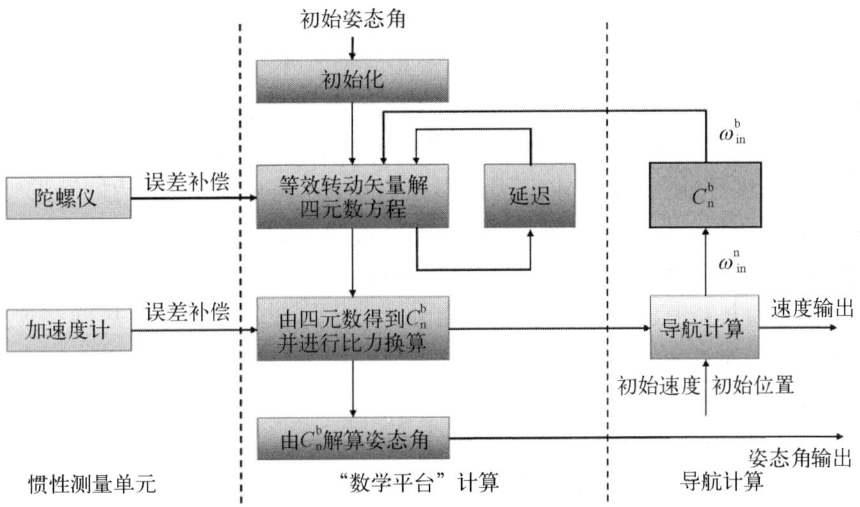

图 1.3　捷联惯性导航解算原理

惯性导航系统不依赖于外部的信息，也不对外辐射能量，是一种完全自主的导航系统，能够在短时间内提供高精度的位置和姿态信息，具有全天时、全天候、高自主的导航定位能力，同时具有很高的信息更新频率。但是由于惯性导航系统航位推算式的定位机理，陀螺仪的漂移将使测角误差随时间成正比增大；加速度计的常值误差又将引起与时间平方成正比的位置误差，导致定位、定姿精度随时间发散。因此，惯性导航系统通常与其他传感器进行组合，提高导航系统的定位性能。

2. 卫星导航系统

全球卫星导航系统(global navigation satellite system, GNSS)作为覆盖全球的导航系统，为人们提供定位、测速、导航、授时等服务，极大地改善了人们的生活，已成为最流行的导航传感器之一。GNSS 通过在轨卫星向外界发送无线电信号，卫星接收机接收各卫星发送的信号，计算卫星与接收机的距离，解算出当前卫星接收机的位置。由于 GNSS 具有全球性、全天时、全天候、自动化、高精度等特点，其在国防安全、航空航天、民用交通、智慧农业、地质灾害监测与预报等领域都有着广泛的应用。以复杂环境下的可靠、高精度导航需求为导向，日益发展的应用需求不断推动卫星导航技术向更加完善、可靠、精准的方向发展。目前全球范围内共有四大全球卫星导航系统，分别是中国的北斗卫星导航系统(BeiDou navigation satellite system, BDS)、美国的 GPS 导航系统、欧盟的 Galileo 卫星导航系统和俄罗斯的 GLONASS 卫星导航系统等。除此之外，还有两个区域卫星导航系统：印度的区域导航卫星系统(Indian regional navigation satellite system, IRNSS)和日本的准天顶卫星系统(quasi-zenith satellite system, QZSS)。

目前，GNSS 在军事及民用领域有着广泛而深远的影响。军事领域，在卫星导航系统的加持下,各类舰船及战斗机实现了精确导航,多种型号导弹实现了精确打击,单兵作战实现了高精度定位,可以说卫星导航在军事领域具有革命性的意义。民用领域,卫星导航系统的服务范围涵盖了三个方面: ① 为陆地、海洋和空中载体提供导航信息,包括汽车自主导航、个人手机终端定位、舰船巡航和飞机着陆引导等多领域多角度导航;② GNSS 广泛应用于高精度、缓变测量,包括桥梁形变检测和大地测量等领域;③ GNSS 还具备另一个重要的功能——授时,GNSS 以其经济、有效的解决方案广泛应用于互联网和电力系统中。另外,中国自主研发的 BDS 在全球逐渐布局,其特有的短报文通信功能可为海上作业的渔船等提供救援服务,使 GNSS 的应用与发展更加全面。

3. 激光雷达

激光雷达作为一种常见的用于感知环境的传感器,具有测距精度高、不依赖环境光照的特点。激光雷达通过发射激光束并测量其返回时间来获取目标的距离和位置信息,其探测的技术主要可以分为飞行时间(time of flight, TOF)法和相干探测法两种。其中,TOF 法通过计算发射和接收电磁波的时间差来测量激光雷达与目标物体之间的距离。相干探测法通过测量发射和接收电磁波的频率变化解调出目标物体的距离和速度。

激光雷达有多种扫描方式,按照扫描方式可以大致分为三类: 机械式激光雷达、半固态激光雷达、固态激光雷达,其中半固态激光雷达和固态激光雷达根据其原理架构不同,可以分为多个种类,如表 1.1 所示。

表 1.1　激光雷达分类

激光雷达分类	架　构	原理示意图	优　势	劣　势
机械式	机械旋转	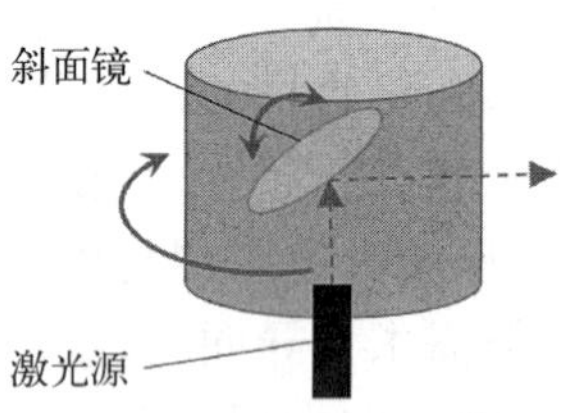	360° 扫描、扫描精度高、技术成熟	成本高、体积大、可靠性低、寿命短
半固态	MEMS	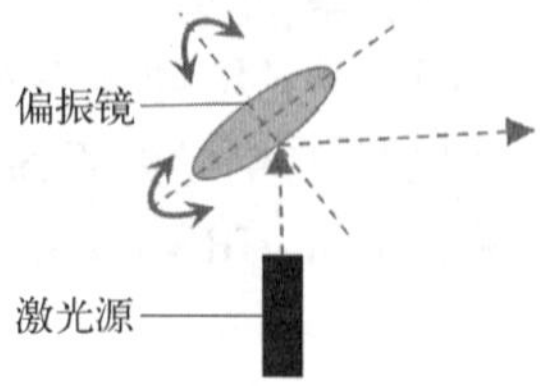	运动零部件少、体积小	探测角度与距离有限、寿命短

续　表

激光雷达分类	架　构	原 理 示 意 图	优　势	劣　势
半固态	转镜	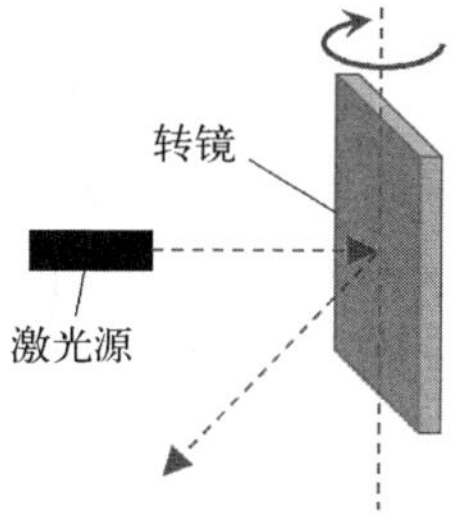	扫描精度较高、成本较低、功耗低	探测距离短、扫描线数少、探测角度有限
	棱镜	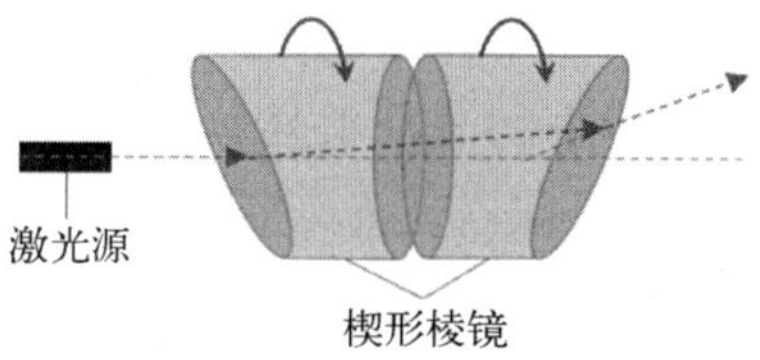	点云密度高、探测距离远、可靠性高	FOV 较小
固态	OPA	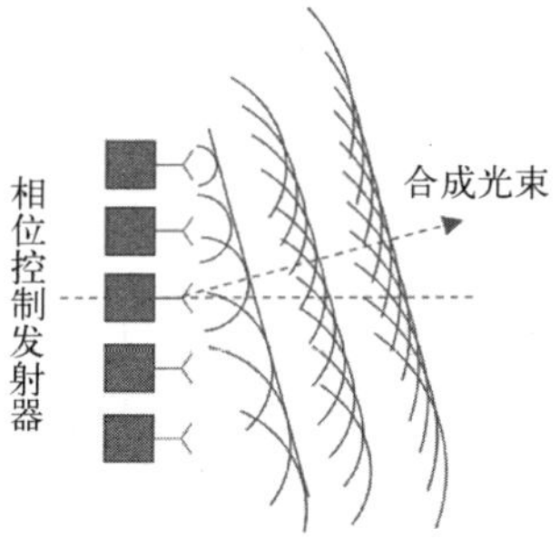	扫描精度高、体积小、可控性好	环境光干扰、加工难度大、成本较高
	FLASH	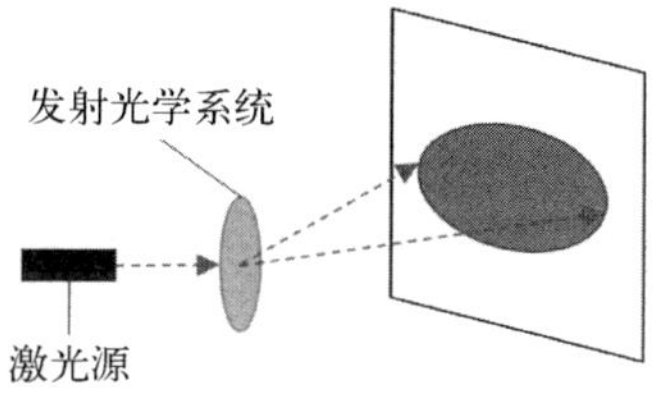	体积小、结构简单	分辨率低、探测距离短

注：FOV 指视场角(field of view),OPA 指光学相控阵(optical phased array),FLASH 指快闪类型激光雷达。

激光雷达定位通常通过 SLAM 技术完成,其主要包括两部分：载体定位与地图构建。载体定位部分给出当前载体在地图坐标系下的位置,地图构建部分依据定位结果构建当前场景的局部地图,两者相辅相成。经典 SLAM 框架主要包括点云数据预处理、前端激光里程计、后端优化、地图构建、回环检测等模块,其架构如图 1.4 所示。

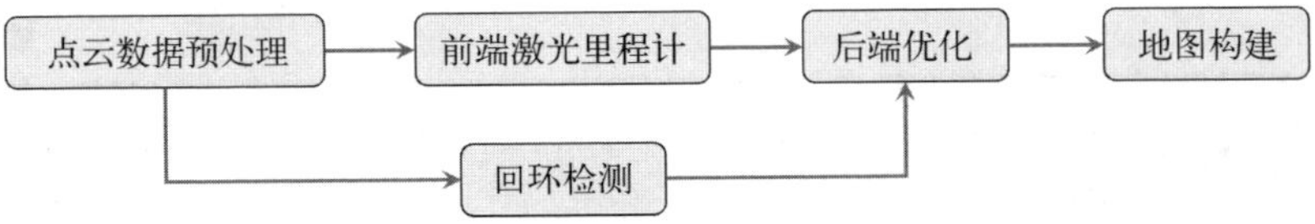

图 1.4　激光雷达 SLAM 算法架构

如图 1.4 所示,点云数据预处理模块将激光雷达原始数据进行去畸变、降噪、降采样等处理,将处理后的点云输入给前端激光雷达里程计;前端激光里程计通过特征提取与匹配得到载体当前位姿;后端优化模块使用因子图对载体位姿进行优化,并使用优化后的位姿构建地图;回环检测用于判断当前位置是否之前到达过,用于消除 SLAM 算法长时间运行带来的累计误差。

4. 视觉传感器

视觉传感器基于光电效应将环境中的光信号转换为数字图像,其主要组成部分包括光学镜头、图像传感器和图像处理器。光学镜头负责将光线聚焦到图像传感器上;图像传感器将光信号转换为电信号,常见的图像传感器包括互补金属氧化物半导体(complementary metal oxide semiconductor, CMOS)和电荷耦合器件(charge-coupled device, CCD);一旦光信号被转换为电信号,图像处理器便会对这些信号进行处理,生成可供系统分析的数字图像。视觉传感器硬件性能与小型化程度的快速发展,逐渐在各类无人系统及单兵穿戴导航感知系统中得到广泛的应用。

视觉导航通常采用视觉 SLAM 方法,其在无环境先验信息的情况下,估计自身运动状态,同时构建环境模型。图 1.5 为经典的视觉 SLAM 算法架构。前端里程计利用相邻帧之间的特征匹配进行相对位姿解算;后端利用局部地图匹配以及回环检测信息,对前端里程计的数据结果进行进一步优化。地图构建部分可以按照任务需求与传感器类型,构建不同表达形式的环境地图。

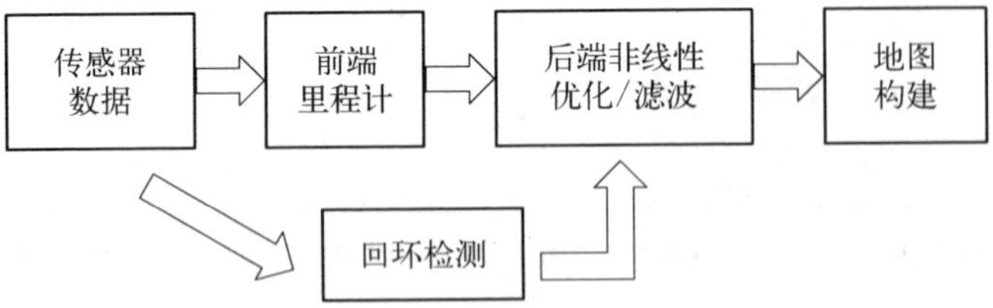

图 1.5　经典的视觉 SLAM 算法架构

针对使用的视觉传感器的不同,视觉 SLAM 可以分为基于单目相机、双目相机、RGB－D 相机的视觉 SLAM 算法。单目相机由于缺少深度度量,获得的导航与构图结果通常会具有尺度的不确定性。双目相机可以利用视差进行立体匹配与解算,解决了单目相机的尺度问题,但其解算的深度信息精度会受到基线长度的影响。RGB－D相机通过飞行时间、结构光等物理方法进行像素深度的主动测量,技术更加可靠成熟,获取的深度图像分辨率更高且可以转化成结构化点云,从而实现更为丰富的感知,因此被广泛应用在室内环境下的视觉定位中。

根据利用图像信息的不同,视觉SLAM中的前端里程计算法又可以划分为基于直接法的里程计算法(简称直接法)和基于间接法的里程计算法(简称间接法)。直接法直接利用图像的灰度信息进行帧间匹配以及运动估计;而间接法通过先提取出图像的特征点,利用特征点的匹配和跟踪进行相机的位姿解算。直接法不需要进行特征点的提取与描述子的计算,在特征稀疏环境下仍能使用,但其对光照变化较为敏感,且由于像素点的灰度区分度较差,在相机发生大尺度或旋转时其无法进行很好的跟踪。间接法由于使用特征点的匹配进行运动估计,使用的特征描述受光照影响较小,并且其在运动幅度较大的情况下,只要视野范围内仍存在匹配成功的特征点,就能持续对自身运动进行跟踪,其与直接法相比较,具有更好的鲁棒性。

5. 无线传感网络

无线传感网络由在目标区域内大量部署的、具备通信和计算能力的微小传感器节点组成,通过自组织方式构成分布式智能化网络系统。无线传感网络可以独立运行也可以通过连接无线局域网或因特网进行远程控制。超宽带(ultra-wideband, UWB)定位系统是常见的无线传感网络定位系统,其组成如图1.6和图1.7所示。

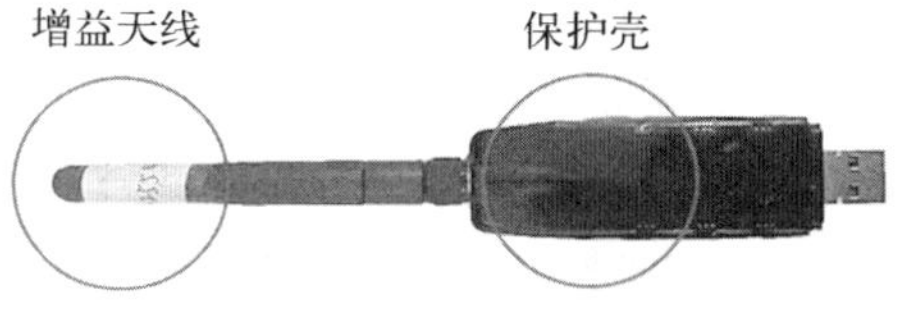

图1.6 UWB外部结构

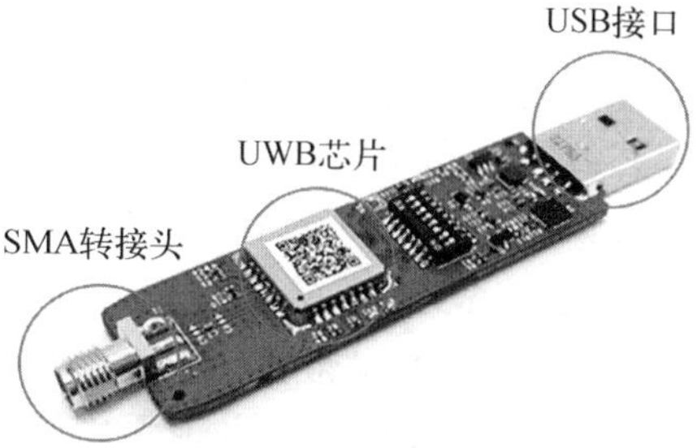

图1.7 UWB内部结构

USB指通用串行总线(universal serial bus)

无线传感网络的主要测距定位方法包括接收信号强度指示(received signal strength indicator, RSSI)法、到达时间(time of arrival, TOA)法、到达时间差(time difference of arrival, TDOA)法以及信号到达角度(arrival of angle, AOA)法,其定位方式如图1.8所示。无线传感网络具备自组织、可重构、集成化、高可靠性和易部署的特点,其定位误差不随时间和运动状态变化发散,且不受井下粉尘、振动、低光照等不良环境的影响。

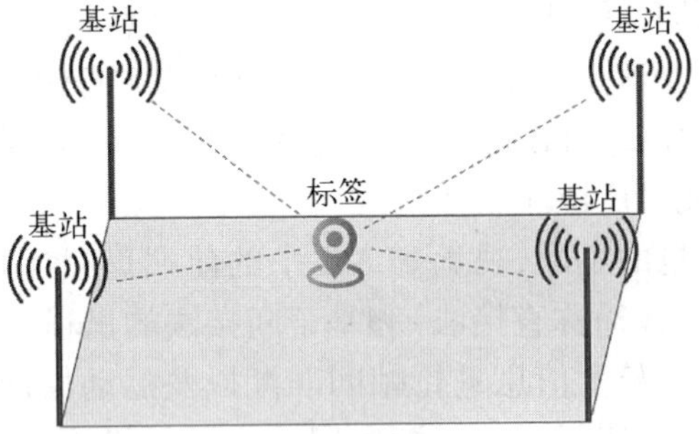

图 1.8 无线传感网络测距定位示意图

1.3.2 导航方式分类

从导航方式区分，导航可以分为推算定位式导航、几何定位式导航、地图匹配式导航和新型感知导航，其导航原理、误差特性有所不同，需要根据应用场景选择。

1. 推算定位式导航

推算定位式导航就是利用测量信息进行积分、推算，获得目标的导航参数，如加速度积分获得速度、速度积分获得位置、角速度积分获得角度等。

最有代表性的推算定位式导航技术是可以实现完全自主导航的惯性导航。惯性导航在获得初始条件的基础上，完全依靠自身的加速度计和陀螺仪实现对速度、位置和姿态的推算。捷联惯性导航系统不仅有体积小、重量轻、易于维护、可靠性高等优点，同时它具有能够直接提供载体线运动、角运动参数的优点。但当载体存在线振动和角振动，或者载体做高动态机动时，在惯性导航姿态解算中会引起圆锥误差。圆锥误差对捷联惯性导航系统精度的影响最为严重，因为该误差会被迭代入速度和位置解算中，影响速度和位置解算的精度。同时在捷联惯性导航系统中，三个加速度计因为自身尺寸和载体安装的因素，加速度计测量的是其自身敏感轴位置的值，并非系统质点处的加速度，当载体存在角运动时，会引起尺寸效用误差。

在陆地车辆和舰船导航系统中，基于角速度传感器和速度计（或里程仪）构建的实现二维平面导航定位的航位推算定位（dead reckoning, DR）系统也是一种常用的推算定位式导航定位系统。另外，基于多普勒频移测速的多普勒导航系统，也是一种推算定位式导航系统，它利用多普勒雷达测量飞行器相对于地球的速度，通过积分获得载体的导航参数。

2. 几何定位式导航

几何定位式导航是利用与多个已知点之间的距离关系直接解算载体位置的定位方法，如无线电导航定位（卫星定位）和路标定位等。

无线电导航定位系统的基本原理是载体携带的接收装置收集在一定地理区域内无线信号发射台发射的无线导航信息,根据接收信号频率、到达时间及角度等信号参量的变化,处理得到对待测位置信息的估计。典型的无线电导航定位系统有罗兰 C(Loran - C)、欧米伽(Omega)、全球卫星导航定位系统等。另外,利用现代移动通信系统的蜂窝网络提供导航、位置信息是一种新的定位方式。它通过测量到达(或来自)一系列固定或移动基站携带的与移动台位置信息有关的信号来确定移动基站的位置。根据进行定位估计的主体及采用设备的不同,可将对移动台的无线定位方案分为三类:基于移动台的定位方案、基于网络的定位方案及 GPS 辅助定位方案。

3. 地图匹配式导航

地图匹配式导航需要使用预先存储包含精确地理信息的导航地图,利用实际测量的图像或物理场信息与导航地图匹配即可实现载体的绝对定位。地图匹配式导航可以分为景象匹配导航、地磁匹配导航以及重力匹配导航等。

景象匹配导航需要事先获取载体预定运行区域的地物景象,并标注真实地理信息,存于载体计算机中作为基准图数据库;当载体运行到预定区域时,图像传感器实时获取当地景象作为实测图像送到计算机中和基准图像进行匹配比较。由于基准图的地理坐标位置是已知的,根据与实测图的匹配位置,即可确定当前载体的准确位置。景象匹配在特征丰富与高程变化明显的环境下可以取得较好的性能,但是在特征稀疏、平坦如沙漠、海洋等环境则无法正常工作。此时通过地磁匹配导航或重力匹配导航也可以实现对载体位置的确定。地磁场与重力场是地球内部形成的天然物理场,包含丰富的特征量,地磁场与重力场强度变化范围大且分布广泛,这些特征为地球物理场匹配导航的进行提供了基本的条件。

4. 新型感知导航

新型感知导航即通过对外部环境进行感知实现对载体自身位姿的估计,目前的新型感知导航主要基于视觉传感器与激光雷达。视觉传感器主要包括单目摄像头、双目摄像头及深度摄像头。基于视觉传感器,通过即时定位与构图技术能够解决未知环境下的导航难题。视觉传感器能够获取外部环境的图像信息,且其体积小,成本低,正逐渐应用于机器人中。但视觉传感器易受环境影响,当遭遇复杂天气时,成像质量的下降会严重影响导航精度。同时,载体的运动状态也会对其导航性能产生较大影响。

与视觉导航技术类似,激光雷达导航技术也是一种通过感知周围环境实现自身定位的导航技术。与视觉传感器相比,激光雷达具有测量精度高以及视角覆盖广的优点,因此基于激光雷达的 SLAM 技术也得到了广泛的关注与应用。但是,激光雷达价格高昂且体积较大,同时易受恶劣环境的影响,单独运行时难以对载体运动状态进行准确估计。

1.4 本章小结

本章对导航的概念、常用的导航传感器及其导航方式进行了简述,是导航系统基本概念和原理的概述部分,便于读者全面了解导航系统的分类及其不同形式,同时也为后续各章节理论及应用场景应用奠定了基础。

第 2 章
惯性导航及组合导航理论基础

2.1 引言

惯性导航是一种完全自主工作的导航定位技术,它依靠自身搭载的惯性传感器完成导航,不需要依赖任何外界信息,也不向外界环境辐射任何信号,因此具有隐蔽性能好、抗干扰能力强,并且不受任何气象条件影响等优势。此外,惯性导航系统还具有测量动态范围大、输出连续和短期高精度等特点,在国防、民用领域得到了广泛应用。

由于惯性导航系统的解算方式为推算式,导航定位误差会随着时间的积累而逐步发散。因此,需要将惯性导航系统与其他导航系统组合起来,取长补短。本章将以捷联惯性导航系统为例,对惯性导航系统及算法、组合导航滤波方法进行介绍。

2.2 导航的基本知识

在深入了解惯性导航及组合导航理论之前,读者需要对导航领域中的一些基本知识有所了解。因此,本节对导航中常用的坐标系、导航参数的数学表达及转换方法进行介绍。

2.2.1 常用坐标系

物体运动状态和空间位置必须相对于相应的参照系才具有意义,确定载体在空间的位置、速度和姿态等导航参数,必须首先定义空间的参考坐标系。本节重点介绍导航中常用的参考坐标系,以及坐标系之间的转换关系。

坐标系是量测物体的质心或质点在空间的相对位置,以及物体在空间的相对方位所使用的基准线组。引入坐标系可以确切地描述飞行器的运动状态,研究飞行器运动参数的变化规律,同时可以结合时间反映物理事件的顺序性和持续性。

一般来说，坐标系是由坐标原点、基本平面和基本平面中的主方向（在直角坐标系中通常是 x 轴的方向）三个要素定义的。对于直角坐标系可以直接通过定义坐标原点和三个坐标轴的方向来确定坐标系。

通常，坐标系的选取采取方便和适用原则，即根据载体运动特点以及不同导航应用需求进行选取。常用的坐标系包括原点在地心的坐标系（地心惯性坐标系、地球坐标系）、原点在载体质心的坐标系（地理坐标系、载体坐标系）、为导航计算设置的坐标系（导航坐标系、平台坐标系、计算坐标系）等，如图 2.1 所示。

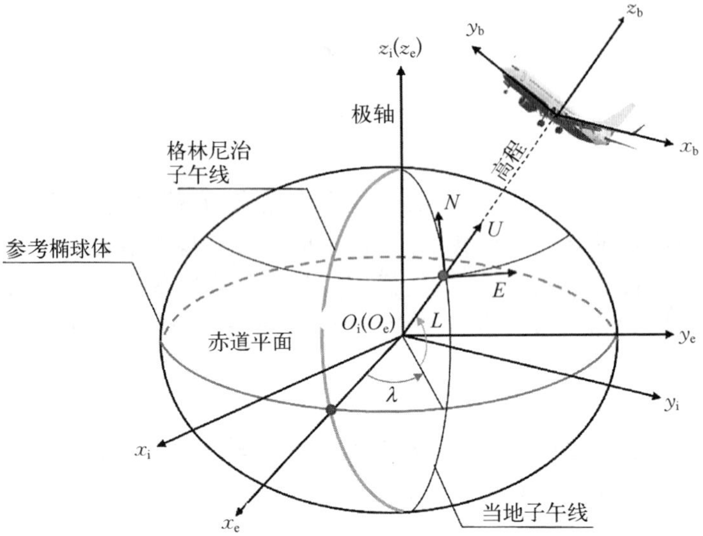

图 2.1　地心惯性坐标系、地球坐标系、地理坐标系、载体坐标系示意图

1. 地心惯性坐标系（i 系）

惯性坐标系是满足牛顿力学定律的坐标系。经典力学中，研究物体运动时，选取牛顿力学定律能够成立的静止或匀速直线运动参考系。严格意义上说，绝对的惯性坐标系是不存在的。

地球绕太阳公转，其公转速度为 29.8 km/h，地心和日心距离为 1.496×10^8 km，公转周期为 365.2422 日，向心加速度为 $6.05\times10^{-4}g$，公转角速度为 0.041（°）/h。由于地球公转角速度很小，在研究地球表面的导航时，对导航的精度影响一般可以不考虑，可将惯性坐标系原点取在地心，且原点随地球移动。z 轴沿地球自转轴，x 轴、y 轴在赤道平面内，指向太阳系外的任意恒星，只要满足与 z 轴构成右手直角坐标系即可，如图 2.1 所示。此时的惯性坐标系称为地心惯性坐标系（earth centered inertial，ECI）。

2. 地球坐标系（e 系）

地球坐标系也称为地心地球固连坐标系（earth-centered，earth fixed，ECEF），该坐标系随地球一起转动，其原点在地心，z 轴沿地球自转轴的方向，x 轴在赤道平面内，与本初子午线相交，y 轴与 x 轴、z 轴构成右手直角坐标系，如图 2.1 中的 $O_e x_e y_e z_e$ 坐标系。

地球相对于太阳自转一周的时间是 24 h（太阳日），相对于恒星自转一周的时间为 23 h 56 min 4.09 s（恒星日），一个恒星日地球相对于恒星自转 360°，地球坐标系相对惯性坐标系的转动角速度即地球自转角速度：

$$\omega_{ie} = 7.2921151647 \times 10^{-5}\ \mathrm{rad/s} = 15.04108(°)/\mathrm{h} \tag{2.1}$$

需要说明的是，不同大地坐标系中地球自转角速度的数值会有微小差异。在导航定位中，运载体相对地球的位置也就是运载体在地球坐标系中的位置，既可以用地球坐标系的直角坐标表示，也可以用地球上的经纬高表示，通常后者更为常用。

3. 地理坐标系（g 系）

地理坐标系，也称为当地垂线坐标系，原点位于载体质心，其中一坐标轴沿当地地理垂线的方向，另外两个轴在当地水平面内分别沿当地经线和纬线的切线方向。根据坐标轴方向的不同，地理坐标系的 x、y、z 轴的方向可选为“东北天”“北东地”和“北西天”等右手直角坐标系。

4. 载体坐标系（b 系）

载体坐标系 $Ox_b y_b z_b$，原点与载体质心重合，对于飞机、舰船等巡航载体，x_b 沿载体横轴向右，y_b 沿载体纵轴向前，z_b 沿载体竖轴向上，即“右前上”坐标系，如图 2.2 所示时，载体坐标系也定义为 x_b 沿载体纵轴向前，y_b 沿载体横轴向右，z_b 沿载体竖轴向下，即“前右下”坐标系。

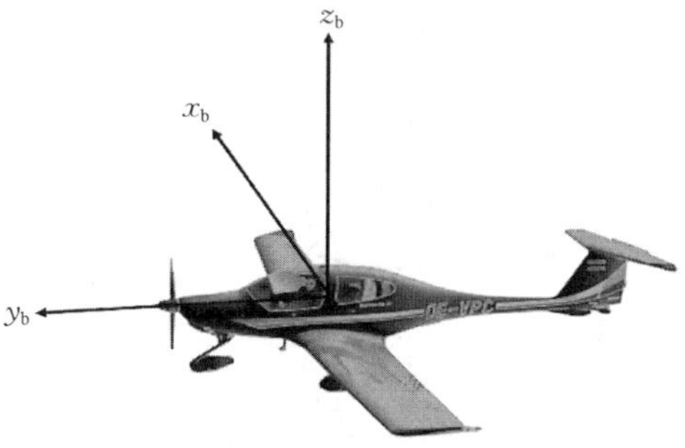

图 2.2　巡航载体坐标系

5. 平台坐标系（p 系）

平台坐标系是描述平台惯性导航系统中平台指向的坐标系，它与平台固连。若平台无误差，指向正确，则这样的平台坐标系称为理想平台坐标系。

6. 导航坐标系（n 系）

导航坐标系是惯性导航系统在求解导航参数时所采用的坐标系。通常，它与导航系统所在的位置有关。对于平台惯性导航系统，理想的平台坐标系就是导航坐标系，一般选取地理坐标系；对于捷联惯性导航系统，导航参数并不在载体坐标系内求解，它必须将加速度计信号分解到某个求解导航参数较为方便的坐标系内，再进行导航计算，这个方便求解导航参数的坐标系就是导航坐标系，一般也是选取地理坐标系。

7. 计算坐标系(c 系)

惯性导航系统利用本身计算的载体位置来描述导航坐标系时所用的坐标系称为计算坐标系。计算坐标系因惯性导航系统含有误差而存在误差,它一般用于描述惯性导航误差和推导惯性导航误差方程。

2.2.2　导航参数的表达与变换

1. 载体位置的表达方法

地球导航的定位方法,除了短距离航行或着陆飞行等某些特殊情况采用相对地面上某点的相对定位方法,一般都以地球中心为原点,采用某种与地球固连的坐标系作为基准的定位方法。常用的有两种,即空间直角坐标系定位方法和经纬度与高度的定位方法。

1) 以空间直角坐标表达

坐标系原点为参考椭球的中心, x 轴和 y 轴位于赤道平面, x 轴通过本初子午线(有时定义为 y 轴通过本初子午线), z 轴与椭球极轴一致,地面上空载体 P 的坐标即以 x、y、z 来表征(图 2.3)。

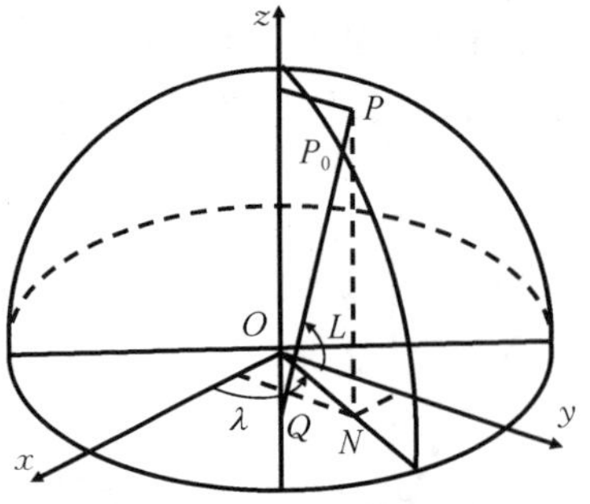

图 2.3　地球上两种定位方法

空间直角坐标系在某些长距离无线电定位系统、全球定位系统以及导弹和空间载体的定位方法中经常用到。

2) 以经纬度和高度表达

利用与椭球固连的直角坐标系和椭球本身作为基准,根据载体的高度和所在地面的经纬度,就可确定载体 P 相对于椭球的位置(图 2.3)。

3) 从经纬度和高度变换为空间直角坐标

若已知载体经度 λ、纬度 L 和高度 H, 则有

$$\begin{aligned} x &= PQ\cos L\cos\lambda \\ y &= PQ\cos L\sin\lambda \end{aligned} \tag{2.2}$$

由高度定义可知

$$PQ = PP_0 + P_0Q = H + R_N \tag{2.3}$$

故有

$$\begin{aligned} x &= (R_N + H)\cos L\cos\lambda \\ y &= (R_N + H)\cos L\sin\lambda \end{aligned} \tag{2.4}$$

式中，R_N 指地球卯酉圈曲率半径。若不考虑高度 H，则可求得 z 为

$$z = x_e(1-f)^2 \tan L \tag{2.5}$$

式中，f 为地球扁率；x_e 相当于图 2.3 中的 ON，$ON = R_N \cos L$，故有

$$z = R_N(1-f)^2 \sin L \tag{2.6}$$

由图 2.3 中几何关系可知，式(2.6)中 $R_N(1-f)^2$ 相当于图中 P_0Q，故考虑高度 H 后，z 为

$$z = [R_N(1-f)^2 + H]\sin L \tag{2.7}$$

式(2.4)和式(2.7)即从经纬高度 λ、L、H 向空间直角坐标 x、y、z 的变换式。

4）从空间直角坐标变换为经纬度和高度

由式(2.4)有

$$\lambda = \arctan\frac{y}{x} \tag{2.8}$$

若高度 $H=0$，则由式(2.4)和式(2.7)可得纬度 L 为

$$L = \arctan\left(\frac{z}{(1-f)^2\sqrt{x^2+y^2}}\right) \tag{2.9}$$

若 $H \neq 0$，则因 L 还与 R_N 有关，而 R_N 本身又是纬度的函数，所以求不出 L 的解析显式。但当 H 已知且不太大时，可用以下近似式求纬度，即

$$L \approx \arctan\left(\left(\frac{R_e+H}{R_p+H}\right)^2 \frac{z}{\sqrt{x^2+y^2}}\right) \tag{2.10}$$

式中，R_e 为地球赤道平面半径，R_p 为地球极轴半径。

当 $H = 10$ km、$L = 45°$ 时，上述近似式的误差 $\Delta L = 0.0035''$，相当于南北方向的距离误差为 10 cm。所以对于大气层内近地导航，如果 H 已知，则采用近似式(2.10)求纬度是合适的。若 H 也需从直角坐标 x、y、z 中求出，则可用迭代法，先求 L，再求 H，即

$$\begin{cases}(R_N+H)_{i+1} = x/(\cos L_i \cos\lambda) \\ R_{N_{i+1}} = \dfrac{R_e}{[\cos^2 L + (1-e^2)\sin^2 L_i]^{1/2}} \\ L_{i+1} = \arctan\dfrac{(R_N+H)_{i+1}}{(R_N+H)_{i+1} - R_{N_{i+1}}e^2}\dfrac{z}{\sqrt{x^2+y^2}}\end{cases} \tag{2.11}$$

式中，e 为椭球第一偏心率。式中注有下标 i 的值即第 i 次迭代的值，L_0 由式(2.9)求得。迭代 k 次基本稳定后，有

$$H = (R_N + H)_k - R_{N_k} \tag{2.12}$$

2. 载体姿态的表达方法

描述动坐标系相对参考坐标系方位关系的方法有多种，简单地将它们分为三类，即三参数法、四参数法和九参数法[3]。三参数法又称欧拉角法，九参数法是方向余弦法，四参数法通常指四元数法。

1）以欧拉角表达

根据载体坐标系和地理坐标系之间的相对角位置关系，可以定义并确定载体的姿态角，包括航向角、俯仰角和横滚角。

航向角：载体绕垂线方向转动，载体纵轴在水平面上的投影与地理北向之间的夹角。以地理北向为起点，顺时针方向为正，其定义域为 0°～360°。

俯仰角：定义载体绕横向水平轴转动产生的纵轴与纵向水平轴的夹角。以水平轴为起点，向上为正，向下为负，定义域为-90°～90°。

横滚角：定义载体绕纵轴相对于铅垂平面的转角。从铅垂平面算起，右倾为正，左倾为负，定义域为-180°～180°。

如图 2.4 所示，图中的俯仰角、横滚角和航向角均为正值。

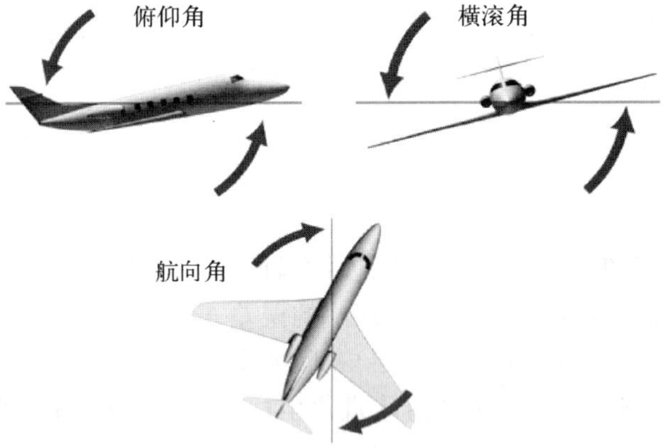

图 2.4　姿态角定义示意图

2）以方向余弦矩阵表达

刚体的六自由度导航参数对其空间描述非常重要。刚体在空间的角位置用与刚体固连的坐标系相对选用的参考坐标系的角度关系来描述，通常采用方向余弦矩阵来表示。

如图 2.5 所示,正交直角坐标系 $Oxyz$ 中,一过原点的矢量 $\boldsymbol{R}$ 在三个坐标轴上的投影可表示为 $|\boldsymbol{R}|\cos(R_x)$、$|\boldsymbol{R}|\cos(R_y)$ 和 $|\boldsymbol{R}|\cos(R_z)$,其中 $\cos(R_x)$、$\cos(R_y)$ 和 $\cos(R_z)$ 是矢量 $\boldsymbol{R}$ 与 x、y 和 z 正向夹角的余弦,称为方向余弦。方向余弦可以描述定点转动刚体的角位置。只要确定了与刚体固连的坐标系的三个轴在参考坐标系中的九个方向余弦,便可唯一确定刚体的角位置。同样,对于刚体在空间的一个角位置,有唯一的一组方向余弦值与其对应。假设存在两个坐标系,即 a 系 $Ox_0y_0z_0$ 和 b 系 $Ox_1y_1z_1$,则两个坐标系各轴间的 9 个方向余弦如表 2.1 所示。

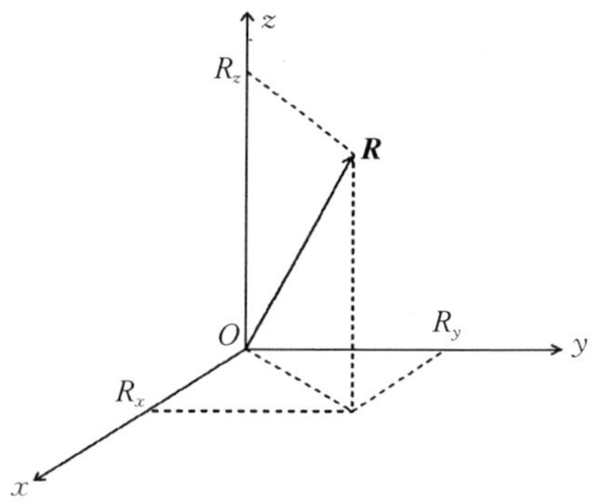

图 2.5　矢量在空间直角坐标系中的投影

表 2.1　两坐标系各轴之间的方向余弦

项　目	x_0	y_0	z_0
x_1	$c_{11}=\cos(x_1, x_0)$	$c_{12}=\cos(x_1, y_0)$	$c_{13}=\cos(x_1, z_0)$
y_1	$c_{21}=\cos(y_1, x_0)$	$c_{22}=\cos(y_1, y_0)$	$c_{23}=\cos(y_1, z_0)$
z_1	$c_{31}=\cos(z_1, x_0)$	$c_{32}=\cos(z_1, y_0)$	$c_{33}=\cos(z_1, z_0)$

将表 2.1 组成矩阵的形式称为方向余弦矩阵,则有

$$\boldsymbol{C}_{\mathrm{a}}^{\mathrm{b}}=\begin{bmatrix} c_{11} & c_{12} & c_{13} \\ c_{21} & c_{22} & c_{23} \\ c_{31} & c_{32} & c_{33} \end{bmatrix} \tag{2.13}$$

方向余弦矩阵除了描述坐标系之间的角位置关系,还有另一个重要的作用,就是用于坐标变换。因此,方向余弦矩阵也称为坐标变换矩阵,该变换矩阵可以将某个矢量从一个坐标系投影转换到另一原点相同的坐标系中。

若矢量 $\boldsymbol{R}$ 在 $Ox_\mathrm{a}y_\mathrm{a}z_\mathrm{a}$ 中的三个投影为 $[x_\mathrm{a} \quad y_\mathrm{a} \quad z_\mathrm{a}]^\mathrm{T}$,在 $Ox_\mathrm{b}y_\mathrm{b}z_\mathrm{b}$ 中的投影为 $[x_\mathrm{b} \quad y_\mathrm{b} \quad z_\mathrm{b}]^\mathrm{T}$,利用方向余弦矩阵 $\boldsymbol{C}_{\mathrm{a}}^{\mathrm{b}}$,将矢量 $\boldsymbol{R}$ 从 a 系转换到 b 系的表达式为

$$\begin{bmatrix} x_\mathrm{b} \\ y_\mathrm{b} \\ z_\mathrm{b} \end{bmatrix}=\begin{bmatrix} c_{11} & c_{12} & c_{13} \\ c_{21} & c_{22} & c_{23} \\ c_{31} & c_{32} & c_{33} \end{bmatrix}\begin{bmatrix} x_\mathrm{a} \\ y_\mathrm{a} \\ z_\mathrm{a} \end{bmatrix}=\boldsymbol{C}_{\mathrm{a}}^{\mathrm{b}}\begin{bmatrix} x_\mathrm{a} \\ y_\mathrm{a} \\ z_\mathrm{a} \end{bmatrix} \tag{2.14}$$

因此 $\boldsymbol{C}_{\mathrm{a}}^{\mathrm{b}}$ 也称为 a 系到 b 系转换的方向余弦矩阵。

注意到以上讨论的坐标转换都是在两个正交空间进行的,因此 $\boldsymbol{C}_{\mathrm{a}}^{\mathrm{b}}$ 是正交矩阵,要求解 b 系到 a 系转换的方向余弦矩阵 $\boldsymbol{C}_{\mathrm{a}}^{\mathrm{b}}$, 则可以简单地获得

$$\boldsymbol{C}_{\mathrm{b}}^{\mathrm{a}} = [\boldsymbol{C}_{\mathrm{a}}^{\mathrm{b}}]^{-1} = [\boldsymbol{C}_{\mathrm{a}}^{\mathrm{b}}]^{\mathrm{T}} \tag{2.15}$$

当然,方向余弦矩阵 $\boldsymbol{C}_{\mathrm{b}}^{\mathrm{a}}$ 也是正交矩阵,如采用 $\boldsymbol{C}_{\mathrm{a}}^{\mathrm{b}}$ 的元素,则 $\boldsymbol{C}_{\mathrm{b}}^{\mathrm{a}}$ 可以表达为

$$\boldsymbol{C}_{\mathrm{b}}^{\mathrm{a}} = \begin{bmatrix} c_{11} & c_{21} & c_{31} \\ c_{12} & c_{22} & c_{32} \\ c_{13} & c_{23} & c_{33} \end{bmatrix} \tag{2.16}$$

尽管方向余弦矩阵中有 9 个元素,但由于方向余弦矩阵是正交矩阵,9 个元素之间存在 6 个独立的约束条件,即每一行或者每一列的平方和等于 1,所以实际上只有 3 个独立的变量。通常这 3 个独立的变量用欧拉角来表示比较直接,本书将在 2.3.2 节捷联惯性导航系统中详细介绍欧拉角法的相关内容。

3）以四元数表达

四元数理论是数学中一个古老的分支,1943 年哈密顿将其用于研究空间几何,随后该理论在空间技术和捷联惯性导航系统中得到了实际应用。

（1）四元数的基本概念。

四元数是一个由一个实数单位和三个虚数单位 $\boldsymbol{i}$、$\boldsymbol{j}$、$\boldsymbol{k}$ 构成的含有四个元的数,其复数定义形式为

$$\boldsymbol{\Lambda} = (\lambda_0, \lambda_1, \lambda_2, \lambda_3) = \lambda_0 + \lambda_1\boldsymbol{i} + \lambda_2\boldsymbol{j} + \lambda_3\boldsymbol{k} \tag{2.17}$$

式中, $\boldsymbol{i}$、$\boldsymbol{j}$、$\boldsymbol{k}$ 遵守下列相乘规则:

$$\left.\begin{aligned} &\boldsymbol{i}\circ\boldsymbol{i}=\boldsymbol{j}\circ\boldsymbol{j}=\boldsymbol{k}\circ\boldsymbol{k}=-1 \\ &\boldsymbol{i}\circ\boldsymbol{j}=-\boldsymbol{j}\circ\boldsymbol{i}=\boldsymbol{k} \\ &\boldsymbol{j}\circ\boldsymbol{k}=-\boldsymbol{k}\circ\boldsymbol{j}=\boldsymbol{i} \\ &\boldsymbol{k}\circ\boldsymbol{i}=-\boldsymbol{i}\circ\boldsymbol{k}=\boldsymbol{j} \end{aligned}\right\} \tag{2.18}$$

四元数还有如下几种表达方式。

矢量式:

$$\boldsymbol{\Lambda} = \lambda_0 + \boldsymbol{\lambda} \tag{2.19}$$

三角式:

$$\boldsymbol{\Lambda} = \cos(\sigma/2) + \boldsymbol{n}\sin(\sigma/2) \tag{2.20}$$

矩阵式:

$$\boldsymbol{\Lambda} = [\lambda_0 \quad \lambda_1 \quad \lambda_2 \quad \lambda_3]^{\mathrm{T}} \tag{2.21}$$

定义规范化的四元数 $\boldsymbol{\Lambda}$ 为

$$\lambda_0^2 + \lambda_1^2 + \lambda_2^2 + \lambda_3^2 = 1 \tag{2.22}$$

对于非规范化的四元数 $\boldsymbol{\Lambda}$，其每个元素可用式(2.23)进行规范，即可得到规范化后的四元数：

$$\bar{\lambda}_i = \lambda_i \Big/ \sqrt{\lambda_0^2 + \lambda_1^2 + \lambda_2^2 + \lambda_3^2} \tag{2.23}$$

(2) 四元数和方向余弦矩阵的关系。

四元数提供了矢量从一个坐标系到另一个坐标系的数学关系。将普通的三维空间矢量扩展成四维，如地理坐标系三维矢量 $\boldsymbol{R}^{\mathrm{n}}$ 和载体坐标系的三维矢量 $\boldsymbol{R}^{\mathrm{b}}$ 可表示为

$$\begin{aligned} \boldsymbol{R}^{\mathrm{n}} &= [0 \quad x_{\mathrm{n}} \quad y_{\mathrm{n}} \quad z_{\mathrm{n}}]^{\mathrm{T}} \\ \boldsymbol{R}^{\mathrm{b}} &= [0 \quad x_{\mathrm{b}} \quad y_{\mathrm{b}} \quad z_{\mathrm{b}}]^{\mathrm{T}} \end{aligned} \tag{2.24}$$

可以证明，存在一个四元数 $\boldsymbol{\Lambda} = [\lambda_0 \quad \lambda_1 \quad \lambda_2 \quad \lambda_3]^{\mathrm{T}}$，使

$$\begin{aligned} \boldsymbol{R}^{\mathrm{n}} &= \boldsymbol{\Lambda} \circ \boldsymbol{R}^{\mathrm{b}} \circ \boldsymbol{\Lambda}^{-1} \\ \boldsymbol{R}^{\mathrm{b}} &= \boldsymbol{\Lambda}^{-1} \circ \boldsymbol{R}^{\mathrm{n}} \circ \boldsymbol{\Lambda} \end{aligned} \tag{2.25}$$

式中，$\boldsymbol{\Lambda}^{-1} = \boldsymbol{\Lambda}^{*}$ 为 $\boldsymbol{\Lambda}$ 的共轭四元数。式(2.25)的具体推导此处不再展开，可以参见文献[4]。式(2.25)即矢量坐标变换的四元数描述，其与利用方向余弦矩阵表示的坐标变换有如下对应关系：

$$\boldsymbol{r}^{\mathrm{b}} = \boldsymbol{C}_{\mathrm{n}}^{\mathrm{b}} \boldsymbol{r}^{\mathrm{n}} \Leftrightarrow \boldsymbol{R}^{\mathrm{b}} = \boldsymbol{\Lambda}^{-1} \circ \boldsymbol{R}^{\mathrm{n}} \circ \boldsymbol{\Lambda} \tag{2.26}$$

为了推导四元数与姿态矩阵的转换关系，首先来推导两个四元数相乘的运算。设有两个四元数：

$$\begin{aligned} \boldsymbol{\Lambda} &= \lambda_0 + \lambda_1 \boldsymbol{i} + \lambda_2 \boldsymbol{j} + \lambda_3 \boldsymbol{k} = \lambda_0 + \boldsymbol{\lambda} \\ \boldsymbol{P} &= p_0 + p_1 \boldsymbol{i} + p_2 \boldsymbol{j} + p_3 \boldsymbol{k} = p_0 + \boldsymbol{p} \end{aligned} \tag{2.27}$$

则按式(2.18)的相乘规则可得乘积：

$$\boldsymbol{Q} = \boldsymbol{\Lambda} \circ \boldsymbol{P} = q_0 + q_1 \boldsymbol{i} + q_2 \boldsymbol{j} + q_3 \boldsymbol{k} \tag{2.28}$$

用矩阵形式表示为

$$\begin{bmatrix} q_0 \\ q_1 \\ q_2 \\ q_3 \end{bmatrix} = \begin{bmatrix} \lambda_0 & -\lambda_1 & -\lambda_2 & -\lambda_3 \\ \lambda_1 & \lambda_0 & -\lambda_3 & \lambda_2 \\ \lambda_2 & \lambda_3 & \lambda_0 & -\lambda_1 \\ \lambda_3 & -\lambda_2 & \lambda_1 & \lambda_0 \end{bmatrix} \begin{bmatrix} p_0 \\ p_1 \\ p_2 \\ p_3 \end{bmatrix} \tag{2.29}$$

即

$$\boldsymbol{Q}(\boldsymbol{Q}) = \boldsymbol{M}(\boldsymbol{\Lambda})\boldsymbol{Q}(\boldsymbol{P}) \tag{2.30}$$

也等效为

$$\boldsymbol{Q}(\boldsymbol{Q}) = \boldsymbol{M}^*(\boldsymbol{P})\boldsymbol{Q}(\boldsymbol{\Lambda}) \tag{2.31}$$

式中，$\boldsymbol{M}^*(\boldsymbol{P})$ 与 $\boldsymbol{M}(\boldsymbol{\Lambda})$ 比较，除元素不同外，其核互为转置。

由此，可以将式(2.25)写为矩阵形式：

$$\boldsymbol{Q}(\boldsymbol{R}^{\mathrm{b}}) = \boldsymbol{M}(\boldsymbol{\Lambda}^{-1})\boldsymbol{M}(\boldsymbol{R}^{\mathrm{n}})\boldsymbol{Q}(\boldsymbol{\Lambda}) = \boldsymbol{M}(\boldsymbol{\Lambda}^{-1})\boldsymbol{M}^*(\boldsymbol{\Lambda})\boldsymbol{Q}(\boldsymbol{R}^{\mathrm{n}}) \tag{2.32}$$

式中

$$\begin{aligned}\boldsymbol{Q}(\boldsymbol{R}^{\mathrm{n}}) &= [0 \quad x_{\mathrm{n}} \quad y_{\mathrm{n}} \quad z_{\mathrm{n}}]^{\mathrm{T}} \\ \boldsymbol{Q}(\boldsymbol{R}^{\mathrm{b}}) &= [0 \quad x_{\mathrm{b}} \quad y_{\mathrm{b}} \quad z_{\mathrm{b}}]^{\mathrm{T}}\end{aligned} \tag{2.33}$$

$$\boldsymbol{M}(\boldsymbol{\Lambda}^{-1}) = \begin{bmatrix} \lambda_0 & \lambda_1 & \lambda_2 & \lambda_3 \\ -\lambda_1 & \lambda_0 & \lambda_3 & -\lambda_2 \\ -\lambda_2 & -\lambda_3 & \lambda_0 & \lambda_1 \\ -\lambda_3 & \lambda_2 & -\lambda_1 & \lambda_0 \end{bmatrix} \tag{2.34}$$

$$\boldsymbol{M}^*(\boldsymbol{\Lambda}) = \begin{bmatrix} \lambda_0 & -\lambda_1 & -\lambda_2 & -\lambda_3 \\ \lambda_1 & \lambda_0 & -\lambda_3 & \lambda_2 \\ \lambda_2 & \lambda_3 & \lambda_0 & -\lambda_1 \\ \lambda_3 & -\lambda_2 & \lambda_1 & \lambda_0 \end{bmatrix} \tag{2.35}$$

故式(2.32)展开后可得

$$\begin{aligned}&\begin{bmatrix} 0 \\ x_{\mathrm{b}} \\ y_{\mathrm{b}} \\ z_{\mathrm{b}} \end{bmatrix} \\ &= \begin{bmatrix} \lambda_0^2+\lambda_1^2+\lambda_2^2+\lambda_3^2 & 0 & 0 & 0 \\ 0 & \lambda_0^2+\lambda_1^2-\lambda_2^2-\lambda_3^2 & 2(\lambda_1\lambda_2+\lambda_0\lambda_3) & 2(\lambda_1\lambda_3-\lambda_0\lambda_2) \\ 0 & 2(\lambda_1\lambda_2-\lambda_0\lambda_3) & \lambda_0^2-\lambda_1^2+\lambda_2^2-\lambda_3^2 & 2(\lambda_2\lambda_3+\lambda_0\lambda_1) \\ 0 & 2(\lambda_1\lambda_3+\lambda_0\lambda_2) & 2(\lambda_2\lambda_3-\lambda_0\lambda_1) & \lambda_0^2-\lambda_1^2-\lambda_2^2+\lambda_3^2 \end{bmatrix} \begin{bmatrix} 0 \\ x_{\mathrm{n}} \\ y_{\mathrm{n}} \\ z_{\mathrm{n}} \end{bmatrix}\end{aligned} \tag{2.36}$$

将其乘积的第一行和第一列去掉(都是零项)，即可得四元数与方向余弦矩阵的关系：

$$
\boldsymbol{C}_{\mathrm{g}}^{\mathrm{b}} = \begin{bmatrix} \lambda_0^2+\lambda_1^2-\lambda_2^2-\lambda_3^2 & 2(\lambda_1\lambda_2+\lambda_0\lambda_3) & 2(\lambda_1\lambda_3-\lambda_0\lambda_2) \\ 2(\lambda_1\lambda_2-\lambda_0\lambda_3) & \lambda_0^2-\lambda_1^2+\lambda_2^2-\lambda_3^2 & 2(\lambda_2\lambda_3+\lambda_0\lambda_1) \\ 2(\lambda_1\lambda_3+\lambda_0\lambda_2) & 2(\lambda_2\lambda_3-\lambda_0\lambda_1) & \lambda_0^2-\lambda_1^2-\lambda_2^2+\lambda_3^2 \end{bmatrix} \tag{2.37}
$$

式(2.37)确定了四元数和姿态变换矩阵的关系,只需再得到四元数与姿态角之间的关系,则三者即可相互确定:

$$
\boldsymbol{Q}(\boldsymbol{\Lambda}) \Leftrightarrow \boldsymbol{C}_{\mathrm{n}}^{\mathrm{b}}(\psi,\ \theta,\ \gamma) \Leftrightarrow \psi,\ \theta,\ \gamma \tag{2.38}
$$

使用本节“欧拉角法”中使用的旋转顺序,则可得

$$
\begin{aligned}
\boldsymbol{q}(-Z) &= \cos\frac{\psi}{2} - \boldsymbol{k}\sin\frac{\psi}{2} \\
\boldsymbol{q}(X) &= \cos\frac{\theta}{2} + \boldsymbol{i}\sin\frac{\theta}{2} \\
\boldsymbol{q}(Y) &= \cos\frac{\gamma}{2} + \boldsymbol{j}\sin\frac{\gamma}{2}
\end{aligned} \tag{2.39}
$$

根据航向角(负向)→俯仰角→横滚角的转动顺序,从而由地理坐标系到载体坐标系的变换四元数为 $\boldsymbol{Q}(\boldsymbol{\Lambda}) = \boldsymbol{q}(-Z)\boldsymbol{q}(X)\boldsymbol{q}(Y)$,即

$$
\boldsymbol{Q}(\boldsymbol{\Lambda}) = \begin{bmatrix} \lambda_0 \\ \lambda_1 \\ \lambda_2 \\ \lambda_3 \end{bmatrix} = \begin{bmatrix} \cos\frac{\psi}{2}\cos\frac{\theta}{2}\cos\frac{\gamma}{2} + \sin\frac{\psi}{2}\sin\frac{\theta}{2}\sin\frac{\gamma}{2} \\ \cos\frac{\psi}{2}\sin\frac{\theta}{2}\cos\frac{\gamma}{2} + \sin\frac{\psi}{2}\cos\frac{\theta}{2}\sin\frac{\gamma}{2} \\ \cos\frac{\psi}{2}\cos\frac{\theta}{2}\sin\frac{\gamma}{2} - \sin\frac{\psi}{2}\sin\frac{\theta}{2}\cos\frac{\gamma}{2} \\ -\sin\frac{\psi}{2}\cos\frac{\theta}{2}\cos\frac{\gamma}{2} + \cos\frac{\psi}{2}\sin\frac{\theta}{2}\sin\frac{\gamma}{2} \end{bmatrix} \tag{2.40}
$$

3. 常用坐标系间的变换方法

在导航系统和技术,尤其是惯性导航系统中,经常需要将矢量从一个坐标系变换到另一个坐标系中,坐标变换是导航技术中分析、处理问题不可缺少的方式。坐标变换包括正交变换和非正交变换。对于两个正交坐标系之间的变换,变换矩阵是方向余弦矩阵。两个非正交坐标系或者正交坐标系与非正交坐标系之间的变换,都是非正交变换[5],如惯性导航系统中惯性器件的安装坐标系。本节讨论的变换,都是正交变换。

1）地心惯性坐标系和地球坐标系之间的变换矩阵

地球坐标系（ECEF）和地心惯性坐标系（ECI）之间的转动是由地球自转引起的，从导航开始时刻，ECEF 绕 z 轴转过 $\omega_{ie}t$，如图 2.1 所示。由转动关系可知，惯性坐标系到地球坐标系的变换矩阵为

$$\boldsymbol{C}_i^e=\begin{bmatrix}\cos(\omega_{ie}t) & \sin(\omega_{ie}t) & 0\\ -\sin(\omega_{ie}t) & \cos(\omega_{ie}t) & 0\\ 0 & 0 & 1\end{bmatrix} \tag{2.41}$$

2）地球坐标系和地理坐标系之间的变换矩阵

对于在地球上经度、纬度分别为 λ、L 的点的地理坐标系和地球坐标系之间的转动，可由经度、纬度组成的转移矩阵来表示。根据经纬度的定义，由图 2.1 可知，地球坐标系到东北天地理坐标系可通过绕 z_e 转动 $90°+\lambda$，再绕所得的坐标系的 x 轴转 $90°-L$ 得到，则地球坐标系到地理坐标系的变换矩阵为

$$\boldsymbol{C}_e^g=\begin{bmatrix}-\sin\lambda & \cos\lambda & 0\\ -\sin L\cos\lambda & -\sin L\sin\lambda & \cos L\\ \cos L\cos\lambda & \cos L\sin\lambda & \sin L\end{bmatrix} \tag{2.42}$$

同理，若已知 $\boldsymbol{C}_e^g$，也可得到该点所处的经纬度。若用 c_{ij} 表示转换阵 $\boldsymbol{C}_e^g$ 的元素（$i=1,2,3$；$j=1,2,3$），则

$$\left.\begin{aligned} L &= \arctan\frac{c_{33}}{c_{23}}\\ \lambda_M &= \arctan\frac{c_{22}}{c_{21}}\end{aligned}\right\} \tag{2.43}$$

其中，λ 下标“M”表示反三角函数主值，纬度 L 的定义域为−90°～90°，经度 λ 的定义域为−180°～180°，因此 λ 要进行象限的判断。

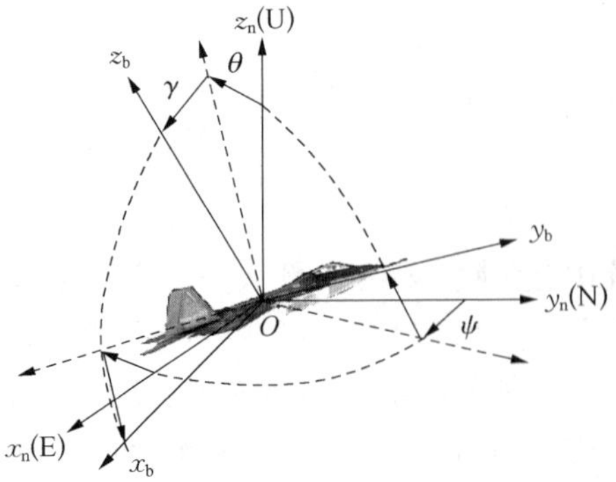

图 2.6 载体坐标系和地理坐标系的角度关系

由此可见，$\boldsymbol{C}_e^g$ 实质上就是确定地理坐标系（g 系）和地球坐标系（e 系）之间的位置关系，因此 $\boldsymbol{C}_e^g$ 又称位置矩阵。

3）地理坐标系和载体坐标系之间的变换矩阵

根据姿态角定义，航向角、俯仰角和横滚角分别为 ψ、θ、γ 的飞机的载体坐标系与地理坐标系（与 n 系重合）的关系如图 2.6 所示。

可得地理坐标系到载体坐标系的变换矩阵为

$$
\begin{aligned}
\boldsymbol{C}_{\mathrm{g}}^{\mathrm{b}} &= \begin{bmatrix} \cos\gamma & 0 & -\sin\gamma \\ 0 & 1 & 0 \\ \sin\gamma & 0 & \cos\gamma \end{bmatrix} \begin{bmatrix} 1 & 0 & 0 \\ 0 & \cos\theta & \sin\theta \\ 0 & \sin\theta & \cos\theta \end{bmatrix} \begin{bmatrix} \cos\psi & -\sin\psi & 0 \\ \sin\psi & \cos\psi & 0 \\ 0 & 0 & 1 \end{bmatrix} \\
&= \begin{bmatrix} \cos\gamma\cos\psi + \sin\gamma\sin\theta\sin\psi & -\cos\gamma\sin\psi + \sin\gamma\sin\theta\cos\psi & -\sin\gamma\cos\theta \\ \cos\theta\sin\psi & \cos\theta\cos\psi & \sin\theta \\ \sin\gamma\cos\psi - \cos\gamma\sin\theta\sin\psi & -\sin\gamma\cos\psi - \cos\gamma\sin\theta\cos\psi & \cos\gamma\cos\theta \end{bmatrix}
\end{aligned} \tag{2.44}
$$

若已知 $\boldsymbol{C}_{\mathrm{g}}^{\mathrm{b}}$，也可求得载体的水平姿态角和航向角。用 t_{ij} 表示 $\boldsymbol{C}_{\mathrm{g}}^{\mathrm{b}}$ 的元素（$i=1, 2, 3$；$j=1, 2, 3$），则

$$
\left.
\begin{aligned}
\theta_{\mathrm{M}} &= \arctan\frac{t_{23}}{\sqrt{t_{21}^2+t_{22}^2}} \\
\gamma_{\mathrm{M}} &= \arctan\left(-\frac{t_{13}}{t_{33}}\right) \\
\psi_{\mathrm{M}} &= \arctan\frac{t_{21}}{t_{22}}
\end{aligned}
\right\} \tag{2.45}
$$

式中，下标“M”表示反三角函数主值。因此，根据姿态角的定义域，除 θ 外，其余两个角都要进行象限的判断，判断方式如表 2.2 和表 2.3 所示。

由此可见，载体的姿态和航向就是机体坐标系 b 和地理坐标系 g 之间的方位关系，故 $\boldsymbol{C}_{\mathrm{g}}^{\mathrm{b}}$ 称为“姿态矩阵”。

表 2.2　航向角的判断

t_{22} 的符号	t_{21} 的符号	航向角真值	象　限
+	+	ψ	0°～90°
−	+	ψ+180°	90°～180°
+	−	ψ+360°	270°～360°
−	−	ψ+180°	180°～270°

表 2.3 横滚角的判断

t_{13} 的符号	t_{33} 的符号	横滚角真值	象 限
+	+	γ	0°~90°
+	−	γ+180°	90°~180°
−	−	γ−180°	−180°~−90°
−	+	γ	−90°~0°

2.3 捷联惯性导航解算原理

2.3.1 捷联惯性导航系统的特点

惯性导航系统一般包含 3 个陀螺仪与 3 个加速度计,安装在 3 个正交的敏感轴上。惯性导航系统利用陀螺仪和加速度计测量载体在惯性空间中的角运动和线运动,并分别通过积分运算后求出载体的瞬时姿态、位置和速度等导航信息。惯性导航系统通常由惯性测量单元(陀螺仪与加速度计)、导航计算机、电源等相关装置等组成。

惯性导航系统可以根据导航平台结构的不同分为平台惯性导航系统和捷联惯性导航系统[6]。

平台惯性导航系统中的物理平台可跟踪当地导航坐标系,平台上安装有惯性仪表,通过对加速度计信号进行积分运算可得到位置和速度信息,姿态信息从平台环架上的姿态角传感器直接获取。惯性导航平台可对载体角运动予以隔离,能有效降低动态误差,但存在占用空间体积大、使用维护保养成本高等缺点[7]。

捷联惯性导航系统是把惯性传感器直接固连在载体上,用计算机来完成平台惯性导航中的惯性平台功能的惯性导航系统[8]。惯性传感器直接固连在载体上,省去了机电式的惯性平台,从而给系统带来了许多优点:

(1) 省去了惯性平台,整个系统的体积、重量和成本大大降低。

(2) 惯性仪表便于安装维护,也便于更换。

(3) 惯性仪表可以给出载体轴向的线加速度和角速度,这些信息也是控制系统所需要的。和平台惯性导航系统相比,捷联惯性导航系统可以提供更多的导航和制导信息。

(4) 惯性仪表便于采用余度配置,提高系统的性能和可靠性。

但惯性仪表直接固连在载体上也带来了一些新的问题:

(1) 惯性仪表固连在载体上,直接承受载体的振动和冲击,工作环境恶劣。

(2) 惯性仪表特别是陀螺仪直接测量载体的角运动,高性能歼击机角速度可达400(°)/s,这就对捷联陀螺仪提出了更高的要求。

平台惯性导航系统的陀螺仪安装在平台上,可以相对重力加速度和地球自转角速度任意定向来进行测试,便于误差标定。而捷联陀螺仪则不具备这个条件,因而装机标定比较困难,从而要求捷联陀螺仪有更高的参数稳定性。

捷联惯性导航理论自20世纪50年代提出以来,受到广泛重视。但80年代前受惯性传感器制约,实际应用不广泛。80年代后,随着环形激光陀螺的出现和逐步走向成熟、计算机技术的快速发展和捷联惯性导航理论的日益完善,捷联惯性导航系统走向成熟并且优势越来越明显。环形激光陀螺捷联惯性导航系统成为目前军用和民用领域中最为广泛使用的捷联惯性导航系统[9]。90年代末期以来,随着光纤技术和微电子技术的迅速发展,体积小且价格低廉的MEMS捷联惯性导航系统,以及高精度、高性能的光纤捷联惯性导航系统成为捷联惯性导航系统发展的热点。光纤捷联惯性导航系统目前主要应用于中低精度的战术武器中。MEMS捷联惯性导航系统目前主要应用于车载导航等低精度要求的场合。

图2.7是捷联惯性导航系统的基本原理图,主要突出表明了其中数学平台的关系。捷联惯性导航系统中,陀螺仪和加速度计的组合体通常称为惯性组件。三轴陀螺仪和加速度计的输入轴安装时要保持严格正交,该组件直接安装在载体上时也要保持与机体坐标系完全一致。

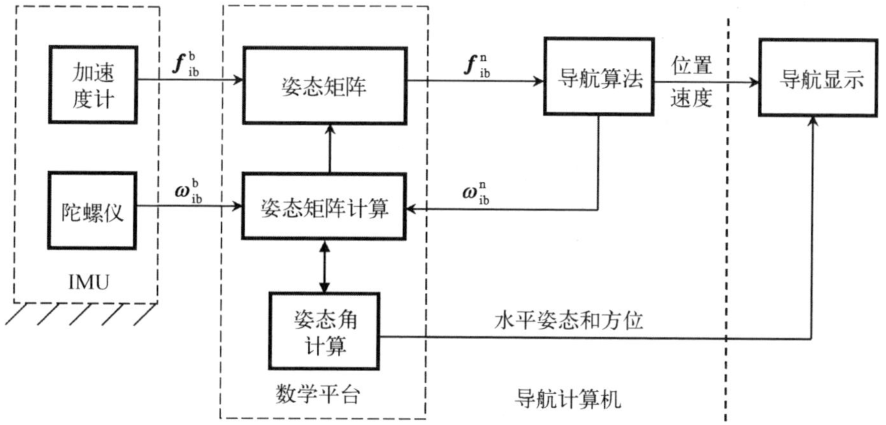

图2.7　捷联惯性导航系统原理

可以看到,IMU对捷联惯性导航系统而言是开环式的,仅起到了惯性传感器信号输入的作用,不需要任何信号再对IMU进行反馈控制,所有的信号处理也都在计算机内实现,因此实现方便。

由图2.7可以看出,捷联惯性导航系统的核心是用计算机来实现的惯性平台,即“数学平台”。数学平台是用捷联陀螺仪测量的载体角速度解算姿态矩阵,从姿态矩阵的元素中提取载体的姿态和航向信息；并用姿态矩阵把加速度计的输出从载体坐标系变换到导航坐标系，然后进行导航解算。姿态和航向实时解算是捷联惯性导航系统的关键技术之一。

2.3.2　捷联惯性导航系统的姿态算法

描述动坐标系相对参考坐标系方位关系的方法有多种，包括欧拉角法、方向余弦法、四元数法。这几种方法处理的思想不同，也反映了不同的物理概念，是捷联惯性导航系统中数学平台算法的核心内容。

1. 欧拉角法

欧拉角法是直接求解三个(欧拉)姿态角的一种方法，由姿态角就可以唯一地确定 $\boldsymbol{C}_{\mathrm{n}}^{\mathrm{b}}$。

一个动坐标系相对参考坐标系的方位，可以完全由参考坐标系依次绕三个不同的轴转动的三个角度来确定。假设载体坐标系 $Ox_{\mathrm{b}}y_{\mathrm{b}}z_{\mathrm{b}}$ 作为动坐标系，导航坐标系 $Ox_{\mathrm{n}}y_{\mathrm{n}}z_{\mathrm{n}}$（选为地理坐标系东北天）作为参考坐标系。$\theta$、$\gamma$、$\psi$ 为导航坐标系 $Ox_{\mathrm{n}}y_{\mathrm{n}}z_{\mathrm{n}}$ 到载体坐标系 $Ox_{\mathrm{b}}y_{\mathrm{b}}z_{\mathrm{b}}$ 的一组欧拉角，如图 2.8 所示。

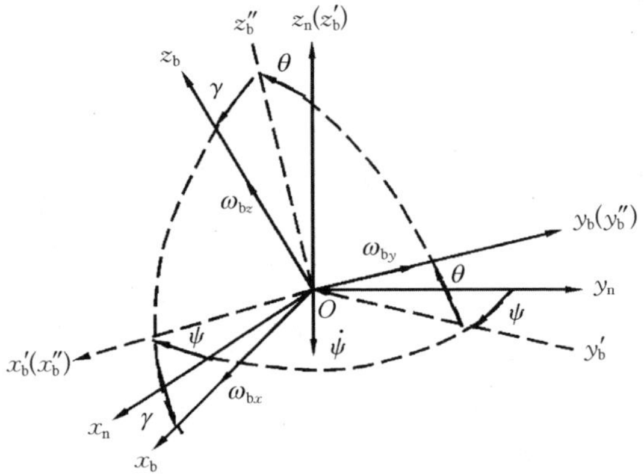

图 2.8　欧拉角示意图

在图 2.8 中，θ、γ 和 ψ 表示从导航坐标系 n 到载体坐标系 b 的一种转动。

第一次，$Ox_{\mathrm{n}}y_{\mathrm{n}}z_{\mathrm{n}}$ 绕 z_{n} 轴正向转动 $-\psi$ 到坐标系 $Ox'_{\mathrm{b}}y'_{\mathrm{b}}z'_{\mathrm{b}}$，则有

$$\begin{bmatrix} x'_{\mathrm{b}} \\ y'_{\mathrm{b}} \\ z'_{\mathrm{b}} \end{bmatrix} = \begin{bmatrix} \cos\psi & -\sin\psi & 0 \\ \sin\psi & \cos\psi & 0 \\ 0 & 0 & 1 \end{bmatrix} \begin{bmatrix} x_{\mathrm{n}} \\ y_{\mathrm{n}} \\ z_{\mathrm{n}} \end{bmatrix} \tag{2.46}$$

第二次，$Ox'_{\mathrm{b}}y'_{\mathrm{b}}z'_{\mathrm{b}}$ 绕 x'_{b} 轴正向转动 θ 到坐标系 $Ox''_{\mathrm{b}}y''_{\mathrm{b}}z''_{\mathrm{b}}$，则有

$$\begin{bmatrix} x''_b \\ y''_b \\ z''_b \end{bmatrix} = \begin{bmatrix} 1 & 0 & 0 \\ 0 & \cos\theta & \sin\theta \\ 0 & -\sin\theta & \cos\theta \end{bmatrix} \begin{bmatrix} x'_b \\ y'_b \\ z'_b \end{bmatrix} \tag{2.47}$$

第三次，$Ox''_b y''_b z''_b$ 绕 y_b 轴正向转动 γ 到坐标系 $Ox_b y_b z_b$，则有

$$\begin{bmatrix} x_b \\ y_b \\ z_b \end{bmatrix} = \begin{bmatrix} \cos\gamma & 0 & -\sin\gamma \\ 0 & 1 & 0 \\ \sin\gamma & 0 & \cos\gamma \end{bmatrix} \begin{bmatrix} x''_b \\ y''_b \\ z''_b \end{bmatrix} \tag{2.48}$$

根据 2.2.2 节的定义，ψ、θ 和 γ 即航向角、俯仰角和横滚角，因此导航坐标系到载体坐标系的姿态变换矩阵为

$$\begin{aligned} \boldsymbol{C}_n^b &= \begin{bmatrix} \cos\gamma & 0 & -\sin\gamma \\ 0 & 1 & 0 \\ \sin\gamma & 0 & \cos\gamma \end{bmatrix} \begin{bmatrix} 1 & 0 & 0 \\ 0 & \cos\theta & \sin\theta \\ 0 & -\sin\theta & \cos\theta \end{bmatrix} \begin{bmatrix} \cos\psi & -\sin\psi & 0 \\ \sin\psi & \cos\psi & 0 \\ 0 & 0 & 1 \end{bmatrix} \\ &= \begin{bmatrix} \cos\gamma\cos\psi + \sin\gamma\sin\theta\sin\psi & -\cos\gamma\sin\psi + \sin\gamma\sin\theta\sin\psi & -\sin\gamma\cos\theta \\ \cos\theta\sin\psi & \cos\theta\cos\psi & \sin\theta \\ \sin\gamma\cos\psi - \cos\gamma\sin\theta\sin\psi & -\sin\gamma\sin\psi - \cos\gamma\sin\theta\cos\psi & \cos\gamma\cos\theta \end{bmatrix} \end{aligned} \tag{2.49}$$

要注意，以上两个坐标系的转换顺序满足了三个姿态角的定义，根据刚体转动的不可交换性，这样的顺序是不能随意改变的。如果是另外一个转换顺序，得到的三个角度也就不是通常定义的航向角、俯仰角和横滚角。

在捷联惯性导航系统中，陀螺仪的实际输出为 $\boldsymbol{\omega}_{ib}^b$，表示安装在机体坐标系的陀螺仪相对于惯性空间的角速度在机体坐标系上的投影，实际上就是陀螺仪稳定性的反映。$\boldsymbol{\omega}_{ib}^b$ 的表达式为

$$\boldsymbol{\omega}_{ib}^b = \boldsymbol{\omega}_{ie}^b + \boldsymbol{\omega}_{en}^b + \boldsymbol{\omega}_{nb}^b \tag{2.50}$$

式中，$\boldsymbol{\omega}_{nb}^b$ 表示载体坐标系相对地理坐标系的角速度在载体坐标系轴向的分量构成的列矢量。由式(2.50)可以看出，陀螺仪输出的信号是载体坐标系相对惯性空间的，因此为了获得 $\boldsymbol{\omega}_{nb}^b$，必须从陀螺仪输出的 $\boldsymbol{\omega}_{ib}^b$ 中修正(减去)其与地理坐标系的角速度差，可以写为

$$\boldsymbol{\omega}_{nb}^b = \boldsymbol{\omega}_{ib}^b - (\boldsymbol{\omega}_{ie}^b + \boldsymbol{\omega}_{en}^b) = \boldsymbol{\omega}_{ib}^b - \boldsymbol{C}_n^b(\boldsymbol{\omega}_{ie}^n + \boldsymbol{\omega}_{en}^n) \tag{2.51}$$

此关系本质上与平台惯性导航系统中的平台施矩信号的意义相同，表明了非常重要的物理概念。可以将 $\boldsymbol{\omega}_{nb}^b$ 看成一个已知量，同时由以上坐标系转动关系可以看出，$\boldsymbol{\omega}_{nb}^b$ 和姿态角速度 $\dot{\theta}$、$\dot{\gamma}$、$\dot{\psi}$ 的关系为

$$\begin{bmatrix} \omega_{\text{nb}x}^{\text{b}} \\ \omega_{\text{nb}y}^{\text{b}} \\ \omega_{\text{nb}z}^{\text{b}} \end{bmatrix} = \boldsymbol{C}_{\gamma}\boldsymbol{C}_{\theta}\begin{bmatrix} 0 \\ 0 \\ -\dot{\psi} \end{bmatrix} + \boldsymbol{C}_{\gamma}\begin{bmatrix} \dot{\theta} \\ 0 \\ 0 \end{bmatrix} + \begin{bmatrix} 0 \\ \dot{\gamma} \\ 0 \end{bmatrix} \tag{2.52}$$

展开合并得

$$\begin{bmatrix} \omega_{\text{nb}x}^{\text{b}} \\ \omega_{\text{nb}y}^{\text{b}} \\ \omega_{\text{nb}z}^{\text{b}} \end{bmatrix} = \begin{bmatrix} \cos\gamma & 0 & \sin\gamma\cos\theta \\ 0 & 1 & -\sin\theta \\ \sin\gamma & 0 & -\cos\theta\cos\gamma \end{bmatrix}\begin{bmatrix} \dot{\theta} \\ \dot{\gamma} \\ \dot{\psi} \end{bmatrix} \tag{2.53}$$

或

$$\begin{bmatrix} \dot{\theta} \\ \dot{\gamma} \\ \dot{\psi} \end{bmatrix} = \frac{1}{\cos\theta}\begin{bmatrix} \cos\theta\cos\gamma & 0 & \sin\gamma\cos\theta \\ \sin\gamma\cos\theta & \cos\theta & -\cos\gamma\cos\theta \\ \sin\gamma & 0 & -\cos\gamma \end{bmatrix}\begin{bmatrix} \omega_{\text{nb}x}^{\text{b}} \\ \omega_{\text{nb}y}^{\text{b}} \\ \omega_{\text{nb}z}^{\text{b}} \end{bmatrix} \tag{2.54}$$

式(2.54)即欧拉角微分方程,根据由陀螺仪输出并解算得到的角速度 $\boldsymbol{\omega}_{\text{nb}}^{\text{b}}$, 可以直接求解 θ、γ 和 ψ 三个角度。

欧拉角微分方程中只有三个未知数(即三维姿态角),但每个方程都包含三角函数运算,且当 $\theta = 90°$ 时,方程出现“奇点”,方程式退化,故该姿态算法复杂且不能全姿态工作。

2. *方向余弦法*

方向余弦法与欧拉角法直接求解三个姿态角的方法不同,它是直接求解载体坐标系与地理坐标系间的方向余弦矩阵 $\boldsymbol{C}_{\text{n}}^{\text{b}}$。 由 $\boldsymbol{C}_{\text{n}}^{\text{b}}$ 的表达式可以清楚地看出,姿态角与姿态变换矩阵是完全一一对应的。

设一个与载体坐标系固连的任意矢量 $\boldsymbol{r}$, 在地理坐标系和载体坐标系上的投影关系为

$$\boldsymbol{r}^{\text{n}} = \boldsymbol{C}_{\text{b}}^{\text{n}}\boldsymbol{r}^{\text{b}} \tag{2.55}$$

当载体坐标系相对地理坐标系有一个转动角速度 $\boldsymbol{\omega}_{\text{nb}}$ 存在时,若认为 b 系不动,n 系动(或反之也可),即 $\dot{\boldsymbol{r}}_{\text{b}} = 0$, $\dot{\boldsymbol{r}}_{\text{n}} \neq 0$, 则有

$$\dot{\boldsymbol{r}}_{\text{n}} = \dot{\boldsymbol{C}}_{\text{b}}^{\text{n}}\boldsymbol{r}_{\text{b}} + \boldsymbol{C}_{\text{b}}^{\text{n}}\dot{\boldsymbol{r}}_{\text{b}} = \dot{\boldsymbol{C}}_{\text{b}}^{\text{n}}\boldsymbol{r}_{\text{b}} \tag{2.56}$$

又由科氏求导定理得

$$\left.\frac{\mathrm{d}\boldsymbol{r}}{\mathrm{d}t}\right|_{\text{n}} = \left.\frac{\mathrm{d}\boldsymbol{r}}{\mathrm{d}t}\right|_{\text{b}} + \boldsymbol{\omega}_{\text{nb}} \times \boldsymbol{r} = \boldsymbol{\omega}_{\text{nb}} \times \boldsymbol{r} \tag{2.57}$$

将式(2.57)在地理坐标系上投影,有

$$\dot{\boldsymbol{r}}_{\mathrm{n}} = \boldsymbol{\omega}_{\mathrm{nb}}^{\mathrm{nk}} \boldsymbol{r}_{\mathrm{n}} = \boldsymbol{\omega}_{\mathrm{nb}}^{\mathrm{nk}} \boldsymbol{C}_{\mathrm{b}}^{\mathrm{n}} \boldsymbol{r}_{\mathrm{b}} \tag{2.58}$$

将式(2.58)代入式(2.56),得方向余弦矩阵微分方程为

$$\dot{\boldsymbol{C}}_{\mathrm{b}}^{\mathrm{n}} \boldsymbol{r}_{\mathrm{b}} = \boldsymbol{\omega}_{\mathrm{nb}}^{\mathrm{nk}} \boldsymbol{C}_{\mathrm{b}}^{\mathrm{n}} \boldsymbol{r}_{\mathrm{b}} \Leftrightarrow \dot{\boldsymbol{C}}_{\mathrm{b}}^{\mathrm{n}} = \boldsymbol{\omega}_{\mathrm{nb}}^{\mathrm{nk}} \boldsymbol{C}_{\mathrm{b}}^{\mathrm{n}} \tag{2.59}$$

该微分方程有如下四种形式,可以证明它们是等价的。

$$\begin{aligned} \dot{\boldsymbol{C}}_{\mathrm{b}}^{\mathrm{n}} &= \boldsymbol{\omega}_{\mathrm{nb}}^{\mathrm{nk}} \boldsymbol{C}_{\mathrm{b}}^{\mathrm{n}}, \quad & \dot{\boldsymbol{C}}_{\mathrm{n}}^{\mathrm{b}} &= -\boldsymbol{\omega}_{\mathrm{nb}}^{\mathrm{bk}} \boldsymbol{C}_{\mathrm{n}}^{\mathrm{b}} \\ \dot{\boldsymbol{C}}_{\mathrm{b}}^{\mathrm{n}} &= \boldsymbol{C}_{\mathrm{b}}^{\mathrm{n}} \boldsymbol{\omega}_{\mathrm{nb}}^{\mathrm{bk}}, \quad & \dot{\boldsymbol{C}}_{\mathrm{n}}^{\mathrm{b}} &= -\boldsymbol{C}_{\mathrm{n}}^{\mathrm{b}} \boldsymbol{\omega}_{\mathrm{nb}}^{\mathrm{nk}} \end{aligned} \tag{2.60}$$

方向余弦矩阵的微分方程是一个变系数的齐次微分方程,可用毕卡(Peano-Baker)逼近法求之,其一般解析形式为

$$\boldsymbol{C}_{\mathrm{n}}^{\mathrm{b}}(t) = \boldsymbol{C}_{\mathrm{n}}^{\mathrm{b}}(0)\,\mathrm{e}^{\int_0^t \boldsymbol{\omega}_{\mathrm{nb}}^{\mathrm{nk}}(t)\,\mathrm{d}t} \tag{2.61}$$

在求得方向余弦矩阵后,即可利用矩阵元素与姿态角对应的关系,求解出姿态角,该方法具有如下特点:

(1) 可以全姿态工作,不受限制;

(2) 微分方程组的维数太高,达到了九维;

(3) 运算过程中由于有角速度的积分,姿态变换矩阵会有非正交化误差产生,必须每次进行正交化处理。

3. 四元数法

四元数法是一种间接处理的捷联惯性导航系统姿态矩阵解算方法,用四元数的微分方程解算来代替方向余弦矩阵微分方程的解算,求解得到中间变量四元数,再转换为载体坐标系与地理坐标系间的方向余弦矩阵 $\boldsymbol{C}_{\mathrm{n}}^{\mathrm{b}}$。本方法的优点是可大大减小计算量,并且具有更好的计算性能。

设 $\boldsymbol{\omega}_{\mathrm{nb}}^{\mathrm{b}}$ 矢量为四元数形式,表示载体坐标系相对地理坐标系的角速度在载体坐标系上的投影,其与 $\boldsymbol{C}_{\mathrm{n}}^{\mathrm{b}}$ 对应的四元数 $\boldsymbol{\Lambda}$ 具有如下微分方程关系:

$$\dot{\boldsymbol{\Lambda}} = 0.5\boldsymbol{\Lambda} \circ \boldsymbol{\omega}_{\mathrm{nb}}^{\mathrm{b}} \tag{2.62}$$

用矩阵表示为

$$\begin{bmatrix} \dot{\lambda}_0 \\ \dot{\lambda}_1 \\ \dot{\lambda}_2 \\ \dot{\lambda}_3 \end{bmatrix} = 0.5 \times \begin{bmatrix} 0 & -\omega_{\mathrm{nb}x}^{\mathrm{b}} & -\omega_{\mathrm{nb}y}^{\mathrm{b}} & -\omega_{\mathrm{nb}z}^{\mathrm{b}} \\ \omega_{\mathrm{nb}x}^{\mathrm{b}} & 0 & \omega_{\mathrm{nb}z}^{\mathrm{b}} & -\omega_{\mathrm{nb}y}^{\mathrm{b}} \\ \omega_{\mathrm{nb}y}^{\mathrm{b}} & -\omega_{\mathrm{nb}z}^{\mathrm{b}} & 0 & \omega_{\mathrm{nb}x}^{\mathrm{b}} \\ \omega_{\mathrm{nb}z}^{\mathrm{b}} & \omega_{\mathrm{nb}y}^{\mathrm{b}} & -\omega_{\mathrm{nb}x}^{\mathrm{b}} & 0 \end{bmatrix} \begin{bmatrix} \lambda_0 \\ \lambda_1 \\ \lambda_2 \\ \lambda_3 \end{bmatrix} \tag{2.63}$$

其等效的矩阵矢量形式为

$$\boldsymbol{Q}(\dot{\boldsymbol{\Lambda}}) = 0.5\boldsymbol{M}(\boldsymbol{\Lambda})\boldsymbol{Q}(\boldsymbol{\omega}_{\mathrm{nb}}^{\mathrm{b}}) = 0.5\boldsymbol{M}^{*}(\boldsymbol{\omega}_{\mathrm{nb}}^{\mathrm{b}})\boldsymbol{Q}(\boldsymbol{\Lambda}) \tag{2.64}$$

四元数微分方程的求解，类似矩阵微分方程，可用毕卡逼近法求解，得解析表达式如下：

$$\boldsymbol{Q}(\boldsymbol{\Lambda}_t) = \mathrm{e}^{0.5\int_0^t \boldsymbol{M}^{*}(\boldsymbol{\omega}_{\mathrm{nb}}^{\mathrm{b}})\mathrm{d}t}\boldsymbol{Q}(\boldsymbol{\Lambda}_0) \tag{2.65}$$

在对指数积分式取近似的情况下，定义

$$[\Delta\boldsymbol{\theta}] = \int_0^t \boldsymbol{M}^{*}(\boldsymbol{\omega}_{\mathrm{nb}}^{\mathrm{b}})\mathrm{d}t = \begin{bmatrix} 0 & -\Delta\theta_x & -\Delta\theta_y & -\Delta\theta_z \\ \Delta\theta_x & 0 & \Delta\theta_z & -\Delta\theta_y \\ \Delta\theta_y & -\Delta\theta_z & 0 & \Delta\theta_x \\ \Delta\theta_z & \Delta\theta_y & -\Delta\theta_x & 0 \end{bmatrix} \tag{2.66}$$

将 $[\Delta\boldsymbol{\theta}]$ 代入式(2.65)，则可得到四元数的解析表达式：

$$\boldsymbol{Q}(\boldsymbol{\Lambda}_t) = (\cos(\Delta\theta_0/2)\boldsymbol{I} + \sin(\Delta\theta_0/2)/\Delta\theta_0[\Delta\boldsymbol{\theta}])\boldsymbol{Q}(\boldsymbol{\Lambda}_0) \tag{2.67}$$

式中，$\Delta\theta_0^2 = \Delta\theta_x^2 + \Delta\theta_y^2 + \Delta\theta_z^2$。

由式(2.67)可以看出，四元数法可以全姿态工作，不受限制；同时微分方程只有四维，相比方向余弦法计算量降低，而且可以证明，四元数法得到的方向余弦矩阵的性能优于方向余弦法。因此，四元数法成为目前捷联惯性导航系统求解姿态的主要方法。

2.3.3　捷联惯性导航速度和位置的解算

将加速度计的输出 $\boldsymbol{f}_{\mathrm{ib}}^{\mathrm{b}}$ 从机体坐标系变换到导航坐标系 $\boldsymbol{f}_{\mathrm{ib}}^{\mathrm{n}}$，即 $\boldsymbol{f}_{\mathrm{ib}}^{\mathrm{n}} = \boldsymbol{C}_{\mathrm{b}}^{\mathrm{n}}\boldsymbol{f}_{\mathrm{ib}}^{\mathrm{b}}$。同时，需要考虑有害加速度的影响。在东北天指向的地理坐标系下，速度更新过程可以表示如下。

1. 地理速度计算

由于水平指北方位惯性导航系统的 p 系和 n 系保持一致，故

$$\boldsymbol{\omega}_{\mathrm{inz}}^{\mathrm{n}} = \boldsymbol{\omega}_{\mathrm{ie}}\sin L + \frac{v_{\mathrm{enx}}^{\mathrm{n}}}{R_{\mathrm{n}}}\tan L \tag{2.68}$$

将式(2.68)展开并简略去 $\dot{\boldsymbol{v}}_{\mathrm{en}}$ 和 $\boldsymbol{v}_{\mathrm{en}}$ 分量的下标，有

$$\begin{bmatrix} \dot{v}_x^{\mathrm{n}} \\ \dot{v}_y^{\mathrm{n}} \\ \dot{v}_z^{\mathrm{n}} \end{bmatrix} = \begin{bmatrix} f_x^{\mathrm{n}} \\ f_y^{\mathrm{n}} \\ f_z^{\mathrm{n}} \end{bmatrix} - \begin{bmatrix} 0 & -(2\omega_{\mathrm{iez}}^{\mathrm{n}} + \omega_{\mathrm{enz}}^{\mathrm{n}}) & 2\omega_{\mathrm{iey}}^{\mathrm{n}} + \omega_{\mathrm{eny}}^{\mathrm{n}} \\ 2\omega_{\mathrm{iez}}^{\mathrm{n}} + \omega_{\mathrm{enz}}^{\mathrm{n}} & 0 & -(2\omega_{\mathrm{iex}}^{\mathrm{n}} + \omega_{\mathrm{enx}}^{\mathrm{n}}) \\ -(2\omega_{\mathrm{iey}}^{\mathrm{n}} + \omega_{\mathrm{eny}}^{\mathrm{n}}) & (2\omega_{\mathrm{iex}}^{\mathrm{n}} + \omega_{\mathrm{enx}}^{\mathrm{n}}) & 0 \end{bmatrix} \times \begin{bmatrix} v_x^{\mathrm{n}} \\ v_y^{\mathrm{n}} \\ v_z^{\mathrm{n}} \end{bmatrix} + \begin{bmatrix} 0 \\ 0 \\ -g \end{bmatrix} \tag{2.69}$$

得到如下方程组：

$$
\begin{cases}
\dot{v}_x^{\mathrm{n}} = f_x^{\mathrm{n}} + \left(2\omega_{\mathrm{ie}}\sin L + \dfrac{v_x^{\mathrm{n}}}{R_{\mathrm{n}}}\tan L\right) v_y^{\mathrm{n}} - \left(2\omega_{\mathrm{ie}}\cos L + \dfrac{v_x^{\mathrm{n}}}{R_{\mathrm{n}}}\right) v_z^{\mathrm{n}} \\
\dot{v}_y^{\mathrm{n}} = f_y^{\mathrm{n}} - \left(2\omega_{\mathrm{ie}}\sin L + \dfrac{v_x^{\mathrm{n}}}{R_{\mathrm{n}}}\tan L\right) v_x^{\mathrm{n}} - \dfrac{v_y^{\mathrm{n}}}{R_{\mathrm{m}}} v_z^{\mathrm{n}} \\
\dot{v}_z^{\mathrm{n}} = f_z^{\mathrm{n}} + \left(2\omega_{\mathrm{ie}}\cos L + \dfrac{v_x^{\mathrm{n}}}{R_{\mathrm{n}}}\right) v_x^{\mathrm{n}} + \dfrac{v_y^{\mathrm{n}}}{R_{\mathrm{m}}} v_y^{\mathrm{n}} - g
\end{cases}
\tag{2.70}
$$

基于该微分方程，可以推算出载体在导航坐标系中的速度。

2. 纬度、经度和高度计算

纬度变化率 $\dot{L}$、经度变化率 $\dot{\lambda}$ 和高度变化率 $\dot{h}$ 可以表示为

$$
\begin{cases}
\dot{L} = \dfrac{v_y^{\mathrm{n}}}{R_{\mathrm{m}}} = -\omega_{\mathrm{en}x}^{\mathrm{n}} \\
\dot{\lambda} = \dfrac{v_x^{\mathrm{n}}}{R_{\mathrm{n}}\cos L} = \dfrac{\omega_{\mathrm{en}z}^{\mathrm{n}}}{\sin L} \\
\dot{h} = v_z^{\mathrm{n}}
\end{cases}
\tag{2.71}
$$

因此，由 v_x^{n}、v_y^{n} 和 v_z^{n} 可以很方便地求出纬度 L、经度 λ 和高度 h：

$$
\begin{cases}
L = \displaystyle\int_0^t \dfrac{v_y^{\mathrm{n}}}{R_{\mathrm{m}}}\mathrm{d}t + L_0 \\
\lambda = \displaystyle\int_0^t \dfrac{v_x^{\mathrm{n}}}{R_{\mathrm{n}}}\sec L\mathrm{d}t + \lambda_0 \\
h = \displaystyle\int_0^t v_z^{\mathrm{n}}\mathrm{d}t + h_0
\end{cases}
\tag{2.72}
$$

式中，L_0、λ_0 和 h_0 为初始的纬度、经度和高度。

2.4　多源信息组合导航系统基础

2.4.1　概述

随着科学技术的发展，可用于载体运动状态量测的导航手段种类日益丰富，除传统惯性导航、北斗卫星等星基导航、陆基无线电导航等方式，天文导航、地形/图像导航、视觉导航、激光雷达感知导航等手段都在快速发展。这些导航方式的优缺点不同，通过多源信息组合导航技术可充分发挥各自导航系统的优势，提高导航系

统的性能。

多源信息导航技术属多领域交叉学科，是一门综合性强、覆盖范围广的应用技术，滤波估计技术是多源信息组合导航的关键技术之一，是提高组合导航系统定位精度的关键。

2.4.2 惯性基组合导航系统的模式与架构

在基于多源信息组合技术的导航应用中，通常是以 IMU 为主的惯性基组合导航系统，本节主要针对各类惯性基组合导航技术的研究情况进行介绍。

1. 惯性/卫星组合导航技术

惯性/卫星组合导航是目前最常见的组合模式，主要分为松耦合、紧耦合及深耦合[10]。在松耦合中，GNSS 输出的位置、速度直接与 IMU 推算的位置、速度进行融合[11]。与松耦合不同，GNSS 输出的原始测量信息，如伪距、多普勒频移和载波相位，可以直接与 IMU 进行组合，形成紧耦合系统[12]。由于利用了 GNSS 的原始测量信息，能够实现在可见卫星数小于四颗时的组合导航，因此系统的稳定性得到了增强。而在深耦合中，IMU 解算的信息被用于辅助 GNSS 接收机的信号跟踪，形成了更深层次的组合导航[13]。但是与前两种组合模式相比，深耦合系统结构复杂且难以在民用领域的 GNSS 接收机上实现[14]。惯性/卫星松耦合与紧耦合组合导航架构如图 2.9 所示。

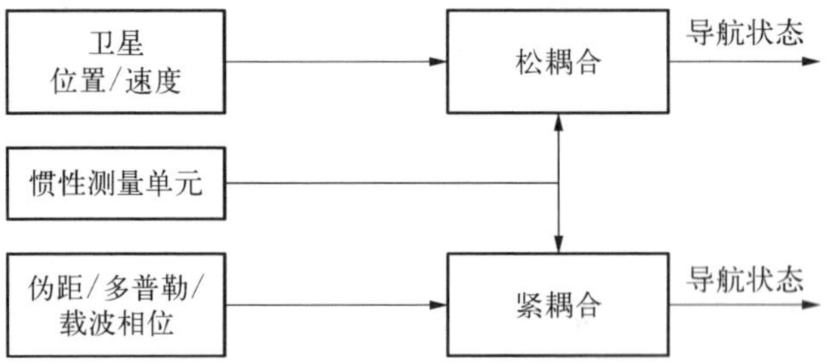

图 2.9 惯性/卫星组合导航架构

2. 惯性/里程计组合导航技术

惯性/里程计组合导航技术在车载导航领域应用广泛，其不依赖于外部导航信号[15]，因此可以在卫星不可用时为车辆提供短时高精度的导航结果[16]。惯性/里程计组合导航系统的性能取决于对一些器件参数的标定程度，如里程计的标度因数以及传感器之间的安装参数等。首先，里程计的标度因数误差是影响其定位精度的主要因素，在每次运行时都会不同且会随着温度、负载及胎压而缓慢变化[17]。其次，IMU 与里程计之间存在安装杆臂以及安装偏角[18]，这类误差在实际系统中是十分常见的。尽管手动测量是一种常用的标定方法，但是难以对安装偏角进行直接测量，因此在惯性/里程计组合导航系统中通常将上述参数作为状态量进行实时估计[19]。惯性/里程计组合导航架构如图 2.10 所示。

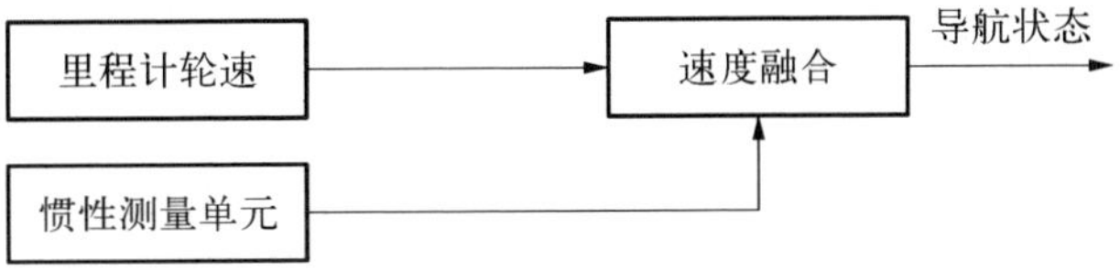

图 2.10　惯性/里程计组合导航架构

3. 惯性/视觉组合导航技术

惯性传感器量测信息中噪声较大，通过两次积分得到的位姿信息发散迅速，视觉传感器可以对惯性传感器的漂移进行估计并修正；视觉传感器易受外界环境干扰，惯性传感器可以测量自身的加速度和角速度信息，一定程度上可以减小外界环境对视觉数据的影响，视觉/惯性组合定位方法可以得到精度更高、可靠性更强的导航信息。视觉惯性里程计（visual-inertial odometry，VIO）是常用的惯性/视觉组合导航方法，可以分为基于滤波的 VIO 和基于优化的 VIO 两大类[20]。而根据视觉信息与惯性信息的融合程度，还可以将 VIO 分为松耦合和紧耦合两类。松耦合 VIO 是将视觉与惯性传感器各自的位姿估计结果进行融合，从而得到载体导航信息；紧耦合 VIO 则是将视觉的图像信息与惯性传感器的加速度、角速度信息进行融合，通过构建联合约束，共同求解载体的位姿信息。惯性/视觉松耦合与紧耦合组合导航架构如图 2.11 所示。

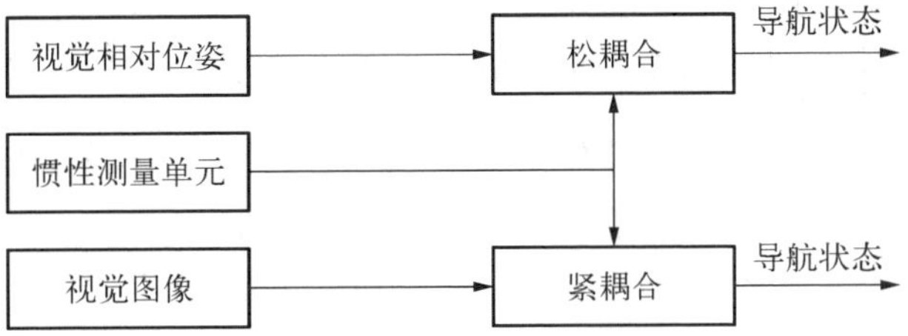

图 2.11　惯性/视觉组合导航架构

4. 惯性/激光雷达组合导航技术

惯性/激光雷达组合导航可以分为松耦合和紧耦合两类。通常，如果融合环节的量测输入是激光雷达点云匹配获得的位姿结果，就属于松耦合方法，如果融合环节的量测输入是激光雷达点云或从点云中提取的特征，就属于紧耦合方法。相比于松耦合方法，紧耦合的融合方式可以利用其他传感器的量测信息辅助优化点云匹配，综合考虑点云匹配的误差和其他传感器的测量误差，因此可以达到更高的精度，但由于其量测的维数较高，因此计算量也较大。惯性/激光雷达松耦合与紧耦合组合导航架构如图 2.12 所示。

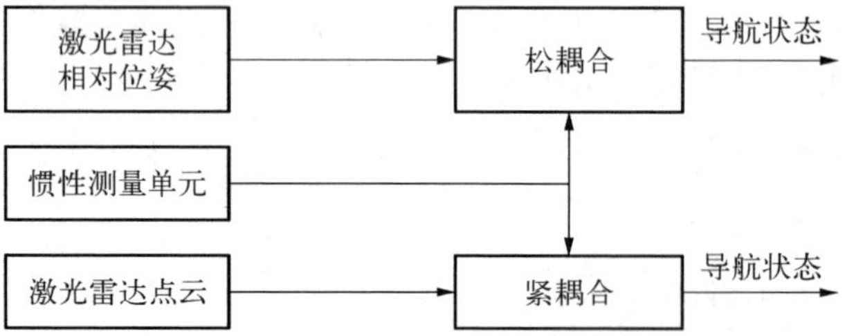

图 2.12 惯性/激光雷达组合导航架构

2.4.3 卡尔曼滤波方法及其在组合导航系统中的应用

卡尔曼滤波(KF)是一种在时域范围内进行状态递推估计的滤波器[21],不同于之前在频域范围内进行估计的维纳滤波器。针对线性动态系统,在对系统状态进行精确建模的基础上,通过一系列互不相关的高斯噪声量测对线性系统状态进行最优估计。作为组合导航关键技术的卡尔曼滤波器是一种最优估计技术,对线性随机系统采用递推方式完成状态估计以实现待估计状态量估计误差方差最小。由于卡尔曼滤波原理相对简单,同时易于工程实现,一经提出很快在工程技术中得到广泛应用。

根据已获得的不同时刻观测序列获取某个时刻矢量 $\boldsymbol{X}$ 的估值,按照不同的估计准则实现系统状态最优估计是提高组合导航系统定位精度的关键,其中估计误差方差最小是目前常用的估计准则之一。

最小方差估计准则是对待估计的系统状态的均方误差最小,即

$$E\{[\boldsymbol{X}-\hat{\boldsymbol{X}}(\boldsymbol{Z})][\boldsymbol{X}-\hat{\boldsymbol{X}}(\boldsymbol{Z})]^{\mathrm{T}}\} \leqslant E\{[\boldsymbol{X}-\boldsymbol{r}(\boldsymbol{Z})][\boldsymbol{X}-\boldsymbol{r}(\boldsymbol{Z})]^{\mathrm{T}}\} \tag{2.73}$$

式中, $\boldsymbol{X}$ 为系统 n 维状态向量; $\boldsymbol{Z}$ 为 m 维量测向量; $\hat{\boldsymbol{X}}(\boldsymbol{Z})$ 为用 $\boldsymbol{Z}$ 计算得到的 $\boldsymbol{X}$ 的最小方差估值; $\boldsymbol{X}-\hat{\boldsymbol{X}}(\boldsymbol{Z})$ 为估计误差(或称残差 $\tilde{\boldsymbol{X}}$) ,即

$$\tilde{\boldsymbol{X}} = \boldsymbol{X}-\hat{\boldsymbol{X}}(\boldsymbol{Z}) \tag{2.74}$$

由于最小方差估计具有无偏估计性质,满足被估计系统状态误差 $\tilde{\boldsymbol{X}}$ 的均值为零、均方误差为一定值,即

$$\begin{cases} E\{\boldsymbol{X}-\hat{\boldsymbol{X}}(\boldsymbol{Z})\} = E\{\tilde{\boldsymbol{X}}\} = 0 \\ E\{\tilde{\boldsymbol{X}}\tilde{\boldsymbol{X}}^{\mathrm{T}}\} = E\{[\tilde{\boldsymbol{X}}-E(\tilde{\boldsymbol{X}})][\tilde{\boldsymbol{X}}-E(\tilde{\boldsymbol{X}})]^{\mathrm{T}}\} \end{cases} \tag{2.75}$$

因此,利用最小方差估计准则可以实现状态量估计值 $\hat{\boldsymbol{X}}(\boldsymbol{Z})$ 的均方误差最小。采用最优估计准则对状态量进行估计时,首先要得到状态量的条件概率密度,然而在实际工程应用时,系统状态的先验条件概率密度很难事先通过统计的方法得到,从而一定程度上限制了其应用范围。卡尔曼滤波是一种采用递推式的线性最小方

差估计方法，在对系统状态量进行估计时，一般只适用于对系统过程噪声及观测噪声为高斯类型白噪声的线性系统进行状态估计，要求系统模型精确已知，即在应用卡尔曼滤波之前，需要精确建立系统状态递推模型及系统观测模型，利用状态递推方程和线性量测方程来描述系统状态递推特性和系统量测值，一般适用于线性系统。

在实际工程应用过程中系统一般都是连续系统，考虑到计算机的控制实现方式，常采用离散化系统模型来描述系统状态，因此离散形式的卡尔曼滤波方程是目前较常用的形式。

离散形式卡尔曼滤波基本方程如下。

状态步预测方程：

$$\hat{\boldsymbol{X}}_{k|k-1} = \boldsymbol{\Phi}_{k,\,k-1}\hat{\boldsymbol{X}}_{k-1} \tag{2.76}$$

状态估值方程：

$$\hat{\boldsymbol{X}}_{k} = \hat{\boldsymbol{X}}_{k|k-1} + \boldsymbol{K}_{k}(\boldsymbol{Z}_{k} - H_{k}\hat{\boldsymbol{X}}_{k|k-1}) \tag{2.77}$$

滤波增益方程：

$$\boldsymbol{K}_{k} = \boldsymbol{P}_{k|k-1}\boldsymbol{H}_{k}^{\mathrm{T}}(\boldsymbol{H}_{k}\boldsymbol{P}_{k|k-1}\boldsymbol{H}_{k}^{\mathrm{T}} + \boldsymbol{R}_{k})^{-1} \tag{2.78}$$

一步预测均方误差方程：

$$\boldsymbol{P}_{k|k-1} = \boldsymbol{\Phi}_{k,\,k-1}\boldsymbol{P}_{k-1}\boldsymbol{\Phi}_{k,\,k-1}^{\mathrm{T}} + \boldsymbol{\Gamma}_{k-1}\boldsymbol{Q}_{k-1}\boldsymbol{\Gamma}_{k-1}^{\mathrm{T}} \tag{2.79}$$

估计均方误差方程：

$$\boldsymbol{P}_{k} = (\boldsymbol{I} - \boldsymbol{K}_{k}\boldsymbol{H}_{k})\boldsymbol{P}_{k|k-1}(\boldsymbol{I} - \boldsymbol{K}_{k}\boldsymbol{H}_{k})^{\mathrm{T}} + \boldsymbol{K}_{k}\boldsymbol{R}_{k}\boldsymbol{K}_{k}^{\mathrm{T}} \tag{2.80}$$

或者

$$\boldsymbol{P}_{k} = (\boldsymbol{I} - \boldsymbol{K}_{k}\boldsymbol{H}_{k})\boldsymbol{P}_{k|k-1} \tag{2.81}$$

式(2.76)和式(2.79)称为时间更新方程，式(2.77)、式(2.78)、式(2.80)或式(2.81)称为量测更新方程。

当采用两个及以上导航系统构成组合导航系统时，卡尔曼滤波是组合导航系统中最常用的数据处理方法。目前卡尔曼滤波器主要采用两种不同的滤波估计方法，即直接法估计、间接法估计。而基于间接法估计有两种融合校正模式，即输出校正模式和反馈校正模式。

1. 直接法估计和间接法估计

在设计滤波器时根据滤波器状态量选取以及结构设计的不同，滤波估计方法主要有直接法和间接法两种。如果以导航子系统的输出如姿态、速度、位置等作为系统状态量，通过滤波处理实现组合导航系统状态最优估计则称为直接法滤波估计[22];如果以导航子系统的误差作为系统状态量如惯性导航系统速度误差、位置误差等,通过滤波处理实现组合导航系统状态最优估计则称为间接法滤波估计。

在直接法滤波估计中,卡尔曼滤波器实时接收惯性导航系统与其他导航系统输出的导航参数如姿态、速度、位置(分别用 $\boldsymbol{X}_{\mathrm{I}}$ 和 $\boldsymbol{X}_{\mathrm{N}}$ 表示)等,经过滤波计算,得到导航参数的最优估计[23],直接法滤波示意图如图 2.13 所示。

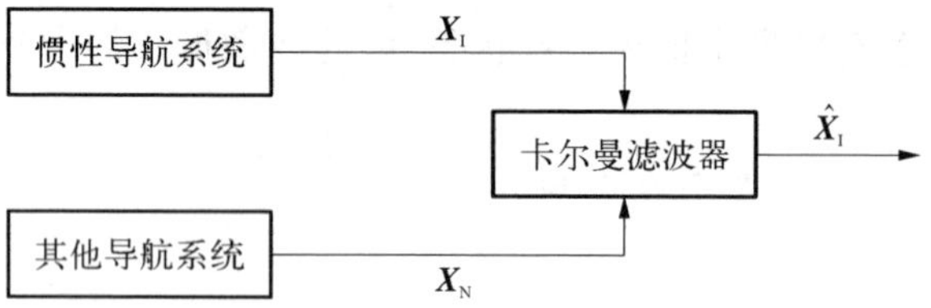

图 2.13 直接法滤波示意图

间接法估计在组合导航系统中应用较广,系统的状态量主要是导航参数的误差量[24],如惯性导航系统速度误差、位置误差等。在间接法滤波估计中,卡尔曼滤波实时接收两个导航子系统对同一导航输出值的差值,如卫星接收机输出载体的速度、位置与惯性导航系统解算得到的速度、位置之差等,经过滤波计算,最优估计出各误差量。间接法滤波示意图如图 2.14 所示。下面分别说明输出校正和反馈校正。

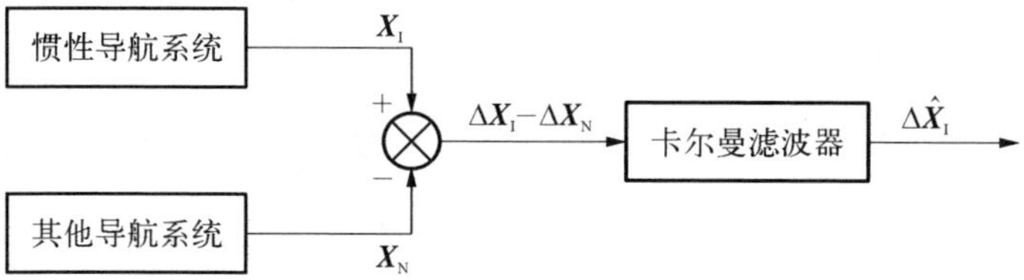

图 2.14 间接法滤波示意图

如果用惯性导航系统误差的估计值去校正惯性导航系统输出的导航参数以得到导航参数的最优估计[25]称为间接法的输出校正,如果用惯性导航系统误差的估计值去校正惯性导航系统力学编排中的相应导航参数,即将误差估计值反馈到惯性导航系统内部[26]称为间接法的反馈校正。下面依次介绍这两种校正方法的不同特点。

2. 间接法估计时的输出校正

以惯性导航系统和其他某一种导航系统组合为例,间接法的组合导航卡尔曼滤波器将惯性导航系统和其他导航系统各自计算的某些导航参数如速度、位置等[27]进行差值计算,即

$$\boldsymbol{X}_{\mathrm{I}}-\boldsymbol{X}_{\mathrm{N}}=(\boldsymbol{X}+\Delta\boldsymbol{X}_{\mathrm{I}})-(\boldsymbol{X}+\Delta\boldsymbol{X}_{\mathrm{N}})=\Delta\boldsymbol{X}_{\mathrm{I}}-\Delta\boldsymbol{X}_{\mathrm{N}} \tag{2.82}$$

滤波器将差值作为系统量测值,经过滤波计算得到系统状态最优估计值。

输出校正就是用组合导航系统的状态量即导航参数误差估计值 $\Delta\hat{\boldsymbol{X}}$ 修正导航系统输出的导航参数以得到最优的导航参数估计值 $\hat{\boldsymbol{X}}$[28],即

$$\hat{\boldsymbol{X}}=\boldsymbol{X}_{\mathrm{I}}-\Delta\hat{\boldsymbol{X}}_{\mathrm{I}} \tag{2.83}$$

输出校正的滤波示意图如图 2.15 所示。

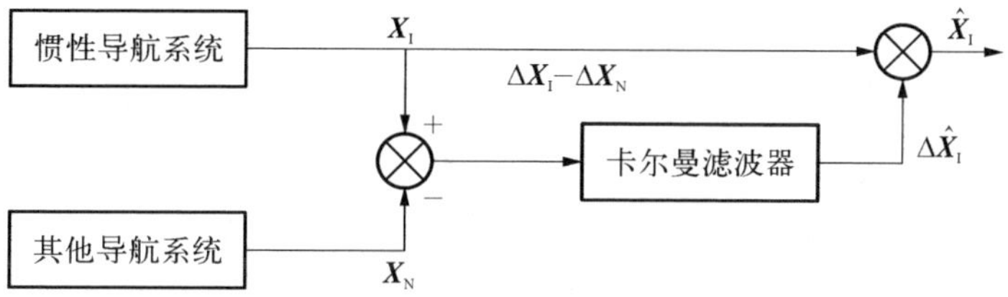

图 2.15　输出校正的滤波示意图

3. 间接法估计时的反馈校正

采用反馈校正的间接法估计是将惯性导航系统导航参数误差估计值 $\Delta\hat{\boldsymbol{X}}_{\mathrm{I}}$ 反馈到惯性导航系统内,对误差状态进行修正以得到导航参数的最优估计值[29]。反馈校正的滤波示意图如图 2.16 所示。

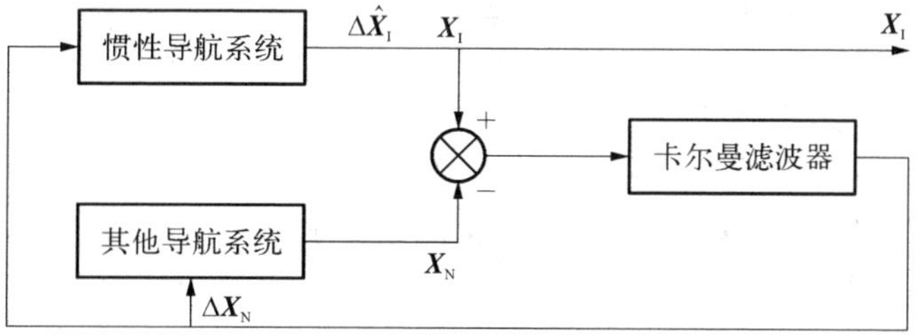

图 2.16　反馈校正的滤波示意图

工程实践应用中卡尔曼滤波也会遇到一些限制,导致滤波精度下降:

(1) 模型问题。卡尔曼滤波理论要求系统状态和观测数学模型是精确已知的,系统的模型越精确,滤波和预测的精度就越高。但在实际应用中,难以得到被估计系统的精确数学模型,模型一般近似得到[6],这种近似的模型与获得的量测值不匹配,从而降低滤波精度,严重时甚至会导致滤波器发散。

(2) 滤波初值问题。设计卡尔曼滤波器时一般要求给出系统状态量的初始值以及初值协方差矩阵以完成系统状态递推,然而在实际工程中系统状态初值和协方差矩阵很难得到,一般通过近似得到,如果设定的初值较大,有可能会降低滤波

估计精度。

(3) 协方差退化问题。卡尔曼滤波理论要求$\boldsymbol{P}_{k|k-1}$阵是对称正定矩阵,然而在实际应用中,由于计算机的舍入误差、截断误差等因素的影响可能会破坏了$\boldsymbol{P}_{k|k-1}$阵的对称性和正定性,使得增益矩阵的计算值逐渐失去合适的加权作用而导致发散[30]。

(4) 噪声非高斯问题。卡尔曼滤波要求系统噪声和观测噪声都是相互独立的高斯类型白噪声,而实际应用过程中大多都是“有色噪声”。

2.4.4　其他滤波技术及特点

在实际应用中,导航系统噪声的先验统计特性未知或者不准确,或者在实际运行环境中受其他因素影响,如惯性器件受振动环境影响以及无线电信号传播受到干扰等,噪声统计特性极易发生变化,具有时变性强的特点[31]。在噪声特性未知、时变情况下易出现滤波精度下降甚至发散的情况。为了克服这个缺点,一些自适应卡尔曼滤波器应运而生,如基于极大后验估计的噪声统计估计器[32]、Sage-Husa自适应滤波算法[33]以及多模型滤波方法[34]等。文献[35]提出了基于协方差匹配的自适应卡尔曼滤波方法,在线对噪声特性进行建模,并将其应用于惯性导航系统(inertial navigation system, INS)/GPS组合导航系统中。文献[36]研究了时变噪声下的惯性/陆基无线电导航系统信息融合方法,从而提升组合导航系统在实际运行中的自适应和抗干扰性。

卡尔曼滤波基本理论只适用于状态方程和量测方程均为线性的随机高斯系统。但当实际情况下的组合导航系统模型均存在非线性环节,如惯性导航系统中的角误差模型及卫星伪距观测方程等,在应用卡尔曼滤波时,必须进行线性化处理从而影响滤波效果。因此,在卡尔曼滤波基础之上,出现了离散非线性随机系统扩展卡尔曼滤波(extended Kalman filter, EKF)算法理论[37]。文献[38]和[39]分别将EKF应用于惯性/卫星紧耦合导航系统和基于斜距的惯性/陆基组合导航系统中,以提升组合导航系统的定位精度。虽然EKF易于实现,但是其仍是一种近似精度只有一阶的非线性高斯滤波器,对强非线性系统滤波精度偏低,且其需要计算非线性函数的雅可比矩阵,计算复杂。

为了克服EKF的以上缺点,出现了无迹卡尔曼滤波(unscented Kalman filter, UKF)[40]。UKF用unscented变换(unscented transformation, UT)取代了EKF中的局部线性化,取消了模型线性化的限制且不需要计算雅可比矩阵,UT理论上至少能以三阶泰勒精度逼近任何非线性高斯系统状态的后验均值和协方差,因此UKF精度要优于EKF[41]。文献[42]提出了一种改进的UKF方法应用于惯性/卫星紧耦合导航系统中,有效降低了EKF中对伪距观测方程线性化带来的误差。

随后根据采样策略的调整,出现了Gauss-Hermite滤波器(Gauss-Hermite filter,

GHF)、中心差分滤波器(central difference filter, CDF)[43]和容积卡尔曼滤波器(cubature Kalman filter, CKF)[44]等,这些方法与UKF的不同之处仅在于采样点权值及计算预测协方差的表达方式上,故Crassidis等采用一个统一的滤波框架来描述,称为Sigma点卡尔曼滤波器(Sigma point Kalman filter, SPKF)[45],文献[46]提出将CKF应用于INS/GPS组合导航系统中,建立了组合系统非线性模型。文献[47]针对INS/GPS紧耦合导航系统采用SPKF方法进行滤波,提升系统融合精度。

非线性滤波问题也可以在贝叶斯估计理论框架下进行研究,前面提及的各种滤波器,如线性KF、EKF、SPKF等都可以看成最优贝叶斯滤波在特定条件下的简化。早在20世纪50年代,基于序贯重要性采样(sequential importance sampling, SIS)的序贯蒙特卡罗积分方法就被应用于物理和统计学中[48]。随后Gordon等提出了一种自举粒子滤波器(bootstrap particle filter, BPF)算法[49],从而奠定了粒子滤波算法的基础。粒子滤波是贝叶斯最优滤波与蒙特卡罗随机采样方法相互结合的产物,其突出特点是不受限于线性和高斯的假设,理论上来讲,它适用于任意非线性、非高斯系统的滤波问题[50]。

粒子滤波在应用中还存在一些问题,例如,在重采样过程中会出现样本贫化问题,为了保证粒子的多样性,许多粒子滤波改进算法被提出,包括正规化粒子滤波[51]、基于智能优化重采样策略的粒子滤波[52]等。其次,粒子数目的增加会造成计算负担大、实时性差的问题。为了解决该问题,可以利用边沿化技术[53]、粒子数自适应选取等方法[54]对标准粒子滤波算法进行改进。另外,粒子样本的选取也会影响滤波精度,为了解决该问题,改进的粒子滤波算法包括辅助变量粒子滤波[55]、扩展卡尔曼粒子滤波[56]、Sigma点卡尔曼粒子滤波[57]、高斯采样粒子滤波[58]等被提出。

在目前的多传感器组合导航系统中,各类观测信息的模型往往呈现出非线性的特点。尽管EKF、UKF、CKF等能够实现对非线性观测信息的处理与融合,但目前基于滤波的融合方法仍然受到非线性误差的影响,进而会降低状态估计精度。

2.5 本章小结

本章首先介绍了导航领域的一些基本知识;在此基础上,对惯性导航基础进行了介绍,阐述了捷联惯性导航系统的特点与解算原理。同时,介绍了不同惯性基组合导航系统的模式与架构,并对卡尔曼滤波与其他滤波的特点进行了总结。本章是惯性导航及组合导航系统基本概念和原理的概述部分,便于读者对传统的惯性基组合导航进行全面的了解。

第 3 章 因子图融合理论与方法

3.1 引言

多源信息具有多样性和复杂性,融合方法要保证其鲁棒性和并行处理能力,同时需兼顾运算速度和精度。融合方法有很多种,如加权融合法、基于贝叶斯估计的滤波融合算法等,经过进一步的发展,基于人工智能的模糊逻辑理论、神经网络等方法也逐渐发展起来。卡尔曼滤波是目前最常用的多源信息融合方法,然而在实际情况中传感器信息的异步问题较为常见,滤波方法对异步信息的处理机制较为复杂,并且线性化误差较大。

图模型是一种实用且直观的建模工具。因子图作为一种表示因式分解的图模型,在编码领域、统计学、信号处理和人工智能领域有着广泛的应用。导航系统中的状态估计以及信息融合问题也可以使用因子图模型进行表示,基于因子图模型的导航算法往往能在非线性量测条件下有着较好的效果,并且拥有即插即用的特性。本章首先介绍因子图的理论基础及其发展进程,接着说明基于因子图模型的导航系统原理并且阐述因子图在导航系统中的应用,最后对因子图在导航系统中的进一步应用进行总结与展望。

3.2 因子图的建立与发展概述

图模型广泛应用于自然科学、工程技术、社会经济和管理等方面,通过图论,按照图的性质进行分析,为研究各种系统特别是复杂系统提供了一种有效的方法。在人工智能和统计科学领域中,随机模型通常被表述为贝叶斯网络或马尔可夫随机场等概率图[59];在编码理论中,Turbo 码、低密度奇偶校验码(low density parity check code, LDPC)等迭代解码可以表示为二分图形模型[60]。因子图模型从编码理论和概率图模型理论两个方向分别不断发展起来,从而逐渐形成较为独立的因子图模型理论。

因子图理论起源于编码理论。1981 年，Tanner 引入了一种二分图来描述 Gallager 提出的 LDPC 码的校验矩阵，称为 Tanner 图，并且还基于该图模型解释了表示消息传递的和积算法（sum-product algorithm, SPA）[61]。从因子图的角度来看，编码的 Tanner 图表示代码的特征函数的特定因式分解。1995 年，Wiberg 等扩展了 Tanner 图的定义，将迭代解码算法用广义 Tanner 图表示，并实现了基于改进 Tanner 图模型的 Viterbi 解码算法与 BCJR 解码算法[62]。2001 年，Kschischang 等在用于分析信道编码的 Tanner 图、Wiberg 图等图模型的基础上做了一定的改进和推广，抽象并提炼出了因子图的概念与和积算法[63]。

人工智能、信号处理和数字通信中开发的各种算法可以作为和积算法的具体应用，包括前向/后向算法、迭代 Turbo 码解码算法、贝叶斯网络的传播算法、马尔可夫链的传播算法、卡尔曼滤波器和某些快速傅里叶变换算法等，而这些算法都可以通过因子图来表达。文献[64]中详细地将卡尔曼滤波器与最小二乘法两种最优估计方法与基于因子图的和积算法统一起来，通过因子图的模型描述了估计算法。这些数学层面上的理论分析，建立了因子图建模及算法理论，为因子图理论在导航等实际问题上的应用奠定了基础。

因子图在通信编码与信号处理领域的相关研究也不断发展起来。文献[65]将 Turbo 码与 LDPC 码的译码相结合，对 Turbo 码采用基于其因子图表示的和积译码算法进行译码，很大程度地降低了译码复杂度。文献[66]将因子图与粒子滤波相结合，研究了在较强的相位噪声的情况下基于因子图模型的载波同步算法。文献[67]将因子图算法与 Turbo 码均衡联合起来，研究了基于因子图的高斯消息传递算法。文献[68]提出了一个基于因子图的低复杂度软输入软输出均衡器，用于 MIMO - ISI 信道，降低了均衡器的复杂度。因子图模型在通信领域中的研究已经超过 20 年，基于因子图的迭代检测与译码算法便不再详细阐述。图 3.1 为 LDPC 的译码算法，LDPC 译码算法中的置信传播算法的提出早于因子图，这在一定程度上说明图模型不是一个从不能解决问题到能解决问题的突破，而是采用图模型更好地解决问题。

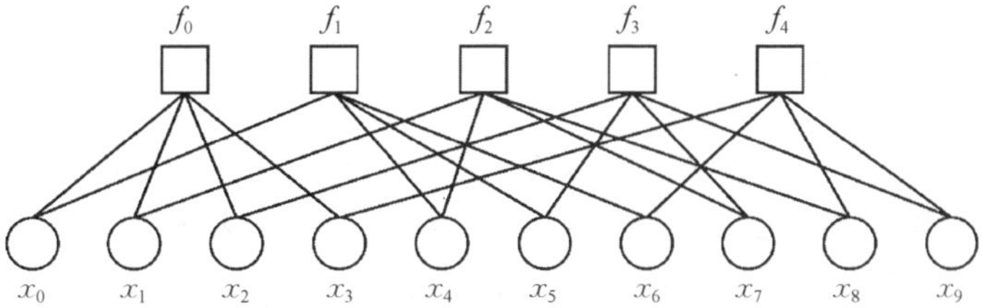

图 3.1　LDPC 译码因子图示例

随着概率图模型理论的不断发展与完善，因子图在基于概率模型的推理与预测理论方面也有应用。马尔可夫随机场与贝叶斯网络的状态空间被分成几个状态空间的乘积,可以以因子图的形式表示并通过适当的算法进行求解[69]。因子图在推理与估计处理领域的相关研究不断发展起来。越来越多的学者不断将因子图模型与梯度算法、期望最大化算法、蒙特卡罗算法、滤波与平滑等其他技术进行融合[66],在工程应用中越来越凸显其重要作用。

基于因子图的推理算法是由概率图推理算法发展而来的,其中最大后验概率估计(maximum a posteriori estimation, MAP)法是最为常见的,其在故障诊断、信息融合、状态估计、SLAM 等领域都有所应用。文献[70]提出一种采用因子图模型描述链路状态和路径状态间的联合概率分布以估计链路状态当前分布的方法;文献[71]提出使用有向因子图描述系统组成部件间的因果关系,应用概率推理实现故障诊断的方法;文献[72]提出了一种基于因子图的分布式变分稀疏贝叶斯压缩感知算法;文献[73]将因子图作为估计和控制问题的统一表示框架和计算工具并将其应用于无人机避障中;文献[74]提出了一种基于可信度函数的改进因子图加权信息融合算法;文献[75]提出了一种基于因子图消息传递的卫星姿态角速度估计方法;文献[76]提出了一种基于因子图的搜索广告转化预测模型。

因子图作为一种不断发展的理论,其优势在不同领域的研究中快速发展。本节将重点介绍因子图方法近年来在导航领域中的应用。

3.3 因子图理论基础

因子图是用来表示因式分解的二分图模型,二分图的特点是图的顶点能够划分为两个不相交集,使得每一条边都分别连接两个不相交集中的节点,即图中的顶点可以分为两个不同的类型。因子图可以用来对各类系统进行建模,基于因子图建模的主要目的是将复杂的系统进行因式分解。根据实际求解的问题,采用相应的因子图模型进行建模,可以有效地提高解决问题的效率。其中,当因子图的节点表示随机变量和概率分布时,因子图也是一种概率图模型,它是因子图应用中最为常见的模型,导航上的应用也多为概率图。

3.3.1 因子图的一般模型

因子图是用来表示函数因式分解的一种二分图模型。在因子图 $G=(F, X, E)$ 中包含两种类型的节点:一种是因子节点 $f_i \in F$,代表因式分解中的局部函数;另一种是变量节点 $x_j \in X$,代表全局多元函数中的变量。边缘 $e_{ij} \in E$ 是指当且仅当因子图中变量节点 x_j 是与之相应的因子节点 f_i 的自变量时,它们之间存在一条连接边 e_{ij}[77]。

因子图的构建有两种常用方式,如图 3.2 所示 Forney 提出的因子图和如图 3.3 所示 Loeliger 提出的因子图[78]。两种图都可以表示一个多元函数的因式分解,且两者的性质本质上是一致的,仅仅是符号表示的方法不同。Forney 式因子图的优点在于支持分层建模,兼容标准框图,Loeliger 式因子图的优点在于方便转换为概率模型。图 3.2 与图 3.3 都表示了 $f(x_1, x_2, x_3, x_4)$ 的因式分解,可为 3 个因式乘积的形式,即

$$f(x_1, x_2, x_3, x_4) = f_1(x_1, x_2, x_3)f_2(x_3, x_4)f_3(x_4) \tag{3.1}$$

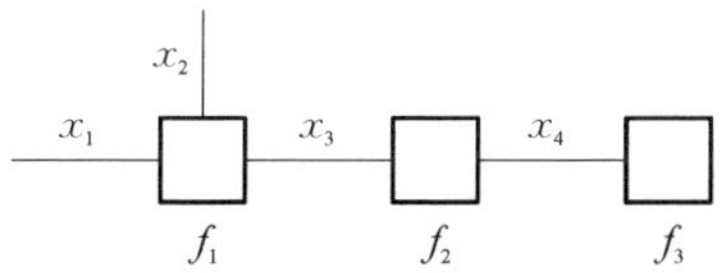

图 3.2 Forney 式因子图示例

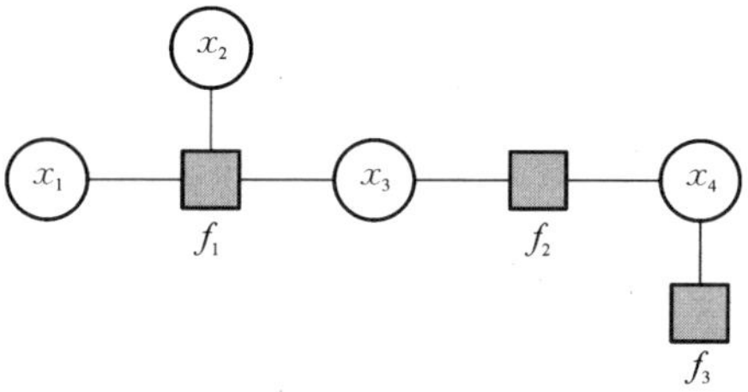

图 3.3 Loeliger 式因子图示例

从两种因子图中可以总结出,一个因子图是由节点和边组成的,具体情况表述如下:

(1) 每个局部函数都可以由唯一的一个因子节点表示;

(2) 每个变量由唯一的一个变量节点表示;

(3) 当某一个局部函数与某一个变量相关时,相应的因子节点与变量节点通过边相连。

因子节点有时也称为局部函数或者函数节点,局部函数的乘积则称为全局函数。在式(3.1)中,全局函数是 $f(x_1, x_2, x_3, x_4)$,局部函数是 $f_1(x_1, x_2, x_3)$、$f_2(x_3, x_4)$、$f_3(x_4)$。

3.3.2 概率图与因子图模型

概率图模型是应用因子图模型解决工程问题时最为常见的模型,是一种以图模型表示变量概率依存关系的理论,它是对复杂不确定性问题进行建模和计算的重要工具之一[79]。工程上许多问题的求解可以被抽象地归为统计推断问题,对此,可以通过概率模型进行建模求解。在概率模型的基础上,引入概率图模型能够使得概率模型可视化,一些变量之间的关系能够很容易地从图中观测出来;同时有一些概率上的复杂计算可以理解为图上的信息传递,如此就可以无须过于关注概率计算的复杂表达式;最后一点是,概率图的可扩展性较好,能够简洁地表示复杂的概率分布,有效地计算边缘分布和条件分布。因此,概率图被广泛应用于需要进行概率推理的场合[80]。基本的概率图一般可以分为两个类别:贝叶斯网络(Bayesian network, BN)和马尔可夫随机场(Markov random field, MRF)。它们的主

要区别在于采用不同类型的图来表达变量之间的关系：贝叶斯网络采用有向无环图(directed acyclic graph, DAG)来表达因果关系，马尔可夫随机场则采用无向图(undirected graph, UG)来表达变量间的相互作用。

与贝叶斯网络与马尔可夫随机场不同，因子图是从变量全局函数分解的角度考虑，是一种更为精细的模型表示方法，借助因子图的概念可以实现多类模型表示方法的统一。换而言之，贝叶斯网络与马尔可夫随机场都能与因子图相互转换。举例来说，令 $g(x_1, x_2, x_3, x_4, x_5)$ 表示一组随机变量的联合概率密度函数，其可以分解成式(3.2)的形式：

$$g(x_1, x_2, x_3, x_4, x_5) = g_1(x_1)g_2(x_2)g_3(x_3 \mid x_1, x_2)g_4(x_4 \mid x_3)g_5(x_5 \mid x_3) \tag{3.2}$$

图 3.4 是式(3.2)用因子图、贝叶斯网络、马尔可夫随机场分别表示的概率图示例。由三种图对比可以看出，因子图是一种比贝叶斯网络和马尔可夫随机场更为精细的模型表示。例如，在如图 3.4(a)所示的因子图中，可以用因子节点表示并区分不同的具体分布形式，能够根据因子图写出唯一对应的联合概率密度函数；而在图 3.4(c)马尔可夫随机场与图 3.4(b)贝叶斯网络中，表示的方法更为笼统，对应的联合概率密度函数并不唯一。

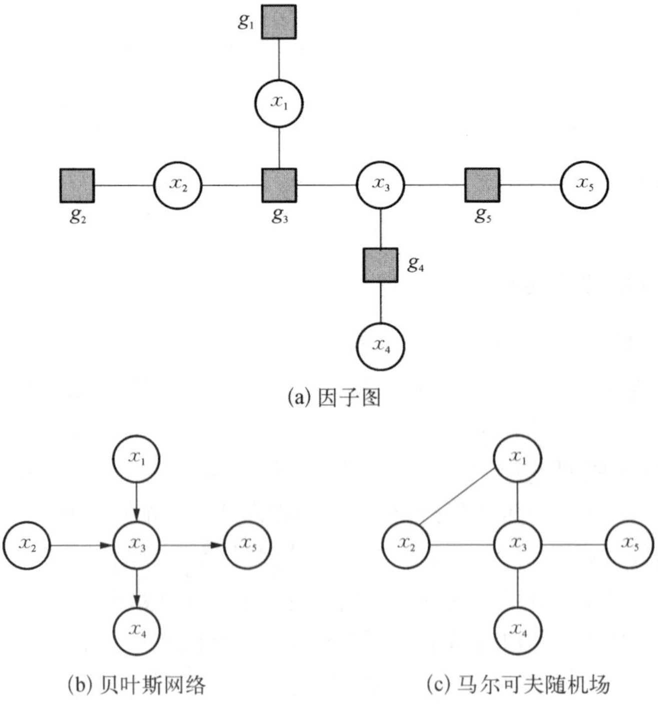

图 3.4　三种概率图示例

贝叶斯网络可以简单地转换为因子图。在贝叶斯网络中，只有一种类型的节点，而每个节点表示相应变量及其父节点之间的条件密度。因此，转换的过程可以简单地描述为：首先，将贝叶斯网络每个节点分解成相应因子图中的变量节点和因子节点；然后，将因子节点与变量节点按照原贝叶斯网络中各节点关系相连接；最后，若贝叶斯网络中的节点是显性的，即它们作为已知变量给出，则省略相应的变量节点，已知变量节点简单地表示为因子图中的固定参数。

普遍的基于概率图推理算法一般是使用贝叶斯网络或者马尔可夫随机场，其节点之间的条件独立性是重要的先决条件，但是这两种图模型在表达节点间条件独立性方面存在着不足[81]。由于因子图结构显式地表示出构造概率分布的因子，因此特别适合一类通过在变量与因子之间传递消息的推理算法的执行[80]。

3.3.3　因子图模型的和积算法

在因子图中，变量节点到因子节点或者因子节点到变量节点是通过信息来交互的。和积算法是基于因子图的消息传递算法，该算法首先将有向图、无向图转化为因子图，然后基于因子图框架进行推导求解。在概率图中，基于因子图的和积算法可以高效简便地求出某一随机变量的边缘概率。

在图 3.3 所示因子图中，已知联合概率密度函数为式(3.1)，随机变量 x_3 的边缘概率可由 x_1、x_2、x_3、x_4 的联合概率求解，具体如式(3.3)所示，对 x_3 外的其他变量的概率求和，最终剩下 x_3 的概率：

$$\tilde{p}(x_3) = \sum_{x_1 x_2 x_4} f(x_1,\ x_2,\ x_3,\ x_4) \tag{3.3}$$

由于联合概率的因式分解已知，式(3.3)可以做如下变化：

$$\begin{aligned}\tilde{p}(x_3) &= \sum_{x_1 x_2 x_4} f_1(x_1,\ x_2,\ x_3) f_2(x_3,\ x_4) f_3(x_4) \\ &= \sum_{x_1 x_2} f_1(x_1,\ x_2,\ x_3) \sum_{x_4} f_2(x_3,\ x_4) f_3(x_4) \\ &= \mu_{f_1 \to x_3}(x_3)\, \mu_{f_2 \to x_3}(x_3)\end{aligned} \tag{3.4}$$

式中，$\mu_{f_1 \to x_3}(x_3)$ 代表因子图中 x_3 左边所有变量的信息汇总，$\mu_{f_2 \to x_3}(x_3)$ 代表因子图中 x_3 右边所有变量的信息汇总。一个全局的信息汇总可以由连续的子系统的局部信息汇总得到。

因子图与和积算法的本质即沿着变量节点从因子节点传递出的信息是因子和沿着除该变量以外其余所有变量传入的信息的乘积，然后对除该变量以外其余所有相关变量进行求和的结果[78]。基于因子图的消息传递算法是一个高效的求变量的边缘概率分布的算法。

3.4 因子图组合导航方法理论基础

导航的目的是实时精准地估计载体位置、速度与姿态等运动信息。随着导航技术的不断发展,单一导航系统已经不能满足高精度导航的要求。为了提高导航系统的精度和可靠性,需要利用卫星导航系统、里程计、天文导航系统、视觉辅助导航等传感器来协助导航。这些传感器具有不同的误差特性,结合多种传感器的互补特性和余度信息能够提供比单个传感器更精确、更具鲁棒性的估计。但是这些传感器通常都按照不同的频率工作,并且输出信息有些是非线性测量值,给组合导航系统的设计增加了挑战。

基于多源传感器信息融合的组合导航问题是因子图应用的重要场景之一,因子图作为一种状态估计与推理方法,能够实现系统导航传感器的即插即用[82],既可有效解决数据融合中的异步问题,也能针对多源导航传感器具有很好的扩展性,对传感器灵活配置,该方法已经在组合导航领域受到广泛关注。

3.4.1 因子图优化的内涵

如第 2 章所述,卡尔曼滤波是一种时域估计方法,对于具有高斯分布噪声的线性系统,可以得到系统状态的递推最小均方差估计,因此长期以来被认为是许多跟踪和数据预测任务的最佳解决方案。目前,卡尔曼滤波已在各类惯性基组合导航系统中得到了广泛应用[83-85]。卡尔曼滤波能够实现对线性系统的最优状态估计,然而现实中很多系统都包含非线性的成分,从而会降低卡尔曼滤波的精度。

与卡尔曼滤波不同,因子图优化保留了历史时刻的信息,通过对多个时刻的状态进行联合估计以及迭代优化可以实现更高的状态估计精度[86]。卡尔曼滤波与因子图优化对状态估计的区别如图 3.5 所示。可以看出,因子图算法的基本思想是通过构建系统某一时间段内的图模型,将系统状态与导航信息相关联,基于后验估计理论实现数据的融合。即在给定所有可用量测值后,计算所有状态的联合概率分布函数的最大后验概率估计。在多源信息组合导航的应用中,由于惯性导航拥有较高的数据生成率和抗干扰性,所以一般被视作组合导航系统中的参考源。

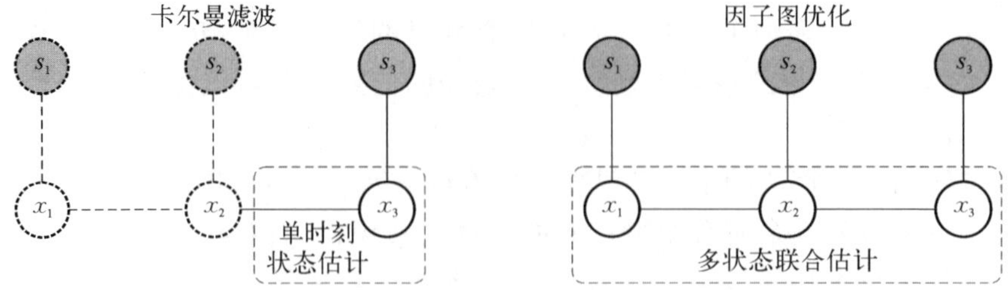

图 3.5 卡尔曼滤波与因子图优化对状态估计的区别

3.4.2　因子图组合导航基本架构

为了实现导航系统中的数据融合，首先建立基于因子图的组合导航系统模型。因子图组合导航的基本结构如图 3.6 所示。在因子图 $G_k=(F_k,\ V_k,\ E_k)$ 中存在两类节点，即因子节点 $f_i\in F_k$ 与变量节点 $v_j\in V_k$，图中灰色圆圈表示因子节点，白色圆圈表示变量节点。当因子节点 f_i 包含变量节点 v_j 时，在因子节点与变量节点之间会存在边 $e_{ij}\in E_k$。

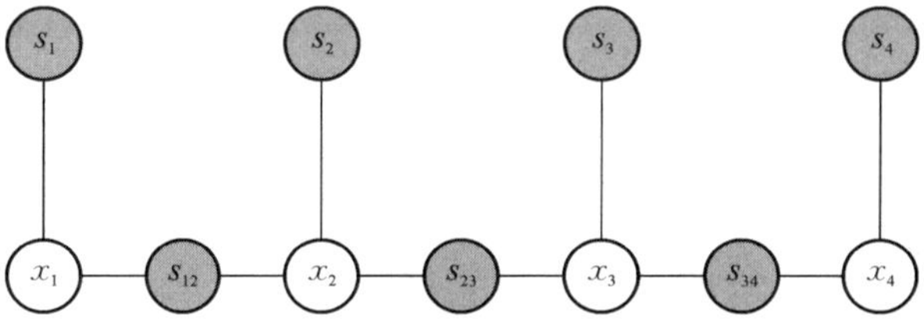

图 3.6　因子图组合导航基本结构

设 t_k 时刻的状态变量为 $\boldsymbol{x}_k$，$\boldsymbol{z}_k$ 为 t_k 时刻接收到的量测值。状态向量可以表示为

$$\boldsymbol{x}_k=[\boldsymbol{p}^{\mathrm{T}}\quad \boldsymbol{v}^{\mathrm{T}}\quad \boldsymbol{q}^{\mathrm{T}}\quad \boldsymbol{b}_a^{\mathrm{T}}\quad \boldsymbol{b}_g^{\mathrm{T}}] \tag{3.5}$$

其中，$\boldsymbol{p}=[p_x\quad p_y\quad p_z]^{\mathrm{T}}$ 为载体位置向量；$\boldsymbol{v}=[v_x\quad v_y\quad v_z]^{\mathrm{T}}$ 为载体速度向量；$\boldsymbol{q}=[q_0\quad q_1\quad q_2\quad q_3]^{\mathrm{T}}$ 为载体姿态四元数向量；$\boldsymbol{b}_a=[b_{ax}\quad b_{ay}\quad b_{az}]^{\mathrm{T}}$ 为加速度计零偏；$\boldsymbol{b}_g=[b_{gx}\quad b_{gy}\quad b_{gz}]^{\mathrm{T}}$ 为陀螺仪零偏。

因子图的最大后验（maximum a posterior，MAP）推理可以表示为

$$\boldsymbol{X}^{\mathrm{MAP}}=\arg\max_X\prod f_i(\boldsymbol{x}_i) \tag{3.6}$$

式中，因子节点可以表示为

$$f_i(\boldsymbol{x}_i)=\exp\left(-\frac{1}{2}\ \|\boldsymbol{h}_i(\boldsymbol{x}_i)-z_i\|_{\boldsymbol{P}_i}^2\right) \tag{3.7}$$

通过负指数运算，式（3.6）可以表示为

$$\boldsymbol{X}^{\mathrm{MAP}}=\arg\min_X\sum\|\boldsymbol{h}_i(\boldsymbol{x}_i)-z_i\|_{\boldsymbol{P}_i}^2 \tag{3.8}$$

其中，$\boldsymbol{X}^{\mathrm{MAP}}$ 为所有状态向量的最大后验估计；$\boldsymbol{h}_i(\boldsymbol{x}_i)$ 与 z_i 分别为预测的与实际的量测信息；$\|\boldsymbol{r}_i\|_{\boldsymbol{P}_i}^2=\boldsymbol{r}_i^{\mathrm{T}}\boldsymbol{P}_i^{-1}\boldsymbol{r}_i$ 为马氏距离并且 $\boldsymbol{r}_i$ 为残差，$\boldsymbol{P}_i$ 为协方差矩阵。可以通过高斯牛顿估计器对式（3.8）进行求解，假设状态向量的初始估计值为 $\boldsymbol{x}_0$，则状态向量的更新变化值可以表示为

$$\boldsymbol{\Delta}^* = \arg\min_{\boldsymbol{\Delta}} \sum \| \boldsymbol{A}_i(\boldsymbol{x}_0)\boldsymbol{\Delta}_i - \boldsymbol{b}_i \|_2^2 \tag{3.9}$$

式中，$\boldsymbol{A}_i(\circ)$ 表示在线性化点 $\boldsymbol{x}_0$ 处得到的雅可比矩阵；$\boldsymbol{b}_i$ 为预测误差。通过对式(3.9)进行求解，状态向量可以更新为 $\boldsymbol{x}_0 + \boldsymbol{\Delta}^*$。

根据组合导航系统的实际特点以及可选择的导航传感器设备，构建基于因子图的组合导航框架。图 3.7 为一个基于因子图的组合导航系统框架，以 INS 为主要参考源，辅以 GNSS 以及超宽带(UWB)定位系统三种导航方式。将其量测方程抽象为三类因子节点。图 3.7 中，圆圈代表状态变量节点，黑色方块代表因子节点，x_k 代表系统的导航状态，f 代表各传感器信息因子。f_{IMU} 表示 IMU 因子，与 t_k 时刻和 t_{k+1} 时刻的导航状态相关，f_{GNSS} 和 f_{UWB} 分别是 GNSS 和 UWB 定位系统因子。

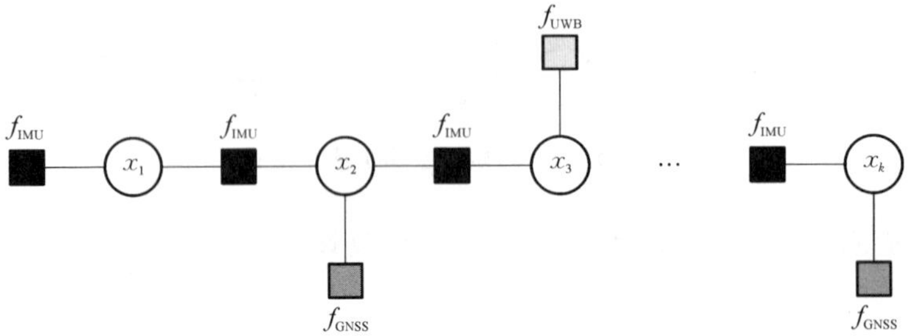

图 3.7　组合导航因子图建模方法

基于因子图构架的组合导航系统能够实现导航传感器的即插即用。若需要在导航系统中加入其他导航传感器量测信息如气压高度计、磁力计等，只需要定义相应的新因子节点拓展因子图，根据传感器的观测方程以及相应的代价函数进行变量边缘的状态更新。基于因子图的多传感器信息融合方法，是解决多传感器观测数据异步问题的一种有效方法，当接收到传感器的输出数据后，对因子图节点进行扩充，根据系统的状态方程和量测方程快速有效地进行系统状态的更新，实现导航系统多传感器的数据综合处理。

3.4.3　因子图在组合导航中的应用及发展

惯性导航系统是导航系统中的重要传感器，因为它能够提供有关载体运动的高频信息，这在自动驾驶领域和无人机自动飞行领域是至关重要的。然而，惯性导航系统本身并不适合长期导航，由于惯性导航的误差会随着时间的推移迅速累积发散，变得更加难以处理，除此以外也会受到测量偏差的影响。然而，惯性导航系统非常适合填补相机或 GNSS 等低频测量之间的差距，而这些低频导航系统又可用于校正惯性导航不可避免的误差漂移。在这个前提下，因子图提供了一个非常灵活的框架，拥有即插即用的优点，可以融合两个或多个互补的信息来源[87,88]。

目前,基于因子图优化的多源信息组合方法已经在组合导航领域逐渐得到了应用。文献[89]提出了一种面向自动驾驶汽车的滑动窗口因子图优化融合方法,能够实现对各类导航信息的即插即用。文献[90]提出了一种基于因子图优化的惯性/卫星紧耦合组合导航方法,并总结了因子图优化相比卡尔曼滤波的优势。文献[91]提出了一种基于因子图优化的惯性/里程计组合导航方法,并对 IMU 与里程计的器件参数进行了在线估计。

Zeng 等[82]提出了一种改进的基于因子图的多传感器融合导航算法。为了实现这些多传感器的测量信息融合并实时计算导航解,根据因子图的链结构对全局最优解进行因式分解。将该算法应用于无人机组合导航系统中,与传统的联邦滤波算法对比,能够更快地重新构建组合导航系统结构,更好地减小导航传感器精度下降或故障带来的影响。

Chiu 等[92]在因子图构架的基础上,进一步将滑动窗的概念引入多源信息组合导航因子图算法中。滑动窗使得因子图的全局最优化过程仅发生在最新生成的若干个节点间,它的引入不仅提高了融合算法的估计速度,而且减小了算法的计算量。

高军强等[93]在因子图算法的基础上,采用变量消除算法将因子图转化为贝叶斯网络,并通过贝叶斯树的形式实现增量推理,降低了传感器有效性动态改变,以及传感器存在异步和时延对导航精度的影响。因子图算法具有很强的鲁棒性和灵活性,在处理多传感器信息融合问题中具有较大的优势。在后续研究中[94],高军强等又针对全球定位系统信息滞后导致惯性导航系统实时性差的问题,利用因子图算法可以在一个信息融合时刻处理各信息源不同时刻量测信息的特点,提出了一种 INS/GPS 信息滞后处理方法。在系统接收到 GPS 信息之前,因子图模型中只添加关于 INS 信息的因子节点,经增量推理求出组合导航结果,保证系统的实时性。待系统接收到 GPS 信息之后,再将关于 GPS 信息的因子节点添加到因子图模型中,修正 INS 误差,从而保证系统长时间高精度运行。仿真结果表明,当上一时刻实时导航状态量对 INS 误差修正效果随 GPS 信息滞后时间变长而逐渐变差时,可以采用上一时刻刚刚完成量测更新的导航状态量实现 INS 误差的有效修正。因子图算法在保证系统精度的前提下,避免了 GPS 信息滞后对 INS/GPS 组合导航系统实时性的不良影响。

3.5 本章小结

因子图作为一种能够表示函数因式分解的图模型,由于其数学特性,在特定的模型建立、状态估计算法中有其独特的优越性。对于最优估计问题,因子图推理模糊了时间和空间的区别,可以实时求解大规模最优估计问题,而不需要求逆,降低了最优估计问题中的计算量,提高了系统的实时性。

虽然因子图算法的研究已取得了许多令人满意的成果,但目前在导航领域的研究仍然不够成熟、不够完善[95]。因子图在导航系统的应用当前还处于起步阶段,作为一个表示因式分解的图模型,已被广泛应用于各个科研领域的研究,从最初的编码模型到如今组合导航中的新算法。然而,因子图在导航领域的应用是最近才提出的,由于因子图模型是优化问题中的具有优越性的概率模型,基于该模型,非线性优化算法的计算更为简便。

全源导航是基于因子图导航方法的一大发展研究方向。全源定位与导航技术,即通过即插即用的方式兼容任意的传感器配置组合,得到一种高精度、鲁棒性强的定位与导航技术。目前基于因子图架构实现的全源导航还处在发展阶段。

导航系统中某些状态方程和观测方程具有不同程度的非线性,通过因子图概率图的表示方式,除了传统的卡尔曼滤波,能够更好地将其他非线性估计算法与导航算法相结合,促使人们去研究和探索适合于导航系统特点的滤波方法。

第 4 章 基于惯性预积分的因子图组合导航方法

4.1 引言

在基于因子图的惯性基组合导航系统中，考虑到惯性测量单元的高频输出以及为了避免重复积分问题，惯性信息往往以预积分的形式加入因子图中进行优化。本章首先介绍基于惯性预积分的因子图优化融合方法，然后介绍惯性预积分建模方法的基本概念。

目前工业界所使用的惯性传感器多为精度较低的 MEMS 惯性导航器件。器件本身无法敏感到地球自转角速度，以及载体运动带来的导航坐标系与地球坐标系的转动角速度，使得在导航解算的环节无法考虑这两项带来的误差，解算精度较低。此外，传统因子图算法未考虑地球参考椭球体的性质，忽略了不同时刻由导航坐标系变化带来的误差，同样造成了导航系统解算精度的下降。因此，本章针对传统因子图算法对高精度惯性导航信息处理不精确的问题展开研究，并通过车载航迹仿真对改进预积分方法的结果进行验证，对算法精度进行评估。

4.2 基于惯性预积分的因子图优化融合理论

因子图优化能够对多个时刻的状态进行联合估计，因此其历史时刻的状态估计结果是不断变化的。在因子图模型中，相邻变量节点的约束关系往往是利用 IMU 的量测信息在全局坐标系中通过推算得到的。但是，由于在因子图优化中历史时刻的全局导航解会发生改变，即推算初值在发生改变，因此需要对 IMU 的量测信息进行重复积分，这会引起较大的计算负担。为了解决上述问题，研究者提出了惯性预积分理论，通过在机体坐标系下进行推算，能够避免由推算初值变化所导致的重复积分问题，从而减小因子图优化方法的计算负担。目前，惯性预积分理论已经成为研究因子图优化融合理论的重要基础。然而，目前的惯性预积分方法主要是针对低精度的惯性测量单元，传统的模型难以应用于中高精度的惯性导航系统。本节对因子图优化及惯性预积分的基础理论方法进行研究，并对传统因子图优化融合方法存在的问题进行分析。

4.2.1　多源导航信息融合中的因子图优化方法研究

在因子图中，惯性预积分作为一种相对量测信息，用于连接相邻时刻的变量节点，如图 4.1 所示。以 GNSS 与 IMU 组合导航系统为例，假设在 t_i 时刻与 t_j 时刻采集到 GNSS 量测信息。由于 IMU 更新频率远高于 GNSS，在 t_i 时刻与 t_j 时刻之间会存在若干 IMU 量测信息。惯性预积分的作用是将若干 IMU 量测信息在 t_i 时刻 IMU 坐标系下进行积分，形成相对量测信息 $\boldsymbol{\Delta}_{ij}$，从而实现对相邻时刻变量节点的连接与约束。

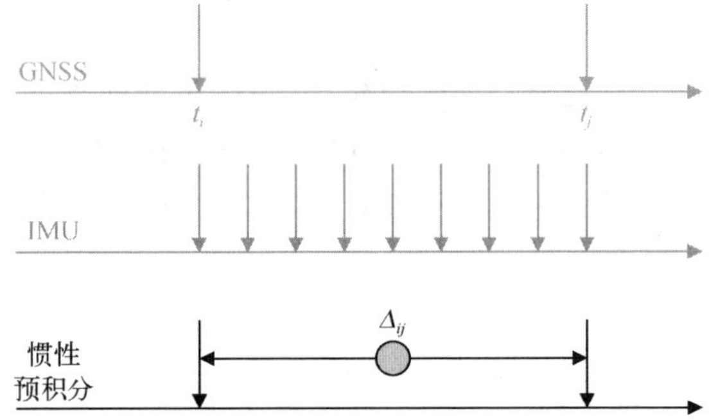

图 4.1　惯性预积分原理示意图

由于在惯性预积分中涉及多个坐标系，首先需要对所用到的坐标系进行定义。陀螺仪与加速度计的输出是在 IMU 坐标系下进行表示的，记为 b 系。IMU 坐标系的三轴分别指向右、前、上，t 时刻的 IMU 坐标系记为 b_t 系。载体的导航结果是在世界坐标系下表示的，记为 w 系。世界坐标系的原点与初始时刻的 IMU 坐标系重合，其三轴分别指向东、北、天。根据上述坐标系的定义，陀螺仪与加速度计的输出可以表示为

$$
\begin{aligned}
\hat{\boldsymbol{w}}_{\mathrm{b}_t} &= \boldsymbol{w}_{\mathrm{b}_t} + \boldsymbol{b}_{\mathrm{w}_t} + \boldsymbol{n}_{\mathrm{w}} \\
\hat{\boldsymbol{a}}_{\mathrm{b}_t} &= \boldsymbol{l}_{\mathrm{b}_t} + \boldsymbol{b}_{\mathrm{a}_t} + \boldsymbol{R}_{\mathrm{w}}^{\mathrm{b}_t}\boldsymbol{g}^{\mathrm{w}} + \boldsymbol{n}_{\mathrm{a}}
\end{aligned} \tag{4.1}
$$

其中，$\hat{\boldsymbol{w}}_{\mathrm{b}_t}$ 与 $\hat{\boldsymbol{a}}_{\mathrm{b}_t}$ 分别为 t 时刻陀螺仪与加速度计的原始输出；$\boldsymbol{w}_{\mathrm{b}_t}$ 与 $\boldsymbol{l}_{\mathrm{b}_t}$ 分别为 t 时刻载体真实的角速度与线加速度；$\boldsymbol{b}_{\mathrm{w}_t}$ 与 $\boldsymbol{b}_{\mathrm{a}_t}$ 分别为 t 时刻陀螺仪与加速度计的零偏；$\boldsymbol{R}_{\mathrm{w}}^{\mathrm{b}_t}$ 为世界坐标系到 b_t 系的旋转矩阵；$\boldsymbol{g}^{\mathrm{w}}$ 为世界坐标系下的重力矢量；陀螺仪与加速度计的噪声分别用 $\boldsymbol{n}_{\mathrm{w}}$ 与 $\boldsymbol{n}_{\mathrm{a}}$ 表示，并建模为高斯分布，即 $\boldsymbol{n}_{\mathrm{w}} \sim N(0,\ \boldsymbol{\sigma}_{\mathrm{w}}^2)$，$\boldsymbol{n}_{\mathrm{a}} \sim N(0,\ \boldsymbol{\sigma}_{\mathrm{a}}^2)$。陀螺仪与加速度计的零偏被建模为随机游走，其导数被建模为高斯分

布,可以表示为

$$
\begin{aligned}
\dot{\boldsymbol{b}}_{\mathrm{w}_t} &= \boldsymbol{n}_{\mathrm{b_w}} \\
\dot{\boldsymbol{b}}_{\mathrm{a}_t} &= \boldsymbol{n}_{\mathrm{b_a}}
\end{aligned} \tag{4.2}
$$

其中, $\boldsymbol{n}_{\mathrm{b_w}} \sim \boldsymbol{N}(0,\ \sigma_{\mathrm{b_w}}^2)$, $\boldsymbol{n}_{\mathrm{b_a}} \sim \boldsymbol{N}(0,\ \sigma_{\mathrm{b_a}}^2)$。从 t_k 时刻到 t_{k+1} 时刻的位置、速度、四元数方程可以表示为

$$
\begin{aligned}
\boldsymbol{p}_{\mathrm{b}_{k+1}}^{\mathrm{w}} &= \boldsymbol{p}_{\mathrm{b}_k}^{\mathrm{w}} + \boldsymbol{v}_{\mathrm{b}_k}^{\mathrm{w}} \Delta t_k + \iint_{t \in [t_k,\ t_{k+1}]} [\boldsymbol{R}_{\mathrm{b}_t}^{\mathrm{w}} (\hat{\boldsymbol{a}}_{\mathrm{b}_t} - \boldsymbol{b}_{\mathrm{a}_t} - \boldsymbol{n}_{\mathrm{a}}) - \boldsymbol{g}^{\mathrm{w}}] \mathrm{d}t^2 \\
\boldsymbol{v}_{\mathrm{b}_{k+1}}^{\mathrm{w}} &= \boldsymbol{v}_{\mathrm{b}_k}^{\mathrm{w}} + \int_{t \in [t_k,\ t_{k+1}]} [\boldsymbol{R}_{\mathrm{b}_t}^{\mathrm{w}} (\hat{\boldsymbol{a}}_{\mathrm{b}_t} - \boldsymbol{b}_{\mathrm{a}_t} - \boldsymbol{n}_{\mathrm{a}}) - \boldsymbol{g}^{\mathrm{w}}] \mathrm{d}t \\
\boldsymbol{q}_{\mathrm{b}_{k+1}}^{\mathrm{w}} &= \boldsymbol{q}_{\mathrm{b}_k}^{\mathrm{w}} \otimes \int_{t \in [t_k,\ t_{k+1}]} \frac{1}{2} \Omega(\hat{\boldsymbol{w}}_{\mathrm{b}_t} - \boldsymbol{b}_{\mathrm{w}_t} - \boldsymbol{n}_{\mathrm{w}}) \boldsymbol{q}_{\mathrm{b}_t}^{\mathrm{b}_k} \mathrm{d}t
\end{aligned} \tag{4.3}
$$

其中

$$
\Omega(\boldsymbol{w}) = \begin{bmatrix} -[\boldsymbol{w}]_{\times} & \boldsymbol{w} \\ -\boldsymbol{w}^{\mathrm{T}} & 0 \end{bmatrix}, \quad [\boldsymbol{w}]_{\times} = \begin{bmatrix} 0 & -w_z & w_y \\ w_z & 0 & -w_x \\ -w_y & w_x & 0 \end{bmatrix} \tag{4.4}
$$

$\boldsymbol{p}_{\mathrm{b}_i}^{\mathrm{w}}$ 为 b_i 系在世界坐标系下的三维位置; $\boldsymbol{v}_{\mathrm{b}_i}^{\mathrm{w}}$ 为 b_i 系在世界坐标系下的三维速度; $\boldsymbol{q}_{\mathrm{b}_i}^{\mathrm{w}}$ 为 b_i 系相对于世界坐标系的四元数; Δt_k 为 t_k 时刻与 t_{k+1} 时刻的时间间隔;$\otimes$为四元数乘法符号。将式(4.3)的参考坐标系由世界坐标系改为 b_k 系,可以重新写为

$$
\begin{aligned}
\boldsymbol{R}_{\mathrm{w}}^{\mathrm{b}_k} \boldsymbol{p}_{\mathrm{b}_{k+1}}^{\mathrm{w}} &= \boldsymbol{R}_{\mathrm{w}}^{\mathrm{b}_k} \left(\boldsymbol{p}_{\mathrm{b}_k}^{\mathrm{w}} + \boldsymbol{v}_{\mathrm{b}_k}^{\mathrm{w}} \Delta t_k - \frac{1}{2} \boldsymbol{g}^{\mathrm{w}} \Delta t_k^2 \right) + \boldsymbol{\alpha}_{\mathrm{b}_{k+1}}^{\mathrm{b}_k} \\
\boldsymbol{R}_{\mathrm{w}}^{\mathrm{b}_k} \boldsymbol{v}_{\mathrm{b}_{k+1}}^{\mathrm{w}} &= \boldsymbol{R}_{\mathrm{w}}^{\mathrm{b}_k} (\boldsymbol{v}_{\mathrm{b}_k}^{\mathrm{w}} - \boldsymbol{g}^{\mathrm{w}} \Delta t_k) + \boldsymbol{\beta}_{\mathrm{b}_{k+1}}^{\mathrm{b}_k} \\
\boldsymbol{q}_{\mathrm{w}}^{\mathrm{b}_k} \otimes \boldsymbol{q}_{\mathrm{b}_{k+1}}^{\mathrm{w}} &= \boldsymbol{\gamma}_{\mathrm{b}_{k+1}}^{\mathrm{b}_k}
\end{aligned} \tag{4.5}
$$

其中

$$
\begin{aligned}
\boldsymbol{\alpha}_{\mathrm{b}_{k+1}}^{\mathrm{b}_k} &= \iint_{t \in [t_k,\ t_{k+1}]} [\boldsymbol{R}_{\mathrm{b}_t}^{\mathrm{b}_k} (\hat{\boldsymbol{a}}_{\mathrm{b}_t} - \boldsymbol{b}_{\mathrm{a}_t} - \boldsymbol{n}_{\mathrm{a}})] \mathrm{d}t^2 \\
\boldsymbol{\beta}_{\mathrm{b}_{k+1}}^{\mathrm{b}_k} &= \int_{t \in [t_k,\ t_{k+1}]} [\boldsymbol{R}_{\mathrm{b}_t}^{\mathrm{b}_k} (\hat{\boldsymbol{a}}_{\mathrm{b}_t} - \boldsymbol{b}_{\mathrm{a}_t} - \boldsymbol{n}_{\mathrm{a}})] \mathrm{d}t \\
\boldsymbol{\gamma}_{\mathrm{b}_{k+1}}^{\mathrm{b}_k} &= \int_{t \in [t_k,\ t_{k+1}]} \frac{1}{2} \Omega(\hat{\boldsymbol{w}}_{\mathrm{b}_t} - \boldsymbol{b}_{\mathrm{w}_t} - \boldsymbol{n}_{\mathrm{w}}) \boldsymbol{\gamma}_{\mathrm{b}_t}^{\mathrm{b}_k} \mathrm{d}t
\end{aligned} \tag{4.6}
$$

其中，$\boldsymbol{\alpha}_{\mathrm{b}_{k+1}}^{\mathrm{b}_k}$、$\boldsymbol{\beta}_{\mathrm{b}_{k+1}}^{\mathrm{b}_k}$ 与 $\boldsymbol{\gamma}_{\mathrm{b}_{k+1}}^{\mathrm{b}_k}$ 分别为真实的位置预积分、速度预积分以及四元数预积分。可以看出，即使历史时刻的状态发生改变，式(4.6)的运算结果也不会受到影响，从而避免了由于重复积分所导致的计算负担增加问题。此外，可以看出式(4.6)是连续的，需要对其进行离散化处理才能用于导航解算。假设 t_i，$t_{i+1} \in (t_k, t_{k+1})$，传统方法的离散化方程可以表示为

$$
\begin{aligned}
&\hat{\boldsymbol{\alpha}}_{\mathrm{b}_{i+1}}^{\mathrm{b}_k} = \hat{\boldsymbol{\alpha}}_{\mathrm{b}_i}^{\mathrm{b}_k} + \hat{\boldsymbol{\beta}}_{\mathrm{b}_i}^{\mathrm{b}_k}\Delta t + \frac{1}{2}\,\frac{\boldsymbol{R}(\hat{\boldsymbol{\gamma}}_{\mathrm{b}_i}^{\mathrm{b}_k})(\hat{\boldsymbol{a}}_{\mathrm{b}_i} - \hat{\boldsymbol{b}}_{\mathrm{a}_i}) + \boldsymbol{R}(\hat{\boldsymbol{\gamma}}_{\mathrm{b}_{i+1}}^{\mathrm{b}_k})(\hat{\boldsymbol{a}}_{\mathrm{b}_{i+1}} - \hat{\boldsymbol{b}}_{\mathrm{a}_{i+1}})}{2}\Delta t^2 \\
&\hat{\boldsymbol{\beta}}_{\mathrm{b}_{i+1}}^{\mathrm{b}_k} = \hat{\boldsymbol{\beta}}_{\mathrm{b}_i}^{\mathrm{b}_k} + \frac{\boldsymbol{R}(\hat{\boldsymbol{\gamma}}_{\mathrm{b}_i}^{\mathrm{b}_k})(\hat{\boldsymbol{a}}_{\mathrm{b}_i} - \hat{\boldsymbol{b}}_{\mathrm{a}_i}) + \boldsymbol{R}(\hat{\boldsymbol{\gamma}}_{\mathrm{b}_{i+1}}^{\mathrm{b}_k})(\hat{\boldsymbol{a}}_{\mathrm{b}_{i+1}} - \hat{\boldsymbol{b}}_{\mathrm{a}_{i+1}})}{2}\Delta t \\
&\hat{\boldsymbol{\gamma}}_{\mathrm{b}_{i+1}}^{\mathrm{b}_k} = \hat{\boldsymbol{\gamma}}_{\mathrm{b}_i}^{\mathrm{b}_k} \otimes \begin{bmatrix} 1 \\ \dfrac{1}{2}\,\dfrac{(\hat{\boldsymbol{w}}_{\mathrm{b}_i} - \hat{\boldsymbol{b}}_{\mathrm{w}_i}) + (\hat{\boldsymbol{w}}_{\mathrm{b}_{i+1}} - \hat{\boldsymbol{b}}_{\mathrm{w}_{i+1}})}{2}\Delta t \end{bmatrix} \\
&\hat{\boldsymbol{b}}_{\mathrm{a}_{i+1}} = \hat{\boldsymbol{b}}_{\mathrm{a}_i} \\
&\hat{\boldsymbol{b}}_{\mathrm{w}_{i+1}} = \hat{\boldsymbol{b}}_{\mathrm{w}_i}
\end{aligned}
\tag{4.7}
$$

其中，$\hat{\boldsymbol{\alpha}}_{\mathrm{b}_{i+1}}^{\mathrm{b}_k}$ 与 $\hat{\boldsymbol{\alpha}}_{\mathrm{b}_i}^{\mathrm{b}_k}$ 分别为 t_{i+1} 时刻与 t_i 时刻相对于 t_k 时刻的位置预积分；$\hat{\boldsymbol{\beta}}_{\mathrm{b}_{i+1}}^{\mathrm{b}_k}$ 与 $\hat{\boldsymbol{\beta}}_{\mathrm{b}_i}^{\mathrm{b}_k}$ 分别为 t_{i+1} 时刻与 t_i 时刻相对于 t_k 时刻的速度预积分；$\hat{\boldsymbol{\gamma}}_{\mathrm{b}_{i+1}}^{\mathrm{b}_k}$ 与 $\hat{\boldsymbol{\gamma}}_{\mathrm{b}_i}^{\mathrm{b}_k}$ 分别为 t_{i+1} 时刻与 t_i 时刻相对于 t_k 时刻的四元数预积分；$\hat{\boldsymbol{b}}_{\mathrm{a}_{i+1}}$ 与 $\hat{\boldsymbol{b}}_{\mathrm{a}_i}$ 分别为 t_{i+1} 时刻与 t_i 时刻的加速度计零偏；$\hat{\boldsymbol{b}}_{\mathrm{w}_{i+1}}$ 与 $\hat{\boldsymbol{b}}_{\mathrm{w}_i}$ 分别为 t_{i+1} 时刻与 t_i 时刻的陀螺仪零偏；$\boldsymbol{R}(\hat{\boldsymbol{\gamma}}_{\mathrm{b}_{i+1}}^{\mathrm{b}_k})$ 与 $\boldsymbol{R}(\hat{\boldsymbol{\gamma}}_{\mathrm{b}_i}^{\mathrm{b}_k})$ 分别为 t_{i+1} 时刻与 t_i 时刻四元数预积分对应的旋转矩阵；Δt 为 t_{i+1} 时刻与 t_i 时刻的时间间隔，一般为 IMU 量测信息输出的时间间隔。

4.2.2 传统惯性预积分方法及问题分析

传统捷联惯性导航系统解算载体的位置、速度、姿态均在导航坐标系下进行。在基于卡尔曼滤波框架的惯性基多源信息融合系统中，通常利用惯性信息进一步预测状态更新。当有其他导航传感器提供量测信息时才进行信息融合，从而对当前时刻系统状态进行状态估计，得到修正后的导航信息，即量测更新。因此，基于卡尔曼滤波的状态估计算法在每一次进行量测更新时，并不会对历史时刻的系统状态进行重新估计。然而，基于因子图优化的状态估计算法通常利用历史时刻的所有信息，对系统状态进行全局优化。每一次优化会对系统中所有的状态量进行重新估计。

但是，如果同样在导航坐标系中对 IMU 进行积分，积分项中包含了 $\boldsymbol{R}_{\mathrm{b}}^{\mathrm{n}}$，即载体坐标系到导航坐标系的坐标变换矩阵。在优化位姿时，优化时刻该变换矩阵会发

生变化。该矩阵的变化使得历史各优化时刻间,由惯性器件解算的载体在导航坐标系下的姿态、位置、速度变化量,需要重新进行积分计算。该步骤增加了因子图算法的计算量,降低了算法实时性。预积分的意义在于避免因历史状态发生改变而带来的重复积分计算,提升因子图算法的实时性。

惯性预积分将参考坐标系由传统捷联惯性导航解算导航信息时所采用的导航坐标系转换为前一优化时刻的载体坐标系,如图 4.2 所示。该参考坐标系的转换避免了重复积分,提高了算法实时性。

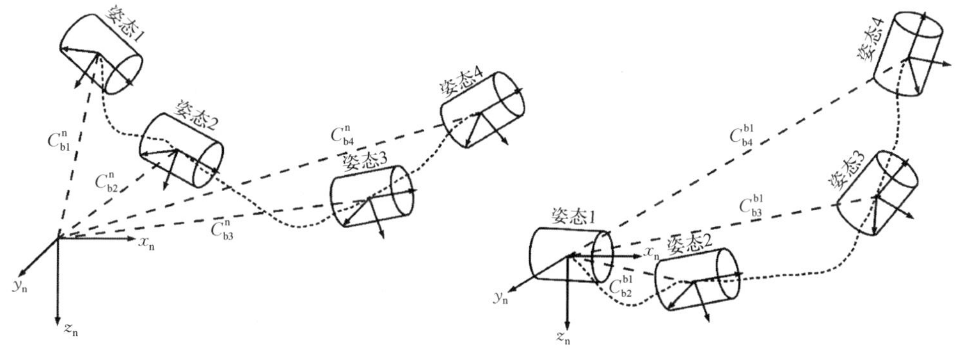

(a) 参考坐标系为世界坐标系　　(b) 参考坐标系为前一优化时刻载体坐标系

图 4.2　惯性预积分过程中所用参考坐标系示意图

然而,传统惯性预积分方法主要针对低精度惯性器件。该方法对加速度计与陀螺仪输出模型进行了建模简化,基于该简化模型的传统惯性预积分存在以下问题:

(1) 忽略了地球自转角速度 $\boldsymbol{\omega}_{ie}^{n}$ 以及载体运动带来的导航坐标系与地球坐标系的转动角速度 $\boldsymbol{\omega}_{en}^{n}$。

(2) 将地球水平面建模为平面,忽略了地球参考椭球体对载体运行过程中导航坐标系带来的影响。

(3) 以上假设均对基于高精度惯性器件的预积分方法带来不利影响,使得采用传统惯性预积分的方法所解算的导航信息精度较传统捷联惯性导航解算方法有所下降。

4.3　高精度惯性器件的惯性预积分方法

4.3.1　高精度惯性器件输出建模

无论是对载体的转动运动还是载体的平移运动进行描述均是相对于空间坐标系的。因此,在处理载体的导航信息之前需要定义不同种类的空间坐标系,以确定载体的相对运动。本节使用的坐标系包括：地心惯性坐标系（i 系）、地理（导航）坐标系（n 系）、前右下机体坐标系（b 系）、地球坐标系（e 系）、大地坐标系（WGS－84 坐标系）。载体在地球坐标系中的位置表示既可以用地球直角坐标系表示，也可以用经纬高进行表示，因此为方便统一说明，将 e 系作为地球坐标系的直角坐标表示形式，ẽ 系作为地球坐标系的经纬高表示形式。

通常，加速度计测量的是载体相对惯性空间的绝对加速度和引力加速度之差。载体运动时，其相对地球的速度 $\boldsymbol{v}_{\mathrm{en}}$ 与地球自转角速度 $\boldsymbol{\omega}_{\mathrm{ie}}^{\mathrm{n}}$ 以及导航坐标系相对地球坐标系的牵连角速度 $\boldsymbol{\omega}_{\mathrm{en}}^{\mathrm{n}}$ 会分别产生科氏加速度以及法向加速度，然而传统低精度 MEMS 惯性器件常常忽略以上因素，从而给导航解算引入了额外误差。

针对此，高精度惯性导航加速度计的输出模型可表示为

$$\boldsymbol{a}_{\mathrm{en}}^{\mathrm{n}} = \boldsymbol{R}_{\mathrm{b}}^{\mathrm{n}}(\boldsymbol{f}^{\mathrm{b}} - \boldsymbol{b}_{\mathrm{a}} - \boldsymbol{n}_{\mathrm{a}}) - (2\boldsymbol{\omega}_{\mathrm{ie}}^{\mathrm{n}} + \boldsymbol{\omega}_{\mathrm{en}}^{\mathrm{n}}) \times \boldsymbol{v}_{\mathrm{en}}^{\mathrm{n}} + \boldsymbol{g}^{\mathrm{n}} \tag{4.8}$$

其中，上标字母表示该物理量在该字母所表示的坐标系下的分量；$\boldsymbol{a}_{\mathrm{en}}^{\mathrm{n}}$ 为载体实际运动的加速度在导航坐标系下的分量；$\boldsymbol{R}_{\mathrm{b}}^{\mathrm{n}}$ 为载体坐标系到导航坐标系的坐标变换矩阵；$\boldsymbol{f}^{\mathrm{b}}$ 为加速度计的输出值；$\boldsymbol{g}^{\mathrm{n}}$ 为地球重力加速度；$\boldsymbol{n}_{\mathrm{a}}$ 为加速度计白噪声，服从高斯分布；$\boldsymbol{b}_{\mathrm{a}}$ 为加速度计零偏。由于受载体运动过程中机械冲击、温度变化等一系列因素的影响，考虑加速度计零偏受噪声影响如式（4.9）所示：

$$\dot{\boldsymbol{b}}_{\mathrm{a}_t} = \boldsymbol{n}_{\mathrm{b}_{\mathrm{a}}}, \quad \boldsymbol{n}_{\mathrm{b}_{\mathrm{a}}} \sim N(0, \sigma_{\mathrm{b}_{\mathrm{a}}}^2) \tag{4.9}$$

其中，$\boldsymbol{\omega}_{\mathrm{ie}}^{\mathrm{n}}$ 与 $\boldsymbol{\omega}_{\mathrm{en}}^{\mathrm{n}}$ 的具体计算方式如式（4.10）所示：

$$\begin{aligned} \boldsymbol{\omega}_{\mathrm{ie}}^{\mathrm{n}} &= [0 \quad \boldsymbol{\omega}_{\mathrm{ie}}\cos L \quad \boldsymbol{\omega}_{\mathrm{ie}}\sin L]^{\mathrm{T}} \\ \boldsymbol{\omega}_{\mathrm{en}}^{\mathrm{n}} &= \left[-\frac{v_{\mathrm{en}y}^{\mathrm{n}}}{R_{\mathrm{m}} + h} \quad \frac{v_{\mathrm{en}x}^{\mathrm{n}}}{R_{\mathrm{n}} + h} \quad \frac{v_{\mathrm{en}x}^{\mathrm{n}}}{R_{\mathrm{n}} + h}\tan L \right]^{\mathrm{T}} \end{aligned} \tag{4.10}$$

L 为载体所处位置的纬度信息；$v_{\mathrm{en}y}^{\mathrm{n}}$ 为载体北向速度；$v_{\mathrm{en}x}^{\mathrm{n}}$ 为载体东向速度；R_{m} 为子午圈曲率半径；R_{n} 为卯酉圈曲率半径。计算地球参考椭球体主曲率半径的方式如式（4.11）所示：

$$\begin{aligned} R_{\mathrm{m}} &= R_{\mathrm{e}}(1 - 2f + 3f\sin^2 L) \\ R_{\mathrm{n}} &= R_{\mathrm{e}}(1 + f\sin^2 L) \end{aligned} \tag{4.11}$$

其中，R_{e} 为地球参考椭球体的长半轴长度；f 为地球参考椭球体的椭圆度。由于本节所用大地坐标系为 WGS－84 坐标系，该坐标系采用 WGS－84 椭球体，R_{e} 为 6378137 m，f 为 1/298.257223563。

同理，传统低精度惯性导航陀螺仪的输出建模方式中，同样没有考虑地球自转角速度 $\boldsymbol{\omega}_{\mathrm{ie}}$ 以及由载体运动产生的牵连角速度 $\boldsymbol{\omega}_{\mathrm{en}}$ 对陀螺仪测量精度的影响。因

此，考虑以上两种运动角速度的影响后的高精度惯性导航陀螺仪输出模型，如式(4.12)所示：

$$\boldsymbol{\omega}_{\mathrm{nb}}^{\mathrm{b}} = \boldsymbol{\omega}_{\mathrm{ib}}^{\mathrm{b}} - \boldsymbol{b}_{\omega} - \boldsymbol{n}_{\omega} - \boldsymbol{R}_{\mathrm{n}}^{\mathrm{b}}(\boldsymbol{\omega}_{\mathrm{ie}}^{\mathrm{n}} + \boldsymbol{\omega}_{\mathrm{en}}^{\mathrm{n}}) \tag{4.12}$$

其中，$\boldsymbol{\omega}_{\mathrm{nb}}^{\mathrm{b}}$ 为载体坐标系相对于导航坐标系在载体坐标系下的分量，即实际导航解算所需要的载体运动角速度；$\boldsymbol{\omega}_{\mathrm{ib}}^{\mathrm{b}}$ 为陀螺仪的输出值；$\boldsymbol{b}_{\omega}$ 为陀螺仪零偏；$\boldsymbol{n}_{\omega}$ 为陀螺仪白噪声，服从高斯分布。

陀螺仪零偏受噪声影响可表示为

$$\dot{\boldsymbol{b}}_{\omega_t} = \boldsymbol{n}_{\mathrm{b}_\omega}, \quad \boldsymbol{n}_{\mathrm{b}_\omega} \sim N(0,\ \sigma_{\mathrm{b}_\omega}^2) \tag{4.13}$$

加速度计与陀螺仪白噪声 $\boldsymbol{n}_{\mathrm{a}}$、$\boldsymbol{n}_{\omega}$ 均服从高斯分布。

4.3.2　高精度惯性导航解算方法研究

基于高精度惯性器件解算载体导航信息的过程主要分为对载体姿态的解算以及对载体位置的解算，通常先解算载体姿态信息，后利用已更新的载体姿态信息，解算载体的速度与位置信息。

由陀螺仪输出 $\boldsymbol{\omega}_{\mathrm{ib}}^{\mathrm{b}}$ 解算载体坐标系相对于导航坐标系的实际转动角速度 $\boldsymbol{\omega}_{\mathrm{nb}}^{\mathrm{b}}$ 的过程如式(4.12)所示，姿态用四元数表示。四元数法是处理捷联惯性导航姿态解算环节中常用的方法，四元数是由一个实部及三个虚部构成的含有四个元素的数，其复数定义形式为

$$\boldsymbol{q} = [\lambda_0 \quad \lambda_1 \quad \lambda_2 \quad \lambda_3] \tag{4.14}$$

四元数对时间的导数为

$$\dot{\boldsymbol{q}} = \boldsymbol{q} \otimes \begin{bmatrix} 0 & \dfrac{1}{2}\boldsymbol{\omega} \end{bmatrix}^{\mathrm{T}} \tag{4.15}$$

采用四元数描述载体姿态时，相邻两 IMU 采样时刻载体姿态更新如式(4.16)所示：

$$\boldsymbol{q}_{\mathrm{b}_{i+1}}^{\mathrm{n}_{i+1}} = \int_{t \in [t_i,\ t_{i+1}]} \frac{1}{2}\boldsymbol{q}_{\mathrm{b}_t}^{\mathrm{n}_t} \otimes \boldsymbol{\omega}_{\mathrm{nb}_t}^{\mathrm{b}_t}\mathrm{d}t \tag{4.16}$$

利用四元数解算导航坐标系到载体坐标系的坐标变换矩阵 $\boldsymbol{R}_{\mathrm{n}}^{\mathrm{b}}$ 如式(4.17)所示：

$$\boldsymbol{R}_{\mathrm{n}}^{\mathrm{b}} = \begin{bmatrix} \lambda_0^2 + \lambda_1^2 - \lambda_2^2 - \lambda_3^2 & 2(\lambda_1\lambda_2 + \lambda_0\lambda_3) & 2(\lambda_1\lambda_3 - \lambda_0\lambda_2) \\ 2(\lambda_1\lambda_2 - \lambda_0\lambda_3) & \lambda_0^2 + \lambda_2^2 - \lambda_1^2 - \lambda_3^2 & 2(\lambda_2\lambda_3 + \lambda_0\lambda_1) \\ 2(\lambda_1\lambda_3 + \lambda_0\lambda_2) & 2(\lambda_2\lambda_3 - \lambda_0\lambda_1) & \lambda_0^2 + \lambda_3^2 - \lambda_1^2 - \lambda_2^2 \end{bmatrix} \tag{4.17}$$

结合式(4.8),对 $\boldsymbol{a}_{\mathrm{en}}^{\mathrm{n}}$ 进行一次积分即可得到载体在导航坐标系下的速度信息,可表示为

$$\boldsymbol{v}_{\mathrm{en}_{i+1}}^{\mathrm{n}_{i+1}} = \boldsymbol{v}_{\mathrm{en}_i}^{\mathrm{n}_i} + \int_{t\in[t_i,\, t_{i+1}]} [\boldsymbol{R}_{\mathrm{b}_t}^{\mathrm{n}_t}(\boldsymbol{f}^{\mathrm{b}_t} - \boldsymbol{b}_{\mathrm{a}_t} - \boldsymbol{n}_{\mathrm{a}}) - (2\boldsymbol{\omega}_{\mathrm{ie}}^{\mathrm{n}_t} + \boldsymbol{\omega}_{\mathrm{en}_t}^{\mathrm{n}_t}) \times \boldsymbol{v}_{\mathrm{en}_t}^{\mathrm{n}_t} + \boldsymbol{g}^{\mathrm{n}_t}]\mathrm{d}t \tag{4.18}$$

对 $\boldsymbol{a}_{\mathrm{en}}^{\mathrm{n}}$ 进行二次积分即可得到载体在导航坐标系下的位置信息,可表示为

$$\begin{aligned}\boldsymbol{p}_{\mathrm{en}_{i+1}}^{\mathrm{n}_{i+1}} = \boldsymbol{p}_{\mathrm{en}_i}^{\mathrm{n}_i} + \boldsymbol{v}_{\mathrm{en}_i}^{\mathrm{n}_i}\Delta T_i + \frac{1}{2}\iint_{t\in[t_i,\, t_{i+1}]} [\boldsymbol{R}_{\mathrm{b}_t}^{\mathrm{n}_t}(\boldsymbol{f}^{\mathrm{b}_t} - \boldsymbol{b}_{\mathrm{a}_t} - \boldsymbol{n}_{\mathrm{a}}) \\ - (2\boldsymbol{\omega}_{\mathrm{ie}}^{\mathrm{n}_t} + \boldsymbol{\omega}_{\mathrm{en}_t}^{\mathrm{n}_t}) \times \boldsymbol{v}_{\mathrm{en}_t}^{\mathrm{n}_t} + \boldsymbol{g}^{\mathrm{n}_t}]\mathrm{d}t^2\end{aligned} \tag{4.19}$$

其中,字母下标中的 i 与 $i+1$ 表示相邻两 IMU 采样时刻载体的各项值, ΔT_i 表示 IMU 采样间隔。

综合以上,利用高精度惯性导航的输出模型,解算载体的导航信息过程主要分为以下几个步骤:

(1) 根据式(4.12)由陀螺仪输出 $\boldsymbol{\omega}_{\mathrm{ib}}^{\mathrm{b}}$ 解算 $\boldsymbol{\omega}_{\mathrm{nb}}^{\mathrm{b}}$,并利用式(4.17)解算导航坐标系到载体坐标系的坐标变换矩阵 $\boldsymbol{R}_{\mathrm{n}}^{\mathrm{b}}$,根据该矩阵中的元素与姿态角的对应关系求得载体当前姿态;

(2) 对 $\boldsymbol{R}_{\mathrm{n}}^{\mathrm{b}}$ 矩阵求逆,可得到 $\boldsymbol{R}_{\mathrm{b}}^{\mathrm{n}}$,即载体坐标系到导航坐标系的坐标变换矩阵,从而将加速度计的输出由载体坐标系变换到导航坐标系;

(3) 扣除加速度计输出中的有害加速度后,载体的当前速度和位置可通过对其进行一次积分和两次积分得到。

4.3.3 改进的高精度惯性预积分方法研究

本节针对高精度惯性导航,为了提高采用惯性预积分方法的导航解算精度,对传统预积分方法进行改进,对高精度惯性预积分方法进行详细推导与分析。为方便后续模型构建,在此对符号进行统一说明,当前时刻用符号 t_k 表示,下一次因子图优化时刻用符号 t_{k+1} 表示。在两相邻优化时刻通常会有数百个 IMU 信息,后文统一用 i 与 $i+1$ 表示在一次优化中相邻两帧 IMU 信息。

采用四元数描述载体姿态时,相邻两 IMU 采样时刻载体姿态更新如式(4.16)所示,将式(4.12)所示的陀螺仪输出模型代入式(4.16)得到相邻两优化时刻载体的姿态更新方程为

$$\begin{aligned}\boldsymbol{q}_{\mathrm{b}_{k+1}}^{\mathrm{n}_{k+1}} = \int_{t\in[t_k,\, t_{k+1}]} \frac{1}{2}\boldsymbol{q}_{\mathrm{b}_t}^{\mathrm{n}_t} \otimes (\boldsymbol{\omega}_{\mathrm{ib}_t}^{\mathrm{b}_t} - \boldsymbol{b}_{\omega_t} - \boldsymbol{n}_{\omega})\mathrm{d}t \\ - \int_{t\in[t_k,\, t_{k+1}]} \frac{1}{2}\boldsymbol{q}_{\mathrm{b}_t}^{\mathrm{n}_t} \otimes [\boldsymbol{R}_{\mathrm{n}_k}^{\mathrm{b}_k}(\boldsymbol{\omega}_{\mathrm{ie}}^{\mathrm{n}_t} + \boldsymbol{\omega}_{\mathrm{en}_t}^{\mathrm{n}_t})]\mathrm{d}t\end{aligned} \tag{4.20}$$

由于 $\boldsymbol{q}_{\mathrm{n}_k}^{\mathrm{n}_t}$ 可近似为单位矩阵，故对 $\boldsymbol{q}_{\mathrm{b}_t}^{\mathrm{n}_t}$ 做如下近似处理：

$$\boldsymbol{q}_{\mathrm{b}_t}^{\mathrm{n}_t}=\boldsymbol{q}_{\mathrm{n}_k}^{\mathrm{n}_t}\otimes\boldsymbol{q}_{\mathrm{b}_k}^{\mathrm{n}_k}\otimes\boldsymbol{q}_{\mathrm{b}_t}^{\mathrm{b}_k}\approx\boldsymbol{q}_{\mathrm{b}_k}^{\mathrm{n}_k}\otimes\boldsymbol{q}_{\mathrm{b}_t}^{\mathrm{b}_k}\tag{4.21}$$

将式(4.21)代入式(4.20)可得

$$\begin{aligned}\boldsymbol{q}_{\mathrm{b}_{k+1}}^{\mathrm{n}_{k+1}}=&\int_{t\in[t_k,\,t_{k+1}]}\frac{1}{2}\boldsymbol{q}_{\mathrm{b}_t}^{\mathrm{n}_k}\otimes(\boldsymbol{\omega}_{\mathrm{ib}_t}^{\mathrm{b}_t}-\boldsymbol{b}_{\omega_t}-\boldsymbol{n}_{\omega})\mathrm{d}t\\&-\boldsymbol{q}_{\mathrm{b}_k}^{\mathrm{n}_k}\int_{t\in[t_k,\,t_{k+1}]}\frac{1}{2}\boldsymbol{q}_{\mathrm{b}_t}^{\mathrm{b}_k}\otimes[\boldsymbol{R}_{\mathrm{n}_k}^{\mathrm{b}_k}(\boldsymbol{\omega}_{\mathrm{ie}}^{\mathrm{n}_t}+\boldsymbol{\omega}_{\mathrm{en}_t}^{\mathrm{n}_t})]\mathrm{d}t\end{aligned}\tag{4.22}$$

其中，在 k 时刻载体坐标系与导航坐标系的相对姿态变化量可由四元数 $\boldsymbol{q}_{\mathrm{b}_k}^{\mathrm{n}_k}$ 表示，$\boldsymbol{q}_{\mathrm{b}_t}^{\mathrm{b}_k}$ 是用四元数表示的在 t 时刻载体坐标系与 k 时刻载体坐标系的相对姿态变化量。

为了得到姿态预积分项，对式(4.22)左右两边同时乘以用四元数表示的 k 时刻导航坐标系与载体坐标系的相对姿态变化量 $\boldsymbol{q}_{\mathrm{n}_k}^{\mathrm{b}_k}$，得

$$\begin{aligned}\boldsymbol{q}_{\mathrm{n}_k}^{\mathrm{b}_k}\otimes\boldsymbol{q}_{\mathrm{b}_{k+1}}^{\mathrm{n}_{k+1}}=&\boldsymbol{q}_{\mathrm{n}_k}^{\mathrm{b}_k}\otimes\boldsymbol{q}_{\mathrm{b}_k}^{\mathrm{n}_k}\otimes\int_{t\in[t_k,\,t_{k+1}]}\frac{1}{2}\boldsymbol{q}_{\mathrm{b}_t}^{\mathrm{b}_k}\otimes(\boldsymbol{\omega}_{\mathrm{ib}_t}^{\mathrm{b}_t}-\boldsymbol{b}_{\omega_t}-\boldsymbol{n}_{\omega})\mathrm{d}t\\&-\boldsymbol{q}_{\mathrm{n}_k}^{\mathrm{b}_k}\otimes\boldsymbol{q}_{\mathrm{b}_k}^{\mathrm{n}_k}\otimes\int_{t\in[t_k,\,t_{k+1}]}\frac{1}{2}\boldsymbol{q}_{\mathrm{b}_t}^{\mathrm{b}_k}\otimes[\boldsymbol{R}_{\mathrm{n}_k}^{\mathrm{b}_k}(\boldsymbol{\omega}_{\mathrm{ie}}^{\mathrm{n}_t}+\boldsymbol{\omega}_{\mathrm{en}_t}^{\mathrm{n}_t})]\mathrm{d}t\end{aligned}\tag{4.23}$$

对式(4.23)左边做如下近似处理：

$$\boldsymbol{q}_{\mathrm{n}_k}^{\mathrm{b}_k}\otimes\boldsymbol{q}_{\mathrm{b}_{k+1}}^{\mathrm{n}_{k+1}}\approx\boldsymbol{q}_{\mathrm{n}_k}^{\mathrm{b}_k}\otimes\boldsymbol{q}_{\mathrm{n}_{k+1}}^{\mathrm{n}_k}\otimes\boldsymbol{q}_{\mathrm{b}_{k+1}}^{\mathrm{n}_{k+1}}=\boldsymbol{q}_{\mathrm{b}_{k+1}}^{\mathrm{b}_k}\tag{4.24}$$

同时利用四元数乘法性质，对式(4.23)右边进行处理，得到姿态预积分项为

$$\begin{aligned}\boldsymbol{\gamma}_{\mathrm{b}_{k+1}}^{\mathrm{b}_k}&=\int_{t\in[t_k,\,t_{k+1}]}\frac{1}{2}\boldsymbol{q}_{\mathrm{b}_t}^{\mathrm{b}_k}\otimes(\boldsymbol{\omega}_{\mathrm{ib}_t}^{\mathrm{b}_t}-\boldsymbol{b}_{\omega_t}-\boldsymbol{n}_{\omega})\mathrm{d}t-\int_{t\in[t_k,\,t_{k+1}]}\frac{1}{2}\boldsymbol{q}_{\mathrm{b}_t}^{\mathrm{b}_k}\otimes[\boldsymbol{R}_{\mathrm{n}_k}^{\mathrm{b}_k}(\boldsymbol{\omega}_{\mathrm{ie}}^{\mathrm{n}_t}+\boldsymbol{\omega}_{\mathrm{en}_t}^{\mathrm{n}_t})]\mathrm{d}t\\&=\int_{t\in[t_k,\,t_{k+1}]}\frac{1}{2}\Omega(\boldsymbol{\omega}_{\mathrm{ib}_t}^{\mathrm{b}_t}-\boldsymbol{b}_{\omega_t}-\boldsymbol{n}_{\omega})\boldsymbol{q}_{\mathrm{b}_t}^{\mathrm{b}_k}\mathrm{d}t-\int_{t\in[t_k,\,t_{k+1}]}\frac{1}{2}\Omega[\boldsymbol{R}_{\mathrm{n}_k}^{\mathrm{b}_k}(\boldsymbol{\omega}_{\mathrm{ie}}^{\mathrm{n}_t}+\boldsymbol{\omega}_{\mathrm{en}_t}^{\mathrm{n}_t})]\boldsymbol{q}_{\mathrm{b}_t}^{\mathrm{b}_k}\mathrm{d}t\\&=\int_{t\in[t_k,\,t_{k+1}]}\frac{1}{2}\Omega[\boldsymbol{\omega}_{\mathrm{ib}_t}^{\mathrm{b}_t}-\boldsymbol{b}_{\omega_t}-\boldsymbol{n}_{\omega}-\boldsymbol{R}_{\mathrm{n}_k}^{\mathrm{b}_k}(\boldsymbol{\omega}_{\mathrm{ie}}^{\mathrm{n}_t}+\boldsymbol{\omega}_{\mathrm{en}_t}^{\mathrm{n}_t})]\boldsymbol{q}_{\mathrm{b}_t}^{\mathrm{b}_k}\mathrm{d}t\end{aligned}\tag{4.25}$$

其中

$$\Omega=\begin{bmatrix}-[\boldsymbol{\omega}]_{\times}&\boldsymbol{\omega}\\-\boldsymbol{\omega}^{\mathrm{T}}&0\end{bmatrix},\quad[\omega]_{\times}=\begin{bmatrix}0&-\omega_z&\omega_y\\\omega_z&0&-\omega_x\\-\omega_y&\omega_x&0\end{bmatrix}\tag{4.26}$$

由此，得到采用高精度惯性预积分方法的载体姿态信息按式(4.27)进行更新：

$$\boldsymbol{q}_{\mathrm{n}_k}^{\mathrm{b}_k} \otimes \boldsymbol{q}_{\mathrm{b}_{k+1}}^{\mathrm{n}_{k+1}} = \boldsymbol{\gamma}_{\mathrm{b}_{k+1}}^{\mathrm{b}_k} \tag{4.27}$$

由式(4.23)~式(4.27)可得,在系统进行下一次优化时,即使改变了上一时刻的状态变量,也不会对姿态预积分项进行重复积分。与传统姿态预积分模型相比,将 $\boldsymbol{\omega}_{\mathrm{ie}}^{\mathrm{n}}$ 及 $\boldsymbol{\omega}_{\mathrm{en}}^{\mathrm{n}}$ 引入改进的姿态预积分模型中,提高了姿态预积分模型的精确度,相对传统惯性预积分方法提高了姿态解算精度,同时提高了基于改进的姿态预积分模型构建速度预积分模型、位置预积分模型的精度。

加速度计输出的完整模型如式(4.8)所示,剔除有害加速度与重力加速度即所测得的载体的实际运动加速度,对两次优化时刻 t_k 与 t_{k+1} 之间的 N 个 IMU 数据进行积分,可得到载体下一次优化时刻的速度,其更新方程为

$$\boldsymbol{v}_{\mathrm{en}_{k+1}}^{\mathrm{n}_{k+1}} = \boldsymbol{v}_{\mathrm{en}_k}^{\mathrm{n}_k} + \int_{t\in[t_k,\, t_{k+1}]} [\boldsymbol{R}_{\mathrm{b}_t}^{\mathrm{n}_t}(\boldsymbol{f}^{\mathrm{b}_t} - \boldsymbol{b}_{\mathrm{a}_t} - \boldsymbol{n}_{\mathrm{a}}) - (2\boldsymbol{\omega}_{\mathrm{ie}}^{\mathrm{n}_t} + \boldsymbol{\omega}_{\mathrm{en}_t}^{\mathrm{n}_t}) \times \boldsymbol{v}_{\mathrm{en}_t}^{\mathrm{n}_t} + \boldsymbol{g}^{\mathrm{n}_t}]\mathrm{d}t \tag{4.28}$$

其中,$\boldsymbol{v}_{\mathrm{en}_{k+1}}^{\mathrm{n}_{k+1}}$ 表示载体下一优化时刻的速度。对式(4.28)左右两边乘 $k+1$ 时刻导航坐标系到 k 时刻机体坐标系的坐标变换矩阵 $\boldsymbol{R}_{\mathrm{n}_{k+1}}^{\mathrm{b}_k}$,从而将参考坐标系从导航坐标系转换为上一优化时刻的载体坐标系,得

$$\begin{aligned}\boldsymbol{R}_{\mathrm{n}_{k+1}}^{\mathrm{b}_k}\boldsymbol{v}_{\mathrm{en}_{k+1}}^{\mathrm{n}_{k+1}} = \boldsymbol{R}_{\mathrm{n}_{k+1}}^{\mathrm{b}_k}\boldsymbol{v}_{\mathrm{en}_k}^{\mathrm{n}_k} + \boldsymbol{R}_{\mathrm{n}_{k+1}}^{\mathrm{b}_k}\int_{t\in[t_k,\, t_{k+1}]} [\boldsymbol{R}_{\mathrm{b}_t}^{\mathrm{n}_t}(\boldsymbol{f}^{\mathrm{b}_t} - \boldsymbol{b}_{\mathrm{a}_t} - \boldsymbol{n}_{\mathrm{a}}) \\ - (2\boldsymbol{\omega}_{\mathrm{ie}}^{\mathrm{n}_t} + \boldsymbol{\omega}_{\mathrm{en}_t}^{\mathrm{n}_t}) \times \boldsymbol{v}_{\mathrm{en}_t}^{\mathrm{n}_t} + \boldsymbol{g}^{\mathrm{n}_t}]\mathrm{d}t\end{aligned} \tag{4.29}$$

为了得到下一时刻载体运动速度,需要对式(4.29)进行以下处理,首先对其中 $\boldsymbol{\omega}_{\mathrm{ie}}^{\mathrm{n}_t}$、$\boldsymbol{\omega}_{\mathrm{en}_t}^{\mathrm{n}_t}$、$\boldsymbol{g}^{\mathrm{n}_t}$ 进行分析,由于地球坐标系到导航坐标系的坐标变换矩阵可用式(4.30)表示:

$$\boldsymbol{R}_{\mathrm{e}}^{\mathrm{n}} = \begin{bmatrix} -\sin\lambda & \cos\lambda & 0 \\ -\sin L\cos\lambda & -\sin L\sin\lambda & \cos L \\ \cos L\cos\lambda & \cos L\sin\lambda & \sin L \end{bmatrix} \tag{4.30}$$

以 $\boldsymbol{\omega}_{\mathrm{ie}}^{\mathrm{n}_t}$ 为例,由于

$$\boldsymbol{\omega}_{\mathrm{ie}}^{\mathrm{n}_k} = \boldsymbol{R}_{\mathrm{e}}^{\mathrm{n}_k}\boldsymbol{R}_{\mathrm{n}_t}^{\mathrm{e}}\boldsymbol{\omega}_{\mathrm{ie}}^{\mathrm{n}_t} \tag{4.31}$$

其中,$\boldsymbol{R}_{\mathrm{e}}^{\mathrm{n}_k}$ 与 $\boldsymbol{R}_{\mathrm{n}_t}^{\mathrm{e}}$ 的相应计算方法如式(4.30)所示,考虑到相邻两 IMU 采样时刻之间经纬度的变化量极小,故可对包含小变化量经纬度的三角函数做如式(4.32)所示的近似处理:

$$\begin{aligned}\sin\Delta\lambda_t &\approx \Delta\lambda_t \\ \cos\Delta\lambda_t &\approx 1\end{aligned} \tag{4.32}$$

从而得到如下忽略二阶小量后的结果:

$$\boldsymbol{R}_{\mathrm{e}}^{\mathrm{n}_k}\boldsymbol{R}_{\mathrm{n}_t}^{\mathrm{e}} \approx \begin{bmatrix} 1 & \Delta\lambda_t \sin L_t & -\Delta\lambda_t \cos L_t \\ -\Delta\lambda_t \sin L_t & 1 & -\Delta L_t \\ \Delta\lambda_t \cos L_t & \Delta L_t & 1 \end{bmatrix} \tag{4.33}$$

同样,由于相邻两 IMU 采样时刻之间 $\Delta\lambda_t$ 与 ΔL_t 变化极小, $\boldsymbol{R}_{\mathrm{e}}^{\mathrm{n}_k}\boldsymbol{R}_{\mathrm{n}_t}^{\mathrm{e}}$ 可近似为单位矩阵,故 $\boldsymbol{\omega}_{\mathrm{ie}}^{\mathrm{n}_t}$ 近似为 $\boldsymbol{\omega}_{\mathrm{ie}}^{\mathrm{n}_k}$, 同理 $\boldsymbol{\omega}_{\mathrm{en}_t}^{\mathrm{n}_t}$ 近似为 $\boldsymbol{\omega}_{\mathrm{en}_k}^{\mathrm{n}_k}$, $\boldsymbol{g}^{\mathrm{n}_t}$ 近似为 $\boldsymbol{g}^{\mathrm{n}_k}$。

由此,载体下一优化时刻的速度可表示为

$$\begin{aligned} \boldsymbol{R}_{\mathrm{n}_{k+1}}^{\mathrm{b}_k}\boldsymbol{v}_{\mathrm{en}_{k+1}}^{\mathrm{n}_{k+1}} \approx{} & \boldsymbol{R}_{\mathrm{n}_{k+1}}^{\mathrm{b}_k}[\boldsymbol{v}_{\mathrm{en}_k}^{\mathrm{n}_k} - (2\boldsymbol{\omega}_{\mathrm{ie}}^{\mathrm{n}_k} + \boldsymbol{\omega}_{\mathrm{en}_k}^{\mathrm{n}_k}) \times \boldsymbol{v}_{\mathrm{en}_k}^{\mathrm{n}_k}\Delta T + \boldsymbol{g}^{\mathrm{n}_k}\Delta T] \\ & + \boldsymbol{R}_{\mathrm{n}_{k+1}}^{\mathrm{b}_k}\int_{t\in[t_k,\, t_{k+1}]}\boldsymbol{R}_{\mathrm{b}_t}^{\mathrm{n}_t}(\boldsymbol{f}^{\mathrm{b}_t} - \boldsymbol{b}_{\mathrm{a}_t} - \boldsymbol{n}_{\mathrm{a}})\mathrm{d}t \end{aligned} \tag{4.34}$$

为了避免每一次优化后对惯性积分的结果重复计算,需要对式(4.34)中包含与载体姿态时时相关的坐标变换矩阵的第二项 $\boldsymbol{R}_{\mathrm{n}_{k+1}}^{\mathrm{b}_k}\int_{t\in[t_k,\, t_{k+1}]}\boldsymbol{R}_{\mathrm{b}_t}^{\mathrm{n}_t}(\boldsymbol{f}^{\mathrm{b}_t} - \boldsymbol{b}_{\mathrm{a}_t} - \boldsymbol{n}_{\mathrm{a}})\mathrm{d}t$ 做如下处理:

$$\begin{aligned} \boldsymbol{R}_{\mathrm{n}_{k+1}}^{\mathrm{b}_k}\int_{t\in[t_k,\, t_{k+1}]}\boldsymbol{R}_{\mathrm{b}_t}^{\mathrm{n}_t}(\boldsymbol{f}^{\mathrm{b}_t} - \boldsymbol{b}_{\mathrm{a}_t} - \boldsymbol{n}_{\mathrm{a}})\mathrm{d}t &= \int_{t\in[t_k,\, t_{k+1}]}\boldsymbol{R}_{\mathrm{n}_{k+1}}^{\mathrm{b}_k}\boldsymbol{R}_{\mathrm{b}_t}^{\mathrm{n}_t}(\boldsymbol{f}^{\mathrm{b}_t} - \boldsymbol{b}_{\mathrm{a}_t} - \boldsymbol{n}_{\mathrm{a}})\mathrm{d}t \\ &\approx \int_{t\in[t_k,\, t_{k+1}]}\boldsymbol{R}_{\mathrm{n}_{k+1}}^{\mathrm{b}_k}\boldsymbol{R}_{\mathrm{n}_t}^{\mathrm{n}_{k+1}}\boldsymbol{R}_{\mathrm{b}_t}^{\mathrm{n}_t}(\boldsymbol{f}^{\mathrm{b}_t} - \boldsymbol{b}_{\mathrm{a}_t} - \boldsymbol{n}_{\mathrm{a}})\mathrm{d}t \\ &= \int_{t\in[t_k,\, t_{k+1}]}\boldsymbol{R}_{\mathrm{b}_t}^{\mathrm{b}_k}(\boldsymbol{f}^{\mathrm{b}_t} - \boldsymbol{b}_{\mathrm{a}_t} - \boldsymbol{n}_{\mathrm{a}})\mathrm{d}t \end{aligned} \tag{4.35}$$

故经过以上处理的最终表达形式为

$$\begin{aligned} \boldsymbol{R}_{\mathrm{n}_{k+1}}^{\mathrm{b}_k}\boldsymbol{v}_{\mathrm{en}_{k+1}}^{\mathrm{n}_{k+1}} ={} & \boldsymbol{R}_{\mathrm{n}_{k+1}}^{\mathrm{b}_k}[\boldsymbol{v}_{\mathrm{en}_k}^{\mathrm{n}_k} - (2\boldsymbol{\omega}_{\mathrm{ie}}^{\mathrm{n}_k} + \boldsymbol{\omega}_{\mathrm{en}_k}^{\mathrm{n}_k}) \times \boldsymbol{v}_{\mathrm{en}_k}^{\mathrm{n}_k}\Delta T + \boldsymbol{g}^{\mathrm{n}_k}\Delta T] \\ & + \int_{t\in[t_k,\, t_{k+1}]}\boldsymbol{R}_{\mathrm{b}_t}^{\mathrm{b}_k}(\boldsymbol{f}^{\mathrm{b}_t} - \boldsymbol{b}_{\mathrm{a}_t} - \boldsymbol{n}_{\mathrm{a}})\mathrm{d}t \end{aligned} \tag{4.36}$$

其中,速度预积分项为

$$\boldsymbol{\beta}_{\mathrm{b}_{k+1}}^{\mathrm{b}_k} = \int_{t\in[t_k,\, t_{k+1}]}\boldsymbol{R}_{\mathrm{b}_t}^{\mathrm{b}_k}(\boldsymbol{f}^{\mathrm{b}_t} - \boldsymbol{b}_{\mathrm{a}_t} - \boldsymbol{n}_{\mathrm{a}})\mathrm{d}t \tag{4.37}$$

由此,得到采用高精度惯性预积分方法的载体在导航坐标系下的运动速度按式(4.38)进行更新:

$$\boldsymbol{R}_{\mathrm{n}_{k+1}}^{\mathrm{b}_k}\boldsymbol{v}_{\mathrm{en}_{k+1}}^{\mathrm{n}_{k+1}} = \boldsymbol{R}_{\mathrm{n}_{k+1}}^{\mathrm{b}_k}[\boldsymbol{v}_{\mathrm{en}_k}^{\mathrm{n}_k} - (2\boldsymbol{\omega}_{\mathrm{ie}}^{\mathrm{n}_k} + \boldsymbol{\omega}_{\mathrm{en}_k}^{\mathrm{n}_k}) \times \boldsymbol{v}_{\mathrm{en}_k}^{\mathrm{n}_k}\Delta T + \boldsymbol{g}^{\mathrm{n}_k}\Delta T] + \boldsymbol{\beta}_{\mathrm{b}_{k+1}}^{\mathrm{b}_k} \tag{4.38}$$

由式(4.35)~式(4.38)可得,在系统进行下一次优化时,即使改变了上一时刻的状态变量 $\boldsymbol{R}_{\mathrm{n}_k}^{\mathrm{b}_k}$, 也不会对速度预积分项进行重复积分。同时,在采用改进的速度预积分模型的速度更新过程中,引入 $\boldsymbol{\omega}_{\mathrm{ie}}^{\mathrm{n}}$ 以及 $\boldsymbol{\omega}_{\mathrm{en}}^{\mathrm{n}}$ 的影响,相对传统惯性预积分方法提高了速度解算精度。

本节在速度预积分模型构建的基础上,推导位置预积分模型及采用高精度预积分方法的位置更新方程。

相邻两优化时刻载体位置信息表示在地球坐标系中有如下关系:

$$\boldsymbol{p}_{\mathrm{en}_{k+1}}^{\tilde{\mathrm{e}}} = \boldsymbol{p}_{\mathrm{en}_k}^{\tilde{\mathrm{e}}} + \boldsymbol{p}_{\mathrm{n}_k\mathrm{n}_{k+1}}^{\tilde{\mathrm{e}}} \tag{4.39}$$

其中,$\boldsymbol{p}_{\mathrm{n}_k\mathrm{n}_{k+1}}^{\tilde{\mathrm{e}}}$ 由载体 $\boldsymbol{v}_{\mathrm{en}_k}^{\mathrm{n}_k}$ 一次积分而来,为相邻两优化时刻载体经纬高的变化量,其具体表达形式为

$$\boldsymbol{p}_{\mathrm{n}_k\mathrm{n}_{k+1}}^{\tilde{\mathrm{e}}} = \left[\int_{t\in[t_k,\ t_{k+1}]} \frac{\sec L}{R_{\mathrm{n}}} v_{\mathrm{en}x}^{\mathrm{n}} \mathrm{d}t \quad \int_{t\in[t_k,\ t_{k+1}]} \frac{v_{\mathrm{en}y}^{\mathrm{n}}}{2R_{\mathrm{m}}} \mathrm{d}t \quad \int_{t\in[t_k,\ t_{k+1}]} v_{\mathrm{en}z}^{\mathrm{n}} \mathrm{d}t\right]^{\mathrm{T}} \tag{4.40}$$

为了得到位置预积分模型,将该段时间的位置变化量由地球坐标系投影至当前优化时刻的导航坐标系中,有

$$\boldsymbol{p}_{\mathrm{n}_k\mathrm{n}_{k+1}}^{\tilde{\mathrm{e}}} = \boldsymbol{R}_{\mathrm{n}_{k+1}}^{\tilde{\mathrm{e}}} \boldsymbol{p}_{\mathrm{n}_k\mathrm{n}_{k+1}}^{\mathrm{n}_{k+1}} \tag{4.41}$$

其中,$\boldsymbol{p}_{\mathrm{n}_k\mathrm{n}_{k+1}}^{\mathrm{n}_{k+1}}$ 为位置变化量在导航坐标系下的投影;$\boldsymbol{R}_{\mathrm{n}_{k+1}}^{\tilde{\mathrm{e}}}$ 为导航坐标系到地球坐标系的坐标变换矩阵。二者的具体表示形式为

$$\boldsymbol{p}_{\mathrm{n}_k\mathrm{n}_{k+1}}^{\mathrm{n}_{k+1}} = \begin{bmatrix} \int_{t\in[t_k,\ t_{k+1}]} v_{\mathrm{en}x}^{\mathrm{n}} \mathrm{d}t \\ \int_{t\in[t_k,\ t_{k+1}]} v_{\mathrm{en}y}^{\mathrm{n}} \mathrm{d}t \\ \int_{t\in[t_k,\ t_{k+1}]} v_{\mathrm{en}z}^{\mathrm{n}} \mathrm{d}t \end{bmatrix}, \quad \boldsymbol{R}_{\mathrm{n}_{k+1}}^{\tilde{\mathrm{e}}} = \begin{bmatrix} \frac{\sec L}{R_{\mathrm{n}}} & 0 & 0 \\ 0 & \frac{1}{2R_{\mathrm{m}}} & 0 \\ 0 & 0 & 1 \end{bmatrix} \tag{4.42}$$

利用 IMU 输出信息计算 $\boldsymbol{p}_{\mathrm{n}_k\mathrm{n}_{k+1}}^{\mathrm{n}_{k+1}}$ 的形式为

$$\boldsymbol{p}_{\mathrm{n}_k\mathrm{n}_{k+1}}^{\mathrm{n}_{k+1}} = \boldsymbol{v}_{\mathrm{en}_k}^{\mathrm{n}_k}\Delta T + \frac{1}{2}\iint_{t\in[t_k,\ t_{k+1}]} [\boldsymbol{R}_{\mathrm{b}_t}^{\mathrm{n}_t}(\boldsymbol{f}^{\mathrm{b}_t} - \boldsymbol{b}_{\mathrm{a}_t} - \boldsymbol{n}_{\mathrm{a}}) - (2\boldsymbol{\omega}_{\mathrm{ie}}^{\mathrm{n}_t} + \boldsymbol{\omega}_{\mathrm{en}_t}^{\mathrm{n}_t}) \times \boldsymbol{v}_{\mathrm{en}_t}^{\mathrm{n}_t} + \boldsymbol{g}^{\mathrm{n}_t}]\mathrm{d}^2 t \tag{4.43}$$

为了得到位置预积分,同速度预积分的处理,对式(4.43)左右两边乘 $k+1$ 时刻导航坐标系到 k 时刻机体坐标系的坐标变换矩阵 $\boldsymbol{R}_{\mathrm{n}_{k+1}}^{\mathrm{b}_k}$,从而将参考坐标系从导航坐标系转换为上一优化时刻的载体坐标系,其中所用到的近似方法、近似过程与推导速度预积分模型相同,此处不再进行赘述,最终形式为

$$\begin{aligned} \boldsymbol{R}_{\mathrm{n}_{k+1}}^{\mathrm{b}_k}\boldsymbol{p}_{\mathrm{n}_k\mathrm{n}_{k+1}}^{\mathrm{n}_{k+1}} = {} & \boldsymbol{R}_{\mathrm{n}_{k+1}}^{\mathrm{b}_k}\left[\boldsymbol{v}_{\mathrm{en}_k}^{\mathrm{n}_k}\Delta T - \frac{1}{2}(2\boldsymbol{\omega}_{\mathrm{ie}}^{\mathrm{n}_k} + \boldsymbol{\omega}_{\mathrm{en}_k}^{\mathrm{n}_k}) \times \boldsymbol{v}_{\mathrm{en}_k}^{\mathrm{n}_k}\Delta T^2 + \frac{1}{2}\boldsymbol{g}^{\mathrm{n}_k}\Delta T^2\right] \\ & + \frac{1}{2}\iint_{t\in[t_k,\ t_{k+1}]} \boldsymbol{R}_{\mathrm{b}_t}^{\mathrm{b}_k}(\boldsymbol{f}^{\mathrm{b}_t} - \boldsymbol{b}_{\mathrm{a}_t} - \boldsymbol{n}_{\mathrm{a}})\mathrm{d}^2 t \end{aligned} \tag{4.44}$$

其中，位置预积分为

$$\boldsymbol{\alpha}_{\mathrm{b}_{k+1}}^{\mathrm{b}_k} = \iint_{t \in [t_k,\, t_{k+1}]} \boldsymbol{R}_{\mathrm{b}_t}^{\mathrm{b}_k} (\boldsymbol{f}^{\mathrm{b}_t} - \boldsymbol{b}_{\mathrm{a}_t} - \boldsymbol{n}_{\mathrm{a}}) \mathrm{d}t \tag{4.45}$$

由此，得到采用高精度惯性预积分方法的载体在地球坐标系下的位置信息按式(4.46)进行更新：

$$\boldsymbol{p}_{\mathrm{en}_{k+1}}^{\tilde{\mathrm{e}}} = \boldsymbol{p}_{\mathrm{en}_k}^{\tilde{\mathrm{e}}} + \boldsymbol{R}_{\mathrm{n}_k}^{\tilde{\mathrm{e}}} \left[\boldsymbol{v}_{\mathrm{en}_k}^{\mathrm{n}_k} \Delta T - \frac{1}{2} (2\boldsymbol{\omega}_{\mathrm{ie}}^{\mathrm{n}_k} + \boldsymbol{\omega}_{\mathrm{en}_k}^{\mathrm{n}_k}) \times \boldsymbol{v}_{\mathrm{en}_k}^{\mathrm{n}_k} \Delta T^2 + \frac{1}{2} \boldsymbol{g}^{\mathrm{n}_k} \Delta T^2 \right] + \frac{1}{2} \boldsymbol{R}_{\mathrm{n}_{k+1}}^{\mathrm{b}_k} \boldsymbol{\alpha}_{\mathrm{b}_{k+1}}^{\mathrm{b}_k} \tag{4.46}$$

由式(4.44)~式(4.46)可得，在系统进行下一次优化时，即使改变了上一时刻的状态变量 $\boldsymbol{R}_{\mathrm{n}_k}^{\mathrm{b}_k}$，也不会对位置预积分项进行重复积分。同时，在采用改进的位置预积分模型的位置更新过程中，引入 $\boldsymbol{\omega}_{\mathrm{ie}}^{\mathrm{n}}$ 及 $\boldsymbol{\omega}_{\mathrm{en}}^{\mathrm{n}}$ 的影响，相对传统惯性预积分方法提高了位置解算精度。

4.4　仿真与验证

本节通过车辆航迹仿真，仿真车辆的运动轨迹与惯性传感器的数据，并同时仿真 GPS 数据作为外部量测信息，将仿真数据在 Ubuntu 16.04 操作系统下利用所编写的改进预积分程序进行处理分析，验证本节所提出改进预积分算法的性能。

4.4.1　车辆航迹仿真设计

本节仿真的车辆做机动运动，其运动轨迹包括加速、转弯等机动运动，仿真时长 15 min，其具体运动轨迹如表 4.1 所示。

表 4.1　车辆航迹仿真设计

时间/s	运动状态
0~10	1.2 m/s^{2}加速运动
10~100	以 43.2 km/h 匀速直线运动
100~120	保持速度，并以 2(°)/s 转弯
120~130	转弯结束，匀速直线运动
130~150	以 0.2 m/s^{2}减速运动
150~900	以 28.8 km/h 匀速直线运动

最终车辆航迹仿真轨迹如图 4.3 所示。

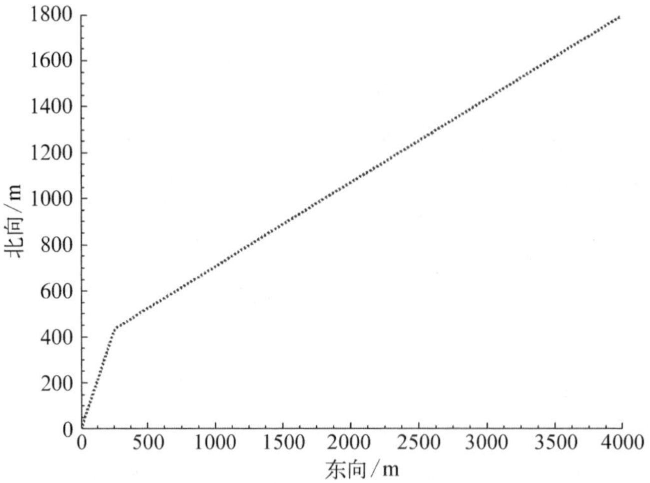

图 4.3　车辆航迹仿真图

对应车辆所搭载的 GPS,设置其直接提供的位置精度为 2 m、输出频率为 1 Hz;其所搭载的惯性传感器输出频率为 200 Hz,陀螺仪误差建模为白噪声与一阶马尔可夫过程,加速度计误差建模为一阶马尔可夫过程,具体仿真参数设计如表 4.2 所示。

表 4.2　惯性传感器仿真参数设置

仿真参数	加速度计	陀 螺 仪
白噪声	—	0.874(°)/h
一阶马尔可夫过程	$5\times10^{-4}g$	1.88×10^{-5}(°)/h

4.4.2　仿真结果分析

1. GPS 未拒止仿真结果分析

该仿真中,设置车辆 GPS 信号未受干扰,在其运行过程中始终能收到 GPS 信号。

选取车辆整段航迹中做机动运动状态的航迹进行分析,即取车辆运动的第 100~200 s 的航迹进行分析,其轨迹误差如图 4.4 所示。

其机动段的定位均方根误差如表 4.3 所示。

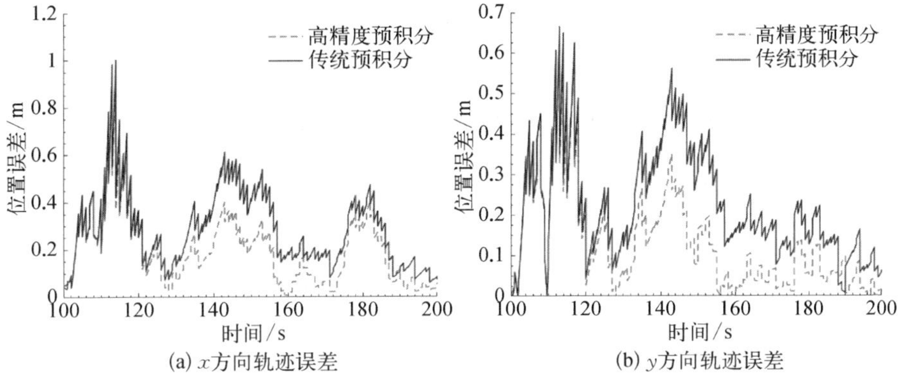

图 4.4　GPS 未拒止环境下机动段轨迹误差对比图

表 4.3　GPS 未拒止环境下机动段定位均方根误差对比表　（单位：m）

定位均方根误差	x 方向	y 方向	水平方向
传统惯性预积分方法	0.1421	0.1825	0.2313
高精度惯性预积分方法	0.123	0.1271	0.1769

综合以上数据分析可得如下结论：

（1）对于车辆做匀速直线运动的情况，改进方法对提高车辆定位精度的效果一般。

（2）机动段中采用改进的高精度惯性预积分方法与采用传统惯性预积分方法相比，其水平定位精度可提高 23.52%。因此，改进方法可提高车辆在机动环境下的自主定位能力。

2. GPS 阶段性拒止仿真结果分析

本仿真中，设置 GPS 收到信号干扰，在车辆运动的前 20 s 内可以收到 GPS 信号，之后一段时间可收到卫星信号，一段时间无法收到卫星信号。GPS 信号良好环境与该拒止环境下车辆机动段轨迹误差如图 4.5 所示。

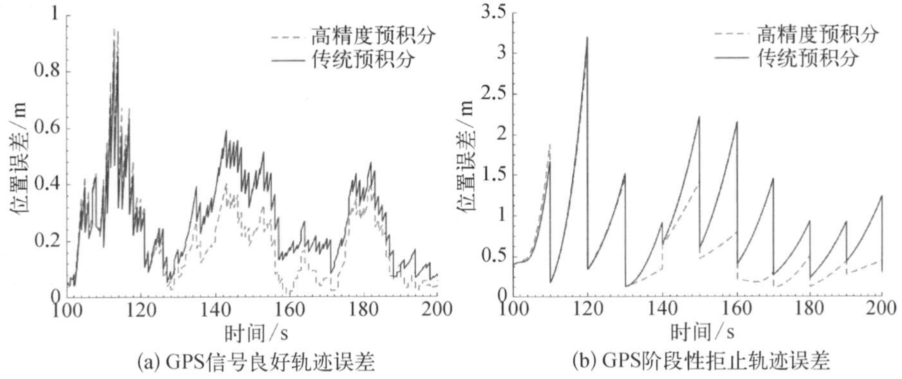

图 4.5　不同 GPS 环境下机动段轨迹误差对比图

针对两种不同环境，改进的高精度惯性预积分方法与传统惯性预积分方法对水平定位精度的提升如表 4.4 所示。

表 4.4　不同 GPS 环境下改进算法对定位精度的提升对比表

车辆所处环境	水平方向均方根误差/m	提升/%
GPS 信号良好	0.1769	23.52
10 s 接收一个 GPS 信号	0.5378	31.57

由表 4.4 可以得出，在 GPS 信号时有时无的阶段性拒止环境中，改进方法与传统方法相比具有更高的定位精度，可有效提升车辆在该环境下的自主导航能力。

为了进一步验证在较长时间卫星拒止环境下改进算法的优势，设置车辆运行时间为 30 min，其前 15 min 的运动状态如表 4.1 所示，在后 15 min，车辆以 28.8 km/h继续保持匀速直线运动。在 0~500 s 车辆可正常接收卫星信号，在 500~800 s 车辆进入卫星拒止环境，卫星拒止时间为 5 min，无法接收卫星信号，800 s 之后车辆可再次接收卫星信号。采用两种方法在拒止阶段的轨迹对比如图 4.6 所示，轨迹误差如图 4.7 所示。

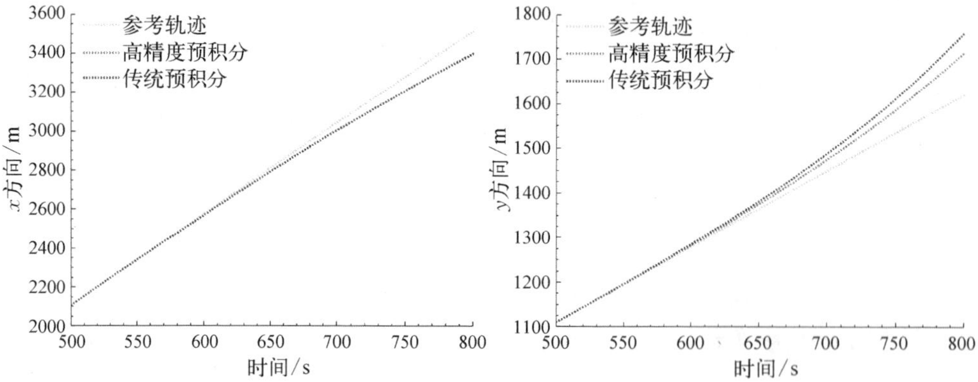

(a) x方向轨迹对比　(b) y方向轨迹对比

图 4.6　卫星长时间拒止时的轨迹对比图

传统惯性预积分方法与高精度惯性预积分方法定位误差如表 4.5 所示。

表 4.5　GPS 长时间拒止环境下定位误差对比表　（单位：m）

采 用 方 法	定位均方根误差	最大误差
传统惯性预积分方法	34.8	139.4
高精度惯性预积分方法	29.0	94.9

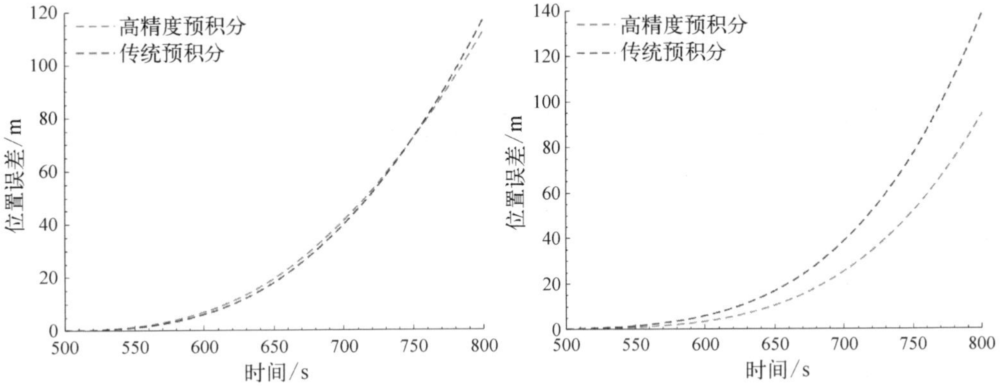

(a) x方向轨迹误差　　(b) y方向轨迹误差

图 4.7　卫星长时间拒止时的轨迹误差对比图

综合以上数据可以得出：载体在卫星 5 min 拒止环境中，采用改进的高精度惯性预积分方法与传统惯性预积分方法相比其定位精度提升了 16.7%。在卫星拒止环境中，改进方法可有效提升车辆在该环境下的自主定位能力。无论是卫星信号时有时无的情况还是卫星阶段性拒止环境，改进方法对提升车辆在复杂环境下的自主导航性能更具优势。

4.5　本章小结

本章首先介绍了基于惯性预积分的因子图优化融合理论，并对传统惯性预积分方法存在的问题进行了分析。在此基础上，研究了面向高精度惯性器件的惯性预积分方法，考虑了地球自转角速度与地球参考椭球体对惯性因子的影响，对高精度惯性预积分方法进行了详细推导。最后通过车载航迹仿真，测试车辆在 GPS 信号良好与 GPS 阶段性拒止这两种环境下的定位精度。仿真结果表明，改进的高精度惯性预积分方法在车辆进行机动以及在 GPS 阶段性拒止环境时相较传统惯性预积分方法具有较大的提升，对现有的惯性预积分理论进行了完善。

第 5 章
惯性/卫星因子图组合导航方法

5.1 引言

载波相位是一种具有厘米级测距精度的卫星原始量测信息，能够为载体提供高精度的定位结果。但是，载波相位含有未知的整周模糊度，由于在动态情况下难以获得实时可靠的整周解，所以从一定程度上限制了载波相位在导航系统中的应用。

在卫星信号被锁定且没有发生周跳的情况下，整周模糊度是常值，因此可以通过时间差分的形式消除整周模糊度，从而获得高精度的相对定位信息。传统的基于时间差分载波相位的惯性/卫星紧耦合组合导航方法主要是基于卡尔曼滤波的，但是卡尔曼滤波忽略了历史时刻信息的间接修正作用，因此难以得到更为精确的导航结果。此外，当卫星信号受到干扰时，载波相位会频繁地发生周跳。此时，传统的紧耦合组合导航方法普遍会面临约束信息缺失的问题，从而导致定位性能的严重恶化。

本章首先研究基于时间差分载波相位的导航方法，介绍时间差分载波相位的导航机理，并对传统的基于时间差分载波相位的惯性/卫星紧耦合融合机制进行分析；在此基础上，提出面向卫星导航系统的高精度回环约束方法，研究基于多普勒频移的载波相位周跳检测方法；根据周跳检测的结果，对基于时间差分载波相位的高精度回环因子图进行构建，能够充分利用多个时刻的相对位移约束抑制定位误差的累积，并避免在传统方法中由于约束信息损失带来的定位精度下降问题；提出基于高精度回环约束的惯性/卫星紧耦合因子图优化融合方法，对高精度回环约束以及时间差分载波相位相对约束的残差模型进行构建。最后，利用跑车试验数据对基于高精度回环约束的惯性/卫星紧耦合因子图优化融合方法的性能进行验证。

5.2　惯性/卫星组合导航方法概述

由于利用了卫星的原始量测信息，惯性/卫星紧耦合能够在可见卫星数小于 4 的场景下继续实现组合导航，相较于松耦合具有更好的鲁棒性，因此得到了广泛关注。惯性/卫星紧耦合模式利用卫星与用户之间的测距信息进行观测，进而实现对惯性导航误差的校正。其中，常用的测距信息包括伪距与载波相位。

受到多路径误差的影响，伪距的精度一般在米级甚至几十米级[96]。而载波相位的精度处于厘米级，利用载波相位可以提升惯性/卫星紧耦合组合导航系统的定位精度[97]。但是，载波相位中含有未知的整周模糊度，而在遮挡环境下对整周模糊度进行实时解算仍然是一项十分困难的任务[98]。当卫星信号被锁定且没有发生周跳时，整周模糊度是固定不变的。因此，通过时间差分载波相位（time differenced carrier phase，TDCP）技术，如图 5.1 所示，能够避免整周模糊度的求解[99]，并获得高精度的相对定位信息。

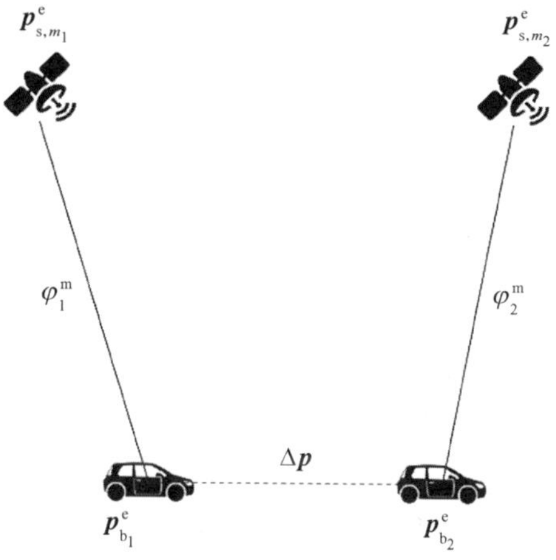

图 5.1　时间差分载波相位技术

近年来，基于时间差分载波相位的惯性/卫星紧耦合组合导航已成为一项研究热点。国防科技大学与新南威尔士大学的研究者提出了一种双速率式惯性/卫星紧耦合组合导航方法[100]，利用高速率的时间差分载波相位信息提升组合导航精度，同时利用低速率的伪距信息实现绝对位置校正，该方法能够避免长时间情况下的导航误差累积。东南大学的研究者则联合了时间差分载波相位与无电离层宽通道载波相位信息辅助惯性导航，并通过道路测试对其方法的有效性进行了验证[101]。此外，时间差分载波相位是一种非线性的量测信息。为了抑制非线性误差的影响，研究者分别使用了迭代扩展卡尔曼滤波[102]（iterative extended Kalman filter，IEKF）与容积卡尔曼滤波[103]来提高状态估计精度。

上述时间差分载波相位技术都是通过对相邻时刻的载波相位进行时间差分，进而对载体的速度状态进行修正。然而，这种方式会导致位置误差的快速累积。达姆施塔特工业大学的研究者提出了一种新的时间差分方法：通过引入参考时刻，构建当前时刻与参考时刻之间的时间差分载波相位形成位置约束，并利用卡尔曼滤波进行状态估计[104]。相比于传统的时间差分载波相位，该方法能够抑制长时间情况下的位置误差累积。但是，该方法将每颗卫星的时间差分载波相位绑定在一起进行考虑。当一颗卫星的载波相位受到干扰而发生周跳时,其余卫星的时间差分载波相位都要被抛弃,这会导致约束信息的损失,进而影响紧耦合的状态估计精度。同时,时间差分载波相位是一种相对量测信息,即与历史时刻状态、当前时刻状态同时存在关联。由于卡尔曼滤波只对当前时刻状态进行估计且抛弃了历史时刻状态,因此无法通过优化历史时刻状态的方式进一步提升对当前时刻的估计精度。

相比于基于卡尔曼滤波的融合方法,也有研究者采用优化方法对惯性与时间差分载波相位进行融合。加利福尼亚大学河滨分校的研究者引入了一种基于优化的滑动窗口估计器[105],通过构建冗余的时间序列约束,能够提升惯性/卫星紧耦合组合导航系统的定位性能。但是,该方法设置了共享卫星,这使得卫星之间产生了较强的耦合关系。当共享卫星的载波相位受扰而发生周跳时,会引起大量相关约束信息的损失,从而导致其位置误差的快速发散。千叶工业大学的研究者则将时间差分载波相位构建为回环约束加入因子图中进行优化[106]。但是,该方法需要对整周模糊度进行实时求解,并非传统意义上的时间差分载波相位,且该方法在卫星受扰情况下的适用性仍有待商榷。

综上所述,基于时间差分载波相位的惯性/卫星紧耦合组合导航方法能够在不解算整周模糊度的情况下为载体提供高精度的定位信息,并且传统的紧耦合组合导航方法主要是基于卡尔曼滤波的。但是,由于卡尔曼滤波忽略了历史时刻信息的间接修正作用,因此其定位性能会受到较大影响。此外,当卫星信号受到干扰时,载波相位会频繁地发生周跳。此时,传统方法普遍会面临约束信息缺失的问题,从而导致紧耦合组合导航系统的定位性能恶化。

5.3 基于时间差分载波相位的高精度回环因子图

载波相位中存在未知的整周模糊度,通常在对其进行解算后才能将载波相位用于载体的导航定位[107]。然而,在动态情况下获得实时可靠的整周解依然是一项十分困难的任务。当卫星信号被锁定且没有发生周跳时,整周模糊度是常值,因此可以通过时间差分的方式消除整周模糊度,从而得到高精度的相对定位信息。

本节首先对基于时间差分载波相位的导航机理进行研究,并对传统的基于时间差分载波相位的惯性/卫星紧耦合融合机制进行分析。

5.3.1 基于时间差分载波相位的惯性/卫星紧耦合融合机制分析

在 t_k 时刻,来自第 m 颗卫星且以 m 为单位的载波相位模型可以表示为

$$\varphi_k^m = r_k^m + c\delta t_k^{\mathrm{r}} - c\delta t_k^{\mathrm{s},m} - I_k^m + T_k^m + \varepsilon_k^m + \lambda N \tag{5.1}$$

其中,φ_k^m 为第 m 颗卫星且以 m 为单位的载波相位;r_k^m 为载体与第 m 颗卫星之间的

距离；$c\delta t_k^{\mathrm{r}}$ 为卫星导航接收机钟差所导致的距离误差；$c\delta t_k^{\mathrm{s},m}$ 为第 m 颗卫星钟差所导致的距离误差；I_k^m 为电离层延迟所导致的距离误差；T_k^m 为对流层延迟所导致的距离误差；ε_k^m 为其他未建模误差,如多路径效应及白噪声等；λ 为卫星信号波长；N 为整周模糊度,在没有发生周跳的情况下，N 为常值,因此可以通过时间差分的方式进行消除。

对于 t_1 时刻与 t_2 时刻的载波相位,可以通过式(5.2)消除整周模糊度：

$$\Delta\varphi_{21}^m = \varphi_2^m - \varphi_1^m = \Delta r_{21}^m + c\Delta\delta t_{21}^{\mathrm{r}} - c\Delta\delta t_{21}^{\mathrm{s},m} - \Delta I_{21}^m + \Delta T_{21}^m + \varepsilon_{21}^m \tag{5.2}$$

其中，Δr_{21}^m 为载体与第 m 颗卫星之间距离的变化量；$c\Delta\delta t_{21}^{\mathrm{r}}$ 为卫星导航接收机钟差所导致距离误差的变化量；$c\Delta\delta t_{21}^{\mathrm{s},m}$ 为第 m 颗卫星钟差所导致距离误差的变化量；ΔI_{21}^m 为电离层延迟所导致距离误差的变化量；ΔT_{21}^m 为对流层延迟所导致距离误差的变化量。其中,电离层延迟所导致的距离误差可以通过 Klobuchar 模型[108]进行补偿,对流层延迟所导致的距离误差可以通过 Saastamoinen 模型[109]进行补偿,而卫星钟差所导致的距离误差可以通过国际 GNSS 服务(international GNSS service, IGS)组织提供的数据进行补偿。因此,式(5.2)可以重写为

$$\Delta\varphi_{21}^m = \Delta r_{21}^m + c\Delta\delta t_{21}^{\mathrm{r}} + \varepsilon_{21}^m \tag{5.3}$$

根据文献[104]，Δr_{21}^m 可以表示为

$$\Delta r_{21}^m = (\boldsymbol{p}_{\mathrm{s},m_2}^{\mathrm{e}}\boldsymbol{e}_2^m - \boldsymbol{p}_{\mathrm{s},m_1}^{\mathrm{e}}\boldsymbol{e}_1^m) - (\boldsymbol{p}_{\mathrm{b}_1}^{\mathrm{e}}\boldsymbol{e}_2^m - \boldsymbol{p}_{\mathrm{b}_1}^{\mathrm{e}}\boldsymbol{e}_1^m) - \Delta\boldsymbol{p}\boldsymbol{e}_2^m \tag{5.4}$$

式中，$\boldsymbol{e}_2^m$ 与 $\boldsymbol{e}_1^m$ 分别为 t_2 时刻与 t_1 时刻由第 m 颗卫星指向载体的单位视线向量,可以表示为

$$\begin{aligned}
e_{k,x}^m &= \frac{x_k^{\mathrm{s},m} - x_k^{\mathrm{r}}}{\mathrm{sqrt}((x_k^{\mathrm{s},m} - x_k^{\mathrm{r}})^2 + (y_k^{\mathrm{s},m} - y_k^{\mathrm{r}})^2 + (z_k^{\mathrm{s},m} - z_k^{\mathrm{r}})^2)} \\
e_{k,y}^m &= \frac{y_k^{\mathrm{s},m} - y_k^{\mathrm{r}}}{\mathrm{sqrt}((x_k^{\mathrm{s},m} - x_k^{\mathrm{r}})^2 + (y_k^{\mathrm{s},m} - y_k^{\mathrm{r}})^2 + (z_k^{\mathrm{s},m} - z_k^{\mathrm{r}})^2)} \\
e_{k,z}^m &= \frac{z_k^{s,m} - z_k^{\mathrm{r}}}{\mathrm{sqrt}((x_k^{\mathrm{s},m} - x_k^{\mathrm{r}})^2 + (y_k^{\mathrm{s},m} - y_k^{\mathrm{r}})^2 + (z_k^{\mathrm{s},m} - z_k^{\mathrm{r}})^2)}
\end{aligned} \tag{5.5}$$

其中，$x_k^{\mathrm{s},m}$、$y_k^{\mathrm{s},m}$、$z_k^{\mathrm{s},m}$ 分别为 t_k 时刻第 m 颗卫星在 ECEF 下的三维位置；x_k^{r}、y_k^{r}、z_k^{r} 分别为 t_k 时刻载体在 ECEF 下的三维位置。因此,式(5.3)可以表示为

$$\Delta\varphi_{21}^m - (\boldsymbol{p}_{\mathrm{s},m_2}^{\mathrm{e}}\boldsymbol{e}_2^m - \boldsymbol{p}_{\mathrm{s},m_1}^{\mathrm{e}}\boldsymbol{e}_1^m) + (\boldsymbol{p}_{\mathrm{b}_1}^{\mathrm{e}}\boldsymbol{e}_2^m - \boldsymbol{p}_{\mathrm{b}_1}^{\mathrm{e}}\boldsymbol{e}_1^m) = -\Delta\boldsymbol{p}\boldsymbol{e}_2^m + c\Delta\delta t_{21}^{\mathrm{r}} + \varepsilon_{21}^m \tag{5.6}$$

利用式(5.6)构建量测模型,可以求解 t_2 时刻相比 t_1 时刻的位置变化以及接收机钟差所导致距离误差的变化量。结合 t_1 时刻的位置,即可求解出载体在 t_2 时刻的位置。

在经典的时间差分载波相位定位方法中,通常是对相邻时刻的载波相位进行时间差分,利用差分量对载体的速度状态进行修正[99],该机制记为 TDCP1。同时,也有研究者引入了参考时刻的概念,通过构建当前时刻与参考时刻之间的时间差分载波相位对载体的位置状态进行修正[104],该机制记为 TDCP2。此外,也有研究者构建了跨越多个时刻状态的相对位移约束,并采用优化方法对多个时刻的状态进行联合修正[105],该机制记为 TDCP3。其中,TDCP1 与 TDCP2 是基于卡尔曼滤波的,而 TDCP3 是基于优化的。本节对这三类惯性/卫星紧耦合融合机制进行研究,并对其存在的问题进行分析。

在 TDCP1 中,时间差分仅作用于相邻时刻的载波相位,通过不断地计算相邻时刻的位置变化修正载体的速度。式(5.6)可以简化为

$$\boldsymbol{Y}=-\boldsymbol{e}_2^m\Delta\boldsymbol{p}+\boldsymbol{\varepsilon}_{21}^m \tag{5.7}$$

其中,可以利用速度积分的形式对位置变化量 $\Delta\boldsymbol{p}$ 进行表示:

$$\boldsymbol{Y}=-\boldsymbol{e}_2^m\int_{t_1}^{t_2}\boldsymbol{v}_{\mathrm{b}_t}^{\mathrm{w}}\mathrm{d}t+\boldsymbol{\varepsilon}_{21}^m \tag{5.8}$$

式(5.8)的误差形式可以表示为

$$\delta\boldsymbol{Y}=-\boldsymbol{e}_2^m\int_{t_1}^{t_2}\delta\boldsymbol{v}_{\mathrm{b}_t}^{\mathrm{w}}\mathrm{d}t+\delta\boldsymbol{\varepsilon}_{21}^m \tag{5.9}$$

在卡尔曼滤波中,由于状态向量只包含当前时刻的状态,因此式(5.9)无法直接用于构建量测模型。根据误差传播准则,t 时刻的状态量 $\boldsymbol{x}_t$ 可以表示为

$$\boldsymbol{x}_t=\boldsymbol{\Phi}_{t_1}^{t}\boldsymbol{\Phi}_{t_2}^{t_1}\boldsymbol{x}_{t_2} \tag{5.10}$$

其中,$\boldsymbol{\Phi}_{t_i}^{t_j}$ 为从 t_i 时刻到 t_j 时刻的状态转移矩阵,可以通过对系统矩阵 $\boldsymbol{F}$ 进行离散化处理得到。因此,t 时刻的速度误差可以表示为

$$\delta\boldsymbol{v}_{\mathrm{b}_t}^{\mathrm{w}}=\boldsymbol{C}_v\boldsymbol{x}_t=\boldsymbol{C}_v\boldsymbol{\Phi}_{t_1}^{t}\boldsymbol{\Phi}_{t_2}^{t_1}\boldsymbol{x}_{t_2} \tag{5.11}$$

其中,$\boldsymbol{C}_v$ 为将速度误差从状态向量中提取出来的矩阵,式(5.9)可以进一步表示为

$$\delta\boldsymbol{Y}=-\boldsymbol{e}_2^m\int_{t_1}^{t_2}\boldsymbol{C}_v\boldsymbol{\Phi}_{t_1}^{t}\boldsymbol{\Phi}_{t_2}^{t_1}\boldsymbol{x}_{t_2}\mathrm{d}t+\delta\boldsymbol{\varepsilon}_{21}^m=-\boldsymbol{e}_2^m\boldsymbol{C}_v\int_{t_1}^{t_2}\boldsymbol{\Phi}_{t_1}^{t}\boldsymbol{\Phi}_{t_2}^{t_1}\boldsymbol{x}_{t_2}\mathrm{d}t+\delta\boldsymbol{\varepsilon}_{21}^m \tag{5.12}$$

令

$$\begin{aligned}&\int_{t_1}^{t_2}\boldsymbol{\Phi}_{t_1}^{t}\mathrm{d}t=k\Delta t\left[\boldsymbol{I}+\frac{\boldsymbol{F}(k+1)\Delta t}{2}\right]\\&\boldsymbol{\Phi}_{t_2}^{t_1}=(\boldsymbol{I}-\boldsymbol{F}\Delta t)^k\end{aligned} \tag{5.13}$$

则式(5.12)可以表示为

$$
\begin{aligned}
\delta \boldsymbol{Y} &= -\boldsymbol{e}_2^m \boldsymbol{C}_v \int_{t_1}^{t_2} \boldsymbol{\Phi}_{t_1}^{t} \boldsymbol{\Phi}_{t_2}^{t_1} \boldsymbol{x}_{t_2} \mathrm{d}t + \delta \boldsymbol{\varepsilon}_{21}^{m} \\
&= -\boldsymbol{e}_2^m \boldsymbol{C}_v k \Delta t \left[\boldsymbol{I} + \frac{\boldsymbol{F}(k+1)\Delta t}{2} \right] (\boldsymbol{I} - \boldsymbol{F}\Delta t)^k \boldsymbol{x}_{t_2} + \delta \boldsymbol{\varepsilon}_{21}^{m}
\end{aligned} \tag{5.14}
$$

通过构建式(5.14)的速度量测模型,即可对载体的速度状态进行修正。

在 TDCP2 中,需要选取某一时刻作为参考时刻,然后将后续时刻的载波相位与参考时刻的载波相位进行时间差分获取载体的位置变化,通过形成相对位移约束修正载体的位置状态。相比于 TDCP1,TDCP2 能够从一定程度上抑制位置误差的累积。距离参考时刻的位置变化量可以表示为

$$
\Delta \boldsymbol{p} = \boldsymbol{p}_{\mathrm{b}_t}^{\mathrm{e}} - \boldsymbol{p}_{\mathrm{b}_r}^{\mathrm{e}} \tag{5.15}
$$

其中,$\boldsymbol{p}_{\mathrm{b}_t}^{\mathrm{e}}$ 为 t 时刻载体在 ECEF 下的三维位置;$\boldsymbol{p}_{\mathrm{b}_r}^{\mathrm{e}}$ 为参考时刻载体在 ECEF 下的三维位置。因此,式(5.7)可以重写为

$$
\boldsymbol{Y} = -\boldsymbol{e}_2^m (\boldsymbol{p}_{\mathrm{b}_t}^{\mathrm{e}} - \boldsymbol{p}_{\mathrm{b}_r}^{\mathrm{e}}) + \boldsymbol{\varepsilon}^m \tag{5.16}
$$

式(5.16)的误差形式可以表示为

$$
\delta \boldsymbol{Y} = -\boldsymbol{e}_2^m (\delta \boldsymbol{p}_{\mathrm{b}_t}^{\mathrm{e}} - \delta \boldsymbol{p}_{\mathrm{b}_r}^{\mathrm{e}}) + \delta \boldsymbol{\varepsilon}^m \tag{5.17}
$$

假设在参考时刻载体的位置精确已知,其位置误差可以置为零。因此,式(5.17)可以重新写为

$$
\delta \boldsymbol{Y} = -\boldsymbol{e}_2^m \delta \boldsymbol{p}_{\mathrm{b}_t}^{\mathrm{e}} + \delta \boldsymbol{\varepsilon}^m \tag{5.18}
$$

通过构建式(5.18)的位置量测模型,即可对当前时刻的位置状态进行修正。

在 TDCP3 中,载体的导航状态是通过滑动窗口优化器进行估计的。首先,需要选择一颗卫星作为共享卫星,将其他卫星的载波相位与共享卫星的载波相位进行时间差分消除接收机钟差所导致的距离误差;其次,通过构建跨越多个时刻状态的时间差分载波相位形成冗余约束。t_k 时刻第 m 颗卫星载波相位与共享卫星载波相位进行差分后的模型可以表示为

$$
\boldsymbol{\varphi}_k^{mc} = \boldsymbol{r}_k^{mc} + \boldsymbol{\varepsilon}_k^{mc} + \lambda N^{mc} \tag{5.19}
$$

当没有发生周跳时,N^{mc} 是常值。式(5.19)可以重新写为

$$
\boldsymbol{\varphi}_k^{mc} = \boldsymbol{r}_k^{mc} + \boldsymbol{\varepsilon}_k^{mc} + \lambda \boldsymbol{G}_k^{mc} N^{mc} \tag{5.20}
$$

其中,有

$$
\boldsymbol{\varphi}_k^{mc} = \begin{bmatrix} \varphi_1^{mc} \\ \varphi_2^{mc} \\ \vdots \\ \varphi_k^{mc} \end{bmatrix}, \quad \boldsymbol{r}_k^{mc} = \begin{bmatrix} r_1^{mc} \\ r_2^{mc} \\ \vdots \\ r_k^{mc} \end{bmatrix} \tag{5.21}
$$

$$
\boldsymbol{G}_k^{mc}=\begin{bmatrix}1\\1\\\vdots\\1\end{bmatrix},\quad \boldsymbol{\varepsilon}_k^{mc}=\begin{bmatrix}\boldsymbol{\varepsilon}_1^{mc}\\\boldsymbol{\varepsilon}_2^{mc}\\\vdots\\\boldsymbol{\varepsilon}_k^{mc}\end{bmatrix} \tag{5.22}
$$

通过构建酉矩阵 $\boldsymbol{A}^i=[\boldsymbol{A}_1^i\quad \boldsymbol{A}_2^i]$ 满足：

$$
\boldsymbol{A}_2^{i\mathrm{T}}\boldsymbol{G}_k^{mc}=\boldsymbol{0} \tag{5.23}
$$

在式(5.20)的两边同时乘以 $\boldsymbol{A}_2^{i\mathrm{T}}$，可以消除剩余的整周模糊度 N^{mc}，可以表示为

$$
\boldsymbol{A}_2^{i\mathrm{T}}\boldsymbol{\varphi}_k^{mc}=\boldsymbol{A}_2^{i\mathrm{T}}\boldsymbol{r}_k^{mc}+\boldsymbol{A}_2^{i\mathrm{T}}\boldsymbol{\varepsilon}_k^{mc} \tag{5.24}
$$

通过构建式(5.24)的相对位移量测模型，即可对多个时刻的状态进行联合估计。

结合上述对基于卡尔曼滤波与基于优化的方法的介绍，目前的基于时间差分载波相位的惯性/卫星紧耦合融合机制可以总结为图 5.2。

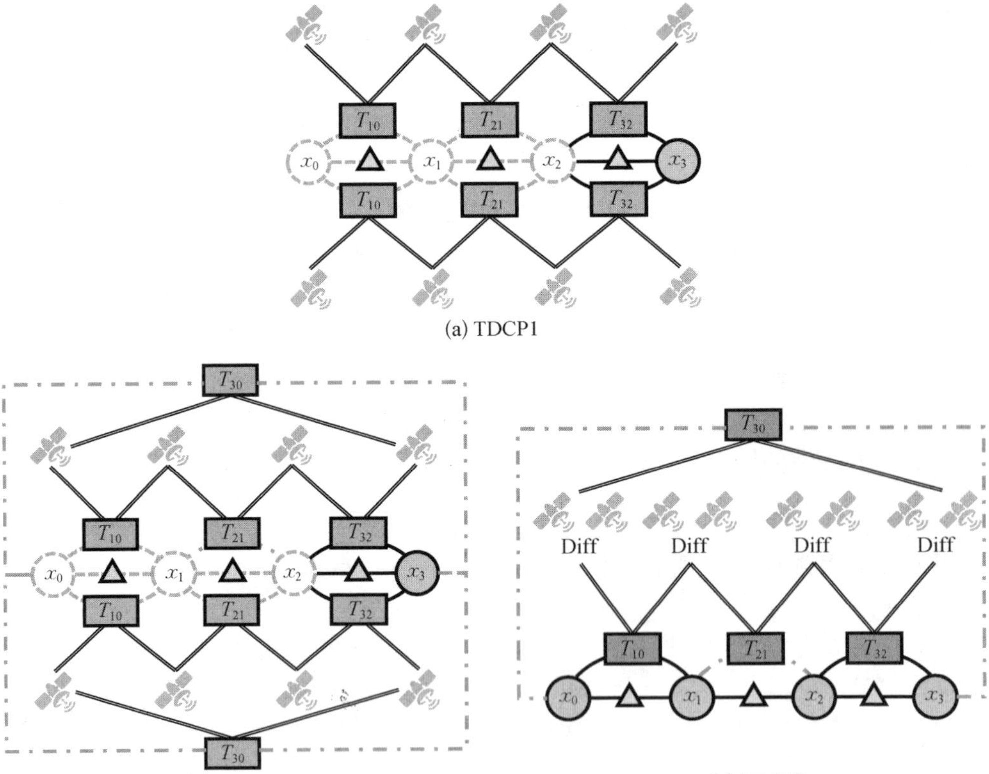

(a) TDCP1

(b) TDCP2

(c) TDCP3

图 5.2　传统的基于时间差分载波相位的惯性/卫星紧耦合融合机制

Diff 指差分

在图 5.2 中,带有 x_k 的圆圈表示 t_k 时刻的状态,虚线圆圈表示被抛弃的状态,而实线圆圈则表示需要被估计的状态。假设 x_3 表示当前时刻的状态,由于 TDCP1 与 TDCP2 均是基于卡尔曼滤波的,因此 $x_0 \sim x_2$ 的圆圈均是虚线。而在 TDCP3 中,历史时刻状态需要被迭代估计,因此 $x_0 \sim x_3$ 的圆圈均是实线。三角形表示来自 IMU 的惯性预积分,带有 T_{mn} 的长方形则表示 t_m 时刻与 t_n 时刻之间的时间差分载波相位,利用不同的颜色表示其来自不同的卫星。其中,带有实线的 T_{mn} 表示状态估计过程中需要用到的时间差分载波相位,而带有虚线的 T_{mn} 则表示不需要用到的时间差分载波相位。类似地,对于惯性预积分也有同样的含义。在基于卡尔曼滤波的方法中,与当前时刻无关的量测信息是不需要用到的,因此与 x_3 没有连通的信息均是虚线。而基于优化的方法需要对多个时刻的状态进行联合估计,因此与历史时刻状态连通的信息也是实线。此外,当载波相位发生周跳时,需要抛弃异常的时间差分载波相位,在图中用点划线进行表示。

这里以紧耦合组合导航系统使用两颗卫星的量测信息为例,对不同惯性/卫星紧耦合融合机制存在的问题进行分析:

(1) TDCP1 只用到了相邻时刻的时间差分载波相位,这种方式只能对载体的速度状态进行修正,会导致位置误差的快速累积。

(2) TDCP2 通过设定参考时刻能够从一定程度上抑制位置误差的累积。假设 x_0 所在的时刻为参考时刻,可以通过对 x_0 与 x_3 处的载波相位进行时间差分形成相对位移约束,进而对 x_3 的位置状态进行修正。但是,来自不同卫星的时间差分载波相位是绑定在一起的。假如有一颗卫星的时间差分载波相位出现异常,其余卫星的时间差分载波相位都要被抛弃,同时参考时刻需要被重新设定,这会导致定位性能的严重恶化。例如,如果在 x_2 处第一颗卫星的载波相位发生了周跳,由于整周模糊度发生了变化,第一颗卫星在 x_0 与 x_3 之间所形成的时间差分载波相位是异常的,需要被抛弃。尽管第二颗卫星的载波相位没有发生周跳,但由于参考时刻被重新设定了,因此第二颗卫星在 x_0 与 x_3 之间所形成的时间差分载波相位也要被抛弃。这会造成约束信息的损失,进而影响载体的定位精度。同时,卡尔曼滤波只对当前时刻的状态进行估计,无法对历史时刻的状态进行迭代优化,因此难以进一步提升对当前时刻状态的估计精度。

(3) TDCP3 通过构建跨越多个时刻状态的相对位移约束,能够进一步提升紧耦合组合导航系统的定位精度。在 TDCP3 中,首先需要选择一颗卫星作为共享卫星,如图 5.2 中的蓝色卫星;然后将其余卫星的载波相位与共享卫星的载波相位进行时间差分消除接收机钟差所导致的距离误差;最后通过时间差分形成跨越多个时刻状态的相对位移约束。但是,共享卫星的设定会导致时间差分载波相位之间存在较强的耦合关系。当共享卫星的载波相位发生周跳时,所有卫星都会受到影响,从而导致所有的时间差分载波相位都要被抛弃。例如,如果共享卫星的载波相

位在 x_2 处发生了周跳，许多与其相关的时间差分载波相位都要被抛弃，而约束信息的损失会导致状态估计精度下降。

通过对传统融合机制的分析可以看出，时间差分载波相位是一种相对量测信息，即会与历史时刻状态、当前时刻状态同时产生约束作用。由于卡尔曼滤波方法只能对当前时刻的状态进行估计，忽略了历史信息的间接修正作用，因此难以有效利用时间差分载波相位的历史相关性进一步提升状态估计精度。此外，当卫星信号受到干扰致使载波相位发生周跳时，传统融合机制普遍都会面临约束信息损失的问题，这也会严重影响状态估计的精度。

5.3.2 高精度回环因子图模型

目前，回环约束方法主要应用于 SLAM 领域，利用搭载的摄像头或是激光雷达辨识出载体是否经过同样的地点，通过回环约束能够降低长时间情况下的导航误差累积。在卫星导航系统中，时间差分载波相位是一种相对量测信息，可以通过构建跨越多个时刻状态的时间差分载波相位关联不同时刻的位置状态，从而形成回环约束。尽管在传统的惯性/卫星紧耦合融合机制中出现了回环约束的概念，但是当发生周跳时，传统方法普遍会面临约束信息损失的问题，从而难以实现高精度定位。因此，本节提出一种面向卫星导航系统的高精度回环约束方法，能够在卫星受扰时提升惯性/卫星紧耦合组合导航系统的定位精度。

载波相位极易受到周跳的影响，如果不对发生周跳的载波相位进行处理，生成的时间差分载波相位会存在异常值，从而影响定位精度。因此，为了构建高精度回环约束，需要对载波相位的周跳进行检测。传统的周跳检测方法普遍基于多频的卫星信号[110]，但是这类方法难以应用于单频卫星导航接收机，故不具备广泛的适用性[111]。多普勒频移作为一种可以直接获取的 GNSS 原始量测信息，其精度一般在厘米/秒级，并且不受周跳的影响，因此可以用于周跳检测。

多普勒频移的模型可以表示为

$$D_k^m = \frac{1}{\lambda}(\dot{r}_k^m + c\delta\dot{t}_k^{\mathrm{r}} - c\delta\dot{t}_k^{\mathrm{s},m} - \dot{I}_k^m + \dot{T}_k^m + \varepsilon_k^{\mathrm{D}}) \tag{5.25}$$

其中，$\varepsilon_k^{\mathrm{D}}$ 为多普勒频移中的未建模误差；点符号表示相关物理量的变化率。相邻时刻的时间差分载波相位与多普勒频移的关系可以表示为

$$\Delta\varphi_{k,k-1}^m = \varphi_k^m - \varphi_{k-1}^m = \lambda\int_{t_{k-1}}^{t_k} D_t^m \mathrm{d}t \tag{5.26}$$

其中，φ_k^m 与 φ_{k-1}^m 分别为 t_k 时刻与 t_{k-1} 时刻的载波相位。当没发生周跳时，式(5.26)可以重新表示为

$$\Delta\varphi_{k,\,k-1}^{m}=\varphi_{k}^{m}-\varphi_{k-1}^{m}=\lambda\int_{t_{k-1}}^{t_k}D_t^m\mathrm{d}t\approx\lambda\,\frac{D_k^m+D_{k-1}^m}{2}\Delta t \tag{5.27}$$

其中，Δt 为连续两个卫星量测信息之间的时间间隔。可以看出，当没有发生周跳时，相邻时刻的时间差分载波相位与多普勒频移的积分是近似相等的。因此，可以通过式(5.28)对载波相位是否发生周跳进行判断：

$$\xi=\left|\Delta\varphi_{k,\,k-1}^{m}-\lambda\,\frac{D_k^m+D_{k-1}^m}{2}\Delta t\right| \tag{5.28}$$

当没有发生周跳时，ξ 是一个小值，通过设定阈值 T 决定是否发生周跳。若 $\xi<T$，则没有发生周跳。周跳检测的结果用于构建基于时间差分载波相位的高精度回环约束。

本节提出一种基于时间差分载波相位的高精度回环因子图，通过构建针对每一颗卫星的最优回环约束，能够避免卫星受扰时由于约束信息损失所带来的紧耦合系统定位性能恶化问题。

高精度回环因子图是一种滑动窗口式的图模型，如图 5.3 所示。

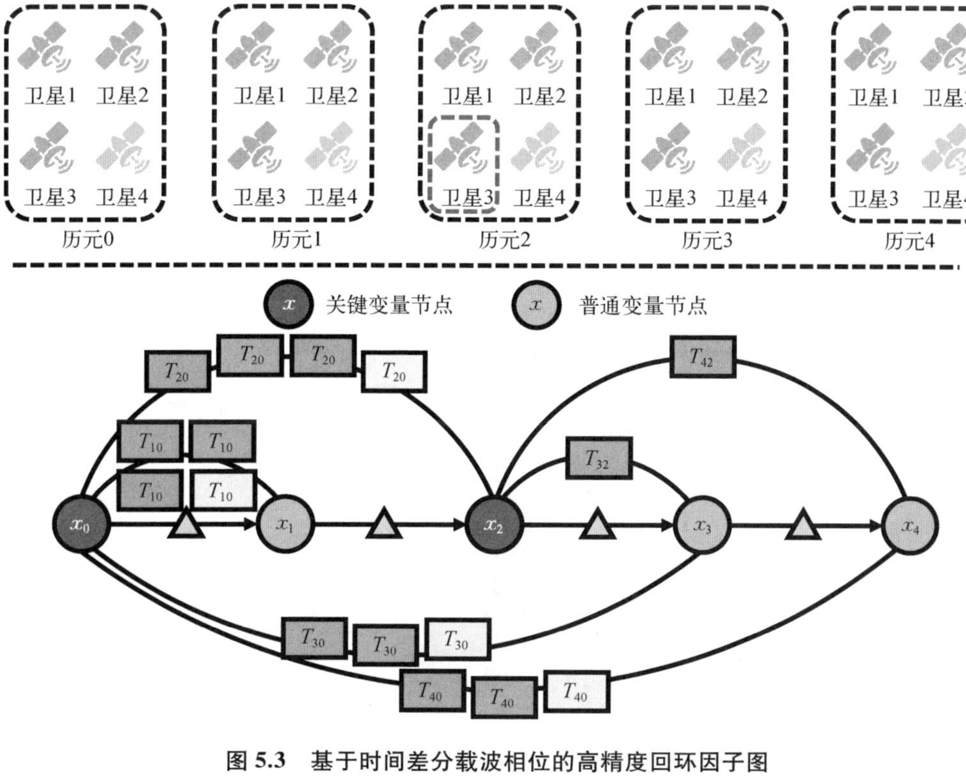

图 5.3　基于时间差分载波相位的高精度回环因子图

图 5.3 中的变量节点是根据 GNSS 原始量测信息的更新频率进行构建的，并引入了关键变量节点与普通变量节点。其中，滑动窗口的第一个变量节点总是被设定为关键变量节点。同时，当发生周跳时，变量节点也被设定为关键变量节点，以红色圆圈进行表示。其余的变量节点则被设定为普通变量节点，以灰色圆圈进行表示。当没有发生周跳时，后续时刻每颗卫星的载波相位都与第一个关键变量节点处对应卫星的载波相位进行时间差分形成回环约束。

当发生周跳时，例如，历元 2 的第 3 颗卫星，红色的虚线框表示该颗卫星的载波相位发生了周跳。因此，历元 2 处的变量节点被设定为新的关键变量节点，而历元 2 之后的且属于第 3 颗卫星的载波相位均与历元 2 处对应卫星的载波相位进行时间差分，形成时间差分载波相位 T_{m2}，其余卫星的载波相位依旧与第一个关键变量节点处对应卫星的载波相位进行时间差分，形成时间差分载波相位 T_{m0}。因此，即便发生周跳，每颗卫星的载波相位都能生成最优的回环约束，避免了发生周跳时的约束信息损失问题，从而能够实现在卫星受扰时的高精度定位。

5.4 基于高精度回环约束的惯性/卫星紧耦合因子图优化融合方法

在 5.3 节构建的高精度回环因子图的基础上，本节将具体阐述其中的算法实现和设计思想，并建立相应的算法模型。基于高精度回环约束的惯性/卫星紧耦合因子图优化融合方法流程如图 5.4 所示，具体步骤如下：

(1) 对载波相位进行周跳检测决定是否需要构建新的关键变量节点；

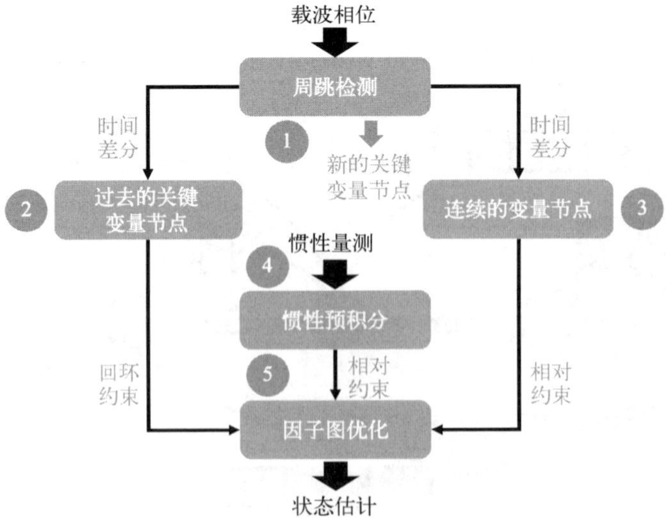

图 5.4 基于高精度回环约束的惯性/卫星紧耦合因子图优化融合方法流程

（2）通过与过去时刻的关键变量节点进行时间差分生成回环约束；

（3）时间差分也作用于相邻时刻的载波相位，生成时间差分载波相位相对约束；

（4）惯性量测信息被用于构建惯性预积分，提供相邻变量节点的相对约束；

（5）基于上述构建的约束，建立残差模型，并利用因子图算法对载体的导航状态进行估计。

5.4.1　惯性/卫星紧耦合因子图优化融合模型

在基于时间差分载波相位的高精度回环因子图优化融合方法中，状态向量为

$$\begin{aligned} \boldsymbol{X} &= [\boldsymbol{x}_0 \quad \boldsymbol{x}_1 \quad \cdots \quad \boldsymbol{x}_n] \\ \boldsymbol{x}_k &= [\boldsymbol{q}_{\mathrm{b}_k}^{\mathrm{w}} \quad \boldsymbol{v}_{\mathrm{b}_k}^{\mathrm{w}} \quad \boldsymbol{p}_{\mathrm{b}_k}^{\mathrm{w}} \quad \boldsymbol{b}_{\mathrm{a}_k} \quad \boldsymbol{b}_{\mathrm{g}_k} \quad c\delta t_k^{\mathrm{r}}], \quad k \in [0,\ n] \end{aligned} \tag{5.29}$$

其中，$\boldsymbol{X}$ 为状态集合；$\boldsymbol{x}_k$ 为 t_k 时刻的状态向量，包括四元数、速度、位置、加速度计零偏、陀螺仪零偏以及接收机钟差所导致的距离误差；n 为滑动窗口内状态向量的个数。

因子图优化的误差函数可以表示为

$$\| \boldsymbol{r}_{\mathrm{P}} - \boldsymbol{H}_{\mathrm{P}}\boldsymbol{X} \|^2 + \sum_{i=1}^{N_{\mathrm{D}}} \| \mathbf{res}_i^{\mathrm{D}} \|_{\boldsymbol{P}_{\mathrm{D}}}^2 + \sum_{i=1}^{n} \| \mathbf{res}_{i,\ i-1}^{\mathrm{I}} \|_{\boldsymbol{P}_{\mathrm{I}}}^2 + \sum_{i=1}^{n}\sum_{j=1}^{N_{\mathrm{T}}} \| \mathbf{res}_{i,\ i-1}^{j} \|_{\boldsymbol{P}_{\mathrm{T}}}^2 \tag{5.30}$$

其中，$\| \boldsymbol{r}_{\mathrm{P}} - \boldsymbol{H}_{\mathrm{P}}\boldsymbol{X} \|^2$ 为来自边缘化的先验信息；$\mathbf{res}_i^{\mathrm{D}}$ 为第 i 个回环约束的残差；N_{D} 为回环约束的个数；$\boldsymbol{P}_{\mathrm{D}}$ 为回环约束的协方差矩阵；$\mathbf{res}_{i,\ i-1}^{\mathrm{I}}$ 为在第 $i-1$ 个与第 i 个变量节点之间的惯性预积分残差；$\boldsymbol{P}_{\mathrm{I}}$ 为惯性预积分的协方差矩阵；$\mathbf{res}_{i,\ i-1}^{j}$ 为第 j 颗卫星在第 $i-1$ 个与第 i 个变量节点之间的时间差分载波相位相对约束残差；N_{T} 为在第 $i-1$ 个与第 i 个变量节点之间时间差分载波相位相对约束的个数；$\boldsymbol{P}_{\mathrm{T}}$ 为时间差分载波相位相对约束的协方差矩阵。接下来，对式（5.30）中各项因子的模型进行推导。

基于式（5.3），任意两个时刻之间的时间差分载波相位可以表示为

$$\Delta\varphi_{ji}^{m} = \Delta r_{ji}^{m} + c\Delta\delta t_{ji}^{\mathrm{r}} + \varepsilon_{ji}^{m} \tag{5.31}$$

在提出的方法中，通过与关键变量节点处的载波相位进行时间差分形成回环约束。因此，与关键变量节点相关联所形成的时间差分载波相位模型可以表示为

$$\Delta\varphi_{kb}^{m} = \varphi_k^{m} - \varphi_b^{m} = r_k^{m} - r_b^{m} + c\delta t_k^{\mathrm{r}} - c\delta t_b^{\mathrm{r}} + \varepsilon_{kb}^{m} \tag{5.32}$$

其中，φ_k^m 与 φ_b^m 分别为 t_k 时刻及关键变量节点处第 m 颗卫星的载波相位；r_k^m 与 r_b^m 分别为 t_k 时刻及关键变量节点处载体到第 m 颗卫星的几何距离，可以表示为如下形式：

$$
\begin{aligned}
r_k^m &= |\boldsymbol{p}_{\mathrm{b}_k}^{\mathrm{e}} - \boldsymbol{p}_{\mathrm{s},\, m_k}^{\mathrm{e}}| \\
r_b^m &= |\boldsymbol{p}_{\mathrm{b}_b}^{\mathrm{e}} - \boldsymbol{p}_{\mathrm{s},\, m_b}^{\mathrm{e}}|
\end{aligned} \tag{5.33}
$$

其中，$\boldsymbol{p}_{\mathrm{b}_k}^{\mathrm{e}}$ 为 t_k 时刻载体在 ECEF 下的三维位置；$\boldsymbol{p}_{\mathrm{b}_b}^{\mathrm{e}}$ 为关键变量节点处载体在 ECEF 下的三维位置；$\boldsymbol{p}_{\mathrm{s},\, m_k}^{\mathrm{e}}$ 为 t_k 时刻第 m 颗卫星在 ECEF 下的三维位置；$\boldsymbol{p}_{\mathrm{s},\, m_b}^{\mathrm{e}}$ 为关键变量节点处第 m 颗卫星在 ECEF 下的三维位置；$|\cdot|$ 表示欧氏距离。在式(5.33)中，载体的位置是表示在 ECEF 下的，因此需要将其转换到世界坐标系下。ECEF 与世界坐标系的转换关系可以表示为

$$
\begin{gathered}
\boldsymbol{p}_{\mathrm{b}_k}^{\mathrm{e}} = \boldsymbol{p}_{\mathrm{b}_0}^{\mathrm{e}} + \boldsymbol{R}_{\mathrm{w}}^{\mathrm{e}} \boldsymbol{p}_{\mathrm{b}_k}^{\mathrm{w}} \\
\boldsymbol{R}_{\mathrm{w}}^{\mathrm{e}} = \begin{bmatrix} -\sin\lambda_0 & -\sin L_0 \cos\lambda_0 & \cos L_0 \cos\lambda_0 \\ \cos\lambda_0 & -\sin L_0 \sin\lambda_0 & \cos L_0 \sin\lambda_0 \\ 0 & \cos L_0 & \sin L_0 \end{bmatrix}
\end{gathered} \tag{5.34}
$$

其中，$\boldsymbol{p}_{\mathrm{b}_0}^{\mathrm{e}}$ 为初始时刻载体在 ECEF 下的三维位置；λ_0 与 L_0 为初始时刻载体的经度和纬度，以上位置信息均可以通过实时动态载波相位差分(real-time kinematic, RTK)提供；$\boldsymbol{R}_{\mathrm{w}}^{\mathrm{e}}$ 为从世界坐标系到 ECEF 的旋转矩阵。因此，式(5.33)可以重新写为

$$
\begin{aligned}
r_k^m &= |\boldsymbol{p}_{\mathrm{b}_0}^{\mathrm{e}} + \boldsymbol{R}_{\mathrm{w}}^{\mathrm{e}} \boldsymbol{p}_{\mathrm{b}_k}^{\mathrm{w}} - \boldsymbol{p}_{\mathrm{s},\, m_k}^{\mathrm{e}}| \\
r_b^m &= |\boldsymbol{p}_{\mathrm{b}_0}^{\mathrm{e}} + \boldsymbol{R}_{\mathrm{w}}^{\mathrm{e}} \boldsymbol{p}_{\mathrm{b}_b}^{\mathrm{w}} - \boldsymbol{p}_{\mathrm{s},\, m_b}^{\mathrm{e}}|
\end{aligned} \tag{5.35}
$$

基于式(5.32)与式(5.35)，回环约束的残差模型可以表示为

$$
\begin{aligned}
\mathbf{res}_i^{\mathrm{D}} = \varphi_k^m - \varphi_b^m &- |\boldsymbol{p}_{\mathrm{b}_0}^{\mathrm{e}} + \boldsymbol{R}_{\mathrm{w}}^{\mathrm{e}} \boldsymbol{p}_{\mathrm{b}_k}^{\mathrm{w}} - \boldsymbol{p}_{\mathrm{s},\, m_k}^{\mathrm{e}}| \\
&+ |\boldsymbol{p}_{\mathrm{b}_0}^{\mathrm{e}} + \boldsymbol{R}_{\mathrm{w}}^{\mathrm{e}} \boldsymbol{p}_{\mathrm{b}_b}^{\mathrm{w}} - \boldsymbol{p}_{\mathrm{s},\, m_b}^{\mathrm{e}}| - c\delta t_k^{\mathrm{r}} + c\delta t_b^{\mathrm{r}}
\end{aligned} \tag{5.36}
$$

此外，可以通过对相邻时刻的载波相位进行处理得到时间差分载波相位相对约束。基于式(5.31)，可以得到

$$
\Delta\varphi_{k,\, k-1}^m = \varphi_k^m - \varphi_{k-1}^m = r_k^m - r_{k-1}^m + c\delta t_k^{\mathrm{r}} - c\delta t_{k-1}^{\mathrm{r}} + \varepsilon_{k,\, k-1}^m \tag{5.37}
$$

其中，φ_k^m 与 φ_{k-1}^m 分别为相邻时刻的载波相位；r_k^m 与 r_{k-1}^m 分别为相邻时刻载体到第 m 颗卫星的几何距离，可以分别表示为

$$
\begin{aligned}
r_k^m &= |\boldsymbol{p}_{\mathrm{b}_k}^{\mathrm{e}} - \boldsymbol{p}_{\mathrm{s},\, m_k}^{\mathrm{e}}| \\
r_{k-1}^m &= |\boldsymbol{p}_{\mathrm{b}_{k-1}}^{\mathrm{e}} - \boldsymbol{p}_{\mathrm{s},\, m_{k-1}}^{\mathrm{e}}|
\end{aligned} \tag{5.38}
$$

基于式(5.34)，式(5.38)可以重写为

$$
\begin{aligned}
r_k^m &= \left| \boldsymbol{p}_{\mathrm{b}_0}^{\mathrm{e}} + \boldsymbol{R}_{\mathrm{w}}^{\mathrm{e}} \boldsymbol{p}_{\mathrm{b}_k}^{\mathrm{w}} - \boldsymbol{p}_{\mathrm{s},\, m_k}^{\mathrm{e}} \right| \\
r_{k-1}^m &= \left| \boldsymbol{p}_{\mathrm{b}_0}^{\mathrm{e}} + \boldsymbol{R}_{\mathrm{w}}^{\mathrm{e}} \boldsymbol{p}_{\mathrm{b}_{k-1}}^{\mathrm{w}} - \boldsymbol{p}_{\mathrm{s},\, m_{k-1}}^{\mathrm{e}} \right|
\end{aligned}
\tag{5.39}
$$

因此,时间差分载波相位相对约束的残差模型可以写为

$$
\begin{aligned}
\mathbf{res}_{i,\, i-1}^{j} = {} & \varphi_k^m - \varphi_{k-1}^m - \left| \boldsymbol{p}_{\mathrm{b}_0}^{\mathrm{e}} + \boldsymbol{R}_{\mathrm{w}}^{\mathrm{e}} \boldsymbol{p}_{\mathrm{b}_k}^{\mathrm{w}} - \boldsymbol{p}_{\mathrm{s},\, m_k}^{\mathrm{e}} \right| \\
& + \left| \boldsymbol{p}_{\mathrm{b}_0}^{\mathrm{e}} + \boldsymbol{R}_{\mathrm{w}}^{\mathrm{e}} \boldsymbol{p}_{\mathrm{b}_{k-1}}^{\mathrm{w}} - \boldsymbol{p}_{\mathrm{s},\, m_{k-1}}^{\mathrm{e}} \right| - c\delta t_k^{\mathrm{r}} + c\delta t_{k-1}^{\mathrm{r}}
\end{aligned}
\tag{5.40}
$$

惯性量测信息被用于构建惯性预积分残差,实现对相邻时刻变量节点的约束。惯性预积分的模型可以表示为

$$
\begin{aligned}
& \boldsymbol{R}_{\mathrm{w}}^{\mathrm{b}_k} \boldsymbol{p}_{\mathrm{b}_{k+1}}^{\mathrm{w}} = \boldsymbol{R}_{\mathrm{w}}^{\mathrm{b}_k} \left(\boldsymbol{p}_{\mathrm{b}_k}^{\mathrm{w}} + \boldsymbol{v}_{\mathrm{b}_k}^{\mathrm{w}} \Delta t_k - \frac{1}{2} \boldsymbol{g}^{\mathrm{w}} \Delta t_k^2 \right) + \boldsymbol{\alpha}_{\mathrm{b}_{k+1}}^{\mathrm{b}_k} \\
& \boldsymbol{R}_{\mathrm{w}}^{\mathrm{b}_k} \boldsymbol{v}_{\mathrm{b}_{k+1}}^{\mathrm{w}} = \boldsymbol{R}_{\mathrm{w}}^{\mathrm{b}_k} \left(\boldsymbol{v}_{\mathrm{b}_k}^{\mathrm{w}} - \boldsymbol{g}^{\mathrm{w}} \Delta t_k \right) + \boldsymbol{\beta}_{\mathrm{b}_{k+1}}^{\mathrm{b}_k} \\
& \boldsymbol{q}_{\mathrm{w}}^{\mathrm{b}_k} \otimes \boldsymbol{q}_{\mathrm{b}_{k+1}}^{\mathrm{w}} = \boldsymbol{\gamma}_{\mathrm{b}_{k+1}}^{\mathrm{b}_k}
\end{aligned}
\tag{5.41}
$$

因此,惯性预积分残差可以表示为

$$
\mathbf{res}_{k,\, k-1}^{I} = \begin{bmatrix}
\boldsymbol{R}_{\mathrm{w}}^{\mathrm{b}_{k-1}} \left(\boldsymbol{p}_{\mathrm{b}_k}^{\mathrm{w}} - \boldsymbol{p}_{\mathrm{b}_{k-1}}^{\mathrm{w}} - \boldsymbol{v}_{\mathrm{b}_{k-1}}^{\mathrm{w}} \Delta t_k + \frac{1}{2} \boldsymbol{g}^{\mathrm{w}} \Delta t_k^2 \right) - \boldsymbol{\alpha}_{\mathrm{b}_k}^{\mathrm{b}_{k-1}} \\
2 \left[\left(\boldsymbol{\gamma}_{\mathrm{b}_{k-1}}^{\mathrm{b}_k} \right) \otimes \left(\boldsymbol{q}_{\mathrm{b}_{k-1}}^{\mathrm{w}} \right)^{-1} \otimes \boldsymbol{q}_{\mathrm{b}_k}^{\mathrm{w}} \right]_{xyz} \\
\boldsymbol{R}_{\mathrm{w}}^{\mathrm{b}_{k-1}} \left(\boldsymbol{v}_{\mathrm{b}_k}^{\mathrm{w}} - \boldsymbol{v}_{\mathrm{b}_{k-1}}^{\mathrm{w}} + \boldsymbol{g}^{\mathrm{w}} \Delta t_k \right) - \boldsymbol{\beta}_{\mathrm{b}_k}^{\mathrm{b}_{k-1}} \\
\boldsymbol{b}_{\mathrm{a}_k} - \boldsymbol{b}_{\mathrm{a}_{k-1}} \\
\boldsymbol{b}_{\mathrm{w}_k} - \boldsymbol{b}_{\mathrm{w}_{k-1}}
\end{bmatrix}
\tag{5.42}
$$

通过上述推导过程,可以构建出基于高精度回环约束的惯性/卫星紧耦合因子图优化的误差函数,包括回环约束残差、时间差分载波相位相对约束残差及惯性预积分残差,进而可以利用非线性优化算法对载体在多个时刻的导航状态进行联合估计与迭代优化。

5.4.2 验证与分析

本节利用跑车试验平台对提出方法的性能进行验证,跑车试验的轨迹如图 5.5 所示,共进行了 30 组试验。试验场景内存在较为密集的建筑物以及树木,极易引起载波相位周跳的发生。所用的传感器包括 Xsens MTi - G710 惯性测量单元以及 Novatel OEM6 GNSS 接收机。IMU 的输出频率为 100 Hz。GNSS 载波相位及 RTK 定位信息的输出频率为 1 Hz。对比的传统方法包括 TDCP1[99]、TDCP2[104]以及 TDCP3[105]。

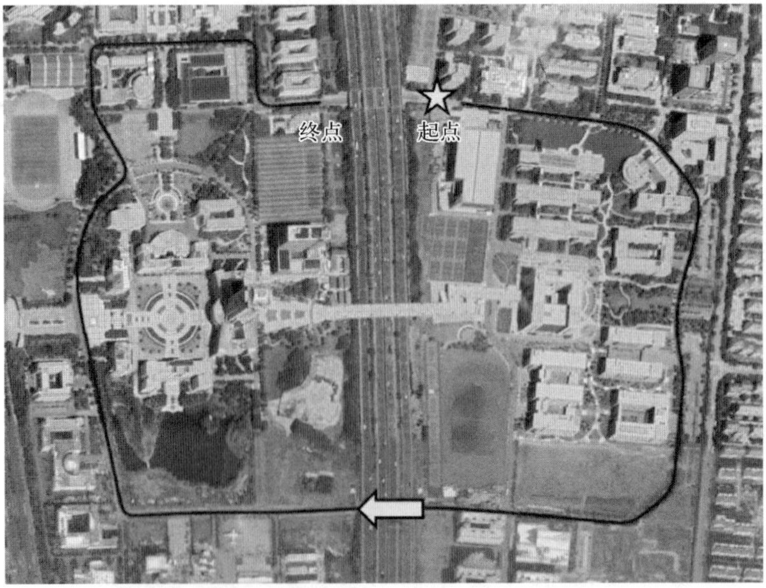

图 5.5 惯性/卫星紧耦合组合导航试验验证中的跑车轨迹

其中一组试验的可见卫星数如图 5.6 所示。可以看出,可见卫星数在频繁地发生变化,表明部分卫星的信号会经历丢失以及再捕获的过程。对于同一颗卫星,丢失前与捕获后的整周模糊度是不同的,即载波相位会发生周跳。

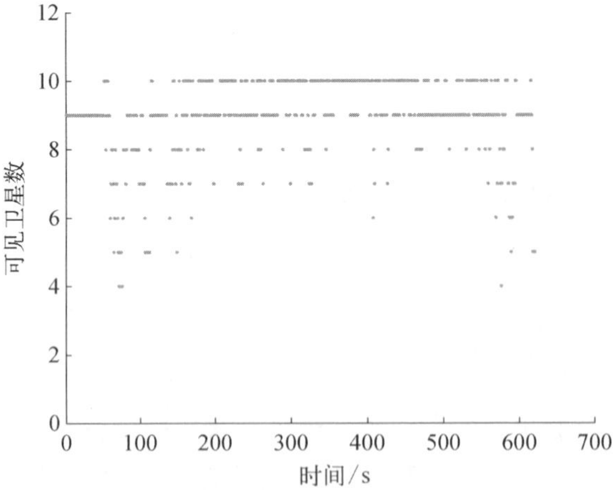

图 5.6 试验过程中的可见卫星数 1

高精度回环因子图优化融合方法与传统方法的两组水平位置误差对比如图 5.7 所示,30 组试验的统计结果如图 5.8 和表 5.1 所示。

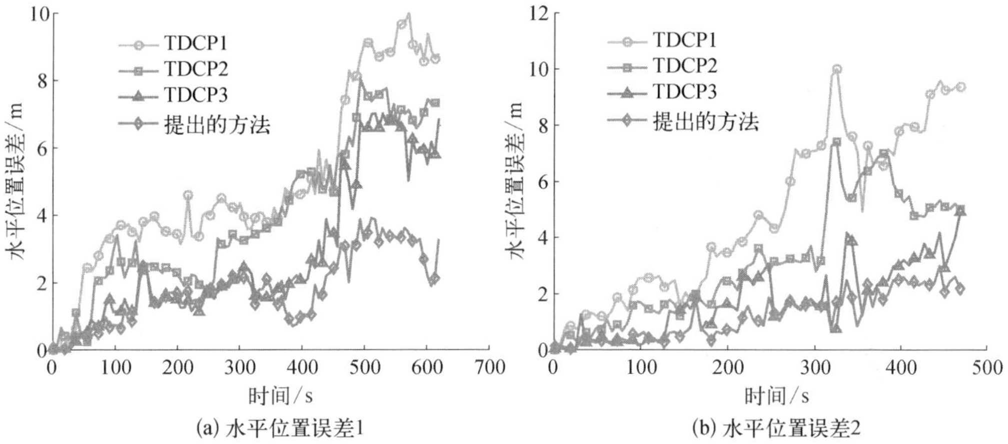

图 5.7　高精度回环因子图优化融合方法与传统方法的两组水平位置误差对比 1

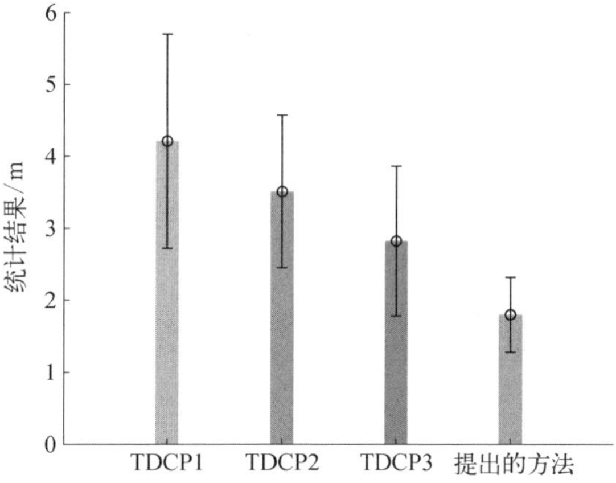

图 5.8　高精度回环因子图优化融合方法与传统方法的水平位置误差置信区间柱状图对比 1

表 5.1　高精度回环因子图优化融合方法与传统方法的水平位置均方根误差对比 1

（单位：m）

项　目	均　值	标准差
TDCP1	4.21	1.49
TDCP2	3.51	1.06
TDCP3	2.82	1.04
提出的方法	1.80	0.52

由图 5.7 可以看出,传统方法的位置误差会快速发散,而提出的方法能够有效抑制位置误差的漂移。图 5.8 与表 5.1 的统计结果则表明了提出方法的水平位置均方根误差统计结果较优,进而验证了提出方法在卫星受扰时的有效性。由于 TDCP2 是将每颗卫星的时间差分载波相位绑定在一起进行考虑的,当其中一颗卫星的载波相位发生周跳时,会导致其余卫星的时间差分载波相位也要被抛弃,进而影响定位精度。因此,这里也讨论了将每颗卫星的载波相位单独处理的机制,记为 TDCP2M。共进行了 30 组试验,其中两组试验的水平位置误差如图 5.9 所示,30 组试验的统计结果如图 5.10 和表 5.2 所示。

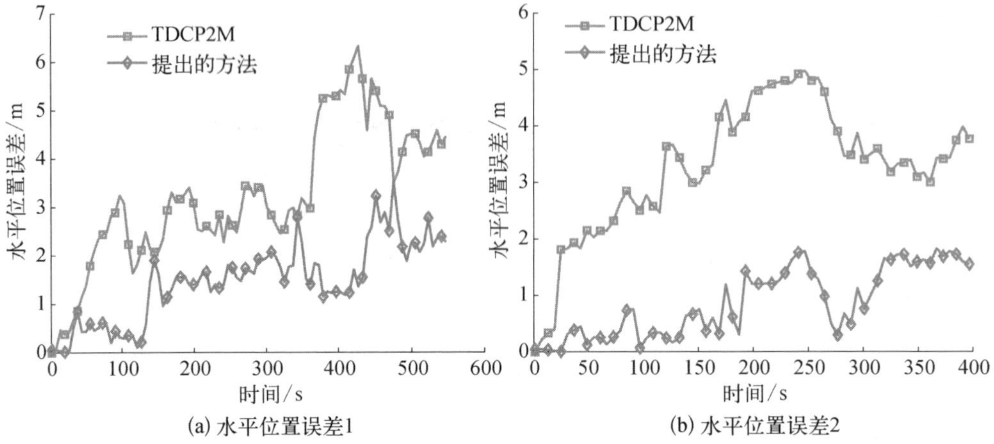

图 5.9　高精度回环因子图优化融合方法与传统方法的两组水平位置误差对比 2

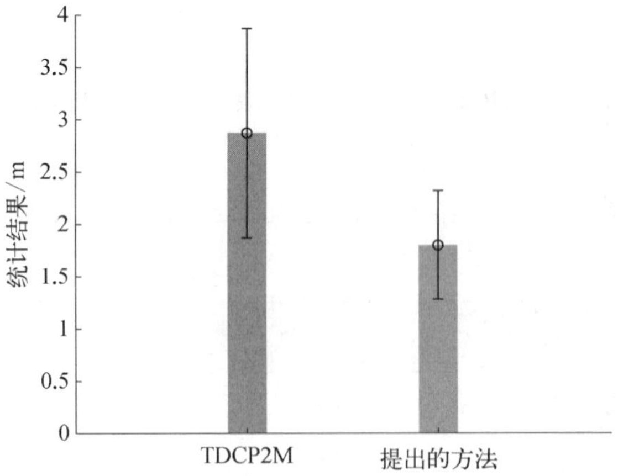

图 5.10　高精度回环因子图优化融合方法与传统方法的水平位置误差置信区间柱状图对比 2

表 5.2　高精度回环因子图优化融合方法与传统方法的水平位置均方根误差对比 2

（单位：m）

项　　目	均　　值	标 准 差
TDCP2M	2.87	1.01
提出的方法	1.80	0.52

由图 5.9、图 5.10 与表 5.2 可以看出，TDCP2M 能够实现比 TDCP2 更好的定位性能，但其位置误差依然大于提出的方法。主要原因在于 TDCP2M 无法对历史时刻的状态进行迭代优化，使得参考时刻处的位置误差会引入后续时刻的状态估计中，造成了定位精度的下降。

同时，利用无人车对卫星信号受扰下的惯性/卫星高精度紧耦合组合导航方法进行了验证，在试验场地内共开展了 20 组试验。对 IMU、卫星差分位置及原始信息进行了采集，并将差分位置作为参考轨迹，其中一组试验的可见卫星数如图 5.11 所示。

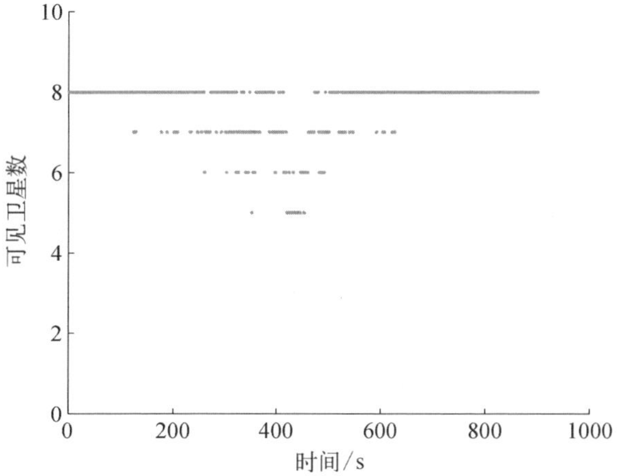

图 5.11　试验过程中的可见卫星数 2

可以看出，可见卫星数是在不断变化的，表明部分卫星的信号会经历丢失以及再捕获的过程。对于同一颗卫星，丢失前与捕获后的整周模糊度是不同的，即载波相位会发生周跳。此外，在试验场地中存在较为密集的建筑物以及树木，也会导致连续时刻的载波相位发生周跳。综上所述，试验场地的选取能够充分激励出载波相位的周跳，从而可以对提出的方法在卫星信号受扰时的有效性进行充分验证。

对比的传统方法包括 TDCP1、TDCP2 及 TDCP3。其中，TDCP1 与 TDCP2 均是基于卡尔曼滤波的，TDCP3 是基于优化的。在 TDCP1 中，时间差分仅作用于相邻时刻的载波相位。在 TDCP2 中,通过设定参考时刻,可以构建出与参考时刻之间的相对位移约束。在 TDCP3 中,通过构建跨越多个时刻的时间差分载波相位相对位移约束,可以对多个时刻的状态进行联合修正。

高精度回环因子图优化融合方法与传统方法的两组水平位置误差对比如图 5.12 所示。由于时间差分载波相位是一种相对量测信息,提供短时间的高精度定位结果,因此所有方法的位置误差均呈现出发散的趋势。

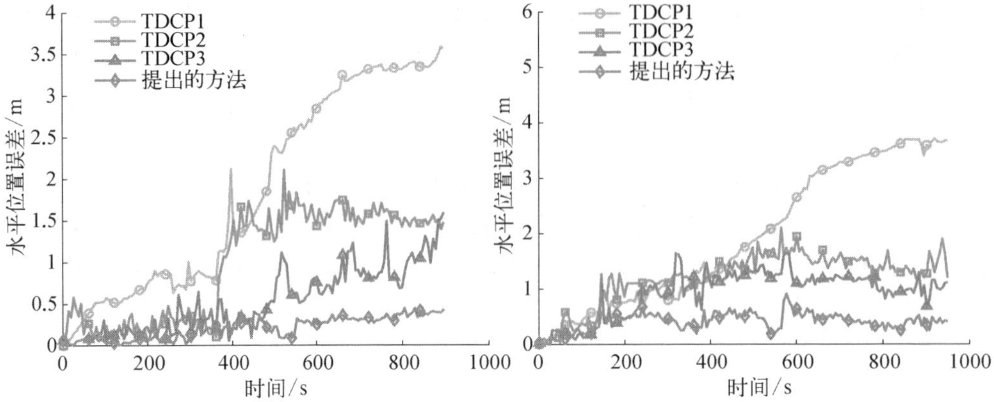

图 5.12　高精度回环因子图优化融合方法与传统方法的两组水平位置误差对比 3

20 组试验的置信区间柱状图如图 5.13 所示,高精度回环因子图优化融合方法与传统方法的水平位置均方根误差对比如表 5.3 所示。

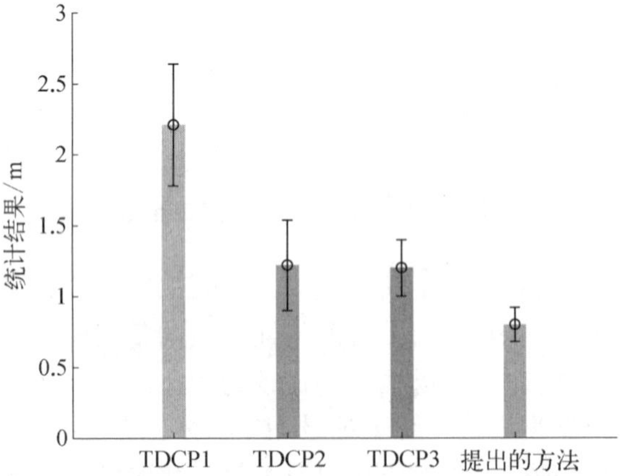

图 5.13　高精度回环因子图优化融合方法与传统方法的水平位置误差置信区间柱状图对比 3

表 5.3　高精度回环因子图优化融合方法与传统方法的水平位置均方根误差对比 3　（单位：m）

项　目	均　值	标准差
TDCP1	2.21	0.43
TDCP2	1.22	0.32
TDCP3	1.20	0.20
提出的方法	0.80	0.12

由图 5.12 可以看出，传统方法的位置误差呈现出快速发散的趋势，而提出的方法能够减小系统的累积误差，具有较低的漂移速度。结合表 5.3 的统计结果可知，提出的方法在卫星受扰时能够实现最优的定位效果。

本节也对不同方法的计算负担进行了讨论，所用的微小型计算机配备了 Intel Core i7－7500H CPU 2.70 GHz×4 处理器以及 8 GB 内存，其尺寸为 23 cm×15 cm×4.3 cm。高精度回环因子图优化融合方法与传统方法的计算时间对比如图 5.14 所示。

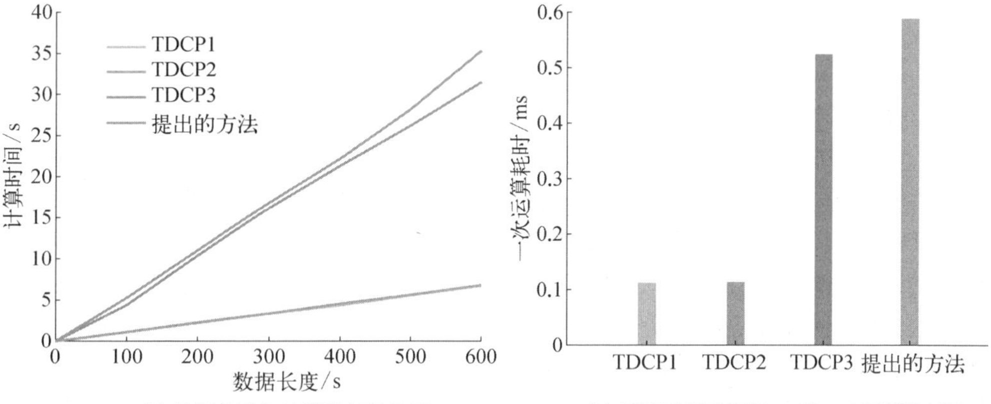

(a) 数据长度与计算时间的关系　(b) 系统更新时间10 ms时一次运算的耗时

图 5.14　高精度回环因子图优化融合方法与传统方法的计算时间对比

由图 5.14 可以看出，不同方法的数据长度与计算时间呈现出线性关系，而提出方法的计算时间是最长的。由于提出的方法使用了更多的回环约束信息，因此会导致计算时间的增加。然而，当系统的更新时间为 10 ms 时，完成一次运算的耗时约为 0.6 ms，表明提出的方法可以应用于实时环境。

不同方法的 CPU 使用率对比如表 5.4 所示，可以看出提出方法的 CPU 使用率是最高的。

表 5.4　高精度回环因子图优化融合方法与传统方法的 CPU 使用率对比　（单位：%）

项　目	CPU 使用率
TDCP1	20.5
TDCP2	21.1
TDCP3	42.3
提出的方法	42.6

提出的方法是基于非线性优化的，同时涉及了更多的回环约束信息，因此会造成较大的 CPU 使用率。但其使用率依然低于 50%，表明提出的方法不会占用过多的硬件资源。

利用 Apollo 无人车试验平台采集的实际数据，本节对卫星信号受扰下的惯性/卫星高精度紧耦合组合导航方法进行了验证。与传统的紧耦合组合导航方法相比，提出的方法能够有效解决因周跳产生的约束信息损失问题，从而提升卫星信号受扰下的惯性/卫星紧耦合组合导航性能。此外，本节也对提出方法的实时性与硬件资源占用进行了讨论。结果表明，提出的方法可以用于实时环境，且不会占用过多的硬件资源，符合无人车对实时、轻量级导航定位算法的发展需要。

5.5　本章小结

本章首先介绍了基于时间差分载波相位的导航方法，对时间差分载波相位的导航机理进行了研究，并对传统的基于时间差分载波相位的惯性/卫星紧耦合融合机制的缺陷进行了分析。在此基础上，提出了面向卫星导航系统的高精度回环约束方法，考虑到载波相位易受到周跳的影响，研究了基于多普勒频移的载波相位周跳检测方法，并构建了基于时间差分载波相位的高精度回环因子图。能够充分利用时间差分载波相位提供的相对量测信息对历史时刻状态与当前时刻状态进行联合优化，从而提升紧耦合组合导航系统的状态估计精度。同时，通过设计关键变量节点以及普通变量节点，形成了面向每颗卫星的高精度回环约束，能够解决传统方法在卫星信号受扰时由于信息损失所导致的定位性能下降问题。最后，提出了基于高精度回环约束的惯性/卫星紧耦合因子图优化融合方法，构建了回环约束、时间差分载波相位相对约束及惯性预积分的残差模型，并通过跑车试验对提出的方法进行了验证。通过与多种传统方法进行比较，提出的方法能够在卫星信号受扰时实现高精度定位。

第 6 章
面向多源异类信息的因子图组合导航方法

6.1 引言

多源异类信息主要可以分为绝对量测信息与相对量测信息。其中,绝对量测信息是指仅与单个时刻状态有关联的信息,如卫星位置、伪距以及磁力计航向等。相对量测信息是指同时与两个时刻状态有关联的信息,如时间差分载波相位、视觉或激光雷达提供的相对位姿等。在传统的卡尔曼滤波融合方法中,状态向量中只包含了当前时刻的状态,因此难以有效兼容相对量测信息。尽管因子图优化通过保留历史时刻状态能够同时兼容绝对、相对量测信息,但是传统的因子图优化融合方法在处理多源异步导航信息时会存在融合性能下降的问题,从而难以在复杂干扰环境下为载体提供精确可靠的导航结果。

本章首先研究绝对、相对量测信息融合方法,介绍绝对、相对量测信息的数学模型,并分别从卡尔曼滤波与因子图优化两个角度分析如何处理绝对、相对量测信息,并在此基础上提出等间隔自适应因子图优化融合方法,建立等间隔自适应因子图模型,并对绝对、相对量测信息的关联模型与线性化模型进行推导,实现对绝对、相对量测信息的高精度即插即用;然后,提出基于期望最大化的绝对、相对量测信息误差聚类方法,通过对绝对、相对量测信息的误差参数进行在线估计,可以实现对其融合权重的动态调整,从而提升组合导航系统在干扰环境下的可靠性;最后,利用仿真数据与实际数据对等间隔自适应因子图优化融合方法的性能进行验证。

6.2 多源信息组合导航方法概述

多源信息融合技术首先于 20 世纪 70 年代由美国发起并应用于军事,引发了各国的关注。之后 10 年,美国国防部成立了信息融合小组开展了专门的研究,最终该技术逐渐成形。随着智能机器人逐渐扩大的应用需求,多传感器信息融合技术成为研究领域的热点,越来越受到各国的重视,并于 2000 年之后得到了全面的发展。

在多源信息融合算法方面，已现存一些典型主流融合算法，如加权平均法、基于贝叶斯估计的滤波算法、神经网络法、交互多模型融合算法等，它们在运用的场景、信息类别及其获取方式等方面都各具特色和优点[112]。除此之外，很多学者先后提出了多种先进的多源信息融合算法，并且与人工智能、视觉 SLAM 等新兴学科产生了创新性的结合，可以被用于包括无人车在内的多种操作平台和环境。

伦敦大学学院的研究者在分析 GPS 缺失条件下的组合导航问题时阐述了其现存的一些主要问题，并尝试采用模块化的思想进行解决，将系统设计成由一个集成的主滤波器以及一系列为每一个子系统提供的配置模块组成，这种方式的最大优点是子系统可以被更改而不需要改变主滤波器，新的子系统也可以被兼容，仅需要配置对应的模型[113]。

2010 年美国国防部高级研究计划局（Defense Advanced Research Projects Agency，DARPA）提出“全源导航计划”[114]，如图 6.1 所示，旨在 GPS 拒止情况下开发成本低、鲁棒性强、可靠性高的导航定位解决方案，国外各研究机构和顶级学府先后开展了前瞻性的相关研究工作。2012 年，美国空军技术学院的 Elsner 提出了一种抽象化思想以解决各类传感器接入时的数据提取问题[115]；同年，美国佐治亚理工学院与麻省理工学院提出了基于因子图构架的“即插即用”式多信息融合算法[116]，兼顾了适应性、灵活性、开发成本等多种系统条件。东卡罗来纳州立大学的研究者提出了一种以任务为导向的导航信息在线配置方案[117]，可以根据具体的任务、导航性能等约束条件实现对信息的即插即用。2019 年，DARPA 在其公开的 PNT 报告中声称，利用基于自适应动态粒子滤波以及因子图优化融合方法，能够实现对图像、空速以及磁航向等不同类型导航信息的即插即用。同时，我国科研单位也相继开展了即插即用式融合架构及方法的研究。海军工程大学的研究者提出了全源定位与导航的统一理论框架，利用统一的表征形式对各种导航信息进行了建模[118]。北京航天发射技术研究所的研究者提出了一种基于因子图的异步信息融合算法[119]，利用因子图对系统的状态模型与量测模型进行了关联，能够实现对多源导航信息的即插即用。

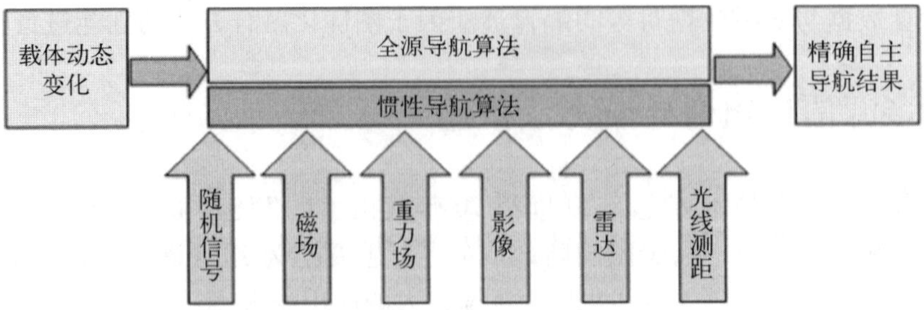

图 6.1　全源导航技术示意图

目前,卡尔曼滤波与因子图优化依然是实现多源信息组合导航的主要方式。相比于卡尔曼滤波,因子图优化的优势便是具备对多源导航信息的即插即用能力。但是,现有的因子图优化框架仍然是一种定制型的架构。此外,在处理多源导航信息时,现有的因子图优化融合方法也会出现融合性能下降的问题。

6.3　绝对、相对量测信息融合方法

6.3.1　绝对、相对量测信息模型

按照传感器信息的时间相关性,量测信息主要可以分为绝对量测信息与相对量测信息[120],如图 6.2 所示。

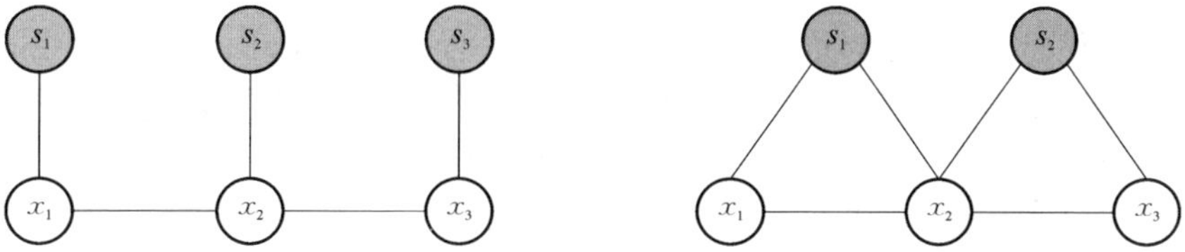

(a) 绝对量测信息　　(b) 相对量测信息

图 6.2　绝对量测信息和相对量测信息

其中,绝对量测信息仅与单个时刻的状态存在关系,其数学模型可以表示为

$$\boldsymbol{z}_k = \boldsymbol{h}(\boldsymbol{x}_k,\ \boldsymbol{n}_k) \tag{6.1}$$

其中,$\boldsymbol{z}_k$ 为 t_k 时刻的量测信息;$\boldsymbol{x}_k$ 为 t_k 时刻的状态向量;$\boldsymbol{n}_k$ 为 t_k 时刻量测信息的噪声;$\boldsymbol{h}(\cdot)$ 为量测模型。

相对量测信息同时与两个时刻的状态存在关系,其数学模型可以表示为

$$\boldsymbol{z}_{k-m,\ k} = \boldsymbol{h}(\boldsymbol{x}_{k-m},\ \boldsymbol{x}_k,\ \boldsymbol{n}_{k-m,\ k}) \tag{6.2}$$

其中,$\boldsymbol{z}_{k-m,\ k}$ 为 t_{k-m} 时刻与 t_k 时刻之间的量测信息;$\boldsymbol{x}_{k-m}$ 与 $\boldsymbol{x}_k$ 分别为 t_{k-m} 时刻与 t_k 时刻的状态向量;$\boldsymbol{n}_{k-m,\ k}$ 为该量测信息的噪声。

绝对量测信息通常是一种全局信息,用于描述载体在单个时刻的运动状态。而相对量测信息是一种局部信息,用于描述载体在两个时刻之间运动状态的改变。通常情况下,相对量测信息的局部精度较高。但是,如果仅使用相对量测信息,则会导致长时间情况下导航误差的快速累积。此时,需要利用无漂移的绝对量测信息对相对量测信息引起的漂移误差进行校正。因此,多源信息组合方法需要兼容绝对、相对量测信息,从而得到精确可靠的导航结果。接下来分别从滤波与优化两个角度分析现有多源信息组合方法处理绝对、相对量测信息的具体机制。

6.3.2 随机克隆卡尔曼滤波

对于基于卡尔曼滤波的融合方法,其状态更新方程可以表示为

$$
\begin{aligned}
\boldsymbol{K}_k &= \frac{\hat{\boldsymbol{P}}_{k|k-1}\boldsymbol{H}_k^{\mathrm{T}}}{\boldsymbol{H}_k\hat{\boldsymbol{P}}_{k|k-1}\boldsymbol{H}_k^{\mathrm{T}}+\boldsymbol{R}_k} \\
\hat{\boldsymbol{x}}_{k|k} &= \hat{\boldsymbol{x}}_{k|k-1}+\boldsymbol{K}_k(z_k-\boldsymbol{H}_k\hat{\boldsymbol{x}}_{k|k-1}) \\
\hat{\boldsymbol{P}}_{k|k} &= (\boldsymbol{I}-\boldsymbol{K}_k\boldsymbol{H}_k)\hat{\boldsymbol{P}}_{k|k-1}
\end{aligned} \tag{6.3}
$$

其中,$\boldsymbol{K}_k$ 为卡尔曼滤波增益;$\hat{\boldsymbol{P}}_{k|k-1}$ 与 $\hat{\boldsymbol{P}}_{k|k}$ 分别为预测与更新的协方差矩阵;$\boldsymbol{H}_k$ 为线性化后的量测矩阵;$\boldsymbol{R}_k$ 为量测信息噪声对应的协方差矩阵;$\hat{\boldsymbol{x}}_{k|k-1}$ 与 $\hat{\boldsymbol{x}}_{k|k}$ 分别为预测与更新的状态向量。可以看出,卡尔曼滤波方法在状态更新时仅用到了当前时刻的量测信息,因此能够很好地兼容绝对量测信息。但是,由于相对量测信息包含了历史时刻状态,卡尔曼滤波难以直接对其进行融合,一般是通过对量测信息进行处理或是对滤波结构进行改变实现对相对量测信息的兼容。

在第一种方式中,通常对相对量测信息进行微分处理,如将相对位置转换成速度。但是,这种方式仅适用于世界坐标系下的相对量测信息。而利用摄像头或是激光雷达解算的相对量测信息普遍是相对于上一时刻机体坐标系的,因此还需要利用载体的姿态将其转化到世界坐标系下才能使用。当无法获取准确的载体姿态时,这种方式会引入额外的误差。在第二种方式中,通过随机克隆法能够将相对量测信息与状态向量进行关联[121],预测的量测信息可以表示为

$$
\hat{\boldsymbol{z}}_{k-m,k} = \boldsymbol{H}_k\hat{\boldsymbol{x}}_{k|k-m}+\boldsymbol{H}_{k-m}\hat{\boldsymbol{x}}_{k-m|k-m} \tag{6.4}
$$

其中,$\hat{\boldsymbol{x}}_{k|k-m}$ 为 t_k 时刻的预测状态;$\hat{\boldsymbol{x}}_{k-m|k-m}$ 为 t_{k-m} 时刻的更新状态;$\boldsymbol{H}_k$ 为 t_k 时刻的量测矩阵;$\boldsymbol{H}_{k-m}$ 为 t_{k-m} 时刻的量测矩阵。此时的状态向量可以表示为

$$
\hat{\boldsymbol{X}} = [\hat{\boldsymbol{x}}_{k-m|k-m}^{\mathrm{T}}\ \hat{\boldsymbol{x}}_{k|k-m}^{\mathrm{T}}]^{\mathrm{T}} \tag{6.5}
$$

t_k 时刻的预测协方差矩阵可以表示为

$$
\hat{\boldsymbol{P}}_{k|k-m} = \begin{bmatrix} \hat{\boldsymbol{P}}_{k-m|k-m} & \hat{\boldsymbol{P}}_{k-m|k-m}\boldsymbol{F}_{k|k-m}^{\mathrm{T}} \\ \boldsymbol{F}_{k|k-m}\hat{\boldsymbol{P}}_{k-m|k-m} & \hat{\boldsymbol{P}}_{k|k-m} \end{bmatrix} \tag{6.6}
$$

其中,$\hat{\boldsymbol{P}}_{k-m|k-m}$ 为 t_{k-m} 时刻的更新协方差矩阵。状态转移矩阵 $\boldsymbol{F}_{k|k-m}$ 可以表示为

$$
\boldsymbol{F}_{k|k-m} = \prod_{i=1}^{m}\boldsymbol{F}_{k-m+i} \tag{6.7}
$$

$\boldsymbol{F}_{k-m+i}$ 为 t_{k-m+i} 时刻的状态转移矩阵。相对量测信息的残差可以表示为

$$\boldsymbol{r}_k = \boldsymbol{z}_{k-m,\,k} - \hat{\boldsymbol{z}}_{k-m,\,k} \tag{6.8}$$

其中，$\boldsymbol{z}_{k-m,\,k}$ 为实际的相对量测信息。因此，卡尔曼滤波增益可以表示为

$$\boldsymbol{K}_k = \hat{\boldsymbol{P}}_{k|k-m}\boldsymbol{H}^{\mathrm{T}}\boldsymbol{S}_k^{-1} \tag{6.9}$$

其中

$$\boldsymbol{S}_k = \boldsymbol{H}\hat{\boldsymbol{P}}_{k|k-m}\boldsymbol{H}^{\mathrm{T}} + \boldsymbol{R}_k \tag{6.10}$$

$\boldsymbol{R}_k$ 为相对量测信息噪声的协方差矩阵；$\boldsymbol{H} = [\boldsymbol{H}_{k-m} \quad \boldsymbol{H}_k]$。状态及协方差矩阵的更新方程可以表示为

$$\begin{aligned} \hat{\boldsymbol{x}}_{k|k} &= \hat{\boldsymbol{x}}_{k|k-m} + \boldsymbol{K}_k\boldsymbol{r}_k \\ \hat{\boldsymbol{P}}_{k|k} &= \hat{\boldsymbol{P}}_{k|k-m} - \boldsymbol{K}_k\boldsymbol{S}_k\boldsymbol{K}_k^{\mathrm{T}} \end{aligned} \tag{6.11}$$

通过式(6.11)可以实现对当前时刻状态及协方差矩阵的估计。

6.3.3　滑动窗口因子图优化

相比于卡尔曼滤波，因子图优化保留了历史时刻的状态，因此能够很好地兼容绝对、相对量测信息。同时，通过重复线性化与迭代优化，因子图优化可以实现比卡尔曼滤波更高的状态估计精度。在基于滑动窗口因子图优化的融合方法中，需要构建绝对、相对量测信息的残差模型。其中，绝对量测信息的残差模型可以表示为

$$\boldsymbol{r}_{\mathrm{A}} = \boldsymbol{h}(\boldsymbol{x}_k,\ \boldsymbol{n}_k) - \boldsymbol{z}_k \tag{6.12}$$

相对量测信息的残差模型可以表示为

$$\boldsymbol{r}_{\mathrm{R}} = \boldsymbol{h}(\boldsymbol{x}_{k-m},\ \boldsymbol{x}_k,\ \boldsymbol{n}_{k-m,\,k}) - \boldsymbol{z}_{k-m,\,k} \tag{6.13}$$

基于式(6.12)与式(6.13)，因子图优化的误差函数可以表示为

$$\| \boldsymbol{r}_{\mathrm{P}} - \boldsymbol{H}_{\mathrm{P}}\boldsymbol{X} \|^2 + \sum_{i=k-n}^{k} \| \boldsymbol{r}_{\mathrm{A}}^i \|_{\boldsymbol{P}_{\mathrm{A}}}^2 + \sum_{i=k-n}^{k} \| \boldsymbol{r}_{\mathrm{R}}^i \|_{\boldsymbol{P}_{\mathrm{R}}}^2 \tag{6.14}$$

其中，$\| \boldsymbol{r}_{\mathrm{P}} - \boldsymbol{H}_{\mathrm{P}}\boldsymbol{X} \|^2$ 为来自边缘化的先验信息；$\boldsymbol{P}_{\mathrm{A}}$ 与 $\boldsymbol{P}_{\mathrm{R}}$ 分别为各残差对应的协方差矩阵。通过非线性优化算法对式(6.14)进行解算，可以实现对载体多个时刻导航状态的联合估计。

6.4　等间隔自适应因子图优化融合方法

本节构建等间隔自适应因子图优化融合方法，其整体框架如图 6.3 所示。多

源导航信息分为绝对量测信息、相对量测信息以及 IMU 信息。IMU 信息用于构建惯性预积分模型,并利用惯性预积分将绝对、相对量测信息与因子图中以等间隔生成的变量节点进行数据关联,分别形成一元残差与二元残差。利用期望最大化方法对绝对、相对量测信息的误差参数进行在线估计,并对其融合权重进行动态调整。最后,通过非线性优化算法对载体的导航状态进行估计。

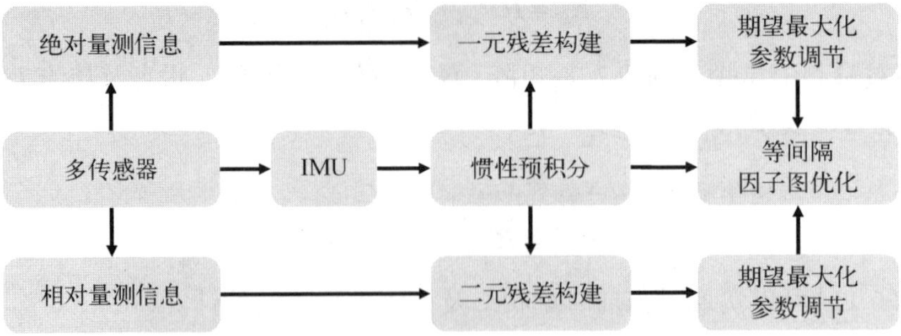

图 6.3 等间隔自适应因子图优化融合方法整体框架

6.4.1 等间隔自适应因子图构建方法

等间隔自适应因子图模型如图 6.4 所示。其中,白色的实线圆圈表示以相等时间间隔构建的变量节点,变量节点的构建即表示利用非线性优化算法进行状态估计的过程。蓝色的实线圆圈表示由绝对量测信息构建的一元因子节点,红色实线圆圈表示由相对量测信息构建的二元因子节点。黄色的虚线圆圈表示多源导航信息的接收时刻,可以看出绝对、相对量测信息呈现出不同步的特点。

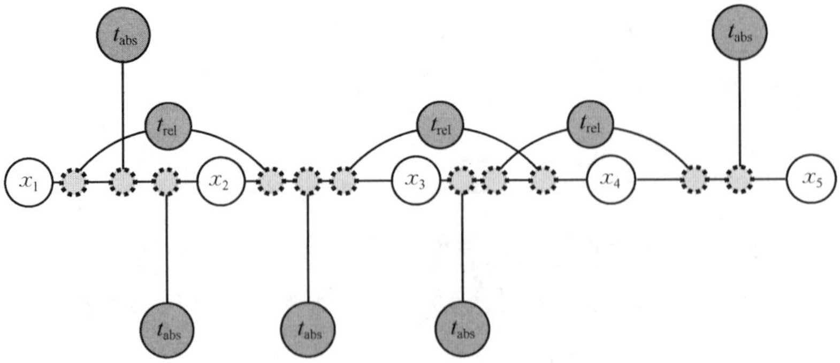

图 6.4 等间隔自适应因子图模型

在提出的图模型中,变量节点的构建不依赖于某种特定的外部传感器信息。即便量测信息增多,也能够保证滑动窗口的时间跨度,从而不会产生因约束信息损失所带来的估计精度下降问题。同时,通过惯性预积分将不同步的绝对、相对量测信息与图模型中的变量节点进行数据关联,能够有效应对多源导航信息的增多与减少,因此可以实现对绝对、相对量测信息的即插即用。

在等间隔自适应因子图模型中,变量节点与量测信息是不同步的,因此无法直接构建量测信息的残差模型。这里采用惯性预积分将绝对、相对量测信息与对应的变量节点进行数据关联,从而构建出残差模型进行非线性优化。惯性预积分的模型如式(6.15)所示,可以看出惯性预积分包含了位置、速度及姿态的传播关系,因此可以用于不同步量测信息的数据关联。

$$
\begin{aligned}
&\boldsymbol{R}_{\mathrm{w}}^{\mathrm{b}_k}\boldsymbol{p}_{\mathrm{b}_{k+1}}^{\mathrm{w}} = \boldsymbol{R}_{\mathrm{w}}^{\mathrm{b}_k}\left(\boldsymbol{p}_{\mathrm{b}_k}^{\mathrm{w}} + \boldsymbol{v}_{\mathrm{b}_k}^{\mathrm{w}}\Delta t_k - \frac{1}{2}\boldsymbol{g}^{\mathrm{w}}\Delta t_k^2\right) + \boldsymbol{\alpha}_{\mathrm{b}_{k+1}}^{\mathrm{b}_k}\\
&\boldsymbol{R}_{\mathrm{w}}^{\mathrm{b}_k}\boldsymbol{v}_{\mathrm{b}_{k+1}}^{\mathrm{w}} = \boldsymbol{R}_{\mathrm{w}}^{\mathrm{b}_k}(\boldsymbol{v}_{\mathrm{b}_k}^{\mathrm{w}} - \boldsymbol{g}^{\mathrm{w}}\Delta t_k) + \boldsymbol{\beta}_{\mathrm{b}_{k+1}}^{\mathrm{b}_k}\\
&\boldsymbol{q}_{\mathrm{w}}^{\mathrm{b}_k} \otimes \boldsymbol{q}_{\mathrm{b}_{k+1}}^{\mathrm{w}} = \boldsymbol{\gamma}_{\mathrm{b}_{k+1}}^{\mathrm{b}_k}
\end{aligned}
\tag{6.15}
$$

首先对绝对量测信息的关联模型进行推导,绝对量测信息包含了绝对位置、绝对速度与绝对姿态。在图 6.4 中,假设在 $t_a \in (t_1,\ t_2)$ 时刻接收到绝对位置 $\hat{\boldsymbol{p}}_{\mathrm{b}_a}^{\mathrm{w}}$。根据式(6.15)的第一行公式,其关联模型可以表示为

$$
\hat{\boldsymbol{\alpha}}_{\mathrm{b}_a}^{\mathrm{b}_1} = \boldsymbol{R}_{\mathrm{w}}^{\mathrm{b}_1}\left(\hat{\boldsymbol{p}}_{\mathrm{b}_a}^{\mathrm{w}} - \boldsymbol{p}_{\mathrm{b}_1}^{\mathrm{w}} - \boldsymbol{v}_{\mathrm{b}_1}^{\mathrm{w}}\Delta t_a + \frac{1}{2}\boldsymbol{g}^{\mathrm{w}}\Delta t_a^2\right) \tag{6.16}
$$

其中,$\hat{\boldsymbol{\alpha}}_{\mathrm{b}_a}^{\mathrm{b}_1}$ 为 t_1 时刻到 t_a 时刻的位置预积分;Δt_a 为 t_1 时刻与 t_a 时刻的时间间隔;$\boldsymbol{p}_{\mathrm{b}_1}^{\mathrm{w}}$、$\boldsymbol{v}_{\mathrm{b}_1}^{\mathrm{w}}$ 与 $\boldsymbol{R}_{\mathrm{w}}^{\mathrm{b}_1}$ 则为 t_1 时刻的状态向量。可以看出,通过式(6.16),能够将和变量节点不同步的绝对位置与对应的变量节点进行关联。假设在 $t_b \in (t_2,\ t_3)$ 时刻接收到绝对速度 $\hat{\boldsymbol{v}}_{\mathrm{b}_b}^{\mathrm{w}}$,根据式(6.15)的第二行公式,其关联模型可以表示为

$$
\hat{\boldsymbol{\beta}}_{\mathrm{b}_b}^{\mathrm{b}_2} = \boldsymbol{R}_{\mathrm{w}}^{\mathrm{b}_2}(\hat{\boldsymbol{v}}_{\mathrm{b}_b}^{\mathrm{w}} - \boldsymbol{v}_{\mathrm{b}_2}^{\mathrm{w}} + \boldsymbol{g}^{\mathrm{w}}\Delta t_b) \tag{6.17}
$$

其中,$\hat{\boldsymbol{\beta}}_{\mathrm{b}_b}^{\mathrm{b}_2}$ 为 t_2 时刻到 t_b 时刻的速度预积分;Δt_b 为 t_2 时刻与 t_b 时刻的时间间隔;$\boldsymbol{v}_{\mathrm{b}_2}^{\mathrm{w}}$ 与 $\boldsymbol{R}_{\mathrm{w}}^{\mathrm{b}_2}$ 则为 t_2 时刻的状态向量。可以看出,通过式(6.17),能够将和变量节点不同步的绝对速度与对应的变量节点进行关联。假设在 $t_c \in (t_3,\ t_4)$ 时刻接收到绝对姿态 $\hat{\boldsymbol{q}}_{\mathrm{b}_c}^{\mathrm{w}}$,这里以四元数形式进行表示,根据式(6.15)的第三行公式,其关联模型可以表示为

$$
\hat{\boldsymbol{\gamma}}_{\mathrm{b}_c}^{\mathrm{b}_3} = \boldsymbol{q}_{\mathrm{w}}^{\mathrm{b}_3} \otimes \hat{\boldsymbol{q}}_{\mathrm{b}_c}^{\mathrm{w}} \tag{6.18}
$$

其中,$\hat{\boldsymbol{\gamma}}_{\mathrm{b}_c}^{\mathrm{b}_3}$ 为 t_3 时刻到 t_c 时刻的四元数预积分;$\boldsymbol{q}_{\mathrm{w}}^{\mathrm{b}_3}$ 为 t_3 时刻的状态向量。可以看出,通过式(6.18),能够将和变量节点不同步的绝对姿态与对应的变量节点进行关联。

接下来对相对量测信息的关联模型进行推导,相对量测信息包含了相对位置与相对姿态。在图 6.4 中,假设相对位置 $\hat{\boldsymbol{p}}_{\mathrm{b}_a\mathrm{b}_b}^{\mathrm{b}_a}$ 表示 $t_a \in (t_1, t_2)$ 时刻到 $t_b \in (t_2, t_3)$ 时刻的相对运动,通过式(6.15)的第一行公式,可以构建如下模型:

$$\begin{aligned}\hat{\boldsymbol{\alpha}}_{\mathrm{b}_a}^{\mathrm{b}_1} &= \boldsymbol{R}_{\mathrm{w}}^{\mathrm{b}_1}\left(\hat{\boldsymbol{p}}_{\mathrm{b}_a}^{\mathrm{w}} - \boldsymbol{p}_{\mathrm{b}_1}^{\mathrm{w}} - \boldsymbol{v}_{\mathrm{b}_1}^{\mathrm{w}}\Delta t_a + \frac{1}{2}\boldsymbol{g}^{\mathrm{w}}\Delta t_a^2\right)\\ \hat{\boldsymbol{\alpha}}_{\mathrm{b}_b}^{\mathrm{b}_2} &= \boldsymbol{R}_{\mathrm{w}}^{\mathrm{b}_2}\left(\hat{\boldsymbol{p}}_{\mathrm{b}_b}^{\mathrm{w}} - \boldsymbol{p}_{\mathrm{b}_2}^{\mathrm{w}} - \boldsymbol{v}_{\mathrm{b}_2}^{\mathrm{w}}\Delta t_b + \frac{1}{2}\boldsymbol{g}^{\mathrm{w}}\Delta t_b^2\right)\end{aligned} \tag{6.19}$$

式(6.19)可以重新表示为

$$\begin{aligned}\hat{\boldsymbol{\alpha}}_{\mathrm{b}_a}^{\mathrm{b}_1} &= \boldsymbol{R}_{\mathrm{w}}^{\mathrm{b}_1}\left(\hat{\boldsymbol{p}}_{\mathrm{b}_a}^{\mathrm{w}} - \boldsymbol{p}_{\mathrm{b}_1}^{\mathrm{w}} - \boldsymbol{v}_{\mathrm{b}_1}^{\mathrm{w}}\Delta t_a + \frac{1}{2}\boldsymbol{g}^{\mathrm{w}}\Delta t_a^2\right)\\ \hat{\boldsymbol{R}}_{\mathrm{b}_2}^{\mathrm{b}_1}\hat{\boldsymbol{\alpha}}_{\mathrm{b}_b}^{\mathrm{b}_2} &= \boldsymbol{R}_{\mathrm{w}}^{\mathrm{b}_1}\left(\hat{\boldsymbol{p}}_{\mathrm{b}_b}^{\mathrm{w}} - \boldsymbol{p}_{\mathrm{b}_2}^{\mathrm{w}} - \boldsymbol{v}_{\mathrm{b}_2}^{\mathrm{w}}\Delta t_b + \frac{1}{2}\boldsymbol{g}^{\mathrm{w}}\Delta t_b^2\right)\end{aligned} \tag{6.20}$$

其中,$\hat{\boldsymbol{R}}_{\mathrm{b}_2}^{\mathrm{b}_1}$ 为从 b_2 系到 b_1 系的旋转矩阵。通过对式(6.20)中的两行公式进行作差,可以得到

$$\hat{\boldsymbol{p}}_{\mathrm{b}_a\mathrm{b}_b}^{\mathrm{b}_1} - \hat{\boldsymbol{R}}_{\mathrm{b}_2}^{\mathrm{b}_1}\hat{\boldsymbol{\alpha}}_{\mathrm{b}_b}^{\mathrm{b}_2} + \hat{\boldsymbol{\alpha}}_{\mathrm{b}_a}^{\mathrm{b}_1} = \boldsymbol{R}_{\mathrm{w}}^{\mathrm{b}_1}\left(\boldsymbol{p}_{\mathrm{b}_2}^{\mathrm{w}} - \boldsymbol{p}_{\mathrm{b}_1}^{\mathrm{w}} + \boldsymbol{v}_{\mathrm{b}_2}^{\mathrm{w}}\Delta t_b - \boldsymbol{v}_{\mathrm{b}_1}^{\mathrm{w}}\Delta t_a - \frac{1}{2}\boldsymbol{g}^{\mathrm{w}}\Delta t_b^2 + \frac{1}{2}\boldsymbol{g}^{\mathrm{w}}\Delta t_a^2\right) \tag{6.21}$$

其中,$\hat{\boldsymbol{p}}_{\mathrm{b}_a\mathrm{b}_b}^{\mathrm{b}_1}$ 为 t_a 时刻相对于 t_b 时刻的位置在 b_1 系中的投影,通过对其进行坐标变换,可以表示为

$$\hat{\boldsymbol{R}}_{\mathrm{b}_a}^{\mathrm{b}_1}\hat{\boldsymbol{p}}_{\mathrm{b}_a\mathrm{b}_b}^{\mathrm{b}_a} - \hat{\boldsymbol{R}}_{\mathrm{b}_2}^{\mathrm{b}_1}\hat{\boldsymbol{\alpha}}_{\mathrm{b}_b}^{\mathrm{b}_2} + \hat{\boldsymbol{\alpha}}_{\mathrm{b}_a}^{\mathrm{b}_1} = \boldsymbol{R}_{\mathrm{w}}^{\mathrm{b}_1}\left(\boldsymbol{p}_{\mathrm{b}_2}^{\mathrm{w}} - \boldsymbol{p}_{\mathrm{b}_1}^{\mathrm{w}} + \boldsymbol{v}_{\mathrm{b}_2}^{\mathrm{w}}\Delta t_b - \boldsymbol{v}_{\mathrm{b}_1}^{\mathrm{w}}\Delta t_a - \frac{1}{2}\boldsymbol{g}^{\mathrm{w}}\Delta t_b^2 + \frac{1}{2}\boldsymbol{g}^{\mathrm{w}}\Delta t_a^2\right) \tag{6.22}$$

$\hat{\boldsymbol{R}}_{\mathrm{b}_a}^{\mathrm{b}_1}$ 为从 b_a 系到 b_1 系的旋转矩阵。可以看出,通过式(6.22),能够将和变量节点不同步的相对位置与 t_1 时刻以及 t_2 时刻的变量节点进行关联。假设相对姿态 $\hat{\boldsymbol{q}}_{\mathrm{b}_c}^{\mathrm{b}_b}$ 表示 $t_b \in (t_2, t_3)$ 时刻到 $t_c \in (t_3, t_4)$ 时刻的相对运动,通过式(6.15)的第三行公式,可以构建如下模型:

$$\begin{aligned}\hat{\boldsymbol{\gamma}}_{\mathrm{b}_b}^{\mathrm{b}_2} &= \boldsymbol{q}_{\mathrm{w}}^{\mathrm{b}_2} \otimes \hat{\boldsymbol{q}}_{\mathrm{b}_b}^{\mathrm{w}}\\ \hat{\boldsymbol{\gamma}}_{\mathrm{b}_c}^{\mathrm{b}_3} &= \boldsymbol{q}_{\mathrm{w}}^{\mathrm{b}_3} \otimes \hat{\boldsymbol{q}}_{\mathrm{b}_c}^{\mathrm{w}}\end{aligned} \tag{6.23}$$

式(6.23)可以重新表示为

$$\begin{aligned} \hat{\boldsymbol{\gamma}}_{\mathrm{b}_b}^{\mathrm{b}_2} \otimes \hat{\boldsymbol{q}}_{\mathrm{w}}^{\mathrm{b}_b} &= \boldsymbol{q}_{\mathrm{w}}^{\mathrm{b}_2} \\ \hat{\boldsymbol{q}}_{\mathrm{b}_c}^{\mathrm{w}} \otimes \hat{\boldsymbol{\gamma}}_{\mathrm{b}_3}^{\mathrm{b}_c} &= \boldsymbol{q}_{\mathrm{b}_3}^{\mathrm{w}} \end{aligned} \tag{6.24}$$

通过对式(6.24)的两行公式进行相乘,可以得到

$$\hat{\boldsymbol{\gamma}}_{\mathrm{b}_b}^{\mathrm{b}_2} \otimes \hat{\boldsymbol{q}}_{\mathrm{w}}^{\mathrm{b}_b} \otimes \hat{\boldsymbol{q}}_{\mathrm{b}_c}^{\mathrm{w}} \otimes \hat{\boldsymbol{\gamma}}_{\mathrm{b}_3}^{\mathrm{b}_c} = \boldsymbol{q}_{\mathrm{w}}^{\mathrm{b}_2} \otimes \boldsymbol{q}_{\mathrm{b}_3}^{\mathrm{w}} \tag{6.25}$$

进而可以表示为

$$\hat{\boldsymbol{\gamma}}_{\mathrm{b}_b}^{\mathrm{b}_2} \otimes \hat{\boldsymbol{q}}_{\mathrm{b}_c}^{\mathrm{b}_b} \otimes \hat{\boldsymbol{\gamma}}_{\mathrm{b}_3}^{\mathrm{b}_c} = \boldsymbol{q}_{\mathrm{w}}^{\mathrm{b}_2} \otimes \boldsymbol{q}_{\mathrm{b}_3}^{\mathrm{w}} \tag{6.26}$$

通过式(6.26),能够将与变量节点不同步的相对姿态与 t_2 时刻及 t_3 时刻的变量节点进行关联。因此,针对绝对、相对量测信息的残差模型可以分别表示为

$$\boldsymbol{r}_{\mathrm{A}}(\hat{\boldsymbol{z}}_{\mathrm{A}}, \boldsymbol{X}) = \begin{bmatrix} \delta\boldsymbol{\alpha}_{\mathrm{b}_a}^{\mathrm{b}_1} \\ \delta\boldsymbol{\beta}_{\mathrm{b}_b}^{\mathrm{b}_2} \\ \delta\boldsymbol{\theta}_{\mathrm{b}_c}^{\mathrm{b}_3} \end{bmatrix} = \begin{bmatrix} \boldsymbol{R}_{\mathrm{w}}^{\mathrm{b}_1}\left(\hat{\boldsymbol{p}}_{\mathrm{b}_a}^{\mathrm{w}} - \boldsymbol{p}_{\mathrm{b}_1}^{\mathrm{w}} - \boldsymbol{v}_{\mathrm{b}_1}^{\mathrm{w}}\Delta t_a + \dfrac{1}{2}\boldsymbol{g}^{\mathrm{w}}\Delta t_a^2\right) - \hat{\boldsymbol{\alpha}}_{\mathrm{b}_a}^{\mathrm{b}_1} \\ \boldsymbol{R}_{\mathrm{w}}^{\mathrm{b}_2}(\hat{\boldsymbol{v}}_{\mathrm{b}_b}^{\mathrm{w}} - \boldsymbol{v}_{\mathrm{b}_2}^{\mathrm{w}} + \boldsymbol{g}^{\mathrm{w}}\Delta t_b) - \hat{\boldsymbol{\beta}}_{\mathrm{b}_b}^{\mathrm{b}_2} \\ 2\left[(\hat{\boldsymbol{\gamma}}_{\mathrm{b}_c}^{\mathrm{b}_3})^{-1} \otimes (\boldsymbol{q}_{\mathrm{b}_3}^{\mathrm{w}})^{-1} \otimes \hat{\boldsymbol{q}}_{\mathrm{b}_c}^{\mathrm{w}}\right]_{xyz} \end{bmatrix} \tag{6.27}$$

$$\boldsymbol{r}_{\mathrm{R}}(\hat{\boldsymbol{z}}_{\mathrm{R}}, \boldsymbol{X}) = \begin{bmatrix} \delta\boldsymbol{\alpha}_{b_{\mathrm{b}}}^{b_{\mathrm{a}}} \\ \delta\boldsymbol{\theta}_{\mathrm{b}_c}^{\mathrm{b}_b} \end{bmatrix} = \begin{bmatrix} \boldsymbol{R}_{\mathrm{w}}^{\mathrm{b}_1}\left(\boldsymbol{p}_{\mathrm{b}_2}^{\mathrm{w}} - \boldsymbol{p}_{\mathrm{b}_1}^{\mathrm{w}} + \boldsymbol{v}_{\mathrm{b}_2}^{\mathrm{w}}\Delta t_b - \boldsymbol{v}_{\mathrm{b}_1}^{\mathrm{w}}\Delta t_a - \dfrac{1}{2}\boldsymbol{g}^{\mathrm{w}}\Delta t_b^2 + \dfrac{1}{2}\boldsymbol{g}^{\mathrm{w}}\Delta t_a^2\right) \\ - \hat{\boldsymbol{R}}_{\mathrm{b}_a}^{\mathrm{b}_1}\hat{\boldsymbol{p}}_{\mathrm{b}_a\mathrm{b}_b}^{\mathrm{b}_a} + \hat{\boldsymbol{R}}_{\mathrm{b}_2}^{\mathrm{b}_1}\hat{\boldsymbol{\alpha}}_{\mathrm{b}_b}^{\mathrm{b}_2} - \hat{\boldsymbol{\alpha}}_{\mathrm{b}_a}^{\mathrm{b}_1} \\ 2\left[(\hat{\boldsymbol{\gamma}}_{\mathrm{b}_3}^{\mathrm{b}_c})^{-1} \otimes (\hat{\boldsymbol{q}}_{\mathrm{b}_c}^{\mathrm{b}_b})^{-1} \otimes (\hat{\boldsymbol{\gamma}}_{\mathrm{b}_b}^{\mathrm{b}_2})^{-1} \otimes (\boldsymbol{q}_{\mathrm{b}_2}^{\mathrm{w}})^{-1} \otimes \boldsymbol{q}_{\mathrm{b}_3}^{\mathrm{w}}\right]_{xyz} \end{bmatrix} \tag{6.28}$$

通过上述推导过程,可以将不同步的绝对、相对量测信息与因子图中的变量节点进行数据关联,从而构建出相应的残差模型进行非线性优化。提出的方法能够应对绝对、相对量测信息的增加与减少,并通过等间隔优化的方式避免约束信息的损失,因此可以实现对绝对、相对量测信息的高精度即插即用。

接下来,对绝对、相对量测信息的线性化模型进行推导。式(6.27)与式(6.28)分别表示绝对、相对量测信息的残差模型,可以看出量测信息的残差模型都是非线性的。因此,需要对其进行线性化展开,并构建相应的雅可比矩阵,从而实现状态估计。在绝对量测信息的残差模型中,由于只包含单个时刻的状态,因此其优化变量可以表示为

$$[\boldsymbol{p}_{\mathrm{b}_k}^{\mathrm{w}} \quad \boldsymbol{\theta}_{\mathrm{b}_k}^{\mathrm{w}}],\ [\boldsymbol{v}_{\mathrm{b}_k}^{\mathrm{w}} \quad \boldsymbol{b}_{\mathrm{a}_k} \quad \boldsymbol{b}_{\mathrm{w}_k}] \tag{6.29}$$

首先,用 $\delta\boldsymbol{\alpha}_{\mathrm{b}_a}^{\mathrm{b}_1}$ 对 $[\boldsymbol{p}_{\mathrm{b}_1}^{\mathrm{w}} \quad \boldsymbol{\theta}_{\mathrm{b}_1}^{\mathrm{w}}]$ 求导,可以表示为

$$\begin{aligned}
\frac{\partial \delta \boldsymbol{\alpha}_{\mathrm{b}_a}^{\mathrm{b}_1}}{\partial \boldsymbol{p}_{\mathrm{b}_1}^{\mathrm{w}}} &= -\boldsymbol{R}_{\mathrm{w}}^{\mathrm{b}_1} \\
\frac{\partial \delta \boldsymbol{\alpha}_{\mathrm{b}_a}^{\mathrm{b}_1}}{\partial \boldsymbol{\theta}_{\mathrm{b}_1}^{\mathrm{w}}} &= \left[\boldsymbol{R}_{\mathrm{w}}^{\mathrm{b}_1}\left(\hat{\boldsymbol{p}}_{\mathrm{b}_a}^{\mathrm{w}} - \boldsymbol{p}_{\mathrm{b}_1}^{\mathrm{w}} - \boldsymbol{v}_{\mathrm{b}_1}^{\mathrm{w}}\Delta t_a + \frac{1}{2}\boldsymbol{g}^{\mathrm{w}}\Delta t_a^2\right)\right]_{\times}
\end{aligned} \tag{6.30}$$

用 $\delta\boldsymbol{\beta}_{\mathrm{b}_b}^{\mathrm{b}_2}$ 对 $[\boldsymbol{p}_{\mathrm{b}_2}^{\mathrm{w}} \quad \boldsymbol{\theta}_{\mathrm{b}_2}^{\mathrm{w}}]$ 求导，可以表示为

$$\begin{aligned}
\frac{\partial \delta \boldsymbol{\beta}_{\mathrm{b}_b}^{\mathrm{b}_2}}{\partial \boldsymbol{p}_{\mathrm{b}_2}^{\mathrm{w}}} &= \mathbf{0} \\
\frac{\partial \delta \boldsymbol{\beta}_{\mathrm{b}_b}^{\mathrm{b}_2}}{\partial \boldsymbol{\theta}_{\mathrm{b}_2}^{\mathrm{w}}} &= [\boldsymbol{R}_{\mathrm{w}}^{\mathrm{b}_2}(\hat{\boldsymbol{v}}_{\mathrm{b}_b}^{\mathrm{w}} - \boldsymbol{v}_{\mathrm{b}_2}^{\mathrm{w}} + \boldsymbol{g}^{\mathrm{w}}\Delta t_b)]_{\times}
\end{aligned} \tag{6.31}$$

用 $\delta\boldsymbol{\theta}_{\mathrm{b}_c}^{\mathrm{b}_3}$ 对 $[\boldsymbol{p}_{\mathrm{b}_3}^{\mathrm{w}} \quad \boldsymbol{\theta}_{\mathrm{b}_3}^{\mathrm{w}}]$ 求导，可以表示为

$$\begin{aligned}
\frac{\partial \delta \boldsymbol{\theta}_{\mathrm{b}_c}^{\mathrm{b}_3}}{\partial \boldsymbol{p}_{\mathrm{b}_3}^{\mathrm{w}}} &= \mathbf{0} \\
\frac{\partial \delta \boldsymbol{\theta}_{\mathrm{b}_c}^{\mathrm{b}_3}}{\partial \boldsymbol{\theta}_{\mathrm{b}_3}^{\mathrm{w}}} &= -\left\{\boldsymbol{R}[(\boldsymbol{q}_{\mathrm{b}_3}^{\mathrm{w}})^{-1} \otimes \hat{\boldsymbol{q}}_{\mathrm{b}_c}^{\mathrm{w}}]\boldsymbol{L}[(\hat{\boldsymbol{\gamma}}_{\mathrm{b}_c}^{\mathrm{b}_3})^{-1}]\right\}_{3\times 3}
\end{aligned} \tag{6.32}$$

用 $\delta\boldsymbol{\alpha}_{\mathrm{b}_a}^{\mathrm{b}_1}$ 对 $[\boldsymbol{v}_{\mathrm{b}_1}^{\mathrm{w}} \quad \boldsymbol{b}_{\mathrm{a}_1} \quad \boldsymbol{b}_{\mathrm{w}_1}]$ 求导，可以表示为

$$\begin{aligned}
\frac{\partial \delta \boldsymbol{\alpha}_{\mathrm{b}_a}^{\mathrm{b}_1}}{\partial \boldsymbol{v}_{\mathrm{b}_1}^{\mathrm{w}}} &= -\boldsymbol{R}_{\mathrm{w}}^{\mathrm{b}_1}\Delta t_a \\
\frac{\partial \delta \boldsymbol{\alpha}_{\mathrm{b}_a}^{\mathrm{b}_1}}{\partial \boldsymbol{b}_{\mathrm{a}_1}} &= -\boldsymbol{J}_{\delta b_{\mathrm{a}_1}}^{\delta \alpha_{\mathrm{b}_a}^{\mathrm{b}_1}} \\
\frac{\partial \delta \boldsymbol{\alpha}_{\mathrm{b}_a}^{\mathrm{b}_1}}{\partial \boldsymbol{b}_{\mathrm{w}_1}} &= -\boldsymbol{J}_{\delta b_{\mathrm{w}_1}}^{\delta \alpha_{\mathrm{b}_a}^{\mathrm{b}_1}}
\end{aligned} \tag{6.33}$$

用 $\delta\boldsymbol{\beta}_{\mathrm{b}_b}^{\mathrm{b}_2}$ 对 $[\boldsymbol{v}_{\mathrm{b}_2}^{\mathrm{w}} \quad \boldsymbol{b}_{\mathrm{a}_2} \quad \boldsymbol{b}_{\mathrm{w}_2}]$ 求导，可以表示为

$$\begin{aligned}
\frac{\partial \delta \boldsymbol{\beta}_{\mathrm{b}_b}^{\mathrm{b}_2}}{\partial \boldsymbol{v}_{\mathrm{b}_2}^{\mathrm{w}}} &= -\boldsymbol{R}_{\mathrm{w}}^{\mathrm{b}_2} \\
\frac{\partial \delta \boldsymbol{\beta}_{\mathrm{b}_b}^{\mathrm{b}_2}}{\partial \boldsymbol{b}_{\mathrm{a}_2}} &= -\boldsymbol{J}_{\delta b_{\mathrm{a}_2}}^{\delta \beta_{\mathrm{b}_b}^{\mathrm{b}_2}} \\
\frac{\partial \delta \boldsymbol{\beta}_{\mathrm{b}_b}^{\mathrm{b}_2}}{\partial \boldsymbol{b}_{\mathrm{w}_2}} &= -\boldsymbol{J}_{\delta b_{\mathrm{w}_2}}^{\delta \beta_{\mathrm{b}_b}^{\mathrm{b}_2}}
\end{aligned} \tag{6.34}$$

用 $\delta\boldsymbol{\theta}_{\mathrm{b}_c}^{\mathrm{b}_3}$ 对 $[\boldsymbol{v}_{\mathrm{b}_3}^{\mathrm{w}} \quad \boldsymbol{b}_{\mathrm{a}_3} \quad \boldsymbol{b}_{\mathrm{w}_3}]$ 求导，可以表示为

$$\begin{aligned}
&\frac{\partial \delta\boldsymbol{\theta}_{\mathrm{b}_c}^{\mathrm{b}_3}}{\partial \boldsymbol{v}_{\mathrm{b}_3}^{\mathrm{w}}} = \mathbf{0} \\
&\frac{\partial \delta\boldsymbol{\theta}_{\mathrm{b}_c}^{\mathrm{b}_3}}{\partial \boldsymbol{b}_{\mathrm{a}_3}} = \mathbf{0} \\
&\frac{\partial \delta\boldsymbol{\theta}_{\mathrm{b}_c}^{\mathrm{b}_3}}{\partial \boldsymbol{b}_{\mathrm{w}_3}} = -\left\{\boldsymbol{R}\left[(\hat{\boldsymbol{\gamma}}_{\mathrm{b}_c}^{\mathrm{b}_3})^{-1} \otimes (\boldsymbol{q}_{\mathrm{b}_3}^{\mathrm{w}})^{-1} \otimes \hat{\boldsymbol{q}}_{\mathrm{b}_c}^{\mathrm{w}}\right]\right\}_{3\times 3} \boldsymbol{J}_{\delta b_{\mathrm{w}_3}}^{\delta\theta_{\mathrm{b}_c}^{\mathrm{b}_3}}
\end{aligned} \tag{6.35}$$

在相对量测信息的残差模型中，由于涉及历史时刻与当前时刻的状态，因此其优化变量可以表示为

$$[\boldsymbol{p}_{\mathrm{b}_k}^{\mathrm{w}} \quad \boldsymbol{\theta}_{\mathrm{b}_k}^{\mathrm{w}}],\ [\boldsymbol{v}_{\mathrm{b}_k}^{\mathrm{w}} \quad \boldsymbol{b}_{\mathrm{a}_k} \quad \boldsymbol{b}_{\mathrm{w}_k}],\ [\boldsymbol{p}_{\mathrm{b}_{k+1}}^{\mathrm{w}} \quad \boldsymbol{\theta}_{\mathrm{b}_{k+1}}^{\mathrm{w}}],\ [\boldsymbol{v}_{\mathrm{b}_{k+1}}^{\mathrm{w}} \quad \boldsymbol{b}_{\mathrm{a}_{k+1}} \quad b_{\mathrm{w}_{k+1}}] \tag{6.36}$$

用 $\delta\boldsymbol{\alpha}_{\mathrm{b}_b}^{\mathrm{b}_a}$ 对 $[\boldsymbol{p}_{\mathrm{b}_1}^{\mathrm{w}} \quad \boldsymbol{\theta}_{\mathrm{b}_1}^{\mathrm{w}}]$ 求导，可以表示为

$$\begin{aligned}
&\frac{\partial \delta\boldsymbol{\alpha}_{\mathrm{b}_b}^{\mathrm{b}_a}}{\partial \boldsymbol{p}_{\mathrm{b}_1}^{\mathrm{w}}} = -\boldsymbol{R}_{\mathrm{w}}^{\mathrm{b}_1} \\
&\frac{\partial \delta\boldsymbol{\alpha}_{\mathrm{b}_b}^{\mathrm{b}_a}}{\partial \boldsymbol{\theta}_{\mathrm{b}_1}^{\mathrm{w}}} = \left[\boldsymbol{R}_{\mathrm{w}}^{\mathrm{b}_1}\left(\boldsymbol{p}_{\mathrm{b}_2}^{\mathrm{w}} - \boldsymbol{p}_{\mathrm{b}_1}^{\mathrm{w}} + \boldsymbol{v}_{\mathrm{b}_2}^{\mathrm{w}}\Delta t_b - \boldsymbol{v}_{\mathrm{b}_1}^{\mathrm{w}}\Delta t_a - \frac{1}{2}\boldsymbol{g}^{\mathrm{w}}\Delta t_b^2 + \frac{1}{2}\boldsymbol{g}^{\mathrm{w}}\Delta t_a^2\right)\right]_{\times}
\end{aligned} \tag{6.37}$$

用 $\delta\boldsymbol{\theta}_{\mathrm{b}_c}^{\mathrm{b}_b}$ 对 $[\boldsymbol{p}_{\mathrm{b}_2}^{\mathrm{w}} \quad \boldsymbol{\theta}_{\mathrm{b}_2}^{\mathrm{w}}]$ 求导，可以表示为

$$\begin{aligned}
&\frac{\partial \delta\boldsymbol{\theta}_{\mathrm{b}_c}^{\mathrm{b}_b}}{\partial \boldsymbol{p}_{\mathrm{b}_2}^{\mathrm{w}}} = \mathbf{0} \\
&\frac{\partial \delta\boldsymbol{\theta}_{\mathrm{b}_c}^{\mathrm{b}_b}}{\partial \boldsymbol{\theta}_{\mathrm{b}_2}^{\mathrm{w}}} = -\left\{\boldsymbol{R}\left[(\boldsymbol{q}_{\mathrm{b}_2}^{\mathrm{w}})^{-1} \otimes \boldsymbol{q}_{\mathrm{b}_3}^{\mathrm{w}}\right]\boldsymbol{L}\left[(\hat{\boldsymbol{\gamma}}_{\mathrm{b}_3}^{\mathrm{b}_c})^{-1} \otimes (\hat{\boldsymbol{q}}_{\mathrm{b}_c}^{\mathrm{b}_b})^{-1} \otimes (\hat{\boldsymbol{\gamma}}_{\mathrm{b}_b}^{\mathrm{b}_2})^{-1}\right]\right\}_{3\times 3}
\end{aligned} \tag{6.38}$$

用 $\delta\boldsymbol{\alpha}_{\mathrm{b}_b}^{\mathrm{b}_a}$ 对 $[\boldsymbol{v}_{\mathrm{b}_1}^{\mathrm{w}} \quad \boldsymbol{b}_{\mathrm{a}_1} \quad \boldsymbol{b}_{\mathrm{w}_1}]$ 求导，可以表示为

$$\begin{aligned}
&\frac{\partial \delta\boldsymbol{\alpha}_{\mathrm{b}_b}^{\mathrm{b}_a}}{\partial \boldsymbol{v}_{\mathrm{b}_1}^{\mathrm{w}}} = -\boldsymbol{R}_{\mathrm{w}}^{\mathrm{b}_1}\Delta t_a \\
&\frac{\partial \delta\boldsymbol{\alpha}_{\mathrm{b}_b}^{\mathrm{b}_a}}{\partial \boldsymbol{b}_{\mathrm{a}_1}} = -\boldsymbol{J}_{\delta b_{\mathrm{a}_1}}^{\delta\alpha_{\mathrm{b}_a}^{\mathrm{b}_1}} \\
&\frac{\partial \delta\boldsymbol{\alpha}_{\mathrm{b}_b}^{\mathrm{b}_a}}{\partial \boldsymbol{b}_{\mathrm{w}_1}} = -\boldsymbol{J}_{\delta b_{\mathrm{w}_1}}^{\delta\alpha_{\mathrm{b}_a}^{\mathrm{b}_1}}
\end{aligned} \tag{6.39}$$

用 $\delta\boldsymbol{\theta}_{b_c}^{b_b}$ 对 $[\boldsymbol{v}_{b_2}^{w} \quad \boldsymbol{b}_{a_2} \quad \boldsymbol{b}_{w_2}]$ 求导，可以表示为

$$\frac{\partial\delta\boldsymbol{\theta}_{b_c}^{b_b}}{\partial\boldsymbol{v}_{b_2}^{w}}=\mathbf{0}$$

$$\frac{\partial\delta\boldsymbol{\theta}_{b_c}^{b_b}}{\partial\boldsymbol{b}_{a_2}}=\mathbf{0}$$

$$\frac{\partial\delta\boldsymbol{\theta}_{b_c}^{b_b}}{\partial\boldsymbol{b}_{w_2}}=-\left\{\boldsymbol{R}[(\hat{\boldsymbol{\gamma}}_{b_b}^{b_2})^{-1}\otimes(\boldsymbol{q}_{b_2}^{w})^{-1}\otimes\boldsymbol{q}_{b_3}^{w}]\boldsymbol{L}[(\hat{\boldsymbol{\gamma}}_{b_3}^{b_c})^{-1}\otimes(\hat{\boldsymbol{q}}_{b_c}^{b_b})^{-1}]\right\}_{3\times3}\boldsymbol{J}_{\delta b_{w_2}}^{\delta\theta_{b_b}^{b_2}} \tag{6.40}$$

用 $\delta\boldsymbol{\alpha}_{b_b}^{b_a}$ 对 $[\boldsymbol{p}_{b_2}^{w} \quad \boldsymbol{\theta}_{b_2}^{w}]$ 求导，可以表示为

$$\frac{\partial\delta\boldsymbol{\alpha}_{b_b}^{b_a}}{\partial\boldsymbol{p}_{b_2}^{w}}=\boldsymbol{R}_{w}^{b_1}$$
$$\frac{\partial\delta\boldsymbol{\alpha}_{b_b}^{b_a}}{\partial\boldsymbol{\theta}_{b_2}^{w}}=\mathbf{0} \tag{6.41}$$

用 $\delta\boldsymbol{\theta}_{b_c}^{b_b}$ 对 $[\boldsymbol{p}_{b_3}^{w} \quad \boldsymbol{\theta}_{b_3}^{w}]$ 求导，可以表示为

$$\frac{\partial\delta\boldsymbol{\theta}_{b_c}^{b_b}}{\partial\boldsymbol{p}_{b_3}^{w}}=\mathbf{0}$$
$$\frac{\partial\delta\boldsymbol{\theta}_{b_c}^{b_b}}{\partial\boldsymbol{\theta}_{b_3}^{w}}=\left\{\boldsymbol{L}[(\hat{\boldsymbol{\gamma}}_{b_3}^{b_c})^{-1}\otimes(\hat{\boldsymbol{q}}_{b_c}^{b_b})^{-1}\otimes(\hat{\boldsymbol{\gamma}}_{b_b}^{b_2})^{-1}\otimes(\boldsymbol{q}_{b_2}^{w})^{-1}\otimes\boldsymbol{q}_{b_3}^{w}]\right\}_{3\times3} \tag{6.42}$$

用 $\delta\boldsymbol{\alpha}_{b_b}^{b_a}$ 对 $[\boldsymbol{v}_{b_2}^{w} \quad \boldsymbol{b}_{a_2} \quad \boldsymbol{b}_{w_2}]$ 求导，可以表示为

$$\frac{\partial\delta\boldsymbol{\alpha}_{b_b}^{b_a}}{\partial\boldsymbol{v}_{b_2}^{w}}=\boldsymbol{R}_{w}^{b_1}\Delta t_b$$
$$\frac{\partial\delta\boldsymbol{\alpha}_{b_b}^{b_a}}{\partial\boldsymbol{b}_{a_2}}=\hat{\boldsymbol{R}}_{b_2}^{b_1}\boldsymbol{J}_{\delta b_{a_2}}^{\delta\alpha_{b_b}^{b_2}}$$
$$\frac{\partial\delta\boldsymbol{\alpha}_{b_b}^{b_a}}{\partial\boldsymbol{b}_{w_2}}=\hat{\boldsymbol{R}}_{b_2}^{b_1}\boldsymbol{J}_{\delta b_{w_2}}^{\delta\alpha_{b_b}^{b_2}} \tag{6.43}$$

用 $\delta\boldsymbol{\theta}_{b_c}^{b_b}$ 对 $[\boldsymbol{v}_{b_3}^{w} \quad \boldsymbol{b}_{a_3} \quad \boldsymbol{b}_{w_3}]$ 求导，可以表示为

$$
\begin{aligned}
&\frac{\partial \delta \boldsymbol{\theta}_{\mathrm{b}_c}^{\mathrm{b}_b}}{\partial \boldsymbol{v}_{\mathrm{b}_3}^{\mathrm{w}}} = \mathbf{0} \\
&\frac{\partial \delta \boldsymbol{\theta}_{\mathrm{b}_c}^{\mathrm{b}_b}}{\partial \boldsymbol{b}_{\mathrm{a}_3}} = \mathbf{0} \\
&\frac{\partial \delta \boldsymbol{\theta}_{\mathrm{b}_c}^{\mathrm{b}_b}}{\partial \boldsymbol{b}_{\mathrm{w}_3}} = \left\{ \boldsymbol{R}\left[(\hat{\boldsymbol{q}}_{\mathrm{b}_c}^{\mathrm{b}_b})^{-1} \otimes (\hat{\boldsymbol{\gamma}}_{\mathrm{b}_b}^{\mathrm{b}_2})^{-1} \otimes (\boldsymbol{q}_{\mathrm{b}_2}^{\mathrm{w}})^{-1} \otimes \boldsymbol{q}_{\mathrm{b}_3}^{\mathrm{w}} \right] \boldsymbol{L}(\hat{\boldsymbol{\gamma}}_{\mathrm{b}_c}^{\mathrm{b}_3}) \right\}_{3\times 3} \boldsymbol{J}_{\delta b_{\mathrm{w}_3}}^{\delta \theta_{\mathrm{b}_c}^{\mathrm{b}_3}}
\end{aligned}
\tag{6.44}
$$

通过上述的推导过程,可以得到绝对、相对量测信息残差的线性化模型参数,进而构建对应的雅可比矩阵,从而利用迭代算法实现状态估计。

6.4.2　基于期望最大化的自适应融合方法

随着载体运行环境的变化,传感器信息的误差特性也会发生变化,难以满足先验的高斯假设。同时,考虑到关联模型中耦合了惯性预积分信息,难以对其噪声分布进行精确建模。考虑到实际环境的复杂特征,将传感器信息的噪声分布建模为多种单一高斯分布叠加的形式,即

$$
p(z_i \mid x) = \sum_j w_j N(\mu_j, \sigma_j^2) \tag{6.45}
$$

其中, z_i 和 x 分别为第 i 个量测信息与状态信息; w_j 为第 j 个高斯分布的权重; μ_j 和 σ_j 分别为第 j 个高斯分布的均值与标准差。基于期望最大化方法,对式(6.45)中各个高斯分布的参数进行在线解算。在期望最大化方法中,噪声分布 $\boldsymbol{\theta} = \{w_j, \mu_j, \sigma_j\}$ 的极大似然估计取决于观测变量 $\boldsymbol{O}$ 以及隐藏变量 $\boldsymbol{H}$, 分别可以表示为

$$
\boldsymbol{O} = \{e_1, e_2, \cdots, e_i, \cdots, e_M\}, \quad \boldsymbol{H} = \{\alpha_{ij}\}_{i=1,2,\cdots,M;\, j=1,2,\cdots,N} \tag{6.46}
$$

其中, e_i 为第 i 个残差,可以表示为

$$
e_i = h(x) - z_i \tag{6.47}
$$

$h(x)$ 与 z_i 分别为预测的与实际的量测信息。在式(6.46)中, α_{ij} 为第 i 个残差服从第 j 个高斯分布的概率, M 和 N 分别为残差和高斯分布的数量。期望最大化方法包含期望步骤与最大化步骤,分别记为 E、M 步骤,需要迭代执行以上两个步骤直到估计结果收敛。在 E 步骤中,需要利用各个高斯分布的参数初值对隐藏变量进行估计。而在 M 步骤中,则通过隐藏变量对各个高斯分布的参数进行估计。

首先,利用期望最大化方法的 E 步骤对隐藏变量进行估计。假设量测信息的噪声含有两种高斯分布,绝对、相对量测信息残差中的隐藏变量可以分别表示为

$$\alpha_{\mathrm{A}}^{ij}=\frac{w_{\mathrm{A}}^{j}\det\left(\frac{1}{\sigma_{\mathrm{A}}^{j}}\right)\exp\left(-\frac{1}{2}\left\|\frac{r_{\mathrm{A}}^{i}-\mu_{\mathrm{A}}^{j}}{\sigma_{\mathrm{A}}^{j}}\right\|^{2}\right)}{\sum_{j=1}^{2}w_{\mathrm{A}}^{j}\det\left(\frac{1}{\sigma_{\mathrm{A}}^{j}}\right)\exp\left(-\frac{1}{2}\left\|\frac{r_{\mathrm{A}}^{i}-\mu_{\mathrm{A}}^{j}}{\sigma_{\mathrm{A}}^{j}}\right\|^{2}\right)}\tag{6.48}$$

$$\alpha_{\mathrm{R}}^{ij}=\frac{w_{\mathrm{R}}^{j}\det\left(\frac{1}{\sigma_{\mathrm{R}}^{j}}\right)\exp\left(-\frac{1}{2}\left\|\frac{r_{\mathrm{R}}^{i}-\mu_{\mathrm{R}}^{j}}{\sigma_{\mathrm{R}}^{j}}\right\|^{2}\right)}{\sum_{j=1}^{2}w_{\mathrm{R}}^{j}\det\left(\frac{1}{\sigma_{\mathrm{R}}^{j}}\right)\exp\left(-\frac{1}{2}\left\|\frac{r_{\mathrm{R}}^{i}-\mu_{\mathrm{R}}^{j}}{\sigma_{\mathrm{R}}^{j}}\right\|^{2}\right)}\tag{6.49}$$

其中，w_{A}^{j} 与 w_{R}^{j} 分别为绝对、相对量测信息中第 j 个高斯分布的先验权重；μ_{A}^{j} 与 μ_{R}^{j} 分别为绝对、相对量测信息中第 j 个高斯分布的先验均值；σ_{A}^{j} 与 σ_{R}^{j} 分别为绝对、相对量测信息中第 j 个高斯分布的先验标准差；r_{A}^{i} 与 r_{R}^{i} 分别为第 i 个绝对量测信息的残差与第 i 个相对量测信息的残差。其次，利用期望最大化方法的 M 步骤对不同高斯分布的参数进行计算。针对绝对量测信息的高斯分布参数，可以表示为

$$\begin{aligned}
w_{\mathrm{A}}^{j}&=\frac{1}{2}\sum_{i=1}^{M}\alpha_{\mathrm{A}}^{ij}\\
\mu_{\mathrm{A}}^{j}&=\frac{\sum_{i=1}^{M}\alpha_{\mathrm{A}}^{ij}r_{\mathrm{A}}^{i}}{\sum_{i=1}^{M}\alpha_{\mathrm{A}}^{ij}}\\
\sigma_{\mathrm{A}}^{j}&=\mathrm{sqrt}\left(\frac{\sum_{i=1}^{M}\alpha_{\mathrm{A}}^{ij}(r_{\mathrm{A}}^{i}-\mu_{\mathrm{A}}^{j})(r_{\mathrm{A}}^{i}-\mu_{\mathrm{A}}^{j})^{\mathrm{T}}}{\sum_{i=1}^{M}\alpha_{\mathrm{A}}^{ij}}\right)
\end{aligned}\tag{6.50}$$

针对相对量测信息的高斯分布参数，可以表示为

$$\begin{aligned}
w_{\mathrm{R}}^{j}&=\frac{1}{2}\sum_{i=1}^{N}\alpha_{\mathrm{R}}^{ij}\\
\mu_{\mathrm{R}}^{j}&=\frac{\sum_{i=1}^{N}\alpha_{\mathrm{R}}^{ij}r_{\mathrm{R}}^{i}}{\sum_{i=1}^{N}\alpha_{\mathrm{R}}^{ij}}\\
\sigma_{\mathrm{R}}^{j}&=\mathrm{sqrt}\left(\frac{\sum_{i=1}^{N}\alpha_{\mathrm{R}}^{ij}(r_{\mathrm{R}}^{i}-\mu_{\mathrm{R}}^{j})(r_{\mathrm{R}}^{i}-\mu_{\mathrm{R}}^{j})^{\mathrm{T}}}{\sum_{i=1}^{N}\alpha_{\mathrm{R}}^{ij}}\right)
\end{aligned}\tag{6.51}$$

其中，M 和 N 分别为绝对、相对量测信息残差的个数。最后，筛选出权重最大的高斯分布对量测信息的误差特性进行建模。在因子图优化过程中对绝对、相对量测信息的融合权重进行动态调整，从而实现自适应融合。综上所述，因子图优化的误差函数可以表示为

$$\begin{aligned}&\|\boldsymbol{r}_{\mathrm{P}}-\boldsymbol{H}_{\mathrm{P}}\boldsymbol{X}\|^{2}+\sum_{j=1}^{L}\|\boldsymbol{r}_{\mathrm{I}}^{j}(\hat{z}_{\mathrm{b}_{k+1}}^{\mathrm{b}_k},\boldsymbol{X})\|_{\boldsymbol{P}_{\mathrm{b}_{k+1}}^{\mathrm{b}_k}}^{2}+\sum_{j=1}^{M}\|\boldsymbol{r}_{\mathrm{A}}^{j}(\hat{z}_{\mathrm{A}},\boldsymbol{X})\\&-\boldsymbol{\mu}_{\mathrm{A}}\|_{\boldsymbol{P}_{\mathrm{A}}}^{2}+\sum_{j=1}^{N}\|\boldsymbol{r}_{\mathrm{R}}^{j}(\hat{z}_{\mathrm{R}},\boldsymbol{X})-\boldsymbol{\mu}_{\mathrm{R}}\|_{\boldsymbol{P}_{\mathrm{R}}}^{2}\end{aligned}\tag{6.52}$$

其中，$\boldsymbol{r}_{\mathrm{I}}^{j}(\hat{z}_{\mathrm{b}_{k+1}}^{\mathrm{b}_k},\boldsymbol{X})$ 为第 j 个惯性预积分残差；L 为惯性预积分残差的个数；$\boldsymbol{r}_{\mathrm{A}}^{j}(\hat{z}_{\mathrm{A}},\boldsymbol{X})$ 为第 j 个绝对量测信息的残差；$\boldsymbol{r}_{\mathrm{R}}^{j}(\hat{z}_{\mathrm{R}},\boldsymbol{X})$ 为第 j 个相对量测信息的残差；$\boldsymbol{\mu}_{\mathrm{A}}$ 与 $\boldsymbol{\mu}_{\mathrm{R}}$ 分别为绝对、相对量测信息的误差均值；$\boldsymbol{P}_{\mathrm{A}}$ 与 $\boldsymbol{P}_{\mathrm{R}}$ 分别为绝对、相对量测信息的协方差矩阵。

通过提出的方法，可以实现对绝对、相对量测信息误差参数的在线估计。利用在线估计的参数对各类量测信息的融合权重进行动态调整，能够准确地对各类量测信息的误差特性进行表征并抑制异常量测信息对组合导航系统的影响，从而提升导航系统的自适应能力。

6.4.3　验证与分析

导航系统通常会搭载不同类型的传感器，如 IMU、GNSS 接收机以及激光雷达等。这些传感器提供的信息包含了绝对量测信息与相对量测信息，而且其接收时间与更新频率普遍是不一致的。多源导航信息融合方法需要具备对绝对、相对量测信息的即插即用能力，从而为载体提供精确的定位结果。因此，本节首先对提出方法的即插即用能力进行验证，对比的传统方法分别记为 FG1、EKF 及 FG2（FG 代表因子图）。

在传统方法中，FG1 是根据某种特定的传感器信息增加变量节点的，并通过惯性预积分将不同步的绝对量测信息与变量节点进行关联，从而实现对传感器信息的即插即用。但是，该方法无法兼容不同步的相对量测信息，因此其状态估计精度难以进一步提升。在 EKF 中，绝对、相对量测信息被同时使用。其中，通过微分运算将相对位置转换成绝对速度，通过积分与旋转运算将相对姿态转换成绝对姿态。因此，各类量测信息都能够以一种即插即用的方式加入卡尔曼滤波器中。FG2 是一种基于滑动窗口的因子图优化方法，当接收到任意传感器信息时便增加变量节点进行优化。

在仿真过程中，加速度与陀螺仪的更新频率为 100 Hz，白噪声标准差分别为 0.1 m/s^2 及 0.01 rad/s，随机游走白噪声标准差分别为 0.001 m/s^2 及 0.0001 rad/s。

绝对位置、绝对姿态、相对位置、相对姿态的更新频率分别为 5 Hz、5 Hz、10 Hz、10 Hz，且其接收时间均不一致。其中，绝对位置与绝对姿态的白噪声标准差分别为 2 m 及 1°，相对位置与相对姿态的白噪声标准差分别为 0.5 m 及 0.1°。即插即用验证仿真数据的轨迹如图 6.5 所示，其动态情况如图 6.6 所示，可以看出载体的动态特性较大，因此能够对系统的非线性误差进行充分激励。在提出的方法中，等间隔自适应因子图的时间间隔设定为 0.2 s。

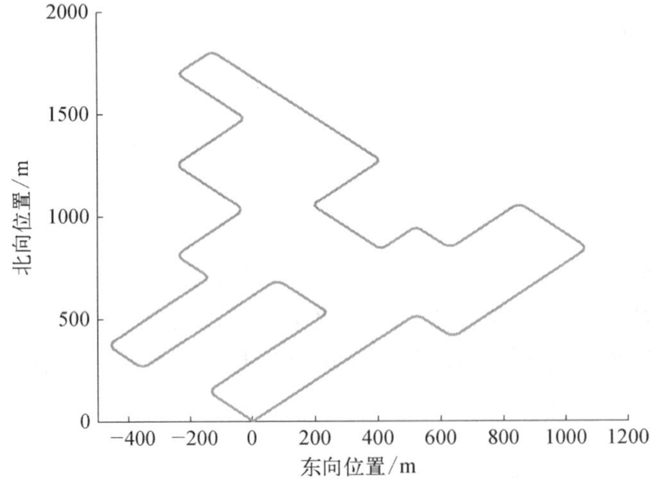

图 6.5　即插即用验证仿真数据的轨迹

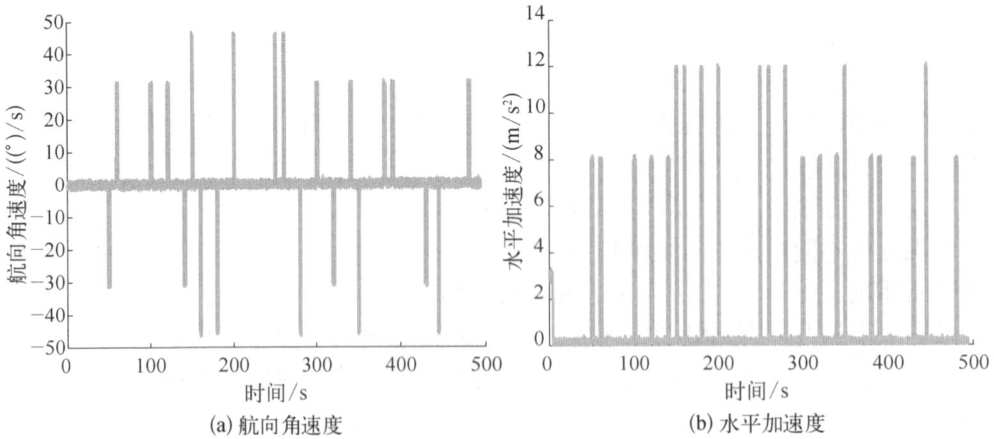

图 6.6　即插即用验证仿真数据的动态情况

等间隔自适应因子图优化融合方法与传统方法的位置误差对比如图 6.7 所示，位置均方根误差对比如表 6.1 所示。

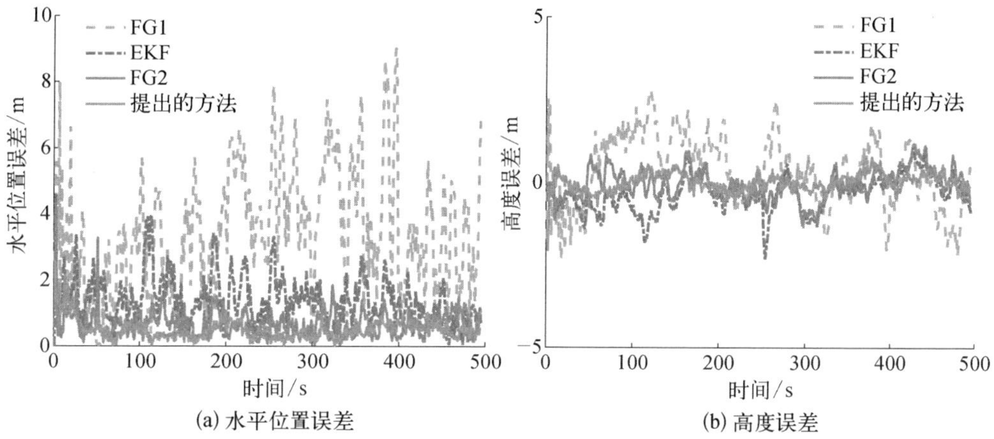

图 6.7　等间隔自适应因子图优化融合方法与传统方法的位置误差对比 1

表 6.1　等间隔自适应因子图优化融合方法与传统方法的位置均方根误差对比 1

（单位：m）

项　目	水平位置	高　度
FG1	3.91	1.22
EKF	1.59	0.64
FG2	0.81	0.46
提出的方法	0.60	0.28

由图 6.7 与表 6.1 可以看出，传统方法的位置误差会存在较大的波动，而提出的方法可以实现最优的定位性能，主要原因在于传统方法难以有效兼容绝对与相对量测信息，同时会面临约束信息损失的问题，进而造成了定位精度的下降。

绝对、相对量测信息的误差特性会随着载体运行环境的变化而发生改变，多源信息组合方法需要具备对这些绝对、相对量测信息的自适应融合能力，从而提升导航系统在复杂干扰环境下的可靠性。因此，本节基于仿真数据对提出方法的自适应融合能力进行验证，对比的传统方法包括 TFG 与 IFG。在 TFG 中，只有绝对位置被使用。在 IFG 中，基于提出的量测信息关联模型，绝对位置与相对位置均被使用。此外，TFG 与 IFG 的量测信息协方差矩阵均是基于先验假设进行设置的。

绝对位置与相对位置的更新频率分别为 5 Hz 与 10 Hz，绝对位置与相对位置的白噪声标准差分别为 2 m 与 0.1 m。此外，通过在绝对位置的某些时间段注入异常值的方式模拟传感器信息误差特性变化的情况。共进行了 50 组蒙特卡罗仿真，由一组数据得到的等间隔自适应因子图优化融合方法与传统方法的位置误差对比如图 6.8 所示。蒙特卡罗仿真的位置误差统计结果如图 6.9 与表 6.2 所示。

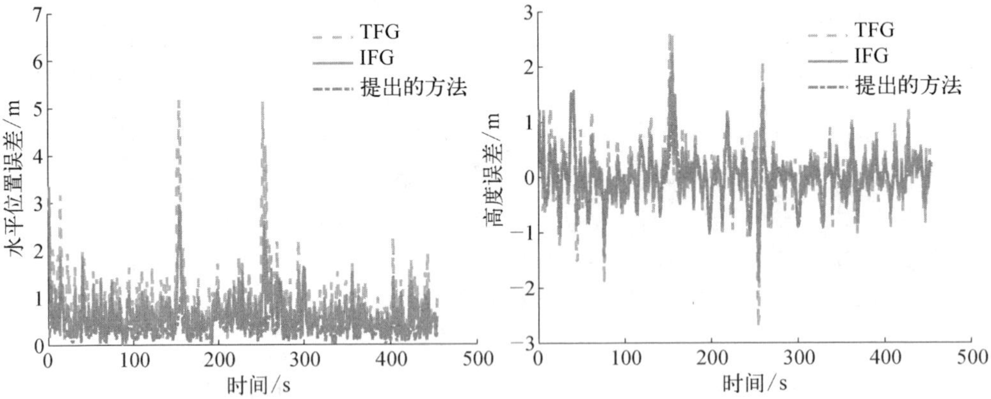

(a) 水平位置误差　　(b) 高度误差

图 6.8　等间隔自适应因子图优化融合方法与传统方法的位置误差对比 2

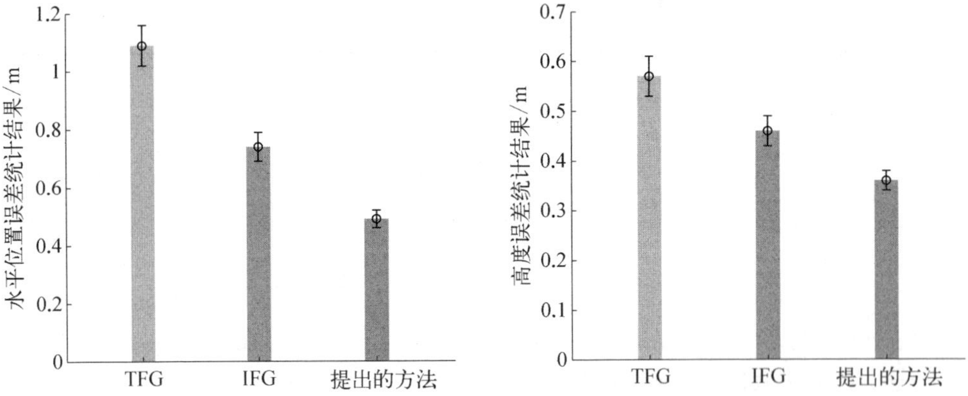

(a) 水平位置误差　　(b) 高度误差

图 6.9　等间隔自适应因子图优化融合方法与传统方法的位置误差置信区间柱状图对比

表 6.2　等间隔自适应因子图优化融合方法与传统方法的位置均方根误差对比 2　　（单位：m）

项　目	水平位置均方根误差		高度均方根误差	
	均　值	标准差	均　值	标准差
TFG	1.05	0.07	0.54	0.05
IFG	0.53	0.04	0.35	0.04
提出的方法	0.34	0.03	0.24	0.02

可以看出，提出的方法能够有效抑制异常量测信息对融合结果的影响，实现比传统方法更加鲁棒的定位效果，从而验证了提出的方法具备对绝对、相对量测信息的自适应融合能力。

此外，利用无人车对干扰环境下的绝对、相对量测信息自适应融合组合导航方法进行了验证，采集了 IMU、磁力计航向、卫星位置及伪距、激光雷达相对位姿以及地图匹配量测信息。其中，IMU 的输出频率为 100 Hz，磁力计的输出频率为 5 Hz，GNSS 接收机的输出频率为 5 Hz，激光雷达的输出频率均为 10 Hz。同时，各类量测信息的接收时间均是不一致的。首先，对提出方法的即插即用能力进行验证，使用的量测信息包括 IMU、卫星差分位置、磁力计航向以及激光雷达相对位姿，并将地图匹配结果作为参考轨迹。受周围环境的影响，卫星的差分模式会在伪距差分、浮点解以及固定解之间切换，因此卫星位置的精度会出现一定波动。对比的传统方法包括 FG1、EKF 以及 FG2。在 FG1 中，当接收到某种特定传感器信息时才增加变量节点进行优化，然后通过惯性预积分将不同步的绝对量测信息与变量节点进行关联。但是，由于缺少兼容不同步相对量测信息的融合模型，FG1 只能对绝对量测信息进行处理。在 EKF 中，首先将相对位姿处理成绝对速度与绝对姿态，然后构建与当前时刻状态向量相关的量测模型进行融合。在 FG2 中，当接收到任意传感器信息时便增加变量节点进行优化，FG2 能够同时兼容绝对、相对量测信息。

等间隔自适应因子图优化融合方法与传统方法的位置误差对比如图 6.10 所示，位置均方根误差对比如表 6.3 所示。

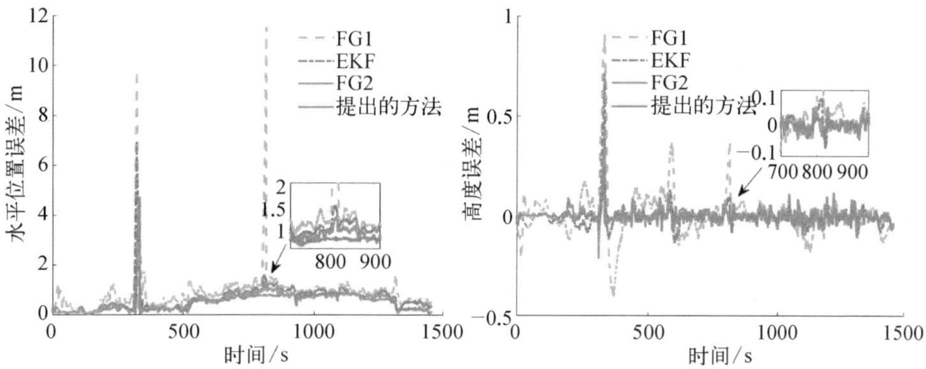

(a) 水平位置误差　　(b) 高度误差

图 6.10　等间隔自适应因子图优化融合方法与传统方法的位置误差对比 3

由表 6.3 可以看出：

（1）FG1 的位置误差会存在较大的波动，而当卫星信号在 310～340 s 出现异常值时，FG1 的位置误差会迅速增大。此外，当卫星信号在 800～815 s 发生失锁时，FG1 的位置误差则会快速发散。

表 6.3　等间隔自适应因子图优化融合方法与传统方法的位置均方根误差对比 3

（单位：m）

项　　目	水平位置误差	高度误差
FG1	1.26	0.14
EKF	0.87	0.07
FG2	0.69	0.04
提出的方法	0.58	0.02

（2）EKF 与 FG2 能够从一定程度上抑制异常量测信息对融合结果的影响，并在卫星信号丢失时能够避免位置误差的快速发散。

（3）相比于传统方法，提出的方法能够实现对异常量测信息的有效抑制，并在卫星信号丢失时实现最优的定位性能。

表 6.3 的统计结果表明提出方法的位置均方根误差最小，进而验证了提出的方法具备对绝对、相对量测信息的高精度即插即用能力。

本节也对提出的方法在处理不同步绝对、相对量测信息时的计算优势进行了讨论，所用的微小型计算机配备了 Intel Core i7－7500H CPU 2.70 GHz×4 处理器以及8 GB 内存。等间隔自适应因子图优化融合方法与传统方法的计算时间对比如图 6.11 所示。

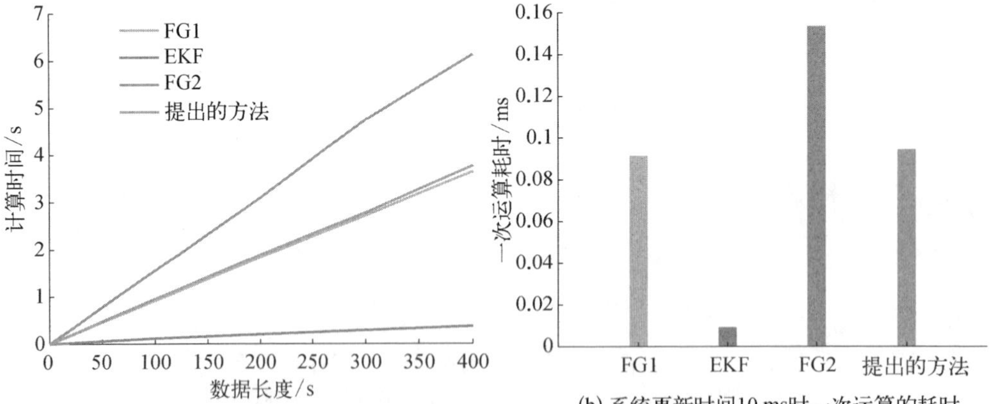

(a) 数据长度与计算时间的关系　　(b) 系统更新时间10 ms时一次运算的耗时

图 6.11　等间隔自适应因子图优化融合方法与传统方法的计算时间对比

由图 6.11 可以看出，不同方法的数据长度与计算时间呈现出线性关系。提出方法的计算时间要小于 FG2 并与 FG1 的计算时间近似相等，表明提出的方法可以避免高频的优化。当系统的更新时间为 10 ms 时，提出的方法完成一次运算的耗时约为 0.09 ms，说明提出的方法可以应用于实时环境。

等间隔自适应因子图优化融合方法与传统方法的 CPU 使用率对比如表 6.4 所示。

表 6.4　等间隔自适应因子图优化融合方法与传统方法的 CPU 使用率对比　（单位：%）

项　　目	CPU 使用率
FG1	16.2
EKF	6.5
FG2	25.2
提出的方法	21.3

提出的方法能够避免 FG2 中的高频率非线性优化，因此其 CPU 使用率得到了下降，并且维持在较低的使用率级别。

其次，对提出方法的抗扰融合能力进行验证，使用的量测信息包括 IMU、伪距解算的绝对位置以及激光雷达的相对位置。试验中的典型场景如图 6.12 所示，包括高大的建筑物以及密集的树木，会对伪距解算的绝对位置产生较大影响。对比的传统方法包括 TFG 及 IFG。在 TFG 中，只有绝对位置被使用。在 IFG 中，绝对位置与相对位置均被使用。此外，TFG 与 IFG 的量测信息协方差矩阵均是基于先验假设进行设置的。

(a) 场景1　　(a) 场景2

图 6.12　自适应融合试验验证中的典型场景

等间隔自适应因子图优化融合方法与传统方法的位置误差对比如图 6.13 所示，位置均方根误差对比如表 6.5 所示。

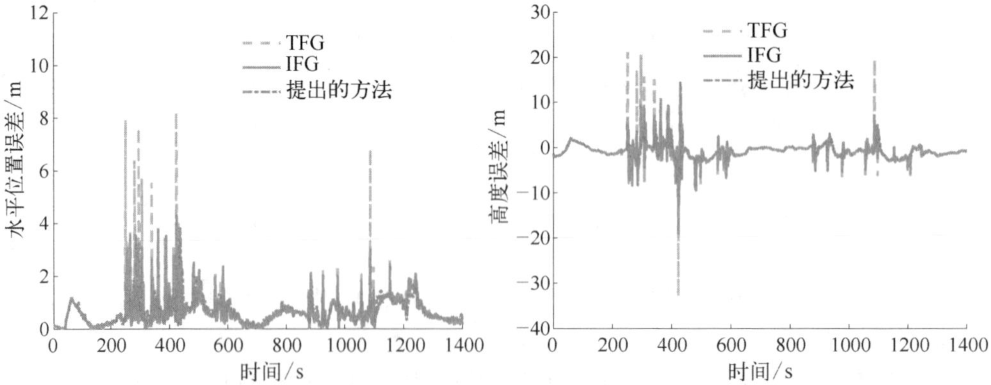

(a) 水平位置误差　　(b) 高度误差

图 6.13　等间隔自适应因子图优化融合方法与传统方法的位置误差对比 4

表 6.5　等间隔自适应因子图优化融合方法与传统方法的位置均方根误差对比 4　（单位：m）

项　　目	水平位置误差	高度误差
TFG	0.99	2.55
IFG	0.85	2.08
提出的方法	0.79	1.48

由图 6.13 可以看出：

（1）当卫星信号存在异常值时，TFG 的位置误差会呈现较大的波动。

（2）通过利用相对量测信息，IFG 能够从一定程度上抑制异常量测信息的影响，但依然会产生较大的位置误差。

（3）相比于传统方法，提出的方法对异常量测信息具有较好的抑制作用。

本节对实时估计各类量测信息误差参数的可行性进行了讨论，采用了两种计算平台：第一种平台为微小型计算机，搭载了 Intel Core i7 - 7500H CPU 2.70 GHz×4 处理器以及 8 GB 内存；第二种为 ARM 嵌入式开发平台，搭载了 Dual - Core Nvidia Denver 2 64 - Bit CPU 与 Quad - Core ARM Cortex - A57 MPCore 处理器。不同计算平台运行等间隔自适应因子图优化融合方法的计算时间对比如图 6.14 所示，由于计算性能的差异，嵌入式平台的计算时间较长。

从图 6.14 中可以看出，微小型计算机与嵌入式平台的计算时间接近于线性。当

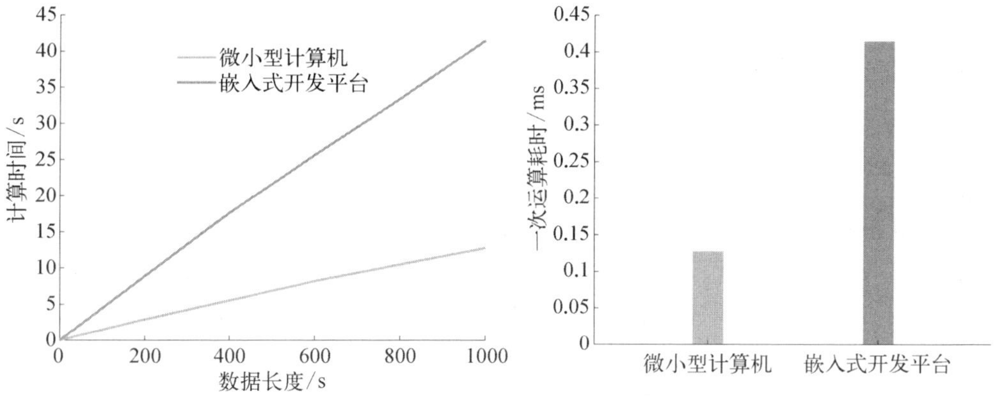

(a) 数据长度与计算时间的关系　(b) 系统更新时间10 ms时一次运算的耗时

图 6.14　不同计算平台运行等间隔自适应因子图优化融合方法的计算时间对比

系统的更新时间为 10 ms 时，完成一次状态估计的时间分别为 0.13 ms 与 0.42 ms。因此，提出的方法可以应用于实时环境。

不同计算平台运行等间隔自适应因子图优化融合方法的 CPU 使用率对比如表 6.6 所示。

表 6.6　不同计算平台运行等间隔自适应因子图优化融合方法的 CPU 使用率对比　（单位：%）

项　　目	CPU 使用率
微小型计算机	16.4
嵌入式开发平台	40.1

可以看出，由于计算性能的差异，微小型计算机的 CPU 使用率明显低于嵌入式开发平台的 CPU 使用率。但是，提出的方法在两种计算平台上都不会占用较大的 CPU 使用率。

利用 Apollo 无人车试验平台采集的实际数据，本节对干扰环境下的车载绝对、相对量测信息自适应融合方法进行了验证。与传统的多源信息组合方法相比，提出的方法能够同时兼容绝对、相对量测信息，并避免传统方法中由于约束信息损失所导致的状态估计精度下降问题，因此实现了更加精确的定位效果。同时，通过对各类量测信息误差参数的在线估计，能够实现对绝对、相对量测信息的自适应融合，从而可以提升组合导航系统在复杂环境下的抗扰容错能力。最后，对提出方法的实时性与硬件资源占用进行了讨论。结果表明，提出的方法可以提升因子图优化的计算效率，具备在不同性能计算平台上的实时运行能力，且不会占用过多的硬件资源。

6.5 本章小结

本章首先研究了绝对、相对量测信息融合方法,介绍了卡尔曼滤波与因子图优化融合方法对绝对、相对量测信息的处理机制。在此基础上,提出了等间隔自适应因子图优化融合方法,构建了等间隔自适应因子图模型,推导了绝对、相对量测信息的关联模型及线性化模型,从而实现了对绝对、相对量测信息的高精度即插即用。同时,提出了基于期望最大化的绝对、相对量测信息误差聚类方法。通过对各类量测信息误差参数的在线估计,可以实现对融合权重的动态调整,进而实现了对绝对、相对量测信息的自适应融合。利用仿真数据与实际数据对提出方法的有效性进行了验证,提出的方法能够有效兼容绝对、相对量测信息提升组合导航系统的定位精度。通过对各类信息融合权重的动态调整,提出的方法能够抑制异常量测信息对状态估计的影响,从而提升组合导航系统的可靠性。

第 7 章
因子图在车载导航中的应用

7.1 引言

车载里程计(以下简称里程计)是一种自主类的导航传感器,能够在卫星不可用条件下为车辆提供短时高精度的定位结果,因此受到了广泛应用。惯性/里程计组合是目前车载导航系统的主流配置,其定位性能主要取决于对一些器件参数的标定程度,如里程计的标度因数以及传感器之间的安装参数等。考虑到器件参数易随时间、空间发生变化,需要通过在线标定的方式对其进行估计。传统的在线标定方法普遍是基于卡尔曼滤波的,但是受非线性误差及历史信息缺失的影响,其在线标定精度受到了一定的影响。尽管也有研究者提出了基于因子图优化的在线标定方法,但由于缺少精确的惯性/里程计预积分数学模型作为支撑,其难以对里程计信息进行充分补偿,从而降低了车辆在卫星不可用条件下的自主导航性能。

本章首先对里程计的导航原理进行分析,介绍里程计及相关坐标系的定义,并推导里程计的导航量测模型。针对传统方法中由于惯性/里程计预积分模型不准导致的定位性能恶化问题,提出惯性/里程计增广预积分建模方法。充分考虑里程计标度因数、安装杆臂以及安装偏角的影响,推导惯性/里程计增广预积分模型、协方差模型以及修正模型,形成更加精确的相对量测信息,因此能够提升因子图优化的状态估计精度。在此基础上,提出基于增广预积分的惯性/里程计因子图优化融合方法,建立基于增广预积分的惯性/里程计因子图优化融合模型,并引入车辆运动学模型约束保障部分参数的可观测性。当卫星信号可用时,结合卫星位置与车辆运动学模型约束,能够实现对车辆导航状态及器件参数的联合估计。当卫星信号不可用时,利用标定后的里程计信息对惯性导航进行辅助。最后,利用 KITTI 数据集数据与实际数据对基于增广预积分的惯性/里程计因子图优化融合方法的性能进行验证。

7.2　惯性/里程计组合导航技术概述

传统的惯性/里程计组合导航方法普遍是基于卡尔曼滤波的。西北工业大学的研究者推导了惯性/里程计组合导航系统的数学模型,并利用卡尔曼滤波方法对里程计的标度因数误差进行了估计[122]。中南大学的研究者提出了一种基于扩展卡尔曼滤波的在线标定方法[123],能够对安装偏角进行在线估计并实现较好的即时定位能力。北京航空航天大学的研究者则利用卡尔曼滤波方法将旋转惯性导航系统(rotational inertial navigation system, RINS)与里程计进行了融合[124],能够对里程计的标度因数误差进行在线估计并提升组合导航系统的定位精度。为了抑制非线性误差的影响,卡尔加里大学与西北工业大学的研究者提出了一种基于无迹卡尔曼滤波的在线标定方法[125],并对不同运动状态下的可观测性进行了讨论。同时,北京理工大学的研究者提出了一种基于自适应两阶段卡尔曼滤波的惯性/里程计组合导航方法[126],该方法能够抑制时变系统噪声对标定结果的影响。宁波诺丁汉大学的研究者提出了一种基于紧耦合框架的惯性/里程计组合导航方法[127],该方法能够抑制异常量测信息对标定结果的影响。但是,受非线性误差以及历史信息缺失的影响,卡尔曼滤波的在线标定精度会受到一定程度的影响。

为了进一步提升状态估计精度,近年来也有一些研究者利用因子图优化融合方法对里程计的信息进行融合。但是,在基于因子图优化的融合方法中,优化时刻的状态需要被频繁调整,这就导致里程计的速度需要被重复积分,进而会造成较大的计算负担。因此,研究者将预积分理论[128]引入里程计中。中国科学院大学的研究者推导了里程计预积分的协方差矩阵,能够对视觉传感器与里程计的外参进行在线标定[129],但是该方法需要来自差分里程计的角速度信息,这对里程计的硬件配置提出了一定的要求。哈尔滨工业大学的研究者利用陀螺仪解算的姿态信息将里程计的速度进行投影[130],但是该方法将车辆的水平姿态置为零,因此不适用于室外环境下的车载导航系统。中国科学院大学的研究者推导了面向室外车辆的惯性/里程计预积分模型[131],该方法能够对车载传感器的外参进行在线标定。但是,该方法忽略了里程计标度因数误差的影响,因此会产生较大的定位误差。而在文献[132]中,研究者首先利用卡尔曼滤波对安装偏角进行估计[133],然后将其代入惯性/里程计预积分模型中。由于滤波方法的估计精度受限,无法对里程计信息进行精确补偿,因此限制了其在卫星不可用条件下的定位精度。

综上所述,目前的惯性/里程计组合导航方法普遍是基于卡尔曼滤波的。但是,卡尔曼滤波会受到非线性误差的影响,从而难以得到更为精确的参数标定结果。同时,卡尔曼滤波忽略了历史信息的间接修正作用,这也会对其标定精度产生一定的影响。尽管目前已有研究者利用因子图优化对里程计进行在线标定,但现有的方法缺少精细的数学模型作为支撑,导致无法对里程计进行充分标定,进而会引起惯性/里程计组合导航系统位置误差的快速发散。

7.3　惯性/里程计组合导航技术原理

里程计是一种基于航位推算原理的导航传感器,在车轮不出现打滑及弹跳的情况下,能够为车辆提供精确的瞬时速度信息,实现在卫星不可用条件下的高精度自主导航。本节对里程计及相关坐标系的定义进行简单介绍,并对其导航量测模型进行构建。

7.3.1　里程计及相关坐标系定义

车辆的车轮可以分为转向轮与非转向轮。如果里程计安装在转向轮上,其一般由轮速计与转角计组成,轮速计测量的是沿车轮前向的速度,此时需要利用转角计测量的信息将沿车轮前向的速度投影至沿车体前向。如果里程计安装在非转向轮上,仅需要轮速计即可,此时轮速计测量的便是沿车体前向的速度。本节主要针对安装在转向轮上的里程计进行研究,涉及更多的传感器信息与器件参数。因此,通过模型简化与降维处理,本节提出的方法也可以适用于安装在非转向轮上的里程计。

在基于里程计的导航方法中,由于涉及了多个坐标系,因此首先需要对不同的坐标系进行定义。在实际应用中,IMU 与里程计会安装在车身的不同位置,如图 7.1 所示。加速度计与陀螺仪的输出表示在 IMU 坐标系下,记为 b 系;轮速计的输出表示在车轮坐标系下,记为 f 系;车体坐标系则记为 o 系。以上三个坐标系的三轴均指向右、前、上。车辆的导航结果是在世界坐标系下进行表示的,记为 w 系。世界坐标系的原点与初始时刻 IMU 坐标系的原点重合,且其三轴分别指向东、北、天。在 IMU 坐标系与车体坐标系之间存在平移与旋转关系,即安装杆臂与安装偏角。当车辆沿直线行进时,车轮坐标系与车体坐标系重合。当车辆转弯时,车轮坐标系与车体坐标系之间则存在一定的角度关系。

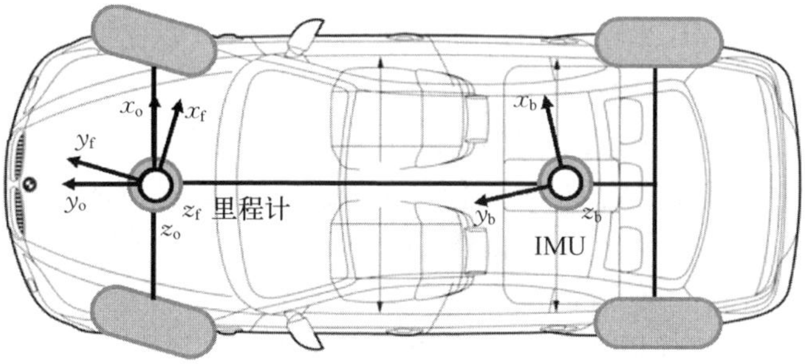

图 7.1　惯性/里程计组合导航中不同坐标系的定义

7.3.2　里程计导航量测模型构建

根据上述定义，t 时刻车轮坐标系下的速度可以表示为

$$\hat{\boldsymbol{v}}_{\mathrm{f}_t} = [0 \quad \hat{v}_{\mathrm{f}_t} \quad 0]^{\mathrm{T}} \tag{7.1}$$

其中，$\hat{v}_{\mathrm{f}_t}$ 为 t 时刻轮速计测量的沿车轮前向的速度，另外两个方向的速度为零。t 时刻转角计测量的角度可以表示为 $\hat{\theta}_t$，需要利用该信息将车轮坐标系下的速度投影至车体坐标系下，表示为

$$\hat{\boldsymbol{v}}_{\mathrm{o}_t} = \hat{\boldsymbol{R}}_{\mathrm{f}_t}^{\mathrm{o}_t} \hat{\boldsymbol{v}}_{\mathrm{f}_t} \tag{7.2}$$

其中

$$\hat{\boldsymbol{R}}_{\mathrm{f}_t}^{\mathrm{o}_t} = \begin{bmatrix} \cos\hat{\theta}_t & -\sin\hat{\theta}_t & 0 \\ \sin\hat{\theta}_t & \cos\hat{\theta}_t & 0 \\ 0 & 0 & 1 \end{bmatrix} \tag{7.3}$$

式(7.2)得到的速度是表示在车体坐标系下的，因此还需要利用惯性导航解算的姿态将其投影至世界坐标系下。假设 IMU 与里程计之间不存在安装杆臂与安装偏角的影响，则世界坐标系下的速度可以表示为

$$\hat{\boldsymbol{v}}_{\mathrm{w}_t} = \hat{\boldsymbol{R}}_{\mathrm{b}_t}^{\mathrm{w}} \hat{\boldsymbol{v}}_{\mathrm{o}_t} \tag{7.4}$$

其中，$\hat{\boldsymbol{R}}_{\mathrm{b}_t}^{\mathrm{w}}$ 为由车辆姿态角形成的旋转矩阵。基于式(7.4)所构建的导航量测模型，利用卡尔曼滤波或是因子图优化方法即可实现对里程计信息的融合。

7.4　基于增广预积分的惯性/里程计因子图优化模型构建

7.4.1　惯性/里程计增广预积分建模方法

里程计是一种航位推算式的导航传感器，当利用 IMU 姿态进行位置递推时，其积分项中包含了 IMU 坐标系相对于世界坐标系的位姿变换。在因子图优化过程中，历史时刻的 IMU 坐标系相对于世界坐标系的位姿会发生变化。这就需要对里程计信息进行重复积分，从而增加了因子图优化的计算负担。因此，本节将里程计信息融入惯性预积分模型中，对预积分的维数进行扩展，考虑里程计标度因数、安装杆臂与安装偏角的影响，形成惯性/里程计增广预积分模型。该模型能够提供更加精确的相对量测信息，进而提升组合导航系统的定位精度。

惯性/里程计增广预积分建模方法的流程如图 7.2 所示。首先，利用惯性量测信息、轮速与转角信息对惯性/里程计增广预积分模型进行构建，形成相对量测信

息。其次,建立惯性/里程计增广预积分的误差传播方程。在此基础上,推导增广预积分的协方差模型,用于计算其在因子图优化中的融合权重。最后,利用因子图优化对导航状态及器件参数进行估计。将得到的器件参数用于惯性/里程计增广预积分模型的修正,避免因器件参数变化所带来的重复积分问题,从而提升因子图优化的计算效率。

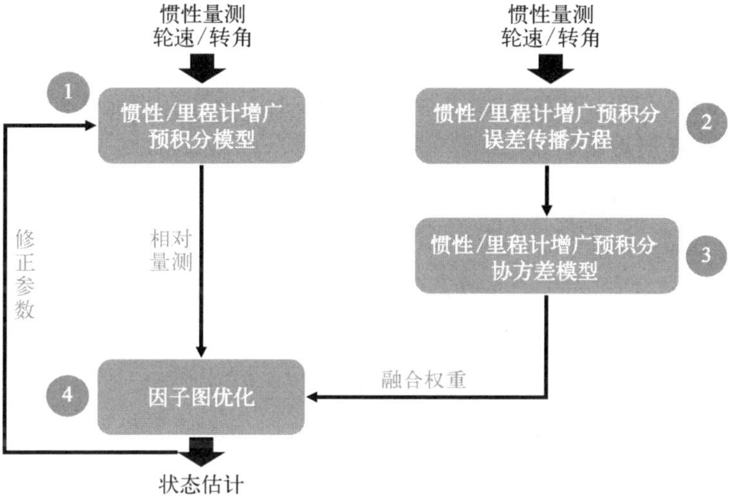

图 7.2　惯性/里程计增广预积分建模方法的流程图

1. 惯性/里程计增广预积分模型构建

在因子图中,惯性/里程计增广预积分是一种相对量测信息,能够对相邻时刻的变量节点进行联合约束。这里首先对惯性/里程计增广预积分模型进行推导。t 时刻轮速计的模型可以表示为

$$s_{o_t}\hat{\boldsymbol{v}}_{f_t} = \boldsymbol{v}_{f_t} + \boldsymbol{n}_s \tag{7.5}$$

其中,$\hat{\boldsymbol{v}}_{f_t}$ 与 $\boldsymbol{v}_{f_t}$ 分别为 t 时刻的轮速量测值与轮速真值;s_{o_t} 为轮速计的标度因数;$\boldsymbol{n}_s$ 为轮速计的噪声。轮速计标度因数被建模为随机游走分布,其导数被建模为高斯分布,如式(7.6)所示,其中 $n_{s_o} \sim N(0,\ \sigma_{s_o}^2)$。轮速计的噪声也被建模为高斯分布,即 $n_s \sim N(0,\ \sigma_s^2)$。

$$\dot{s}_{o_t} = n_{s_o} \tag{7.6}$$

t 时刻转角计的模型可以表示为

$$(1 + k_{o_t})\hat{\theta}_t = \theta_t + n_k \tag{7.7}$$

其中,$\hat{\theta}_t$ 和 θ_t 分别为 t 时刻的转角量测值与转角真值;k_{o_t} 为转角计标度因数误差;

n_{k} 为转角计的噪声。转角计标度因数误差被建模为随机游走分布，其导数被建模为高斯分布，如式(7.8)所示，其中 $n_{\mathrm{k_o}} \sim N(0,\ \sigma_{\mathrm{k_o}}^2)$。转角计噪声被建模为高斯分布，即 $n_{\mathrm{k}} \sim N(0,\ \sigma_{\mathrm{k}}^2)$。

$$\dot{k}_{\mathrm{o}_t} = n_{\mathrm{k_o}} \tag{7.8}$$

当存在安装杆臂 $\boldsymbol{p}_{\mathrm{o}}^{\mathrm{b}}$ 时，里程计在世界坐标系下的位置 $\boldsymbol{p}_{\mathrm{o}}^{\mathrm{w}}$ 可以表示为

$$\boldsymbol{p}_{\mathrm{o}}^{\mathrm{w}} = \boldsymbol{p}_{\mathrm{b}}^{\mathrm{w}} + \boldsymbol{R}_{\mathrm{b}}^{\mathrm{w}}\boldsymbol{p}_{\mathrm{o}}^{\mathrm{b}} \tag{7.9}$$

因此，利用 IMU 得到的位置、速度、姿态递推模型以及利用陀螺仪与里程计得到的递推模型可以分别表示为

$$\begin{aligned}
\boldsymbol{p}_{\mathrm{b}_{k+1}}^{\mathrm{w}} &= \boldsymbol{p}_{\mathrm{b}_k}^{\mathrm{w}} + \boldsymbol{v}_{\mathrm{b}_k}^{\mathrm{w}}\Delta t_k + \iint_{t\in[t_k,\ t_{k+1}]}[\boldsymbol{R}_{\mathrm{b}_t}^{\mathrm{w}}(\hat{\boldsymbol{a}}_{\mathrm{b}_t} - \boldsymbol{b}_{\mathrm{a}_t} - \boldsymbol{n}_{\mathrm{a}}) - \boldsymbol{g}^{\mathrm{w}}]\mathrm{d}t^2 \\
\boldsymbol{v}_{\mathrm{b}_{k+1}}^{\mathrm{w}} &= \boldsymbol{v}_{\mathrm{b}_k}^{\mathrm{w}} + \int_{t\in[t_k,\ t_{k+1}]}[\boldsymbol{R}_{\mathrm{b}_t}^{\mathrm{w}}(\hat{\boldsymbol{a}}_{\mathrm{b}_t} - \boldsymbol{b}_{\mathrm{a}_t} - \boldsymbol{n}_{\mathrm{a}}) - \boldsymbol{g}^{\mathrm{w}}]\mathrm{d}t \\
\boldsymbol{q}_{\mathrm{b}_{k+1}}^{\mathrm{w}} &= \boldsymbol{q}_{\mathrm{b}_k}^{\mathrm{w}} \otimes \int_{t\in[t_k,\ t_{k+1}]}\frac{1}{2}\boldsymbol{\Omega}(\hat{\boldsymbol{w}}_{\mathrm{b}_t} - \boldsymbol{b}_{\mathrm{w}_t} - \boldsymbol{n}_{\mathrm{w}})\boldsymbol{q}_{\mathrm{b}_t}^{\mathrm{b}_k}\mathrm{d}t \\
\boldsymbol{p}_{\mathrm{b}_{k+1}}^{\mathrm{w}} &= \boldsymbol{p}_{\mathrm{b}_k}^{\mathrm{w}} + \boldsymbol{R}_{\mathrm{b}_k}^{\mathrm{w}}\boldsymbol{p}_{\mathrm{o}_k}^{\mathrm{b}_k} + \int_{t\in[t_k,\ t_{k+1}]}\boldsymbol{R}_{\mathrm{b}_t}^{\mathrm{w}}\boldsymbol{R}_{\mathrm{o}_t}^{\mathrm{b}_t}\boldsymbol{R}_{\Delta_t}\hat{\boldsymbol{R}}_{\mathrm{f}_t}^{\mathrm{o}_t}(s_{\mathrm{o}_t}\hat{\boldsymbol{v}}_{\mathrm{f}_t} - \boldsymbol{n}_{\mathrm{s}})\mathrm{d}t - \boldsymbol{R}_{\mathrm{b}_{k+1}}^{\mathrm{w}}\boldsymbol{p}_{\mathrm{o}_{k+1}}^{\mathrm{b}_{k+1}}
\end{aligned} \tag{7.10}$$

其中，$\boldsymbol{p}_{\mathrm{b}_i}^{\mathrm{w}}$ 为 b_i 系在世界坐标系下的位置；$\boldsymbol{v}_{\mathrm{b}_i}^{\mathrm{w}}$ 为 b_i 系在世界坐标系下的速度；$\boldsymbol{q}_{\mathrm{b}_i}^{\mathrm{w}}$ 为 b_i 系相对于世界坐标系的四元数；Δt_k 为 t_k 时刻与 t_{k+1} 时刻的时间间隔；$\boldsymbol{p}_{\mathrm{o}_i}^{\mathrm{b}_i}$ 为里程计在 b_i 系下的位置，即安装杆臂；$\boldsymbol{R}_{\mathrm{o}_t}^{\mathrm{b}_t}$ 为车体坐标系相对于 b_i 系的旋转矩阵，即安装偏角；$\hat{\boldsymbol{R}}_{\mathrm{f}_t}^{\mathrm{o}_t}$ 为由转角量测值得到的旋转矩阵；$\boldsymbol{R}_{\Delta_t}$ 为由转角量测值、标度因数误差及其噪声得到的旋转矩阵，可以表示为

$$\boldsymbol{R}_{\Delta_t} = \begin{bmatrix} 1 & -k_{\mathrm{o}_t}\hat{\theta}_t + n_{\mathrm{k}} & 0 \\ k_{\mathrm{o}_t}\hat{\theta}_t - n_{\mathrm{k}} & 1 & 0 \\ 0 & 0 & 1 \end{bmatrix} \tag{7.11}$$

当参考坐标系由世界坐标系转换为 b_k 系时，式(7.10)可以重新表示为

$$\begin{aligned}
\boldsymbol{R}_{\mathrm{w}}^{\mathrm{b}_k}\boldsymbol{p}_{\mathrm{b}_{k+1}}^{\mathrm{w}} &= \boldsymbol{R}_{\mathrm{w}}^{\mathrm{b}_k}\left(\boldsymbol{p}_{\mathrm{b}_k}^{\mathrm{w}} + \boldsymbol{v}_{\mathrm{b}_k}^{\mathrm{w}}\Delta t_k - \frac{1}{2}\boldsymbol{g}^{\mathrm{w}}\Delta t_k^2\right) + \boldsymbol{\alpha}_{\mathrm{b}_{k+1}}^{\mathrm{b}_k} \\
\boldsymbol{R}_{\mathrm{w}}^{\mathrm{b}_k}\boldsymbol{v}_{\mathrm{b}_{k+1}}^{\mathrm{w}} &= \boldsymbol{R}_{\mathrm{w}}^{\mathrm{b}_k}(\boldsymbol{v}_{\mathrm{b}_k}^{\mathrm{w}} - \boldsymbol{g}^{\mathrm{w}}\Delta t_k) + \boldsymbol{\beta}_{\mathrm{b}_{k+1}}^{\mathrm{b}_k} \\
\boldsymbol{q}_{\mathrm{w}}^{\mathrm{b}_k} \otimes \boldsymbol{q}_{\mathrm{b}_{k+1}}^{\mathrm{w}} &= \boldsymbol{\gamma}_{\mathrm{b}_{k+1}}^{\mathrm{b}_k} \\
\boldsymbol{R}_{\mathrm{w}}^{\mathrm{b}_k}\boldsymbol{p}_{\mathrm{b}_{k+1}}^{\mathrm{w}} &= \boldsymbol{R}_{\mathrm{w}}^{\mathrm{b}_k}\boldsymbol{p}_{\mathrm{b}_k}^{\mathrm{w}} - \boldsymbol{R}_{\mathrm{w}}^{\mathrm{b}_k}\boldsymbol{R}_{\mathrm{b}_{k+1}}^{\mathrm{w}}\boldsymbol{p}_{\mathrm{o}_{k+1}}^{\mathrm{b}_{k+1}} + \boldsymbol{p}_{\mathrm{o}_k}^{\mathrm{b}_k} + \boldsymbol{\eta}_{\mathrm{b}_{k+1}}^{\mathrm{b}_k}
\end{aligned} \tag{7.12}$$

其中

$$
\begin{aligned}
\boldsymbol{\alpha}_{\mathrm{b}_{k+1}}^{\mathrm{b}_k} &= \iint_{t\in[t_k,\,t_{k+1}]} [\boldsymbol{R}_{\mathrm{b}_t}^{\mathrm{b}_k}(\hat{\boldsymbol{a}}_{\mathrm{b}_t} - \boldsymbol{b}_{\mathrm{a}_t} - \boldsymbol{n}_{\mathrm{a}})]\mathrm{d}t^2 \\
\boldsymbol{\beta}_{\mathrm{b}_{k+1}}^{\mathrm{b}_k} &= \int_{t\in[t_k,\,t_{k+1}]} [\boldsymbol{R}_{\mathrm{b}_t}^{\mathrm{b}_k}(\hat{\boldsymbol{a}}_{\mathrm{b}_t} - \boldsymbol{b}_{\mathrm{a}_t} - \boldsymbol{n}_{\mathrm{a}})]\mathrm{d}t \\
\boldsymbol{\gamma}_{\mathrm{b}_{k+1}}^{\mathrm{b}_k} &= \int_{t\in[t_k,\,t_{k+1}]} \frac{1}{2}\Omega(\hat{\boldsymbol{w}}_{\mathrm{b}_t} - \boldsymbol{b}_{\mathrm{w}_t} - \boldsymbol{n}_{\mathrm{w}})\boldsymbol{\gamma}_{\mathrm{b}_t}^{\mathrm{b}_k}\mathrm{d}t \\
\boldsymbol{\eta}_{\mathrm{b}_{k+1}}^{\mathrm{b}_k} &= \int_{t\in[t_k,\,t_{k+1}]} \boldsymbol{R}_{\mathrm{b}_t}^{\mathrm{b}_k}\boldsymbol{R}_{\mathrm{o}_t}^{\mathrm{b}_t}\boldsymbol{R}_{\Delta_t}\hat{\boldsymbol{R}}_{\mathrm{f}_t}^{\mathrm{o}_t}(s_{\mathrm{o}_t}\hat{\boldsymbol{v}}_{\mathrm{f}_t} - \boldsymbol{n}_{\mathrm{s}})\mathrm{d}t
\end{aligned}
\tag{7.13}
$$

其中，$\boldsymbol{\alpha}_{\mathrm{b}_{k+1}}^{\mathrm{b}_k}$、$\boldsymbol{\beta}_{\mathrm{b}_{k+1}}^{\mathrm{b}_k}$、$\boldsymbol{\gamma}_{\mathrm{b}_{k+1}}^{\mathrm{b}_k}$ 分别为由 IMU 得到的预积分；$\boldsymbol{\eta}_{\mathrm{b}_{k+1}}^{\mathrm{b}_k}$ 为由陀螺仪与里程计得到的预积分，即增广项。因此，惯性/里程计增广预积分的模型可以表示为

$$
\begin{bmatrix}
\hat{\boldsymbol{\alpha}}_{\mathrm{b}_{k+1}}^{\mathrm{b}_k} \\
\hat{\boldsymbol{\gamma}}_{\mathrm{b}_{k+1}}^{\mathrm{b}_k} \\
\hat{\boldsymbol{\beta}}_{\mathrm{b}_{k+1}}^{\mathrm{b}_k} \\
\boldsymbol{0} \\
\boldsymbol{0} \\
\hat{\boldsymbol{\eta}}_{\mathrm{b}_{k+1}}^{\mathrm{b}_k} \\
0 \\
\boldsymbol{0} \\
\boldsymbol{0} \\
0
\end{bmatrix}
=
\begin{bmatrix}
\boldsymbol{R}_{\mathrm{w}}^{\mathrm{b}_k}\left(\boldsymbol{p}_{\mathrm{b}_{k+1}}^{\mathrm{w}} - \boldsymbol{p}_{\mathrm{b}_k}^{\mathrm{w}} - \boldsymbol{v}_{\mathrm{b}_k}^{\mathrm{w}}\Delta t_k + \dfrac{1}{2}\boldsymbol{g}^{\mathrm{w}}\Delta t_k^2\right) \\
(\boldsymbol{q}_{\mathrm{b}_k}^{\mathrm{w}})^{-1} \otimes \boldsymbol{q}_{\mathrm{b}_{k+1}}^{\mathrm{w}} \\
\boldsymbol{R}_{\mathrm{w}}^{\mathrm{b}_k}(\boldsymbol{v}_{\mathrm{b}_{k+1}}^{\mathrm{w}} - \boldsymbol{v}_{\mathrm{b}_k}^{\mathrm{w}} + \boldsymbol{g}^{\mathrm{w}}\Delta t_k) \\
\boldsymbol{b}_{\mathrm{a}_{k+1}} - \boldsymbol{b}_{\mathrm{a}_k} \\
\boldsymbol{b}_{\mathrm{w}_{k+1}} - \boldsymbol{b}_{\mathrm{w}_k} \\
\boldsymbol{R}_{\mathrm{w}}^{\mathrm{b}_k}(\boldsymbol{p}_{\mathrm{b}_{k+1}}^{\mathrm{w}} - \boldsymbol{p}_{\mathrm{b}_k}^{\mathrm{w}} + \boldsymbol{R}_{\mathrm{b}_{k+1}}^{\mathrm{w}}\boldsymbol{p}_{\mathrm{o}_{k+1}}^{\mathrm{b}_{k+1}}) - \boldsymbol{p}_{\mathrm{o}_k}^{\mathrm{b}_k} \\
s_{\mathrm{o}_{k+1}} - s_{\mathrm{o}_k} \\
\boldsymbol{p}_{\mathrm{o}_{k+1}}^{\mathrm{b}_{k+1}} - \boldsymbol{p}_{\mathrm{o}_k}^{\mathrm{b}_k} \\
2[(\boldsymbol{q}_{\mathrm{o}_k}^{\mathrm{b}_k})^{-1} \otimes \boldsymbol{q}_{\mathrm{o}_{k+1}}^{\mathrm{b}_{k+1}}]_{xyz} \\
k_{\mathrm{o}_{k+1}} - k_{\mathrm{o}_k}
\end{bmatrix}
\tag{7.14}
$$

通过上述推导过程可以看出，惯性/里程计增广预积分模型不受历史时刻状态变化所带来的影响，能够避免重复积分问题，从而降低因子图优化的计算负担。同时，所提出的增广预积分模型包含了里程计标度因数、安装杆臂以及安装偏角。相比于传统方法，通过考虑更加全面的器件参数，能够形成更加准确的相对量测信息，进而提升组合导航系统的定位精度。

2. 惯性/里程计增广预积分协方差与修正模型构建

为了衡量惯性/里程计增广预积分在因子图优化中的融合权重，需要对其协方差模型进行推导。t 时刻增广项真实值与估计值的关系可以表示为

$$
\boldsymbol{\eta}_{\mathrm{b}_t}^{\mathrm{b}_k} = \hat{\boldsymbol{\eta}}_{\mathrm{b}_t}^{\mathrm{b}_k} + \delta\boldsymbol{\eta}_{\mathrm{b}_t}^{\mathrm{b}_k}
\tag{7.15}
$$

其中，$\hat{\boldsymbol{\eta}}_{\mathrm{b}_t}^{\mathrm{b}_k}$ 与 $\boldsymbol{\eta}_{\mathrm{b}_t}^{\mathrm{b}_k}$ 分别为增广项的估计值与真实值；$\delta\boldsymbol{\eta}_{\mathrm{b}_t}^{\mathrm{b}_k}$ 为增广项的误差。根据式(7.13)，增广项估计值与真实值的微分方程可以分别表示为

$$
\begin{aligned}
\dot{\hat{\boldsymbol{\eta}}}_{\mathrm{b}_t}^{\mathrm{b}_k} &= \hat{\boldsymbol{R}}_{\mathrm{b}_t}^{\mathrm{b}_k}\hat{\boldsymbol{R}}_{\mathrm{o}_t}^{\mathrm{b}_t}\hat{\boldsymbol{R}}_{\Delta_t}\hat{\boldsymbol{R}}_{\mathrm{f}_t}^{\mathrm{o}_t}\hat{s}_{\mathrm{o}_t}\hat{\boldsymbol{v}}_{\mathrm{f}_t} \\
\dot{\boldsymbol{\eta}}_{\mathrm{b}_t}^{\mathrm{b}_k} &= \boldsymbol{R}_{\mathrm{b}_t}^{\mathrm{b}_k}\boldsymbol{R}_{\mathrm{o}_t}^{\mathrm{b}_t}\boldsymbol{R}_{\Delta_t}\hat{\boldsymbol{R}}_{\mathrm{f}_t}^{\mathrm{o}_t}(s_{\mathrm{o}_t}\hat{\boldsymbol{v}}_{\mathrm{f}_t} - \boldsymbol{n}_{\mathrm{s}})
\end{aligned}
\tag{7.16}
$$

基于如下公式：

$$
\begin{aligned}
\hat{\boldsymbol{v}} &= \hat{s}_{\mathrm{o}_t}\hat{\boldsymbol{v}}_{\mathrm{f}_t} \\
\boldsymbol{v} &= s_{\mathrm{o}_t}\hat{\boldsymbol{v}}_{\mathrm{f}_t} - \boldsymbol{n}_{\mathrm{s}}
\end{aligned}
\tag{7.17}
$$

速度误差可以表示为

$$
\begin{aligned}
\delta\boldsymbol{v} &= \boldsymbol{v} - \hat{\boldsymbol{v}} \\
&= s_{\mathrm{o}_t}\hat{\boldsymbol{v}}_{\mathrm{f}_t} - \boldsymbol{n}_{\mathrm{s}} - \hat{s}_{\mathrm{o}_t}\hat{\boldsymbol{v}}_{\mathrm{f}_t} \\
&= (\hat{s}_{\mathrm{o}_t} + \delta s_{\mathrm{o}_t})\hat{\boldsymbol{v}}_{\mathrm{f}_t} - \hat{s}_{\mathrm{o}_t}\hat{\boldsymbol{v}}_{\mathrm{f}_t} - \boldsymbol{n}_{\mathrm{s}} \\
&= \delta s_{\mathrm{o}_t}\hat{\boldsymbol{v}}_{\mathrm{f}_t} - \boldsymbol{n}_{\mathrm{s}}
\end{aligned}
\tag{7.18}
$$

根据式(7.17)与式(7.18)，式(7.16)可以重新表示为

$$
\begin{aligned}
\dot{\hat{\boldsymbol{\eta}}}_{\mathrm{b}_t}^{\mathrm{b}_k} &= \hat{\boldsymbol{R}}_{\mathrm{b}_t}^{\mathrm{b}_k}\hat{\boldsymbol{R}}_{\mathrm{o}_t}^{\mathrm{b}_t}\hat{\boldsymbol{R}}_{\Delta_t}\hat{\boldsymbol{R}}_{\mathrm{f}_t}^{\mathrm{o}_t}\hat{\boldsymbol{v}} \\
\dot{\boldsymbol{\eta}}_{\mathrm{b}_t}^{\mathrm{b}_k} &= \boldsymbol{R}_{\mathrm{b}_t}^{\mathrm{b}_k}\boldsymbol{R}_{\mathrm{o}_t}^{\mathrm{b}_t}\boldsymbol{R}_{\Delta_t}\hat{\boldsymbol{R}}_{\mathrm{f}_t}^{\mathrm{o}_t}(\hat{\boldsymbol{v}} + \delta\boldsymbol{v})
\end{aligned}
\tag{7.19}
$$

将式(7.19)的第二行公式进行展开，可以表示为

$$
\begin{aligned}
\dot{\boldsymbol{\eta}}_{\mathrm{b}_t}^{\mathrm{b}_k} &= \boldsymbol{R}_{\mathrm{b}_t}^{\mathrm{b}_k}\boldsymbol{R}_{\mathrm{o}_t}^{\mathrm{b}_t}\boldsymbol{R}_{\Delta_t}\hat{\boldsymbol{R}}_{\mathrm{f}_t}^{\mathrm{o}_t}(\hat{\boldsymbol{v}} + \delta\boldsymbol{v}) \\
&= \hat{\boldsymbol{R}}_{\mathrm{b}_t}^{\mathrm{b}_k}(\boldsymbol{I} + [\delta\boldsymbol{\theta}_{\mathrm{b}_t}^{\mathrm{b}_k}]_\times)\hat{\boldsymbol{R}}_{\mathrm{o}_t}^{\mathrm{b}_t}(\boldsymbol{I} + [\delta\boldsymbol{\theta}_{\mathrm{o}_t}^{\mathrm{b}_t}]_\times)\hat{\boldsymbol{R}}_{\Delta_t}(\boldsymbol{I} + [\boldsymbol{\Delta}_t]_\times)\hat{\boldsymbol{R}}_{\mathrm{f}_t}^{\mathrm{o}_t}(\hat{\boldsymbol{v}} + \delta\boldsymbol{v}) \\
&= (\hat{\boldsymbol{R}}_{\mathrm{b}_t}^{\mathrm{b}_k} + \hat{\boldsymbol{R}}_{\mathrm{b}_t}^{\mathrm{b}_k}[\delta\boldsymbol{\theta}_{\mathrm{b}_t}^{\mathrm{b}_k}]_\times)(\hat{\boldsymbol{R}}_{\mathrm{o}_t}^{\mathrm{b}_t} + \hat{\boldsymbol{R}}_{\mathrm{o}_t}^{\mathrm{b}_t}[\delta\boldsymbol{\theta}_{\mathrm{o}_t}^{\mathrm{b}_t}]_\times)(\hat{\boldsymbol{R}}_{\Delta_t} + \hat{\boldsymbol{R}}_{\Delta_t}[\boldsymbol{\Delta}_t]_\times)\hat{\boldsymbol{R}}_{\mathrm{f}_t}^{\mathrm{o}_t}(\hat{\boldsymbol{v}} + \delta\boldsymbol{v}) \\
&= (\hat{\boldsymbol{R}}_{\mathrm{b}_t}^{\mathrm{b}_k}\hat{\boldsymbol{R}}_{\mathrm{o}_t}^{\mathrm{b}_t} + \hat{\boldsymbol{R}}_{\mathrm{b}_t}^{\mathrm{b}_k}\hat{\boldsymbol{R}}_{\mathrm{o}_t}^{\mathrm{b}_t}[\delta\boldsymbol{\theta}_{\mathrm{o}_t}^{\mathrm{b}_t}]_\times + \hat{\boldsymbol{R}}_{\mathrm{b}_t}^{\mathrm{b}_k}[\delta\boldsymbol{\theta}_{\mathrm{b}_t}^{\mathrm{b}_k}]_\times\hat{\boldsymbol{R}}_{\mathrm{o}_t}^{\mathrm{b}_t})(\hat{\boldsymbol{R}}_{\Delta_t} + \hat{\boldsymbol{R}}_{\Delta_t}[\boldsymbol{\Delta}_t]_\times)\hat{\boldsymbol{R}}_{\mathrm{f}_t}^{\mathrm{o}_t}(\hat{\boldsymbol{v}} + \delta\boldsymbol{v}) \\
&= \hat{\boldsymbol{R}}_{\mathrm{b}_t}^{\mathrm{b}_k}\hat{\boldsymbol{R}}_{\mathrm{o}_t}^{\mathrm{b}_t}\hat{\boldsymbol{R}}_{\Delta_t}\hat{\boldsymbol{R}}_{\mathrm{f}_t}^{\mathrm{o}_t}\hat{\boldsymbol{v}} + \hat{\boldsymbol{R}}_{\mathrm{b}_t}^{\mathrm{b}_k}\hat{\boldsymbol{R}}_{\mathrm{o}_t}^{\mathrm{b}_t}\hat{\boldsymbol{R}}_{\Delta_t}\hat{\boldsymbol{R}}_{\mathrm{f}_t}^{\mathrm{o}_t}\delta\boldsymbol{v} + \hat{\boldsymbol{R}}_{\mathrm{b}_t}^{\mathrm{b}_k}\hat{\boldsymbol{R}}_{\mathrm{o}_t}^{\mathrm{b}_t}\hat{\boldsymbol{R}}_{\Delta_t}[\boldsymbol{\Delta}_t]_\times\hat{\boldsymbol{R}}_{\mathrm{f}_t}^{\mathrm{o}_t}\hat{\boldsymbol{v}} + \hat{\boldsymbol{R}}_{\mathrm{b}_t}^{\mathrm{b}_k}\hat{\boldsymbol{R}}_{\mathrm{o}_t}^{\mathrm{b}_t}[\delta\boldsymbol{\theta}_{\mathrm{o}_t}^{\mathrm{b}_t}]_\times\hat{\boldsymbol{R}}_{\Delta_t}\hat{\boldsymbol{R}}_{\mathrm{f}_t}^{\mathrm{o}_t}\hat{\boldsymbol{v}} \\
&\quad + \hat{\boldsymbol{R}}_{\mathrm{b}_t}^{\mathrm{b}_k}[\delta\boldsymbol{\theta}_{\mathrm{b}_t}^{\mathrm{b}_k}]_\times\hat{\boldsymbol{R}}_{\mathrm{o}_t}^{\mathrm{b}_t}\hat{\boldsymbol{R}}_{\Delta_t}\hat{\boldsymbol{R}}_{\mathrm{f}_t}^{\mathrm{o}_t}\hat{\boldsymbol{v}}
\end{aligned}
\tag{7.20}
$$

其中

$$
[\boldsymbol{\Delta}_t]_\times = \begin{bmatrix} 0 & -\delta k_{\mathrm{o}_t}\hat{\boldsymbol{\theta}}_t - n_{\mathrm{k}} & 0 \\ \delta k_{\mathrm{o}_t}\hat{\theta}_t + n_{\mathrm{k}} & 0 & 0 \\ 0 & 0 & 0 \end{bmatrix}
\tag{7.21}
$$

对式(7.15)进行微分处理,可以得到

$$\dot{\boldsymbol{\eta}}_{\mathrm{b}_t}^{\mathrm{b}_k}=\dot{\hat{\boldsymbol{\eta}}}_{\mathrm{b}_t}^{\mathrm{b}_k}+\delta\dot{\boldsymbol{\eta}}_{\mathrm{b}_t}^{\mathrm{b}_k} \tag{7.22}$$

将式(7.20)与式(7.19)的第一行公式代入式(7.22),可以得到

$$\begin{aligned}\delta\dot{\boldsymbol{\eta}}_{\mathrm{b}_t}^{\mathrm{b}_k}=&\hat{\boldsymbol{R}}_{\mathrm{b}_t}^{\mathrm{b}_k}\hat{\boldsymbol{R}}_{\mathrm{o}_t}^{\mathrm{b}_t}\hat{\boldsymbol{R}}_{\Delta_t}\hat{\boldsymbol{R}}_{\mathrm{f}_t}^{\mathrm{o}_t}\hat{\boldsymbol{v}}+\hat{\boldsymbol{R}}_{\mathrm{b}_t}^{\mathrm{b}_k}\hat{\boldsymbol{R}}_{\mathrm{o}_t}^{\mathrm{b}_t}\hat{\boldsymbol{R}}_{\Delta_t}\hat{\boldsymbol{R}}_{\mathrm{f}_t}^{\mathrm{o}_t}\delta\boldsymbol{v}+\hat{\boldsymbol{R}}_{\mathrm{b}_t}^{\mathrm{b}_k}\hat{\boldsymbol{R}}_{\mathrm{o}_t}^{\mathrm{b}_t}\hat{\boldsymbol{R}}_{\Delta_t}[\boldsymbol{\Delta}_t]_\times\hat{\boldsymbol{R}}_{\mathrm{f}_t}^{\mathrm{o}_t}\hat{\boldsymbol{v}}\\&+\hat{\boldsymbol{R}}_{\mathrm{b}_t}^{\mathrm{b}_k}\hat{\boldsymbol{R}}_{\mathrm{o}_t}^{\mathrm{b}_t}[\delta\boldsymbol{\theta}_{\mathrm{o}_t}^{\mathrm{b}_t}]_\times\hat{\boldsymbol{R}}_{\Delta_t}\hat{\boldsymbol{R}}_{\mathrm{f}_t}^{\mathrm{o}_t}\hat{\boldsymbol{v}}+\hat{\boldsymbol{R}}_{\mathrm{b}_t}^{\mathrm{b}_k}[\delta\boldsymbol{\theta}_{\mathrm{b}_t}^{\mathrm{b}_k}]_\times\hat{\boldsymbol{R}}_{\mathrm{o}_t}^{\mathrm{b}_t}\hat{\boldsymbol{R}}_{\Delta_t}\hat{\boldsymbol{R}}_{\mathrm{f}_t}^{\mathrm{o}_t}\hat{\boldsymbol{v}}\\&-\boldsymbol{R}_{\mathrm{b}_t}^{\mathrm{b}_k}\boldsymbol{R}_{\mathrm{o}_t}^{\mathrm{b}_t}\boldsymbol{R}_{\Delta_t}\hat{\boldsymbol{R}}_{\mathrm{f}_t}^{\mathrm{o}_t}\hat{\boldsymbol{v}}-\boldsymbol{R}_{\mathrm{b}_t}^{\mathrm{b}_k}\boldsymbol{R}_{\mathrm{o}_t}^{\mathrm{b}_t}\boldsymbol{R}_{\Delta_t}\hat{\boldsymbol{R}}_{\mathrm{f}_t}^{\mathrm{o}_t}\delta\boldsymbol{v}\end{aligned} \tag{7.23}$$

经过化简,可以得到

$$\begin{aligned}\delta\dot{\boldsymbol{\eta}}_{\mathrm{b}_t}^{\mathrm{b}_k}=&\hat{\boldsymbol{R}}_{\mathrm{b}_t}^{\mathrm{b}_k}\hat{\boldsymbol{R}}_{\mathrm{o}_t}^{\mathrm{b}_t}\hat{\boldsymbol{R}}_{\Delta_t}\hat{\boldsymbol{R}}_{\mathrm{f}_t}^{\mathrm{o}_t}\delta\boldsymbol{v}-\hat{\boldsymbol{R}}_{\mathrm{b}_t}^{\mathrm{b}_k}[\hat{\boldsymbol{R}}_{\mathrm{o}_t}^{\mathrm{b}_t}\hat{\boldsymbol{R}}_{\Delta_t}\hat{\boldsymbol{R}}_{\mathrm{f}_t}^{\mathrm{o}_t}\hat{\boldsymbol{v}}]_\times\delta\boldsymbol{\theta}_{\mathrm{b}_t}^{\mathrm{b}_k}\\&-\hat{\boldsymbol{R}}_{\mathrm{b}_t}^{\mathrm{b}_k}\hat{\boldsymbol{R}}_{\mathrm{o}_t}^{\mathrm{b}_t}[\hat{\boldsymbol{R}}_{\Delta_t}\hat{\boldsymbol{R}}_{\mathrm{f}_t}^{\mathrm{o}_t}\hat{\boldsymbol{v}}]_\times\delta\boldsymbol{\theta}_{\mathrm{o}_t}^{\mathrm{b}_t}-\hat{\boldsymbol{R}}_{\mathrm{b}_t}^{\mathrm{b}_k}\hat{\boldsymbol{R}}_{\mathrm{o}_t}^{\mathrm{b}_t}\hat{\boldsymbol{R}}_{\Delta_t}[\hat{\boldsymbol{R}}_{\mathrm{f}_t}^{\mathrm{o}_t}\hat{\boldsymbol{v}}]_\times\boldsymbol{\Delta}_t\end{aligned} \tag{7.24}$$

将式(7.17)的第一行公式与式(7.18)代入式(7.24),可以得到

$$\begin{aligned}\delta\dot{\boldsymbol{\eta}}_{\mathrm{b}_t}^{\mathrm{b}_k}=&\hat{\boldsymbol{R}}_{\mathrm{b}_t}^{\mathrm{b}_k}\hat{\boldsymbol{R}}_{\mathrm{o}_t}^{\mathrm{b}_t}\hat{\boldsymbol{R}}_{\Delta_t}\hat{\boldsymbol{R}}_{\mathrm{f}_t}^{\mathrm{o}_t}(\delta s_{\mathrm{o}_t}\hat{\boldsymbol{v}}_{\mathrm{f}_t}-\boldsymbol{n}_{\mathrm{s}})-\hat{\boldsymbol{R}}_{\mathrm{b}_t}^{\mathrm{b}_k}[\hat{\boldsymbol{R}}_{\mathrm{o}_t}^{\mathrm{b}_t}\hat{\boldsymbol{R}}_{\Delta_t}\hat{\boldsymbol{R}}_{\mathrm{f}_t}^{\mathrm{o}_t}\hat{s}_{\mathrm{o}_t}\hat{\boldsymbol{v}}_{\mathrm{f}_t}]_\times\delta\boldsymbol{\theta}_{\mathrm{b}_t}^{\mathrm{b}_k}\\&-\hat{\boldsymbol{R}}_{\mathrm{b}_t}^{\mathrm{b}_k}\hat{\boldsymbol{R}}_{\mathrm{o}_t}^{\mathrm{b}_t}[\hat{\boldsymbol{R}}_{\Delta_t}\hat{\boldsymbol{R}}_{\mathrm{f}_t}^{\mathrm{o}_t}\hat{s}_{\mathrm{o}_t}\hat{\boldsymbol{v}}_{\mathrm{f}_t}]_\times\delta\boldsymbol{\theta}_{\mathrm{o}_t}^{\mathrm{b}_t}-\hat{\boldsymbol{R}}_{\mathrm{b}_t}^{\mathrm{b}_k}\hat{\boldsymbol{R}}_{\mathrm{o}_t}^{\mathrm{b}_t}\hat{\boldsymbol{R}}_{\Delta_t}[\hat{\boldsymbol{R}}_{\mathrm{f}_t}^{\mathrm{o}_t}\hat{s}_{\mathrm{o}_t}\hat{\boldsymbol{v}}_{\mathrm{f}_t}]_\times\boldsymbol{\Delta}_t\end{aligned} \tag{7.25}$$

经过化简,可以得到

$$\begin{aligned}\delta\dot{\boldsymbol{\eta}}_{\mathrm{b}_t}^{\mathrm{b}_k}=&-\hat{\boldsymbol{R}}_{\mathrm{b}_t}^{\mathrm{b}_k}[\hat{\boldsymbol{R}}_{\mathrm{o}_t}^{\mathrm{b}_t}\hat{\boldsymbol{R}}_{\Delta_t}\hat{\boldsymbol{R}}_{\mathrm{f}_t}^{\mathrm{o}_t}\hat{s}_{\mathrm{o}_t}\hat{\boldsymbol{v}}_{\mathrm{f}_t}]_\times\delta\boldsymbol{\theta}_{\mathrm{b}_t}^{\mathrm{b}_k}+\hat{\boldsymbol{R}}_{\mathrm{b}_t}^{\mathrm{b}_k}\hat{\boldsymbol{R}}_{\mathrm{o}_t}^{\mathrm{b}_t}\hat{\boldsymbol{R}}_{\Delta_t}\hat{\boldsymbol{R}}_{\mathrm{f}_t}^{\mathrm{o}_t}\hat{\boldsymbol{v}}_{\mathrm{f}_t}\delta s_{\mathrm{o}_t}\\&-\hat{\boldsymbol{R}}_{\mathrm{b}_t}^{\mathrm{b}_k}\hat{\boldsymbol{R}}_{\mathrm{o}_t}^{\mathrm{b}_t}[\hat{\boldsymbol{R}}_{\Delta_t}\hat{\boldsymbol{R}}_{\mathrm{f}_t}^{\mathrm{o}_t}\hat{s}_{\mathrm{o}_t}\hat{\boldsymbol{v}}_{\mathrm{f}_t}]_\times\delta\boldsymbol{\theta}_{\mathrm{o}_t}^{\mathrm{b}_t}+\hat{V}\hat{\theta}_t\delta k_{\mathrm{o}_t}\\&-\hat{\boldsymbol{R}}_{\mathrm{b}_t}^{\mathrm{b}_k}\hat{\boldsymbol{R}}_{\mathrm{o}_t}^{\mathrm{b}_t}\hat{\boldsymbol{R}}_{\Delta_t}\hat{\boldsymbol{R}}_{\mathrm{f}_t}^{\mathrm{o}_t}\boldsymbol{n}_{\mathrm{s}}-\hat{V}n_{\mathrm{k}}\end{aligned} \tag{7.26}$$

其中,$\hat{\boldsymbol{V}}$ 为矩阵 $-\hat{\boldsymbol{R}}_{\mathrm{b}_t}^{\mathrm{b}_k}\hat{\boldsymbol{R}}_{\mathrm{o}_t}^{\mathrm{b}_t}\hat{\boldsymbol{R}}_{\Delta_t}[\hat{\boldsymbol{R}}_{\mathrm{f}_t}^{\mathrm{o}_t}\hat{s}_{\mathrm{o}_t}\hat{\boldsymbol{v}}_{\mathrm{f}_t}]_\times$ 的第三列。因此,误差形式的惯性/里程计增广预积分传播方程可以表示为

$$\delta\dot{z}_{\mathrm{b}_t}^{\mathrm{b}_k}=\boldsymbol{F}_t\delta z_{\mathrm{b}_t}^{\mathrm{b}_k}+\boldsymbol{G}_t\boldsymbol{n}_t \tag{7.27}$$

其中

$$\begin{aligned}&\delta\dot{\boldsymbol{\alpha}}_{\mathrm{b}_t}^{\mathrm{b}_k}=\delta\boldsymbol{\beta}_{\mathrm{b}_t}^{\mathrm{b}_k}\\&\delta\dot{\boldsymbol{\beta}}_{\mathrm{b}_t}^{\mathrm{b}_k}=-\hat{\boldsymbol{R}}_{\mathrm{b}_t}^{\mathrm{b}_k}[\hat{\boldsymbol{a}}_{\mathrm{b}_t}-\hat{\boldsymbol{b}}_{\mathrm{a}_t}]_\times\delta\boldsymbol{\theta}_{\mathrm{b}_t}^{\mathrm{b}_k}-\hat{\boldsymbol{R}}_{\mathrm{b}_t}^{\mathrm{b}_k}\delta\boldsymbol{b}_{\mathrm{a}_t}-\hat{\boldsymbol{R}}_{\mathrm{b}_t}^{\mathrm{b}_k}\boldsymbol{n}_{\mathrm{a}}\\&\delta\dot{\boldsymbol{\theta}}_{\mathrm{b}_t}^{\mathrm{b}_k}=-[\hat{\boldsymbol{w}}_{\mathrm{b}_t}-\hat{\boldsymbol{b}}_{\mathrm{w}_t}]_\times\delta\boldsymbol{\theta}_{\mathrm{b}_t}^{\mathrm{b}_k}-\delta\boldsymbol{b}_{\mathrm{w}_t}-\boldsymbol{n}_{\mathrm{w}}\\&\delta\dot{\boldsymbol{b}}_{\mathrm{a}_t}=\boldsymbol{n}_{\mathrm{b_a}}\\&\delta\dot{\boldsymbol{b}}_{\mathrm{w}_t}=\boldsymbol{n}_{\mathrm{b_w}}\\&\delta\dot{\boldsymbol{\eta}}_{\mathrm{b}_t}^{\mathrm{b}_k}=-\hat{\boldsymbol{R}}_{\mathrm{b}_t}^{\mathrm{b}_k}[\hat{\boldsymbol{R}}_{\mathrm{o}_t}^{\mathrm{b}_t}\hat{\boldsymbol{R}}_{\Delta_t}\hat{\boldsymbol{R}}_{\mathrm{f}_t}^{\mathrm{o}_t}\hat{s}_{\mathrm{o}_t}\hat{\boldsymbol{v}}_{\mathrm{f}_t}]_\times\delta\boldsymbol{\theta}_{\mathrm{b}_t}^{\mathrm{b}_k}+\hat{\boldsymbol{R}}_{\mathrm{b}_t}^{\mathrm{b}_k}\hat{\boldsymbol{R}}_{\mathrm{o}_t}^{\mathrm{b}_t}\hat{\boldsymbol{R}}_{\Delta_t}\hat{\boldsymbol{R}}_{\mathrm{f}_t}^{\mathrm{o}_t}\hat{\boldsymbol{v}}_{\mathrm{f}_t}\delta s_{\mathrm{o}_t}\\&\qquad-\hat{\boldsymbol{R}}_{\mathrm{b}_t}^{\mathrm{b}_k}\hat{\boldsymbol{R}}_{\mathrm{o}_t}^{\mathrm{b}_t}[\hat{\boldsymbol{R}}_{\Delta_t}\hat{\boldsymbol{R}}_{\mathrm{f}_t}^{\mathrm{o}_t}\hat{s}_{\mathrm{o}_t}\hat{\boldsymbol{v}}_{\mathrm{f}_t}]_\times\delta\boldsymbol{\theta}_{\mathrm{o}_t}^{\mathrm{b}_t}+\hat{V}\hat{\theta}_t\delta k_{\mathrm{o}_t}\\&\qquad-\hat{\boldsymbol{R}}_{\mathrm{b}_t}^{\mathrm{b}_k}\hat{\boldsymbol{R}}_{\mathrm{o}_t}^{\mathrm{b}_t}\hat{\boldsymbol{R}}_{\Delta_t}\hat{\boldsymbol{R}}_{\mathrm{f}_t}^{\mathrm{o}_t}\boldsymbol{n}_{\mathrm{s}}-\hat{V}n_{\mathrm{k}}\end{aligned} \tag{7.28}$$

$$\delta\dot{s}_{o_t} = n_{s_o}$$
$$\delta\dot{\boldsymbol{p}}_{o_t}^{b_t} = \boldsymbol{n}_{p_o}$$
$$\delta\dot{\boldsymbol{\theta}}_{o_t}^{b_t} = \boldsymbol{n}_{\theta_o}$$
$$\delta\dot{k}_{o_t} = n_{k_o}$$

其中,安装杆臂与安装偏角被建模为随机游走分布,其导数被建模为高斯分布,即 $\boldsymbol{n}_{p_o} \sim N(\boldsymbol{0},\ \boldsymbol{\sigma}_{p_o}^2)$,$\boldsymbol{n}_{\theta_o} \sim N(\boldsymbol{0},\ \boldsymbol{\sigma}_{\theta_o}^2)$。假设 t_k 时刻与 t_{k+1} 时刻为两个优化时刻,t_k 时刻的雅可比矩阵和协方差矩阵可以表示为

$$\begin{aligned} \boldsymbol{J}_{b_k} &= \boldsymbol{I} \\ \boldsymbol{P}_{b_k} &= \boldsymbol{0} \end{aligned} \tag{7.29}$$

t_{k+1} 时刻的雅可比矩阵和协方差矩阵可以通过以下方程进行递推:

$$\begin{aligned} \boldsymbol{J}_{i+1} &= \boldsymbol{F}_i \boldsymbol{J}_i \\ \boldsymbol{P}_{i+1} &= \boldsymbol{F}_i \boldsymbol{P}_i \boldsymbol{F}_i^{\mathrm{T}} + \boldsymbol{G}_i \boldsymbol{Q} \boldsymbol{G}_i^{\mathrm{T}} \end{aligned} \tag{7.30}$$

其中

$$\boldsymbol{Q} = \begin{bmatrix} \sigma_a^2 & 0 & 0 & 0 & 0 & 0 & 0 & 0 & 0 & 0 \\ 0 & \sigma_w^2 & 0 & 0 & 0 & 0 & 0 & 0 & 0 & 0 \\ 0 & 0 & \sigma_{b_a}^2 & 0 & 0 & 0 & 0 & 0 & 0 & 0 \\ 0 & 0 & 0 & \sigma_{b_w}^2 & 0 & 0 & 0 & 0 & 0 & 0 \\ 0 & 0 & 0 & 0 & \sigma_s^2 & 0 & 0 & 0 & 0 & 0 \\ 0 & 0 & 0 & 0 & 0 & \sigma_{s_o}^2 & 0 & 0 & 0 & 0 \\ 0 & 0 & 0 & 0 & 0 & 0 & \sigma_{p_o}^2 & 0 & 0 & 0 \\ 0 & 0 & 0 & 0 & 0 & 0 & 0 & \sigma_{\theta_o}^2 & 0 & 0 \\ 0 & 0 & 0 & 0 & 0 & 0 & 0 & 0 & \sigma_k^2 & 0 \\ 0 & 0 & 0 & 0 & 0 & 0 & 0 & 0 & 0 & \sigma_{k_o}^2 \end{bmatrix} \tag{7.31}$$

通过上述推导过程,可以得到惯性/里程计增广预积分的协方差模型,该模型递推得到的结果可以用于衡量惯性/里程计增广预积分在因子图优化中的融合权重。通过对其权重进行合理分配,能够得到精确可靠的状态估计结果。

在对惯性/里程计增广预积分模型的构建过程中,需要用到器件参数的估计值。由于因子图优化会对历史时刻的器件参数进行迭代估计,这使得历史时刻的增广预积分模型需要被重新计算,从而影响因子图优化的计算效率。为了避免上

述问题，这里对惯性/里程计增广预积分的修正模型进行构建。惯性/里程计增广预积分修正模型可以表示为

$$
\begin{aligned}
\boldsymbol{\alpha}_{\mathrm{b}_{k+1}}^{\mathrm{b}_k} &= \hat{\boldsymbol{\alpha}}_{\mathrm{b}_{k+1}}^{\mathrm{b}_k} + \boldsymbol{J}_{\delta b_{\mathrm{a}_k}}^{\delta\alpha_{\mathrm{b}_{k+1}}^{\mathrm{b}_k}} \delta \boldsymbol{b}_{\mathrm{a}_k} + \boldsymbol{J}_{\delta b_{\mathrm{w}_k}}^{\delta\alpha_{\mathrm{b}_{k+1}}^{\mathrm{b}_k}} \delta \boldsymbol{b}_{\mathrm{w}_k} \\
\boldsymbol{\beta}_{\mathrm{b}_{k+1}}^{\mathrm{b}_k} &= \hat{\boldsymbol{\beta}}_{\mathrm{b}_{k+1}}^{\mathrm{b}_k} + \boldsymbol{J}_{\delta b_{\mathrm{a}_k}}^{\delta\beta_{\mathrm{b}_{k+1}}^{\mathrm{b}_k}} \delta \boldsymbol{b}_{\mathrm{a}_k} + \boldsymbol{J}_{\delta b_{\mathrm{w}_k}}^{\delta\beta_{\mathrm{b}_{k+1}}^{\mathrm{b}_k}} \delta \boldsymbol{b}_{\mathrm{w}_k} \\
\boldsymbol{\gamma}_{\mathrm{b}_{k+1}}^{\mathrm{b}_k} &= \hat{\boldsymbol{\gamma}}_{\mathrm{b}_{k+1}}^{\mathrm{b}_k} \otimes \begin{bmatrix} 1 \\ \dfrac{1}{2} \boldsymbol{J}_{\delta b_{\mathrm{w}_k}}^{\delta\theta_{\mathrm{b}_{k+1}}^{\mathrm{b}_k}} \delta \boldsymbol{b}_{\mathrm{w}_k} \end{bmatrix} \\
\boldsymbol{\eta}_{\mathrm{b}_{k+1}}^{\mathrm{b}_k} &= \hat{\boldsymbol{\eta}}_{\mathrm{b}_{k+1}}^{\mathrm{b}_k} + \boldsymbol{J}_{\delta b_{\mathrm{w}_k}}^{\delta\eta_{\mathrm{b}_{k+1}}^{\mathrm{b}_k}} \delta \boldsymbol{b}_{\mathrm{w}_k} + \boldsymbol{J}_{\delta s_{\mathrm{o}_k}}^{\delta\eta_{\mathrm{b}_{k+1}}^{\mathrm{b}_k}} \delta s_{\mathrm{o}_k} + \boldsymbol{J}_{\delta\theta_{\mathrm{o}_k}^{\mathrm{b}}}^{\delta\eta_{\mathrm{b}_{k+1}}^{\mathrm{b}_k}} \delta \boldsymbol{\theta}_{\mathrm{o}_k}^{\mathrm{b}} + \boldsymbol{J}_{\delta k_{\mathrm{o}_k}}^{\delta\eta_{\mathrm{b}_{k+1}}^{\mathrm{b}_k}} \delta k_{\mathrm{o}_k}
\end{aligned}
\tag{7.32}
$$

其中，$\hat{\boldsymbol{\alpha}}_{\mathrm{b}_{k+1}}^{\mathrm{b}_k}$、$\hat{\boldsymbol{\beta}}_{\mathrm{b}_{k+1}}^{\mathrm{b}_k}$、$\hat{\boldsymbol{\gamma}}_{\mathrm{b}_{k+1}}^{\mathrm{b}_k}$、$\hat{\boldsymbol{\eta}}_{\mathrm{b}_{k+1}}^{\mathrm{b}_k}$ 分别为修正前的增广预积分；$\boldsymbol{\alpha}_{\mathrm{b}_{k+1}}^{\mathrm{b}_k}$、$\boldsymbol{\beta}_{\mathrm{b}_{k+1}}^{\mathrm{b}_k}$、$\boldsymbol{\gamma}_{\mathrm{b}_{k+1}}^{\mathrm{b}_k}$、$\boldsymbol{\eta}_{\mathrm{b}_{k+1}}^{\mathrm{b}_k}$ 分别为修正后的增广预积分；$\delta \boldsymbol{b}_{\mathrm{a}_k}$ 与 $\delta \boldsymbol{b}_{\mathrm{w}_k}$ 分别为加速度计与陀螺仪零偏的变化；δs_{o_k}、$\delta \boldsymbol{\theta}_{\mathrm{o}_k}^{\mathrm{b}}$、$\delta k_{\mathrm{o}_k}$ 分别为轮速计标度因数、安装偏角以及转角计标度因数误差的变化；$\boldsymbol{J}_{\delta b_{\mathrm{a}_k}}^{\delta\alpha_{\mathrm{b}_{k+1}}^{\mathrm{b}_k}}$、$\boldsymbol{J}_{\delta b_{\mathrm{w}_k}}^{\delta\alpha_{\mathrm{b}_{k+1}}^{\mathrm{b}_k}}$ 分别为 $\boldsymbol{\alpha}_{\mathrm{b}_{k+1}}^{\mathrm{b}_k}$ 对 $\boldsymbol{b}_{\mathrm{a}_k}$、$\boldsymbol{b}_{\mathrm{w}_k}$ 进行求导得到的雅可比矩阵；$\boldsymbol{J}_{\delta b_{\mathrm{a}_k}}^{\delta\beta_{\mathrm{b}_{k+1}}^{\mathrm{b}_k}}$、$\boldsymbol{J}_{\delta b_{\mathrm{w}_k}}^{\delta\beta_{\mathrm{b}_{k+1}}^{\mathrm{b}_k}}$ 分别为 $\boldsymbol{\beta}_{\mathrm{b}_{k+1}}^{\mathrm{b}_k}$ 对 $\boldsymbol{b}_{\mathrm{a}_k}$、$\boldsymbol{b}_{\mathrm{w}_k}$ 进行求导得到的雅可比矩阵；$\boldsymbol{J}_{\delta b_{\mathrm{w}_k}}^{\delta\theta_{\mathrm{b}_{k+1}}^{\mathrm{b}_k}}$ 为 $\boldsymbol{\gamma}_{\mathrm{b}_{k+1}}^{\mathrm{b}_k}$ 对 $\boldsymbol{b}_{\mathrm{w}_k}$ 求导得到的雅可比矩阵；$\boldsymbol{J}_{\delta b_{\mathrm{w}_k}}^{\delta\eta_{\mathrm{b}_{k+1}}^{\mathrm{b}_k}}$、$\boldsymbol{J}_{\delta s_{\mathrm{o}_k}}^{\delta\eta_{\mathrm{b}_{k+1}}^{\mathrm{b}_k}}$、$\boldsymbol{J}_{\delta\theta_{\mathrm{o}_k}^{\mathrm{b}}}^{\delta\eta_{\mathrm{b}_{k+1}}^{\mathrm{b}_k}}$、$\boldsymbol{J}_{\delta k_{\mathrm{o}_k}}^{\delta\eta_{\mathrm{b}_{k+1}}^{\mathrm{b}_k}}$ 分别为 $\boldsymbol{\eta}_{\mathrm{b}_{k+1}}^{\mathrm{b}_k}$ 对 $\boldsymbol{b}_{\mathrm{w}_k}$、$s_{\mathrm{o}_k}$、$\boldsymbol{\theta}_{\mathrm{o}_k}^{\mathrm{b}}$、$k_{\mathrm{o}_k}$ 求导得到的雅可比矩阵。上述子矩阵均可以从 t_{k+1} 时刻的雅可比矩阵 $J_{b_{k+1}}$ 中得到。

通过构建惯性/里程计增广预积分修正模型，可以避免器件参数变化时预积分模型的重复积分问题，从而降低因子图优化的计算负担。

7.4.2　基于增广预积分的惯性/里程计因子图优化融合方法

7.4.1 节对惯性/里程计增广预积分模型进行了构建，提出的模型考虑了多种器件参数的影响，当引入高精度的外部量测信息时，能够对里程计信息进行充分标定，形成更加精确的相对量测信息，从而提升因子图优化的状态估计精度。同时，为了保障相关器件参数的可观性，本节引入车辆运动学模型约束，可以实现对转角计标度因数误差的在线标定。

基于增广预积分的惯性/里程计因子图优化融合方法整体框架如图 7.3 所示，主要包括传感器、模型构建以及因子图优化。

在传感器模块中，里程计测量前轮的轮速与转角，IMU 测量车辆的加速度与角速度，卫星导航接收机测量车辆的位置。在模型构建模块中，IMU 与里程计的输出

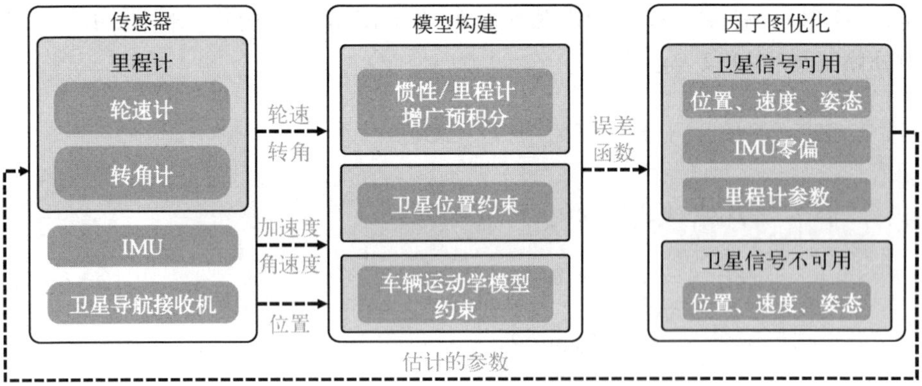

图 7.3　基于增广预积分的惯性/里程计因子图优化融合方法整体框架

被用于构建惯性/里程计增广预积分，卫星导航接收机的输出被用于构建卫星位置约束。轮速与 z 轴陀螺仪的输出被用于构建车辆运动学模型约束。当卫星信号可用时，对车辆的导航状态及器件参数进行估计。当卫星信号不可用时，利用标定后的 IMU 与里程计信息进行融合，且只对车辆的导航状态进行估计。

1. 基于增广预积分的惯性/里程计因子图优化融合建模方法研究

基于增广预积分的惯性/里程计因子图模型构建如图 7.4 所示。其中，灰色的圆圈表示变量节点，黄色的正方形表示惯性/里程计增广预积分因子，用于对相邻时刻的变量节点进行约束。红色和蓝色的正方形分别表示卫星位置因子以及车辆运动学模型转角因子。当卫星信号可用时，所有的因子均被加入图模型中进行状态估计。当卫星信号不可用时，只有惯性/里程计增广预积分因子被加入图模型中进行状态估计。

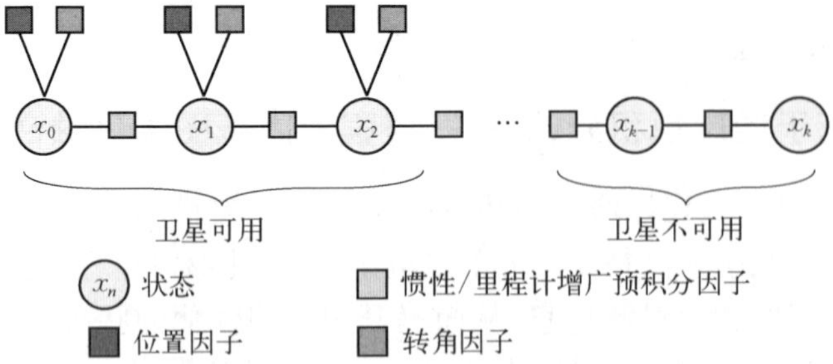

图 7.4　基于增广预积分的惯性/里程计因子图模型构建

状态向量可以表示为

$$
\begin{aligned}
&\boldsymbol{X} = [\boldsymbol{x}_0 \quad \boldsymbol{x}_1 \quad \cdots \quad \boldsymbol{x}_n] \\
&\boldsymbol{x}_k = [\boldsymbol{p}_{\mathrm{b}_k}^{\mathrm{w}} \quad \boldsymbol{v}_{\mathrm{b}_k}^{\mathrm{w}} \quad \boldsymbol{q}_{\mathrm{b}_k}^{\mathrm{w}} \quad \boldsymbol{b}_{\mathrm{a}_k} \quad \boldsymbol{b}_{\mathrm{w}_k} \quad s_{\mathrm{o}_k} \quad \boldsymbol{p}_{\mathrm{o}_k}^{\mathrm{b}_k} \quad \boldsymbol{q}_{\mathrm{o}_k}^{\mathrm{b}_k} \quad k_{\mathrm{o}_k}], \quad k \in [0, n]
\end{aligned}
\tag{7.33}
$$

其中，$\boldsymbol{X}$ 为状态集合；$\boldsymbol{x}_k$ 为 t_k 时刻的状态向量，包括位置、速度、四元数、加速度计零偏、陀螺仪零偏、轮速计标度因数、安装杆臂、安装偏角以及转角计标度因数误差；n 为滑动窗口内状态向量的个数。因子图优化的误差函数可以表示为

$$\begin{aligned}&\|\boldsymbol{r}_{\mathrm{P}}-\boldsymbol{H}_{\mathrm{P}}\boldsymbol{X}\|^2+\sum_{i=k-n}^{k}\|\boldsymbol{r}_{\mathrm{I}}^i(\hat{\boldsymbol{z}}_{\mathrm{b}_{k+1}}^{\mathrm{b}_k},\boldsymbol{X})\|_{\boldsymbol{P}_{\mathrm{b}_{k+1}}^{\mathrm{b}_k}}^2\\&+\sum_{i=k-n}^{k}\|\boldsymbol{r}_{\mathrm{G}}^i(\hat{z}_{\mathrm{G}},\boldsymbol{X})\|_{\boldsymbol{P}_{\mathrm{G}}}^2+\sum_{i=k-n}^{k}\|r_{\mathrm{S}}^i(\hat{z}_S,\boldsymbol{X})\|_{P_{\mathrm{S}}}^2\end{aligned}\tag{7.34}$$

其中，$\|\boldsymbol{r}_{\mathrm{P}}-\boldsymbol{H}_{\mathrm{P}}\boldsymbol{X}\|^2$ 为来自边缘化的先验信息；$\boldsymbol{r}_{\mathrm{I}}(\hat{\boldsymbol{z}}_{\mathrm{b}_{k+1}}^{\mathrm{b}_k},\boldsymbol{X})$ 为惯性/里程计增广预积分残差；$\boldsymbol{r}_{\mathrm{G}}(\hat{z}_{\mathrm{G}},\boldsymbol{X})$ 为位置残差；$r_{\mathrm{S}}(\hat{z}_S,\boldsymbol{X})$ 为转角残差；$\boldsymbol{P}_{\mathrm{b}_{k+1}}^{\mathrm{b}_k}$、$\boldsymbol{P}_{\mathrm{G}}$、$\boldsymbol{P}_{\mathrm{S}}$ 分别为各残差对应的协方差矩阵。接下来，对式(7.34)中各项残差的模型进行推导。

位置残差可以表示为

$$\boldsymbol{r}_{\mathrm{G}}(\hat{z}_{\mathrm{G}},\boldsymbol{X})=z_t^{\mathrm{G}}-\boldsymbol{h}_t^{\mathrm{G}}(X)=\boldsymbol{p}_{\mathrm{b}_t}^{\mathrm{G}}-\boldsymbol{p}_{\mathrm{b}_t}^{\mathrm{w}}\tag{7.35}$$

其中，z_t^{G} 为 t 时刻实际的量测信息；$\boldsymbol{h}_t^{\mathrm{G}}(\boldsymbol{X})$ 为 t 时刻预测的量测信息；$\boldsymbol{p}_{\mathrm{b}_t}^{\mathrm{G}}$ 和 $\boldsymbol{p}_{\mathrm{b}_t}^{\mathrm{w}}$ 分别为 t 时刻的位置量测与位置预测。

当车辆以低速转弯时，基于车辆运动学模型，可以通过轴距 d_L 与转弯半径 r_{ψ_t} 计算前轮转角[134]，表示为

$$\tilde{\theta}_t=\arcsin\frac{d_L}{r_{\psi_t}}\tag{7.36}$$

其中，轴距 d_L 可以通过直接测量得到，转弯半径 r_{ψ_t} 则由轮速与 z 轴陀螺仪的角速度得到，表示为

$$r_{\psi_t}=\frac{\tilde{v}_{\mathrm{f}_t}}{\tilde{w}_{\mathrm{b}_t}}\tag{7.37}$$

其中，$\tilde{v}_{\mathrm{f}_t}$ 与 $\tilde{w}_{\mathrm{b}_t}$ 分别为校正后的轮速与 z 轴陀螺仪输出。因此，转角残差可以表示为

$$r_{\mathrm{S}}(\hat{z}_{\mathrm{S}},\boldsymbol{X})=z_t^{\mathrm{S}}-h_t^{\mathrm{S}}(\boldsymbol{X})=\tilde{\theta}_t-(1+k_{\mathrm{o}_t})\hat{\theta}_t\tag{7.38}$$

其中，$\tilde{\theta}_t$ 与 $\hat{\theta}_t$ 分别为 t 时刻由车辆运动学模型解算得到的转角与转角计测量的转角。

根据式(7.14)，惯性/里程计增广预积分残差可以表示为

$$
\boldsymbol{r}_{\mathrm{I}}(\hat{z}_{\mathrm{b}_{k+1}}^{\mathrm{b}_k}, \boldsymbol{X}) = \begin{bmatrix} \delta\boldsymbol{\alpha}_{\mathrm{b}_{k+1}}^{\mathrm{b}_k} \\ \delta\boldsymbol{\theta}_{\mathrm{b}_{k+1}}^{\mathrm{b}_k} \\ \delta\boldsymbol{\beta}_{\mathrm{b}_{k+1}}^{\mathrm{b}_k} \\ \delta\boldsymbol{b}_{\mathrm{a}} \\ \delta\boldsymbol{b}_{\mathrm{w}} \\ \delta\boldsymbol{\eta}_{\mathrm{b}_{k+1}}^{\mathrm{b}_k} \\ \delta s_{\mathrm{o}} \\ \delta\boldsymbol{p}_{\mathrm{o}}^{\mathrm{b}} \\ \delta\boldsymbol{\theta}_{\mathrm{o}}^{\mathrm{b}} \\ \delta k_{\mathrm{o}} \end{bmatrix} = \begin{bmatrix} \boldsymbol{R}_{\mathrm{w}}^{\mathrm{b}_k}\left(\boldsymbol{p}_{\mathrm{b}_{k+1}}^{\mathrm{w}} - \boldsymbol{p}_{\mathrm{b}_k}^{\mathrm{w}} - \boldsymbol{v}_{\mathrm{b}_k}^{\mathrm{w}}\Delta t_k + \dfrac{1}{2}\boldsymbol{g}^{\mathrm{w}}\Delta t_k^2\right) - \hat{\boldsymbol{\alpha}}_{\mathrm{b}_{k+1}}^{\mathrm{b}_k} \\ 2\left[(\hat{\boldsymbol{\gamma}}_{\mathrm{b}_{k+1}}^{\mathrm{b}_k})^{-1} \otimes (\boldsymbol{q}_{\mathrm{b}_k}^{\mathrm{w}})^{-1} \otimes \boldsymbol{q}_{\mathrm{b}_{k+1}}^{\mathrm{w}}\right]_{xyz} \\ \boldsymbol{R}_{\mathrm{w}}^{\mathrm{b}_k}(\boldsymbol{v}_{\mathrm{b}_{k+1}}^{\mathrm{w}} - \boldsymbol{v}_{\mathrm{b}_k}^{\mathrm{w}} + \boldsymbol{g}^{\mathrm{w}}\Delta t_k) - \hat{\boldsymbol{\beta}}_{\mathrm{b}_{k+1}}^{\mathrm{b}_k} \\ \boldsymbol{b}_{\mathrm{a}_{k+1}} - \boldsymbol{b}_{\mathrm{a}_k} \\ \boldsymbol{b}_{\mathrm{w}_{k+1}} - \boldsymbol{b}_{\mathrm{w}_k} \\ \boldsymbol{R}_{\mathrm{w}}^{\mathrm{b}_k}(\boldsymbol{p}_{\mathrm{b}_{k+1}}^{\mathrm{w}} - \boldsymbol{p}_{\mathrm{b}_k}^{\mathrm{w}} + \boldsymbol{R}_{\mathrm{b}_{k+1}}^{\mathrm{w}}\boldsymbol{p}_{\mathrm{o}_{k+1}}^{\mathrm{b}_{k+1}}) - \boldsymbol{p}_{\mathrm{o}_k}^{\mathrm{b}_k} - \hat{\boldsymbol{\eta}}_{\mathrm{b}_{k+1}}^{\mathrm{b}_k} \\ s_{\mathrm{o}_{k+1}} - s_{\mathrm{o}_k} \\ \boldsymbol{p}_{\mathrm{o}_{k+1}}^{\mathrm{b}_{k+1}} - \boldsymbol{p}_{\mathrm{o}_k}^{\mathrm{b}_k} \\ 2\left[(\boldsymbol{q}_{\mathrm{o}_k}^{\mathrm{b}_k})^{-1} \otimes \boldsymbol{q}_{\mathrm{o}_{k+1}}^{\mathrm{b}_{k+1}}\right]_{xyz} \\ k_{\mathrm{o}_{k+1}} - k_{\mathrm{o}_k} \end{bmatrix} \tag{7.39}
$$

通过对上述残差模型的构建，能够利用因子图优化对车辆的导航状态及器件参数进行联合估计。其中，转角残差可以保障转角计标度因数误差的可观性。此外，车辆还需进行转弯、加减速等机动状态，进而保障其他器件参数的可观性。

2. 基于增广预积分的惯性/里程计因子图优化融合线性化模型构建

由于位置残差与转角残差的模型相对简单，因此本节只对惯性/轮式里程计高精度增广预积分残差的线性化模型进行推导。在式(7.39)中，前五行是由惯性测量单元信息解算得到的残差，后五行则为增广的残差项。相比于传统方法，提出的惯性/里程计高精度增广预积分残差充分考虑了轮式里程计各类误差参数的影响，能够实现对惯性/里程计组合导航系统的充分标定，从而提升因子图优化的融合性能。需要根据式(7.39)的残差模型对各个优化变量进行求导，构建相应的雅可比矩阵实现状态估计。在非线性优化的过程中，优化变量可以表示为

$$
\begin{gathered}
[\boldsymbol{p}_{\mathrm{b}_k}^{\mathrm{w}} \quad \boldsymbol{\theta}_{\mathrm{b}_k}^{\mathrm{w}}],\ [\boldsymbol{v}_{\mathrm{b}_k}^{\mathrm{w}} \quad \boldsymbol{b}_{\mathrm{a}_k} \quad \boldsymbol{b}_{\mathrm{w}_k} \quad s_{\mathrm{o}_k} \quad k_{\mathrm{o}_k}],\ [\boldsymbol{p}_{\mathrm{o}_k}^{\mathrm{b}_k} \quad \boldsymbol{\theta}_{\mathrm{o}_k}^{\mathrm{b}_k}] \\
[\boldsymbol{p}_{\mathrm{b}_{k+1}}^{\mathrm{w}} \quad \boldsymbol{\theta}_{\mathrm{b}_{k+1}}^{\mathrm{w}}],\ [\boldsymbol{v}_{\mathrm{b}_{k+1}}^{\mathrm{w}} \quad \boldsymbol{b}_{\mathrm{a}_{k+1}} \quad \boldsymbol{b}_{\mathrm{w}_{k+1}} \quad s_{\mathrm{o}_{k+1}} \quad k_{\mathrm{o}_{k+1}}],\ [\boldsymbol{p}_{\mathrm{o}_{k+1}}^{\mathrm{b}_{k+1}} \quad \boldsymbol{\theta}_{\mathrm{o}_{k+1}}^{\mathrm{b}_{k+1}}]
\end{gathered} \tag{7.40}
$$

由于针对前五行的求导过程已在本节第 2 章中进行阐述，因此这里只对增广项的求导过程进行叙述。首先，$\delta\boldsymbol{\eta}_{\mathrm{b}_{k+1}}^{\mathrm{b}_k}$ 对 $[\boldsymbol{p}_{\mathrm{b}_k}^{\mathrm{w}} \quad \boldsymbol{\theta}_{\mathrm{b}_k}^{\mathrm{w}}]$ 进行求导，可以表示为

$$\frac{\partial \delta \boldsymbol{\eta}_{\mathrm{b}_{k+1}}^{\mathrm{b}_k}}{\partial \boldsymbol{p}_{\mathrm{b}_k}^{\mathrm{w}}} = -\boldsymbol{R}_{\mathrm{w}}^{\mathrm{b}_k}$$

$$\frac{\partial \delta \boldsymbol{\eta}_{\mathrm{b}_{k+1}}^{\mathrm{b}_k}}{\partial \boldsymbol{\theta}_{\mathrm{b}_k}^{\mathrm{w}}} = [\boldsymbol{R}_{\mathrm{w}}^{\mathrm{b}_k}(\boldsymbol{p}_{\mathrm{b}_{k+1}}^{\mathrm{w}} - \boldsymbol{p}_{\mathrm{b}_k}^{\mathrm{w}} + \boldsymbol{R}_{\mathrm{b}_{k+1}}^{\mathrm{w}} \boldsymbol{p}_{\mathrm{o}_{k+1}}^{\mathrm{b}_{k+1}})]_{\times} \tag{7.41}$$

其余项对 $[\boldsymbol{p}_{\mathrm{b}_k}^{\mathrm{w}} \quad \boldsymbol{\theta}_{\mathrm{b}_k}^{\mathrm{w}}]$ 求导均为零项。因此,用 $\boldsymbol{r}_{\mathrm{I}}(\hat{z}_{\mathrm{b}_{k+1}}^{\mathrm{b}_k}, \boldsymbol{X})$ 对 $[\boldsymbol{p}_{\mathrm{b}_k}^{\mathrm{w}} \quad \boldsymbol{\theta}_{\mathrm{b}_k}^{\mathrm{w}}]$ 求导,可以表示为

$$\boldsymbol{J}[0]^{26\times 6} = \left[\frac{\partial \boldsymbol{r}_{\mathrm{I}}}{\partial \boldsymbol{p}_{\mathrm{b}_k}^{\mathrm{w}}} \quad \frac{\partial \boldsymbol{r}_{\mathrm{I}}}{\partial \boldsymbol{\theta}_{\mathrm{b}_k}^{\mathrm{w}}}\right] = \begin{bmatrix} -\boldsymbol{R}_{\mathrm{w}}^{\mathrm{b}_k} & \left[\boldsymbol{R}_{\mathrm{w}}^{\mathrm{b}_k}\left(\boldsymbol{p}_{\mathrm{b}_{k+1}}^{\mathrm{w}} - \boldsymbol{p}_{\mathrm{b}_k}^{\mathrm{w}} - \boldsymbol{v}_{\mathrm{b}_k}^{\mathrm{w}}\Delta t_k + \frac{1}{2}\boldsymbol{g}^{\mathrm{w}}\Delta t_k^2\right)\right]_{\times} \\ \boldsymbol{0} & -\{R[(\boldsymbol{q}_{\mathrm{b}_k}^{\mathrm{w}})^{-1} \otimes \boldsymbol{q}_{\mathrm{b}_{k+1}}^{\mathrm{w}}]L[(\hat{\boldsymbol{\gamma}}_{\mathrm{b}_{k+1}}^{\mathrm{b}_k})^{-1}]\}_{3\times 3} \\ \boldsymbol{0} & [\boldsymbol{R}_{\mathrm{w}}^{\mathrm{b}_k}(\boldsymbol{v}_{\mathrm{b}_{k+1}}^{\mathrm{w}} - \boldsymbol{v}_{\mathrm{b}_k}^{\mathrm{w}} + \boldsymbol{g}^{\mathrm{w}}\Delta t_k)]_{\times} \\ \boldsymbol{0} & \boldsymbol{0} \\ \boldsymbol{0} & \boldsymbol{0} \\ -\boldsymbol{R}_{\mathrm{w}}^{\mathrm{b}_k} & [\boldsymbol{R}_{\mathrm{w}}^{\mathrm{b}_k}(\boldsymbol{p}_{\mathrm{b}_{k+1}}^{\mathrm{w}} - \boldsymbol{p}_{\mathrm{b}_k}^{\mathrm{w}} + \boldsymbol{R}_{\mathrm{b}_{k+1}}^{\mathrm{w}} \boldsymbol{p}_{\mathrm{o}_{k+1}}^{\mathrm{b}_{k+1}})]_{\times} \\ 0 & 0 \\ \boldsymbol{0} & \boldsymbol{0} \\ \boldsymbol{0} & \boldsymbol{0} \\ 0 & 0 \end{bmatrix} \tag{7.42}$$

用 $\delta \boldsymbol{\eta}_{\mathrm{b}_{k+1}}^{\mathrm{b}_k}$ 对 $[\boldsymbol{v}_{\mathrm{b}_k}^{\mathrm{w}} \quad \boldsymbol{b}_{\mathrm{a}_k} \quad \boldsymbol{b}_{\mathrm{w}_k} \quad s_{\mathrm{o}_k} \quad k_{\mathrm{o}_k}]$ 进行求导,可以表示为

$$\begin{aligned} \frac{\partial \delta \boldsymbol{\eta}_{\mathrm{b}_{k+1}}^{\mathrm{b}_k}}{\partial \boldsymbol{v}_{\mathrm{b}_k}^{\mathrm{w}}} &= \boldsymbol{0} \\ \frac{\partial \delta \boldsymbol{\eta}_{\mathrm{b}_{k+1}}^{\mathrm{b}_k}}{\partial \boldsymbol{b}_{\mathrm{a}_k}} &= \boldsymbol{0} \\ \frac{\partial \delta \boldsymbol{\eta}_{\mathrm{b}_{k+1}}^{\mathrm{b}_k}}{\partial \boldsymbol{b}_{\mathrm{w}_k}} &= -\boldsymbol{J}_{\delta b_{\mathrm{w}_k}}^{\delta \eta_{\mathrm{b}_{k+1}}^{\mathrm{b}_k}} \\ \frac{\partial \delta \boldsymbol{\eta}_{\mathrm{b}_{k+1}}^{\mathrm{b}_k}}{\partial s_{\mathrm{o}_k}} &= -\boldsymbol{J}_{\delta s_{\mathrm{o}_k}}^{\delta \eta_{\mathrm{b}_{k+1}}^{\mathrm{b}_k}} \\ \frac{\partial \delta \boldsymbol{\eta}_{\mathrm{b}_{k+1}}^{\mathrm{b}_k}}{\partial k_{\mathrm{o}_k}} &= -\boldsymbol{J}_{\delta k_{\mathrm{o}_k}}^{\delta \eta_{\mathrm{b}_{k+1}}^{\mathrm{b}_k}} \end{aligned} \tag{7.43}$$

用 δs_{o} 对 s_{o_k} 求导,用 δk_{o} 对 k_{o_k} 求导,可以表示为

$$\begin{aligned}\frac{\partial \delta s_{\mathrm{o}}}{\partial s_{\mathrm{o}_k}} &= -1 \\ \frac{\partial \delta k_{\mathrm{o}}}{\partial k_{\mathrm{o}_k}} &= -1\end{aligned} \tag{7.44}$$

其余项对 $[\boldsymbol{v}_{\mathrm{b}_k}^{\mathrm{w}} \quad \boldsymbol{b}_{\mathrm{a}_k} \quad \boldsymbol{b}_{\mathrm{w}_k} \quad s_{\mathrm{o}_k} \quad k_{\mathrm{o}_k}]$ 求导均为零项。因此，$\boldsymbol{r}_{\mathrm{I}}(\hat{\boldsymbol{z}}_{\mathrm{b}_{k+1}}^{\mathrm{b}_k}, \boldsymbol{X})$ 对 $[\boldsymbol{v}_{\mathrm{b}_k}^{\mathrm{w}} \quad \boldsymbol{b}_{\mathrm{a}_k} \quad \boldsymbol{b}_{\mathrm{w}_k} \quad s_{\mathrm{o}_k} \quad k_{\mathrm{o}_k}]$ 求导，可以表示为

$$\boldsymbol{J}[1]^{26\times 11} = \begin{bmatrix} \dfrac{\partial \boldsymbol{r}_{\mathrm{I}}}{\partial \boldsymbol{v}_{\mathrm{b}_k}^{\mathrm{w}}} & \dfrac{\partial \boldsymbol{r}_{\mathrm{I}}}{\partial \boldsymbol{b}_{\mathrm{a}_k}} & \dfrac{\partial \boldsymbol{r}_{\mathrm{I}}}{\partial \boldsymbol{b}_{\mathrm{w}_k}} & \dfrac{\partial \boldsymbol{r}_{\mathrm{I}}}{\partial s_{\mathrm{o}_k}} & \dfrac{\partial \boldsymbol{r}_{\mathrm{I}}}{\partial k_{\mathrm{o}_k}} \end{bmatrix}$$

$$= \begin{bmatrix} -\boldsymbol{R}_{\mathrm{w}}^{\mathrm{b}_k}\Delta t_k & -\boldsymbol{J}_{\delta b_{\mathrm{a}_k}}^{\delta\alpha_{\mathrm{b}_k}^{\mathrm{b}_{k+1}}} & -\boldsymbol{J}_{\delta b_{\mathrm{w}_k}}^{\delta\alpha_{\mathrm{b}_{k+1}}^{\mathrm{b}_k}} & \boldsymbol{0} & \boldsymbol{0} \\ \boldsymbol{0} & \boldsymbol{0} & -\{\mathrm{L}[(\boldsymbol{q}_{\mathrm{b}_{k+1}}^{\mathrm{w}})^{-1} \otimes \boldsymbol{q}_{\mathrm{b}_k}^{\mathrm{w}} \otimes \hat{\boldsymbol{\gamma}}_{\mathrm{b}_{k+1}}^{\mathrm{b}_k}]\}_{3\times 3}\boldsymbol{J}_{\delta b_{\mathrm{w}_k}}^{\delta\gamma_{\mathrm{b}_k}^{\mathrm{b}_{k+1}}} & \boldsymbol{0} & \boldsymbol{0} \\ -\boldsymbol{R}_{\mathrm{w}}^{\mathrm{b}_k} & -\boldsymbol{J}_{\delta b_{\mathrm{a}_k}}^{\delta\beta_{\mathrm{b}_k}^{\mathrm{b}_{k+1}}} & -\boldsymbol{J}_{\delta b_{\mathrm{a}_k}}^{\delta\beta_{\mathrm{b}_k}^{\mathrm{b}_{k+1}}} & \boldsymbol{0} & \boldsymbol{0} \\ \boldsymbol{0} & -\boldsymbol{I} & \boldsymbol{0} & \boldsymbol{0} & \boldsymbol{0} \\ \boldsymbol{0} & \boldsymbol{0} & -\boldsymbol{I} & \boldsymbol{0} & \boldsymbol{0} \\ \boldsymbol{0} & \boldsymbol{0} & -\boldsymbol{J}_{\delta b_{\mathrm{w}_k}}^{\delta\eta_{\mathrm{b}_k}^{\mathrm{b}_{k+1}}} & -\boldsymbol{J}_{\delta s_{\mathrm{o}_k}}^{\delta\eta_{\mathrm{b}_k}^{\mathrm{b}_{k+1}}} & -\boldsymbol{J}_{\delta \mathrm{k}_{\mathrm{o}_k}}^{\delta\eta_{\mathrm{b}_k}^{\mathrm{b}_{k+1}}} \\ \boldsymbol{0} & \boldsymbol{0} & \boldsymbol{0} & -1 & 0 \\ \boldsymbol{0} & \boldsymbol{0} & \boldsymbol{0} & \boldsymbol{0} & \boldsymbol{0} \\ \boldsymbol{0} & \boldsymbol{0} & \boldsymbol{0} & \boldsymbol{0} & \boldsymbol{0} \\ \boldsymbol{0} & \boldsymbol{0} & \boldsymbol{0} & 0 & -1 \end{bmatrix} \tag{7.45}$$

用 $\delta\boldsymbol{\eta}_{\mathrm{b}_{k+1}}^{\mathrm{b}_k}$ 对 $[\boldsymbol{p}_{\mathrm{o}_k}^{\mathrm{b}_k} \quad \boldsymbol{\theta}_{\mathrm{o}_k}^{\mathrm{b}_k}]$ 进行求导，可以表示为

$$\begin{aligned}\frac{\partial \delta\boldsymbol{\eta}_{\mathrm{b}_{k+1}}^{\mathrm{b}_k}}{\partial \boldsymbol{p}_{\mathrm{o}_k}^{\mathrm{b}_k}} &= -\boldsymbol{I} \\ \frac{\partial \delta\boldsymbol{\eta}_{\mathrm{b}_{k+1}}^{\mathrm{b}_k}}{\partial \boldsymbol{\theta}_{\mathrm{o}_k}^{\mathrm{b}_k}} &= -\boldsymbol{J}_{\delta\theta_{\mathrm{o}_k}^{\mathrm{b}}}^{\delta\eta_{\mathrm{b}_{k+1}}^{\mathrm{b}_k}}\end{aligned} \tag{7.46}$$

用 $\delta\boldsymbol{p}_{\mathrm{o}}^{\mathrm{b}}$ 对 $\boldsymbol{p}_{\mathrm{o}_k}^{\mathrm{b}_k}$ 求导，用 $\delta\boldsymbol{\theta}_{\mathrm{o}}^{\mathrm{b}}$ 对 $\boldsymbol{\theta}_{\mathrm{o}_k}^{\mathrm{b}_k}$ 求导，可以表示为

$$\begin{aligned}\frac{\partial \delta\boldsymbol{p}_{\mathrm{o}}^{\mathrm{b}}}{\partial \boldsymbol{p}_{\mathrm{o}_k}^{\mathrm{b}_k}} &= -\boldsymbol{I} \\ \frac{\partial \delta\boldsymbol{\theta}_{\mathrm{o}}^{\mathrm{b}}}{\partial \boldsymbol{\theta}_{\mathrm{o}_k}^{\mathrm{b}_k}} &= -\{R[(\boldsymbol{q}_{\mathrm{o}_k}^{\mathrm{b}_k})^{-1} \otimes \boldsymbol{q}_{\mathrm{o}_{k+1}}^{\mathrm{b}_{k+1}}]\}_{3\times 3}\end{aligned} \tag{7.47}$$

其余项对 $[\boldsymbol{p}_{o_k}^{b_k} \quad \boldsymbol{\theta}_{o_k}^{b_k}]$ 进行求导均为零项。因此，$\boldsymbol{r}_{\mathrm{I}}(\hat{z}_{b_{k+1}}^{b_k}, \boldsymbol{X})$ 对 $[\boldsymbol{p}_{o_k}^{b_k} \quad \boldsymbol{\theta}_{o_k}^{b_k}]$ 求导，可以表示为

$$\boldsymbol{J}[2]^{26\times 7} = \left[\frac{\partial \boldsymbol{r}_{\mathrm{I}}}{\partial \boldsymbol{p}_{o_k}^{b_k}} \quad \frac{\partial \boldsymbol{r}_{\mathrm{I}}}{\partial \boldsymbol{\theta}_{o_k}^{b_k}}\right] = \begin{bmatrix} \boldsymbol{0} & \boldsymbol{0} \\ \boldsymbol{0} & \boldsymbol{0} \\ \boldsymbol{0} & \boldsymbol{0} \\ \boldsymbol{0} & \boldsymbol{0} \\ \boldsymbol{0} & \boldsymbol{0} \\ -\boldsymbol{I} & -\boldsymbol{J}_{\delta\theta_{o_k}^{b}}^{\delta\eta_{b_{k+1}}^{b_k}} \\ \boldsymbol{0} & \boldsymbol{0} \\ -\boldsymbol{I} & \boldsymbol{0} \\ \boldsymbol{0} & -\{R[(\boldsymbol{q}_{o_k}^{b_k})^{-1} \otimes \boldsymbol{q}_{o_{k+1}}^{b_{k+1}}]\}_{3\times 3} \\ \boldsymbol{0} & \boldsymbol{0} \end{bmatrix} \tag{7.48}$$

用 $\delta\boldsymbol{\eta}_{b_{k+1}}^{b_k}$ 对 $[\boldsymbol{p}_{b_{k+1}}^{w} \quad \boldsymbol{\theta}_{b_{k+1}}^{w}]$ 进行求导，可以表示为

$$\begin{aligned} \frac{\partial \delta\boldsymbol{\eta}_{b_{k+1}}^{b_k}}{\partial \boldsymbol{p}_{b_{k+1}}^{w}} &= \boldsymbol{R}_{w}^{b_k} \\ \frac{\partial \delta\boldsymbol{\eta}_{b_{k+1}}^{b_k}}{\partial \boldsymbol{\theta}_{b_{k+1}}^{w}} &= -\boldsymbol{R}_{w}^{b_k}\boldsymbol{R}_{b_{k+1}}^{w}[\boldsymbol{p}_{o_{k+1}}^{b_{k+1}}]_{\times} \end{aligned} \tag{7.49}$$

其余项对 $[\boldsymbol{p}_{b_{k+1}}^{w} \quad \boldsymbol{\theta}_{b_{k+1}}^{w}]$ 求导均为零项。因此，用 $\boldsymbol{r}_{\mathrm{I}}(\hat{z}_{b_{k+1}}^{b_k}, \boldsymbol{X})$ 对 $[\boldsymbol{p}_{b_{k+1}}^{w} \quad \boldsymbol{\theta}_{b_{k+1}}^{w}]$ 求导，可以表示为

$$\boldsymbol{J}[3]^{26\times 6} = \left[\frac{\partial \boldsymbol{r}_{\mathrm{I}}}{\partial \boldsymbol{p}_{b_{k+1}}^{w}} \quad \frac{\partial \boldsymbol{r}_{\mathrm{I}}}{\partial \boldsymbol{\theta}_{b_{k+1}}^{w}}\right] = \begin{bmatrix} \boldsymbol{R}_{w}^{b_k} & \boldsymbol{0} \\ \boldsymbol{0} & \{L[(\hat{\boldsymbol{\gamma}}_{b_{k+1}}^{b_k})^{-1} \otimes (\boldsymbol{q}_{b_k}^{w})^{-1} \otimes \boldsymbol{q}_{b_{k+1}}^{w}]\}_{3\times 3} \\ \boldsymbol{0} & \boldsymbol{0} \\ \boldsymbol{0} & \boldsymbol{0} \\ \boldsymbol{0} & \boldsymbol{0} \\ \boldsymbol{R}_{w}^{b_k} & -\boldsymbol{R}_{w}^{b_k}\boldsymbol{R}_{b_{k+1}}^{w}[\boldsymbol{p}_{o_{k+1}}^{b_{k+1}}]_{\times} \\ \boldsymbol{0} & \boldsymbol{0} \\ \boldsymbol{0} & \boldsymbol{0} \\ \boldsymbol{0} & \boldsymbol{0} \\ \boldsymbol{0} & \boldsymbol{0} \end{bmatrix} \tag{7.50}$$

用 δs_{o} 对 $s_{\mathrm{o}_{k+1}}$ 求导,用 δk_{o} 对 $k_{\mathrm{o}_{k+1}}$ 求导,可以表示为

$$\begin{aligned}\frac{\partial \delta s_{\mathrm{o}}}{\partial s_{\mathrm{o}_{k+1}}} &= 1 \\ \frac{\partial \delta k_{\mathrm{o}}}{\partial k_{\mathrm{o}_{k+1}}} &= 1\end{aligned} \tag{7.51}$$

其余项对 $[\boldsymbol{v}_{\mathrm{b}_{k+1}}^{\mathrm{w}} \quad \boldsymbol{b}_{\mathrm{a}_{k+1}} \quad \boldsymbol{b}_{\mathrm{w}_{k+1}} \quad s_{\mathrm{o}_{k+1}} \quad k_{\mathrm{o}_{k+1}}]$ 求导均为零项。用 $\boldsymbol{r}_{\mathrm{I}}(\hat{z}_{\mathrm{b}_{k+1}}^{\mathrm{b}_k}, \boldsymbol{X})$ 对其求导,可以表示为

$$\boldsymbol{J}[4]^{26\times 11} = \begin{bmatrix} \dfrac{\partial \boldsymbol{r}_{\mathrm{I}}}{\partial \boldsymbol{v}_{\mathrm{b}_{k+1}}^{\mathrm{w}}} & \dfrac{\partial \boldsymbol{r}_{\mathrm{I}}}{\partial \boldsymbol{b}_{\mathrm{a}_{k+1}}} & \dfrac{\partial \boldsymbol{r}_{\mathrm{I}}}{\partial \boldsymbol{b}_{\mathrm{w}_{k+1}}} & \dfrac{\partial \boldsymbol{r}_{\mathrm{I}}}{\partial s_{\mathrm{o}_{k+1}}} & \dfrac{\partial \boldsymbol{r}_{\mathrm{I}}}{\partial k_{\mathrm{o}_{k+1}}} \end{bmatrix} = \begin{bmatrix} \boldsymbol{0} & \boldsymbol{0} & \boldsymbol{0} & \boldsymbol{0} & \boldsymbol{0} \\ \boldsymbol{0} & \boldsymbol{0} & \boldsymbol{0} & \boldsymbol{0} & \boldsymbol{0} \\ \boldsymbol{R}_{\mathrm{w}}^{\mathrm{b}_k} & \boldsymbol{0} & \boldsymbol{0} & \boldsymbol{0} & \boldsymbol{0} \\ \boldsymbol{0} & \boldsymbol{I} & \boldsymbol{0} & \boldsymbol{0} & \boldsymbol{0} \\ \boldsymbol{0} & \boldsymbol{0} & \boldsymbol{I} & \boldsymbol{0} & \boldsymbol{0} \\ \boldsymbol{0} & \boldsymbol{0} & \boldsymbol{0} & \boldsymbol{0} & \boldsymbol{0} \\ \boldsymbol{0} & \boldsymbol{0} & \boldsymbol{0} & 1 & 0 \\ \boldsymbol{0} & \boldsymbol{0} & \boldsymbol{0} & \boldsymbol{0} & \boldsymbol{0} \\ \boldsymbol{0} & \boldsymbol{0} & \boldsymbol{0} & \boldsymbol{0} & \boldsymbol{0} \\ \boldsymbol{0} & \boldsymbol{0} & \boldsymbol{0} & 0 & 1 \end{bmatrix} \tag{7.52}$$

用 $\delta \boldsymbol{\eta}_{\mathrm{b}_{k+1}}^{\mathrm{b}_k}$ 对 $\boldsymbol{p}_{\mathrm{o}_{k+1}}^{\mathrm{b}_{k+1}}$ 求导,用 $\delta \boldsymbol{p}_{\mathrm{o}}^{\mathrm{b}}$ 对 $\boldsymbol{p}_{\mathrm{o}_{k+1}}^{\mathrm{b}_{k+1}}$ 求导, 用 $\delta \boldsymbol{\theta}_{\mathrm{o}}^{\mathrm{b}}$ 对 $\boldsymbol{\theta}_{\mathrm{o}_{k+1}}^{\mathrm{b}_{k+1}}$ 求导,可以表示为

$$\begin{aligned}\frac{\partial \delta \boldsymbol{\eta}_{\mathrm{b}_{k+1}}^{\mathrm{b}_k}}{\partial \boldsymbol{p}_{\mathrm{o}_{k+1}}^{\mathrm{b}_{k+1}}} &= \boldsymbol{R}_{\mathrm{w}}^{\mathrm{b}_k} \boldsymbol{R}_{\mathrm{b}_{k+1}}^{\mathrm{w}} \\ \frac{\partial \delta \boldsymbol{p}_{\mathrm{o}}^{\mathrm{b}}}{\partial \boldsymbol{p}_{\mathrm{o}_{k+1}}^{\mathrm{b}_{k+1}}} &= \boldsymbol{I} \\ \frac{\partial \delta \boldsymbol{\theta}_{\mathrm{o}}^{\mathrm{b}}}{\partial \boldsymbol{\theta}_{\mathrm{o}_{k+1}}^{\mathrm{b}_{k+1}}} &= \{L[(\boldsymbol{q}_{\mathrm{o}_k}^{\mathrm{b}_k})^{-1} \otimes \boldsymbol{q}_{\mathrm{o}_{k+1}}^{\mathrm{b}_{k+1}}]\}_{3\times 3}\end{aligned} \tag{7.53}$$

其余项对 $[\boldsymbol{p}_{\mathrm{o}_{k+1}}^{\mathrm{b}_{k+1}} \quad \boldsymbol{\theta}_{\mathrm{o}_{k+1}}^{\mathrm{b}_{k+1}}]$ 求导均为零项。因此, $\boldsymbol{r}_{\mathrm{I}}(\hat{z}_{\mathrm{b}_{k+1}}^{\mathrm{b}_k}, \boldsymbol{X})$ 对 $[\boldsymbol{p}_{\mathrm{o}_{k+1}}^{\mathrm{b}_{k+1}} \quad \boldsymbol{\theta}_{\mathrm{o}_{k+1}}^{\mathrm{b}_{k+1}}]$ 求导,可以表示为

$$\boldsymbol{J}[5]^{26\times 7} = \begin{bmatrix} \dfrac{\partial \boldsymbol{r}_{\mathrm{I}}}{\partial \boldsymbol{p}_{\mathrm{o}_{k+1}}^{\mathrm{b}_{k+1}}} & \dfrac{\partial \boldsymbol{r}_{\mathrm{I}}}{\partial \boldsymbol{\theta}_{\mathrm{o}_{k+1}}^{\mathrm{b}_{k+1}}} \end{bmatrix}$$

$$
=\begin{bmatrix}
\mathbf{0} & \mathbf{0} \\
\mathbf{0} & \mathbf{0} \\
\mathbf{0} & \mathbf{0} \\
\mathbf{0} & \mathbf{0} \\
\mathbf{0} & \mathbf{0} \\
\boldsymbol{R}_{\mathrm{w}}^{\mathrm{b}_k}\boldsymbol{R}_{\mathrm{b}_{k+1}}^{\mathrm{w}} & \mathbf{0} \\
\mathbf{0} & \mathbf{0} \\
\boldsymbol{I} & \mathbf{0} \\
\mathbf{0} & \{L[(\boldsymbol{q}_{\mathrm{o}_k}^{\mathrm{b}_k})^{-1}\otimes\boldsymbol{q}_{\mathrm{o}_{k+1}}^{\mathrm{b}_{k+1}}]\}_{3\times 3} \\
\mathbf{0} & \mathbf{0}
\end{bmatrix} \tag{7.54}
$$

7.5　验证与分析

7.5.1　数据集验证

利用自动驾驶领域的 KITTI 数据集数据对基于增广预积分的惯性/里程计因子图优化融合方法进行了验证。首先,通过与基于卡尔曼滤波的在线标定方法[135]进行对比验证提出方法的标定精度。其次,通过与传统的惯性/里程计预积分方法进行对比验证提出方法的定位精度,两种传统的惯性/里程计预积分方法分别记为预积分 1[131]与预积分 2[132]。

所用的 KITTI 数据集数据编号为 2011_11_03_drive_0027,该组数据包括车辆角速度、车辆加速度、车辆前向速度以及车辆定位数据。其中,车辆角速度与车辆加速度被用于生成 IMU 数据。车辆前向速度被用于生成里程计数据,并注入标度因数、安装参数等误差。车辆定位数据作为轨迹真值,同时被用于生成卫星位置数据。车辆的运动状态包括转弯、加速与减速。根据文献[125],在这种情况下轮速计的标度因数、x 轴向杆臂、y 轴向杆臂、x 轴向安装偏角以及 z 轴向安装偏角是可观的。同时,根据式(7.38),转角计的标度因数误差也是可观的。该组数据的车辆前向速度如图 7.5 所示,其中,实线表示车辆前向速度,虚线表示车辆转弯时前向速度所集中的区域。可以看出,在车辆转弯时,其前向速度一般较低。由于车辆运动学模型仅适用于低速环境,因此可以通过设定一定的阈值[136]决定是否融合由车辆运动学模型解算的转角信息。

数据的总时长为 450 s,在前 300 s 使用卫星位置信息,在后 150 s 通过不使用卫星位置信息模拟卫星不可用的情况。当卫星信号可用时,车辆的定位结果由惯

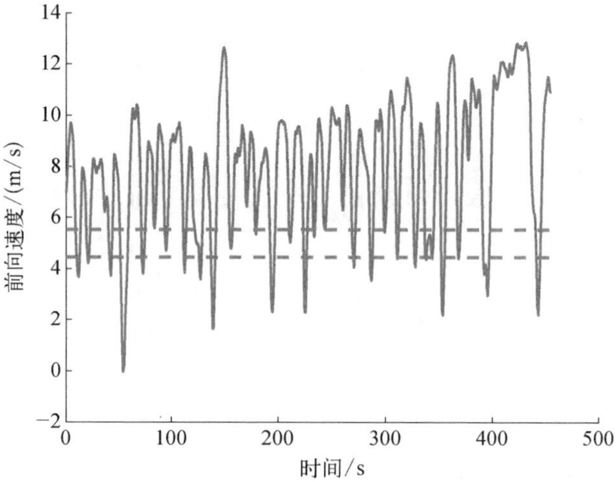

图 7.5　KITTI 数据集数据的车辆前向速度

性/里程计/卫星组合导航得到。当卫星信号不可用时，车辆的定位结果由惯性/里程计组合导航得到。共进行了 50 组蒙特卡罗仿真，基于增广预积分的因子图优化融合方法与传统方法的一组标定结果对比如图 7.6 所示。蒙特卡罗仿真得到的标定结果均方根误差对比如表 7.1 所示。

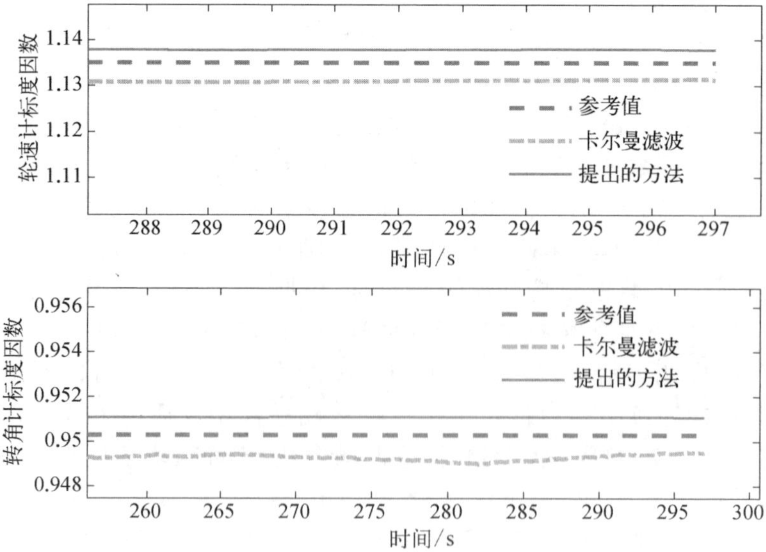

(a) 标度因数

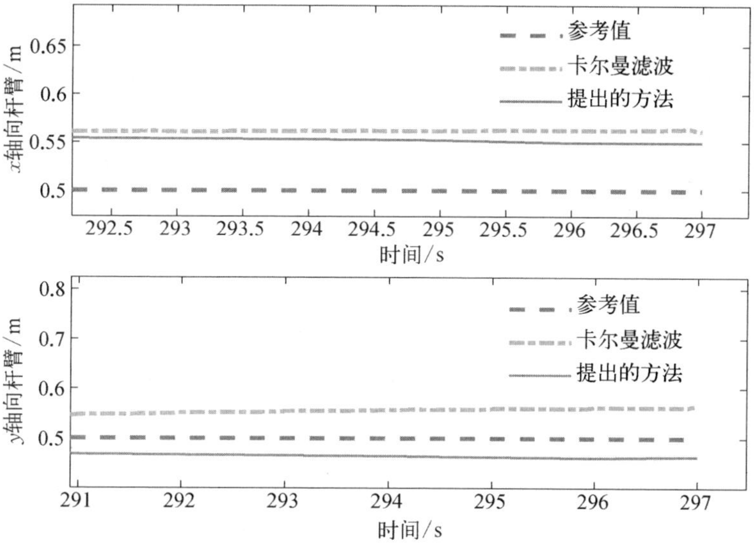

(b) 安装杆臂

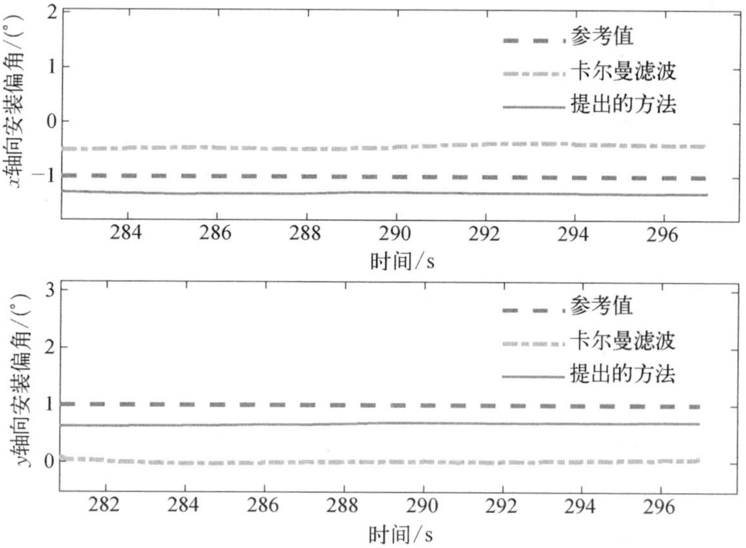

(c) 安装偏角

图 7.6　基于增广预积分的因子优化融合方法与传统方法的一组标定结果对比

表 7.1 基于增广预积分的因子图优化融合方法与传统方法的标定结果均方根误差对比

参数	标定结果均方根误差			
	卡尔曼滤波		提出的方法	
	均值	标准差	均值	标准差
轮速计标度因数	0.003	0.0003	0.003	0.0002
转角计标度因数	0.001	0.0001	0.001	0.0001
x 轴向杆臂/m	0.079	0.003	0.049	0.002
y 轴向杆臂/m	0.076	0.003	0.037	0.003
x 轴向安装偏角/(°)	0.547	0.047	0.304	0.026
z 轴向安装偏角/(°)	0.837	0.042	0.302	0.030

由图 7.6 与表 7.1 可以看出，提出方法解算的标定结果更接近于参考值，表明提出的方法能够实现比滤波方法更高的标定精度。

同时，对基于不同惯性/里程计预积分因子图优化融合方法的定位性能进行了对比。基于增广预积分的因子图优化融合方法与传统方法的轨迹对比如图 7.7 所示。可以看出，提出的方法的轨迹更加接近于参考值。

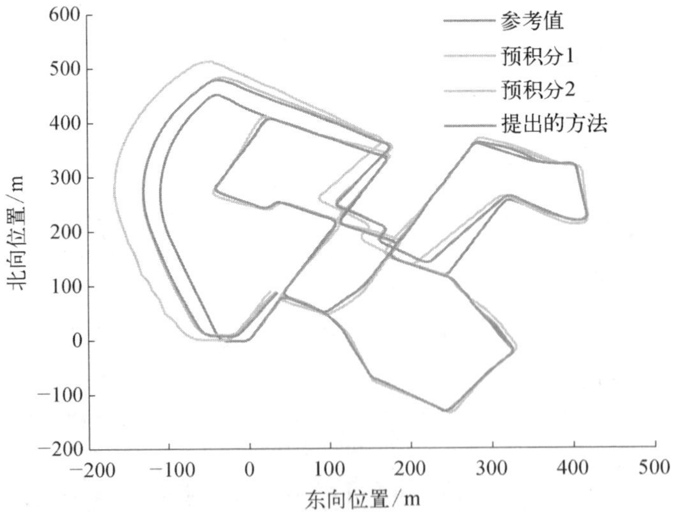

图 7.7 基于增广预积分的因子图优化融合方法与传统方法的轨迹对比

基于增广预积分的因子图优化融合方法与传统方法的位置误差对比如图 7.8 所示,位置均方根误差对比如表 7.2 所示。

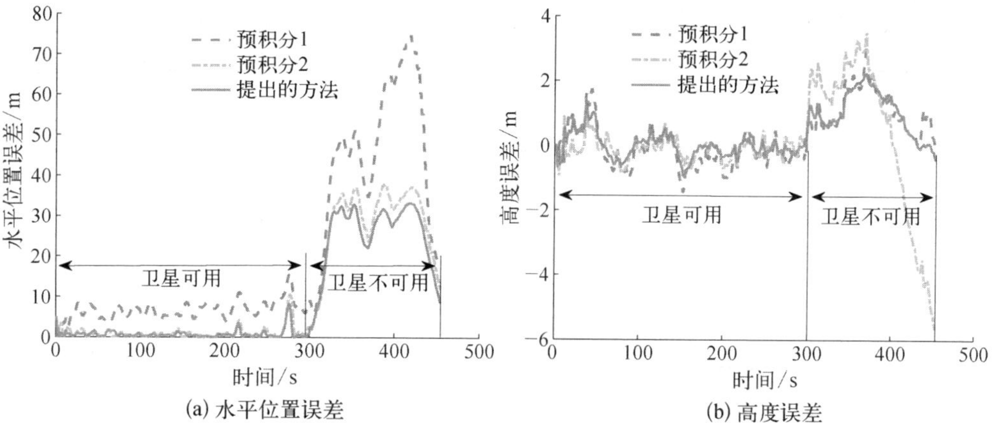

图 7.8　基于增广预积分的因子图优化融合方法与传统方法的位置误差对比

表 7.2　基于增广预积分的因子图优化融合方法与传统方法的位置均方根误差对比　（单位：m）

项　　目	水平位置误差	高度误差
预积分 1	29.09	0.91
预积分 2	17.42	1.54
提出的方法	15.48	0.78

由图 7.8 可以看出,在卫星信号可用时提出的方法能够提升定位精度,而在卫星信号不可用时提出的方法则可以有效抑制惯性/里程计组合导航系统的误差漂移。结合表 7.2 的统计结果可知,提出方法的位置均方根误差较小,表明提出的方法具有更高的定位精度。

7.5.2　无人车验证

本节对卫星不可用条件下的惯性/里程计组合导航误差漂移抑制方法进行了验证。对 IMU、里程计以及卫星差分位置信息进行了采集,并将差分位置作为参考轨迹,Apollo 无人车试验平台的轮速如图 7.9 所示。可以看出,整个试验过程中车辆都保持着较低的速度,因此可以利用车辆运动学模型对前轮的转角进行计算。整个试验的时长为 2100 s,在前 1200 s 的时间段内卫星信号可用,在后续的时间段内通过切断卫星信号模拟卫星不可用的情况。在试验过程中无人车会经历转弯、加速、减速等运动状态。在这种情况下,轮速计的标度因数、x 轴向杆臂、y 轴向杆臂、x 轴向安装偏角以及 z 轴向安装偏角是可观的。同时,利用车辆运动学模型解算的转角信息,能够保证转角计标度因数误差的可观性。

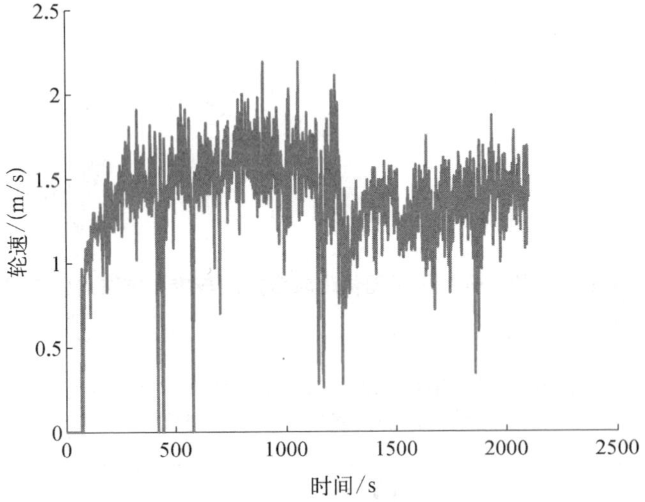

图 7.9 Apollo 无人车试验平台的轮速

对比的传统方法包括基于卡尔曼滤波的惯性/里程计在线标定方法、预积分 1 以及预积分 2。其中,通过与基于卡尔曼滤波的在线标定方法进行对比,验证提出方法的参数标定精度。通过与不同的惯性/里程计预积分方法进行对比,验证提出方法的组合导航性能。在预积分 1 中,里程计的标度因数没有被充分考虑,因此难以对其进行在线标定,从而会严重影响里程计信息的精确性。在预积分 2 中,安装偏角是由卡尔曼滤波进行估计的,然后将其直接代入预积分模型中。由于安装偏角无法进行在线优化,也会对组合导航系统的定位性能产生一定的影响。

首先,对卡尔曼滤波与提出方法的参数标定精度进行对比。由于在实际情况下无法获得真实的里程计参数,可以将不同方法得到的标定结果分别代入惯性/里程计组合导航系统中,通过衡量最后的定位精度判断不同方法的参数标定效果。基于不同标定参数惯性/里程计组合导航的位置误差对比如图 7.10 所示,位置均方根误差对比如表 7.3 所示。

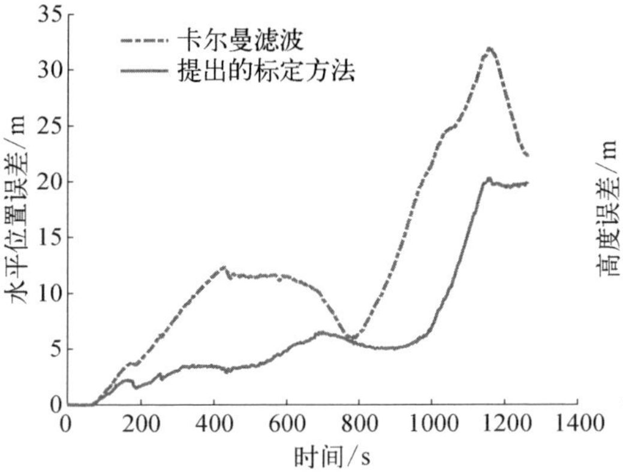

(a) 水平位置误差

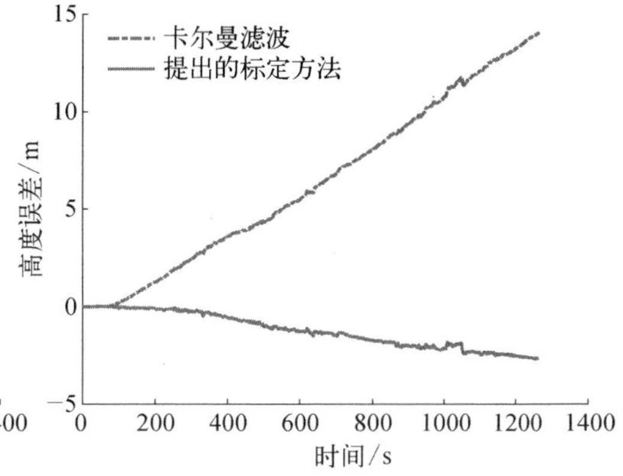

(b) 高度误差

图 7.10　基于不同标定参数惯性/里程计组合导航的位置误差对比

表 7.3　基于不同标定参数惯性/里程计组合导航的位置均方根误差对比　（单位：m）

项　　目	水平位置误差	高度误差
卡尔曼滤波	15.12	7.65
提出的标定方法	8.45	1.51

由图 7.10 与表 7.3 可以看出，利用提出方法获得的标定参数会引起较小的位置误差，从而表明提出的方法能够获得比卡尔曼滤波更优的在线标定效果。

接下来对基于不同预积分的惯性/里程计因子图优化融合方法的定位性能进行对比，基于增广预积分的因子图优化融合方法与传统方法的轨迹对比如图 7.11 所示。其中，轨迹的起点与终点在图中进行了标注，Apollo 无人车共行进了一圈半的里程。

在第一圈中，由于卫星信号可用，因此三种方法的轨迹几乎重叠在一起。在第一圈之后，卫星信号被切断，所有方法的位置误差均开始累积。可以看出，相比于预积分 1 与预积分 2，提出方法的轨迹与参考值更为接近。基于增广预积分的因子图优化融合方法与传统方法的位置误差对比如图 7.12 所示，而位置均方根误差对比如表 7.4 所示。

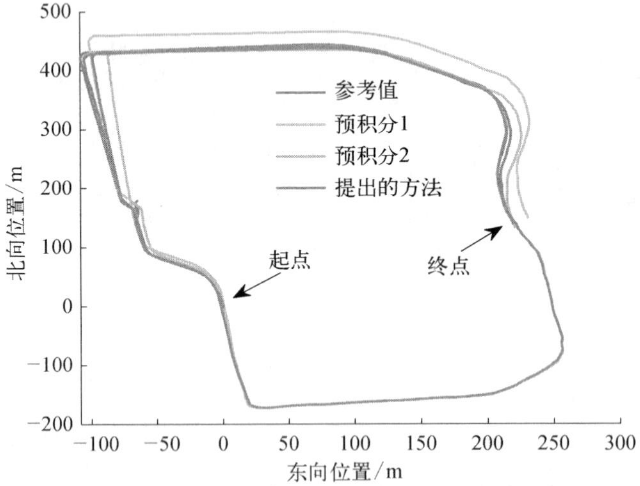

图 7.11　基于增广预积分的因子图优化融合方法与传统方法的轨迹对比

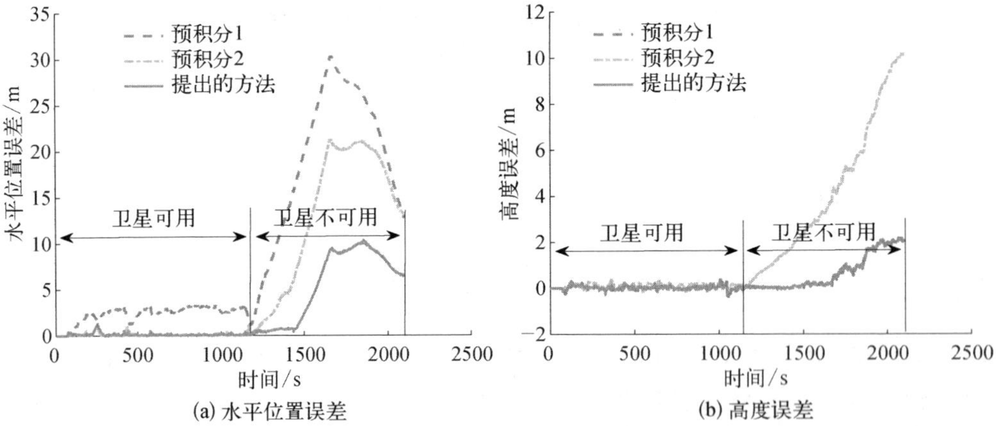

图 7.12　基于增广预积分的因子图优化融合方法与传统方法的位置误差对比

表 7.4　基于增广预积分的因子图优化融合方法与传统方法的位置均方根误差对比　（单位：m）

项　　目	水平位置误差	高度误差
预积分 1	13.87	0.69
预积分 2	9.92	3.47
提出的方法	4.38	0.68

由图 7.12 可以看出，当卫星可用时，提出的方法能够实现较高的定位精度。而当卫星不可用时，提出的方法能够有效抑制惯性/里程计组合导航系统的位置误差漂移。结合表 7.4 的统计结果可知，提出的方法能够实现比传统方法更优的定位效果，提升组合导航系统在卫星不可用条件下的自主导航性能。

本节也对不同方法的计算负担进行了讨论，采用了两种计算平台进行测试。第一种计算平台为微小型计算机，其配备了 Intel Core i7－7500H CPU 2.70 GHz×4 处理器以及 8 GB 内存。基于增广预积分的因子图优化融合方法与传统方法的计算时间对比如图 7.13 所示。

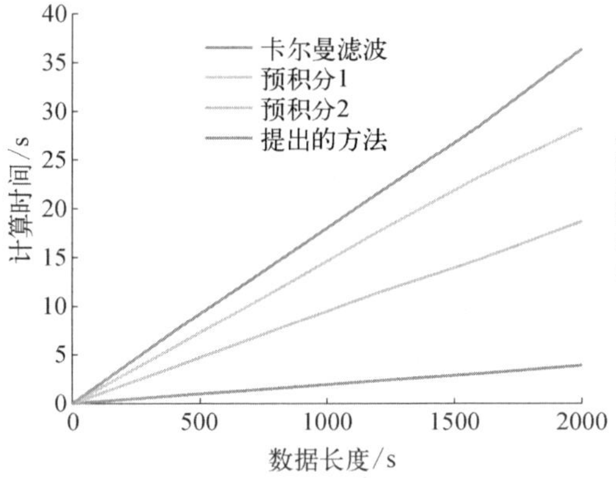

(a) 数据长度与计算时间的关系

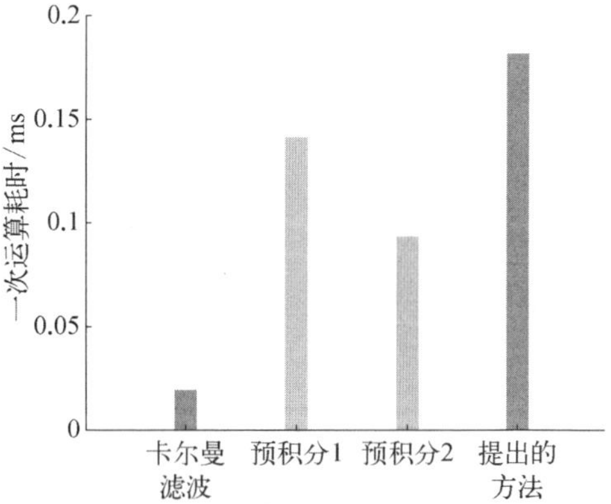

(b) 系统更新时间10 ms时一次运算的耗时

图 7.13　基于增广预积分的因子图优化融合方法与传统方法的计算时间对比 1

由图 7.13 可以看出，不同方法的数据长度与计算时间呈现出线性关系，而提出方法的计算时间是最长的。由于提出的方法涉及更多的状态变量，这会导致计算时间的增加。然而，当系统的更新时间为 10 ms 时，完成一次运算的耗时约为 0.18 ms，表明提出的方法可以应用于实时环境。

基于增广预积分的因子图优化融合方法与传统方法的 CPU 使用率对比如表 7.5所示，可以看出提出方法的 CPU 使用率是最高的。

表 7.5　基于增广预积分的因子图优化融合方法与传统方法的 CPU 使用率对比 1

（单位：%）

项　　目	CPU 使用率
卡尔曼滤波	15.6
预积分 1	24.8
预积分 2	24.0
提出的方法	25.4

对于提出的方法,由于涉及更多的器件参数,其程序复杂度要高于预积分 1 与预积分 2,从而导致 CPU 使用率的增加。但是,提出方法的 CPU 使用率只有 25.4%,处于较低的使用率级别,因此提出的方法不会占用过多的硬件资源。

第二种计算平台为 ARM 嵌入式开发平台,其配备了 Dual - Core Nvidia Denver 2 64 - Bit CPU 与 Quad - Core ARM Cortex - A57 MPCore 处理器,尺寸为 17 cm× 17 cm。基于增广预积分的因子图优化融合方法与传统方法的计算时间与 CPU 使用率对比分别如图 7.14 和表 7.6 所示。

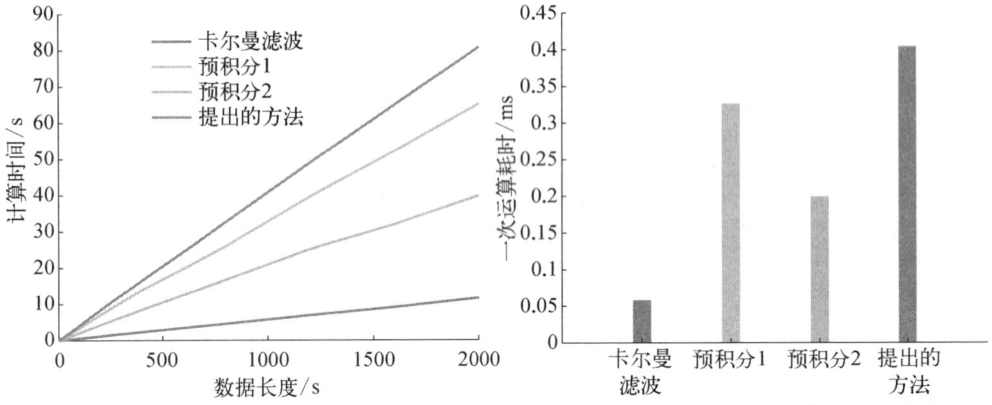

(a) 数据长度与计算时间的关系　(b) 系统更新时间10 ms时一次运算的耗时

图 7.14　基于增广预积分的因子图优化融合方法与传统方法的计算时间对比 2

表 7.6　基于增广预积分的因子图优化融合方法与传统方法的 CPU 使用率对比 2　（单位：%）

项　　目	CPU 使用率
卡尔曼滤波	25.2
预积分 1	40.5
预积分 2	40.1
提出的方法	41.4

由图 7.14 与表 7.6 可以看出,相比于微小型计算机,不同方法的计算时间与 CPU 使用率均有所提升,而且提出方法的计算时间与 CPU 使用率依然是最高的。但是,当系统的更新时间为 10 ms 时,完成一次状态估计的时间约为 0.40 ms。因此,提出的方法是可以在嵌入式平台上实现实时运行的。同时,提出的方法只有 41.4%的 CPU 使用率,说明其不会占用过多的硬件资源。

利用 Apollo 无人车试验平台采集的实际数据，本节对卫星不可用条件下的惯性/里程计组合导航误差漂移抑制方法进行了验证。与传统的基于卡尔曼滤波的在线标定方法相比，提出的方法能够实现更好的标定效果。同时，与传统的惯性/里程计预积分方法相比，提出的方法能够对里程计信息进行充分标定，可以形成更加准确的相对量测信息，因此实现了更好的定位效果。最后，对提出方法的实时性与硬件资源占用进行了讨论，结果表明，提出的方法可以实现在不同性能计算平台上的实时运行，且仅会占用较少的硬件资源。

7.6 本章小结

本章首先对里程计的导航原理进行了分析，并对里程计以及相关坐标系的定义进行了介绍，进而推导了里程计的导航量测模型。针对传统方法中由于惯性/里程计预积分模型不准所导致的定位性能恶化问题，提出了惯性/里程计增广预积分建模方法。该模型充分考虑了里程计标度因数、安装杆臂以及安装偏角的影响，形成了更加准确的相对量测信息，因此能够提升因子图优化的状态估计精度。在此基础上，提出了基于增广预积分的惯性/里程计因子图优化融合方法，构建了基于增广预积分的惯性/里程计因子图模型，推导了卫星位置与车辆运动学模型转角残差，能够实现对车辆导航状态与器件参数的联合估计。最后，利用自动驾驶领域的经典数据集与实际数据对提出方法的有效性进行了验证。结果表明，提出的方法能够实现比卡尔曼滤波更优的在线标定效果。此外，通过与基于传统惯性/里程计预积分的因子图优化融合方法进行对比，提出的方法能够实现对里程计信息的充分标定。当卫星信号可用时，可以提升组合导航系统的定位精度；当卫星信号不可用时，可以抑制惯性/里程计组合导航系统的误差漂移，进而提升无人车在卫星不可用条件下的自主导航性能。

第8章
因子图在行人导航中的应用

8.1 引言

传统的行人导航算法主要采用全球导航卫星系统。然而，对于行人导航，GNSS存在一定的局限性，卫星信号在丛林、室内及城市环境下存在信号丢失的现象，考虑到人类的活动有70%的时间都是处在室内，因此只利用卫星信号无法满足行人对室内高精度定位的需求。随着MEMS技术的发展，MEMS-IMU的自主性强、体积小、功耗低、质量轻等优点逐渐凸显，其在航空航天、医疗器械等方面都得到了广泛的运用，随着MEMS惯性器件的精度及稳定性逐渐提升，以MEMS-IMU为基础的室内行人自主导航系统的研究也已经成为热点。

本章首先阐述基于因子图优化的惯性导航系统，对基于零速检测的行人导航方法的原理与误差特性进行分析，并设计基于因子图优化的惯性行人导航方法。目前，传统行人导航方法通过基于固定阈值进行零速检测，当阈值设置不准确或行人动态发生变化时定位精度会存在下降问题。针对该问题，本章提出一种基于最大概率零速检测的鲁棒行人导航方法，首先设计最大概率零速检测的行人算法架构，之后构建行人零速约束因子，并将其加入行人导航系统的待优化变量中。在融合时，通过因子图优化技术，在基于滑动窗口的紧耦合后端，实现对零速阈值的局部最优检测与导航信息的实时优化求解。最后，通过实际试验验证所提方法的性能及有效性。

8.2 行人零速检测惯性导航技术概述

目前，还没有像GNSS这样被普遍接受的室内行人导航方法，还有许多挑战需要解决。由于惯性行人导航(inertial pedestrian dead reckoning, IPDR)技术不依赖于任何来自其他设备的外部信号，研究人员对IPDR技术的关注逐步提高。然而，由于惯性传感器的零偏，IPDR技术的应用范围仍然有限。因此，最近越来越多的注意力集中在惯性传感器的零偏估计上,旨在不断提高 IPDR 的精度。

针对于此,各个科研机构及公司也研发了功能各异的基于自身传感器的行人导航产品。美国 InterSense 公司的首席技术官 Foxlin 在 2005 设计了足绑式行人导航系统,并在 2009 年成功研制了一款“导航鞋”(Navshoe)装置,该款鞋集成有电源模块及惯性传感器,并通过零速修正算法及磁力计对速度及航向进行修正,使其测试精度达到了 1%(里程)[137]。瑞典皇家理工学院基于零速修正算法设计了行人导航装置 OpenShoe,在短距离内可以实现 1%的定位精度。同时该团队还对行人导航算法进行了深入的研究,提出了多种改进方案。德国航空航天中心在 2010 年研发了一款名为“NAVISHOE”的行人导航装置,通过内部安装的 GNSS 接收机及 IMU 实现自主定位。法国交通发展规划和交通网络科技研究院发明了一款名为 PERSY 的足绑式惯性导航系统,该系统主要使用加速度计、陀螺仪、磁力计及 GNSS 信号对行人进行导航定位。在 GNSS 信号的辅助下,该系统在室外使用时误差不会随时间累积,然而其缺点也很明显,即传感器数量较多使得整套设备较为笨重,不方便行人使用[138]。加拿大卡尔加里大学研制了一款多传感器融合的行人导航模块,并将其分别安置于行人的左右脚跟处,实现了行人的实时定位[139]。以上基于自身传感器的导航定位装置主要采用两种算法,即行人航位推算(pedestrian dead reckoning, PDR)算法和零速修正(zero velocity update, ZUPT)算法。

1. 基于 PDR 算法的行人导航方案

PDR 算法首次由 Havle 在 1996 年提出[140],该算法通过加速度计或者计步器进行步态检测并建立步长模型,利用陀螺仪或者磁力计获取航向,最终将步长在获取的航向上进行投影以完成航位推算。利用该算法可以获取行人在二维平面上的速度、位置、航向信息。对于采用 PDR 算法的行人导航系统,传感器安装的位置较为灵活,可以安装于身体的各个部分,如头部、腕部、腰部、腿部、足部等。但同时也可以看出,该算法的缺点较为明显[141]:

(1) PDR 算法的定位精度取决于步长模型及航向的估计精度,然而步长与行人的身高有关,且若行人在拥挤的地方或者复杂地形下行走会使得步长模型的建立出现误差,使得导航定位结果出现误差,因此该算法的鲁棒性较差[142]。

(2) PDR 算法推算位置是将步长投影到 2D 平面上进行导航定位,因此其缺乏高程信息解算结果[143]。

为了提升 PDR 算法的定位精度,各国的研究人员都提出不同的改进方法。Ruotsalainen 提出了一种利用视觉获取航向,并利用 EKF 将该航向角与 PDR 进行融合的算法。Qian 等提出了一种利用视觉生成虚拟里程计,并利用该里程计辅助 PDR 的算法[144]。卡尔加里大学的 Zhuang 等提出了一种 INS/PDR 融合的行人导航算法,相比较于只利用 PDR 算法,该改进算法可以有效提升导航精度 60%~75%。若将 Wi-Fi 信号进一步融合,可以继续提升导航精度 15%~55%[145]。

2. 基于 ZUPT 算法的行人导航方案

ZUPT 算法是由 Leppäkoski 等首次提出的[146],该算法的核心思想是利用行人行走的周期性,即当行人足部与地面贴合时,足部的速度趋近于零。通过该特性,便可以将 IMU 绑置于足部上,获取 IMU 输出的角速度及加速度信息,以此预测足部的姿态和位置信息并判别零速区间,在零速区间内利用零速信息及卡尔曼滤波对预测的足部速度进行修正。当行人以正常步速步行前进时,该算法能够有效提升行人导航系统定位精度,因此在此后基于自身传感器的行人导航算法中多采用了该算法框架。在 ZUPT 算法的基础上,各国的研究人员都针对行人自主导航系统增强技术展开了研究。2013 年 Davidson 等对人体步态进行深入分析,提出了一种利用人体步态动力学模型作为虚拟速度传感器,并利用该虚拟传感器对预测速度进行校正的自主式行人导航系统[147]。2016 年 Zhang 等提出了 iZES 算法,即在原有框架上,基于行人足部在零速状态下姿态应完全不变的假设,提出零角速率(zero angular rate update, ZARU)算法并与磁航向结合,以此约束航向误差的发散[148]。

除了利用辅助信息对算法进行改进,各研究人员还针对算法中各个关键部分进行了研究。由于零速判别的准确性对导航性能有着至关重要的影响,北京航空航天大学张健敏在 2018 年提出了一种算法改进方案,即利用联合检测法对零速状态进行判别以此提升判别结果的准确率[149]。北京理工大学提出了一种多运动模式下自适应阈值零速修正算法,通过训练机器学习模型对行人的运动模式进行判别,并基于不同的运动模式动态调整零速检测阈值,提升判别准确率[150]。Zhang 等提出了一种在行人胸部绑置加速度计,并利用该加速度计输出校准零速检测阈值以提升零速检测准确率的方法[151]。

在融合算法方面,基于滤波的融合算法是目前 IPDR 系统的主要融合算法。通过融合惯性测量和运动学模型信息,可以获得更好的定位性能。Foxlin 提出了第一个具有扩展卡尔曼滤波(EKF)融合框架的 IMU 脚架系统[152]。为了进一步提高精度,Le Scornec 等提出了一种基于 EKF 的 IMU/GNSS 紧耦合步行导航系统[153]。然而,EKF 存在一些理论局限性。惯性测量是非线性的,在融合之前必须进行线性化。这可能在滤波器中引入线性化误差并降低估计的精度。此外,他们只使用当前和先前时刻的信息来估计零偏。因此,提出了许多改进的基于滤波的方法来减小非线性误差。然而,非线性误差只是行人导航误差的一小部分,主要问题仍然是在估计零偏方面缺乏准确性。这些方法在误差估计精度方面的改进有限,在定位精度方面的改善很少。

总体来说,基于滤波的 IPDR 系统由于其相对简单的框架已经成为主流方法。但主要的缺点是,基于滤波的方法只融合最临近时刻的量测值,而不考虑历史量测值,因此零偏估计精度的提高是有限的。此外,所有的零速量测都被融入系统中,任何存在的可能错误量测信息都会使得系统精度下降,这使得整体系统相对易受干扰。

而基于优化的方法使用因子图和批优化估计来解决问题,它们可以进行多次重新线性化,以克服线性化误差,甚至可以在之后应用零速约束来实现更高的精度。基于此,Atchuthan 等提出了一种基于图的算法来对足部 IMU 的零偏进行优化估计[154]。该算法比基于滤波的 IPDR 系统获得了更好的结果。然而,它只是一个基于短数据集而不是实际试验,其中的关键算法技术被忽略。零速检测是通过数据集提前采集得到的,这忽略了系统的主要误差源。此外,该方法引入了所有零速约束,导致功耗增加和可靠性降低。本章提出一种全新的基于因子图的行人导航方法,所提出的方法可以有效地重新线性化 MEMS - IMU 测量以避免非线性误差。此外,它检测每个步态周期中零速概率最大的零速点,然后在每个步态周期将其融合到因子图中优化一次,以提高精度、鲁棒性并降低计算成本。除此之外,本算法还提出了自适应测量协方差调整机制,以反映实际的不确定性,进一步提高 IPDR 系统的可靠性。

8.3　基于因子图的行人惯性导航技术原理

8.3.1　行人导航零速检测原理与误差分析

行人在行走过程中双足的运动具有明显的周期性,通过分析行人运动模型,可以获得对 MEMS - IMU 的约束信息。通常,行人行走过程中从单只脚着地开始,经双足步态变换,直至该侧脚部重新着地的过程记为一次完整的步态周期。在一个完整的步态周期内,行人的足部状态主要可以分为五个阶段,分别为脚跟触地、脚掌触地、站立、脚跟离地、脚掌离地,如图 8.1 所示。在足部处在站立区间段内,其速度约为零,因此将站立时间段定位为行人步态中的零速区间。站立阶段的持续时间通常为 0.15~0.35 s,在跑步时该阶段的时长更短。在此区间内,安装于行人足部的加速度计的理论输出在 g 值附近,陀螺仪的理论输出趋近于零。

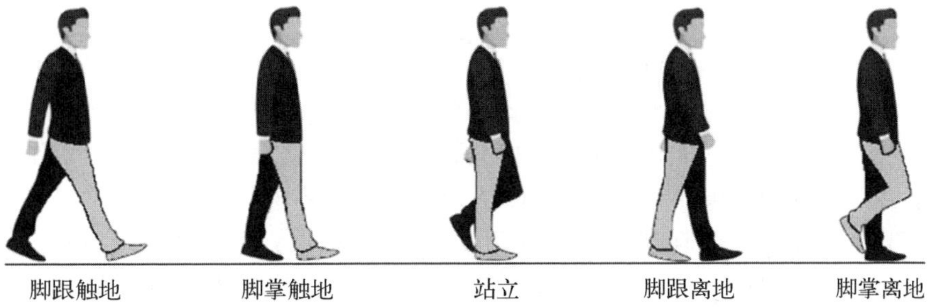

图 8.1　行人步态周期示意图

对零速时刻进行准确的判别是零速修正的前提，为了提升零速时刻判别精度，现有的方法常基于三轴总加速度检测法、滑动窗口方差检测法、三轴总角速度检测法及广义似然比检测(generalized likelihood ratio test, GLRT)对零速时刻实现联合判别。以“1”表示检测结果中的零速状态，“0”表示非零速状态。

1. 三轴总加速度检测法

计算加速度计三个正交轴输出的矢量和模值，并将其与设定的阈值进行比较，从而对零速状态进行检测：

$$C_1(k)=\begin{cases}1, & \mathrm{th}_{f_{\min}} < \| \boldsymbol{f}^b(k) \| < \mathrm{th}_{f_{\max}} \\ 0, & \text{其他}\end{cases} \tag{8.1}$$

其中，$\boldsymbol{f}^b(k)$ 为在 k 时刻加速度计三个正交轴输出的矢量；$\| \cdot \|$ 表示模值；$\mathrm{th}_{f_{\min}}$ 及 $\mathrm{th}_{f_{\max}}$ 分别为判定阈值的上下边界。当加速度的模值处在该区间内时，认为足部处于零速状态，阈值的大小可以根据实际情况进行设定。

2. 滑动窗口方差检测法

设置滑动窗口，并计算滑动窗口内加速度模值的方差，对滑动窗口内的加速度离散程度进行判断，若离散程度小于一定阈值，则认为该时刻行人的足部处于静止状态。

$$\boldsymbol{\sigma}_f^2(k)=\frac{1}{N}\sum_{i=k-N+1}^{k} \| \boldsymbol{f}_i^b(k) - \overline{\boldsymbol{f}_i^b(N)} \|^2 \tag{8.2}$$

$$C_2(k)=\begin{cases}1, & \boldsymbol{\sigma}_f^2(k) < \mathrm{th}_{\sigma_{\max}} \\ 0, & \text{其他}\end{cases} \tag{8.3}$$

其中，N 为滑动窗口的大小；$\overline{\boldsymbol{f}^b(N)}$ 为窗口内数据的平均值；$\mathrm{th}_{\sigma_{\max}}$ 为判定阈值。

3. 三轴总角速度检测法

计算陀螺仪三个正交轴输出的矢量和模值，并将其与设定的阈值进行比较，从而对零速状态进行检测：

$$C_3(k)=\begin{cases}1, & \| \boldsymbol{\omega}^b(k) \| < \mathrm{th}_{\omega_{\max}} \\ 0 & \text{其他}\end{cases} \tag{8.4}$$

其中，$\boldsymbol{\omega}^b(k)$ 为在 k 时刻陀螺仪三个正交轴输出的矢量；$\mathrm{th}_{\omega_{\max}}$ 为判定阈值。当陀螺仪输出角速度的模值小于该阈值时，认为足部处在零速区间内。

基于单一传感器的判别方法只利用了角度或加速度的变化信息，可能会使得判别结果出现不同程度的误判，无法得到准确的零速区间，因此在实际应用中，通过广义似然比同时考虑加速度与角速度输出，可以提升零速检测的准确率。

4. 广义似然比检测

广义似然比检测需要设置合适的滑动窗口大小 W，综合考虑加速度和角速度信息，根据式(8.5)计算 k 时刻窗口内的检测值。将检测值与预先设置的零速阈值进行比较，判断当前样本是否处于零速区间。

$$T_k = \frac{1}{W}\sum_{k=k}^{k+W+1}\left(\frac{1}{\sigma_\omega^2}\parallel \boldsymbol{\omega}_k \parallel^2 + \frac{1}{\sigma_a^2}\left\| \boldsymbol{f}_k - g\frac{\overline{\boldsymbol{f}_k}}{\parallel \overline{\boldsymbol{f}_k} \parallel^2}\right\|^2\right) \tag{8.5}$$

其中，T_k 为 k 时刻零速检测器检测值；W 为窗口大小；σ_ω^2、σ_a^2 分别为陀螺仪和加速度计的噪声方差；$\boldsymbol{\omega}_k$、$\boldsymbol{f}_k$ 分别为 k 时刻陀螺仪和加速度计的输出值；g 为当地重力加速度；$\overline{\boldsymbol{f}_k}$ 为该窗口内的加速度计输出均值。

当检测值小于零速检测器阈值 Thr 时，理论上可以认为 k 时刻的样本数据处于零速区间，此时零速判断值 zupt 为逻辑值 1。当行人运动包含上述所有运动状态时，设置合适的检测器阈值，以检测出各状态下零速点可能存在的区间。

$$\text{zupt} = \begin{cases} 1, & T_k < \text{Thr} \\ 0, & T_k \geqslant \text{Thr} \end{cases} \tag{8.6}$$

8.3.2 基于零速检测算法的行人定位方法

在基于足绑式 MEMS－IMU 的 IPDR 系统中，MEMS－IMU 采集足部的加速度及角速度信息并通过捷联惯性解算获取足部位姿。当足部处在运动状态时不进行零速修正，直接将导航结果输出；若足部处在零速状态，则利用 ZUPT 算法对导航结果进行修正。该算法的整体流程如图 8.2 所示。

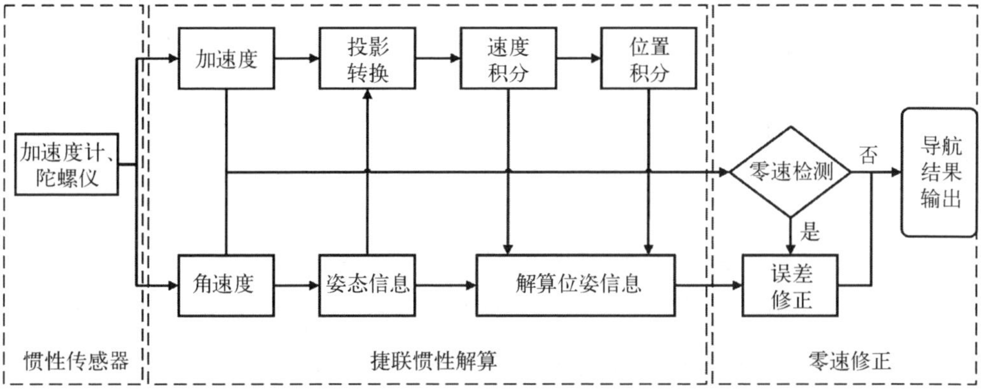

图 8.2 基于 ZUPT 算法的行人导航算法流程图

(1) 采集加速度计及陀螺仪的原始输出，根据 MEMS－IMU 的标定结果对加速度计及陀螺仪输出进行误差补偿。

（2）利用加速度信息确定惯性平台与当地地理坐标系之间的零偏角，从而获取初始姿态矩阵，即初始对准过程。在初始时刻，行人静止一段时间，此时加速度输出比力矢量$\boldsymbol{f}^b$在地理坐标系下的投影即重力加速度g，因此有

$$\begin{bmatrix} f_x^b \\ f_y^b \\ f_z^b \end{bmatrix} = \boldsymbol{C}_n^b \begin{bmatrix} 0 \\ 0 \\ g \end{bmatrix} = g \begin{bmatrix} -\sin\theta \\ \sin\gamma\cos\theta \\ \cos\gamma\cos\theta \end{bmatrix} \tag{8.7}$$

由此可以求得初始俯仰角θ和横滚角γ，即

$$\theta = -\arctan\left(\frac{f_x^b}{\sqrt{(f_y^b)^2 + (f_z^b)^2}}\right) \tag{8.8}$$

$$\gamma = \arctan\left(\frac{f_y^b}{f_z^b}\right) \tag{8.9}$$

式中，f_x^b、f_y^b与f_z^b分别为加速度计的三轴输出。将系统初始的航向角ψ设置为0，获取得到初始时刻机体坐标系到导航坐标系的方向矩阵$\boldsymbol{C}_b^n$为

$$\boldsymbol{C}_b^n = \begin{bmatrix} \cos\theta\cos\psi & \sin\gamma\sin\theta\cos\psi - \cos\gamma\sin\psi & \sin\theta\cos\gamma\cos\psi + \sin\gamma\sin\psi \\ \cos\theta\sin\psi & \sin\gamma\sin\theta\sin\psi + \cos\gamma\cos\psi & \sin\theta\cos\gamma\sin\psi - \cos\psi\sin\gamma \\ -\sin\theta & \sin\gamma\cos\theta & \cos\gamma\cos\theta \end{bmatrix} \tag{8.10}$$

利用陀螺仪的输出对方向余弦矩阵进行更新，并将加速度计的输出从机体坐标系投影转换到导航坐标系。对导航坐标系下的加速度输出进行积分运算可以获取得到载体在导航坐标系下的速度，进行二次积分可以获取得到载体在导航坐标系下位置，从而完成了捷联惯性解算。

（3）利用广义似然比法及MEMS-IMU的输出对各个时刻的零速信息进行判别。由于加速度计及陀螺仪的输出存在漂移及噪声，导航解算得到的速度也存在较大的误差。在零速时刻，行人足部的速度应为零，利用惯性传感器解算得到的速度为$[v_x^n \quad v_y^n \quad v_z^n]$，因此速度误差的观测量应为

$$\delta\boldsymbol{v}^n = [v_x^n \quad v_y^n \quad v_z^n] - [0 \quad 0 \quad 0] = [v_x^n \quad v_y^n \quad v_z^n] \tag{8.11}$$

通过卡尔曼滤波对速度误差进行修正可以对行人定位误差进行约束，将最终的导航结果输出便实现了基于足绑式MEMS-IMU的IPDR算法。

虽然广义似然比检测可以充分利用MEMS-IMU的输出信息对零速状态进行检测，但这些方法始终需要提前设置阈值以确定零速检测性能。而行人自身存在不同的运动情况，由于行走、跑步习惯等不同，其阈值也需要具体设置。错误

的阈值设置会使得零速检测的精度下降,从而降低 IPDR 系统的导航精度。在复杂环境下可能会在行人非零速时检测为零速,在基于滤波的 IPDR 系统中,会将每个时刻的零速量测进行融合,当在非零速时错误地融合零速量测,会造成系统崩溃。

8.4 基于因子图优化的行人导航技术

8.4.1 基于因子图优化的行人导航框架

本节提出一种基于因子图优化的行人导航方法,其主要框架如图 8.3 所示。

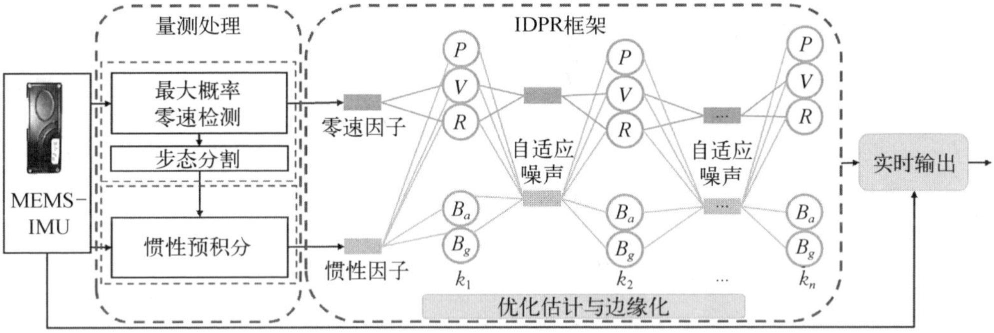

图 8.3　基于最大概率零速检测的因子图优化 IPDR 架构

惯性数据由穿戴在足部的 MEMS - IMU 收集,并通过蓝牙传输到处理平台。该 IPDR 系统从测量处理模块开始,在该模块中,通过基于历史数据的最大概率零速检测方法对零速状态进行检测。并对两次连续零速量测值之间的惯性量测值进行预积分。然后,通过所提的基于优化的融合模块融合零速量测值和预积分惯性量测值,并使用批量估计方法对行人状态进行估计得到高精度的行人位姿。本节提出的改进因子图 IPDR 框架的主要区别是,现有的算法在零速检测时会基于固定阈值,且会将所有零速量测进行滤波融合。而本节提出的方法在零速检测时通过“先检测,后决策”的方法,寻找一段时间内概率最大的零速点提高零速检测精度。并在融合时通过联合多历史状态的零速信息,实现对零偏的局部最优估计,进一步提高导航精度。

8.4.2 基于历史数据的最大概率零速检测方法

本节提出一种基于历史数据的零速检测方法,首先分析现有检测方法的局限性,然后详细介绍所提出的零速检测算法。

在基于滤波的 IPDR 方法中,零速量测与状态进行滤波融合,以抑制误差积累。但如图 8.4 所示,在人的不同行走特征下,这个阈值是不同的。传统方法是将一个时间段内的每个零速量测值单独融合。因此,任何测量误差都会引入 IPDR 系统中,导致系统性能下降,进而导致系统变得脆弱。

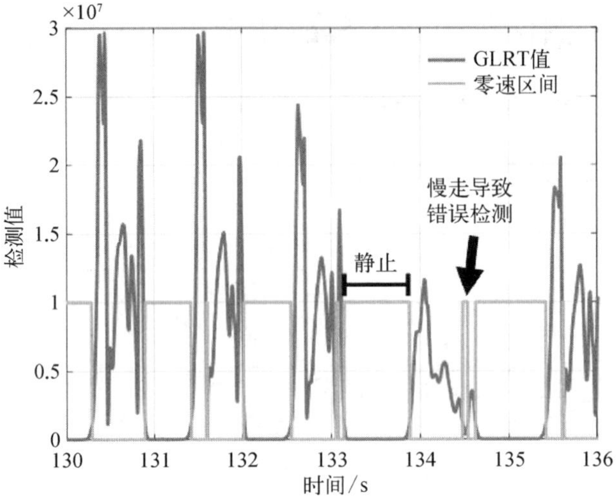

图 8.4　基于固定阈值的零速检测结果

与传统方法不同,所提出的基于优化的方法并行执行所有操作。这样,它就能利用以前的量测结果来优化当前状态,从而实现"先检测,后决策"的方法。通过分析人体运动学模型,可以得出结论,在静止时 MEMS - IMU 只应包含站立阶段的噪声。因此,在站立阶段,MEMS - IMU 的输出概率分布应更接近于噪声。

因此,速度为零概率最高的静止点总是出现在步态周期中 GLRT 检测器最小值的周围。所提出的基于历史数据的方法首先计算并记录 GLRT 值。然后,在一个步态周期内寻找最小值作为零速量测值。具体来说,先记录一段时间内检测器的输出,然后搜索这段时间内的最小值。为确保不遗漏最小值,时间间隔 T_s 应包括站立阶段,并在一个完整的步态周期时间 T_c 内。搜索第 i 个候选点 P_i^c 的标准如下:

$$P_i^c = \min_{it_s \leqslant k < (i+1)t_s} (T(z_k)) \tag{8.12}$$

在这个过程中, $\min(\cdot)$ 代表这个时间段内的最小检测值;而 $T(z_k)$ 是输入 z_k 时的 GLRT 值。在检测过程中,可能会出现伪最小值点,在某些情况下主要是由于在站立和摆动阶段搜索最小值,如图 8.5 所示。

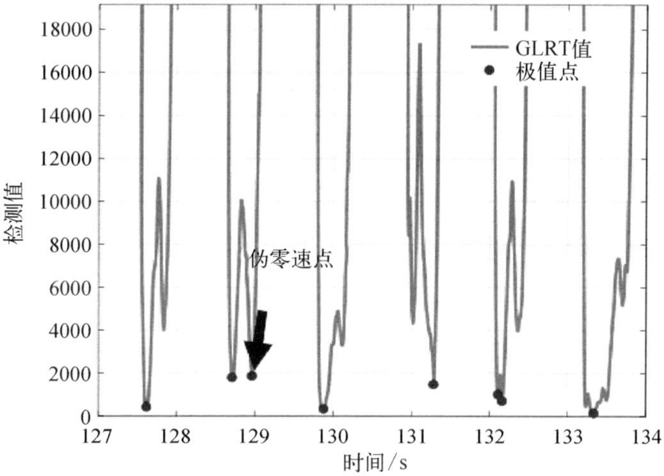

图 8.5　零速检测中伪零速点示意图

为了消除伪最小值，在得到候选最小值点 P_i^c（位于第 i 个周期）后，使用一个较短的时间间隔 t_n 进行非最小值抑制。如果在 P_i^c 周围有任何更小的检测器值，那么 P_i^c 被视为伪最小值。消除伪最小值的条件如下：

$$P_i = \begin{cases} P_i^c, & P_i^c = \min\limits_{t(P_i^c)-t_n \leqslant k \leqslant t(P_i^c)+t_n} T(z_k) \\ 0, & P_i^c > \min\limits_{t(P_i^c)-t_n \leqslant k \leqslant t(P_i^c)+t_n} T(z_k) \end{cases} \tag{8.13}$$

其中，$t(P_i^c)$ 为 P_i^c 的时间。若 P_i 是非零值，则 P_i 是该步态周期内的零速测量。在大多数情况下，$1/4t_c < t_n < 1/3t_c$。此外，在前一个步态中的最小值将被记录为一个阈值，以确保当前检测结果的可靠性。具体描述如下：

$$P_i = \begin{cases} P_i, & P_i \leqslant k_r P_{i-1} \\ 0, & P_i > k_r P_{i-1} \end{cases} \tag{8.14}$$

其中，k_r 为与 MEMS－IMU 性能相关的系数。

总之，提出的基于历史时刻最大概率零速检测方法通过考虑每个步态的探测器输出的最小值来确定站立相位，而不是使用固定阈值来检测零速。此外，这种方法在每个步态周期只引入一次概率最高的零速测量，而不是多次测量，这使得 IPDR 系统更加稳健和精确。为了进一步解释检测算法，在算法 1 中提供了伪代码。

算法 1：基于历史数据的最大概率零速检测方法

Input：GLRT 检测值 $T(z_k)$、搜索区间 t_s、非最小值抑制区间 t_n、系数 k_r

Output：零速点 P_i

$T_{\min} \leftarrow T(z_1)$
for $k = 1$ to t_s/ frequency **do**
    if $(T(z_k) < T_{\min})$ **then**
        $T_{\min} \leftarrow T(z_k)$
    end if
end for
for $k = k(T_{\min}) - t_n$/ frequency to $k(T_{\min}) + t_n$/ frequency **do**
    if $T(z_k) < T_{\min}$ **then**
        $T_{\min} \leftarrow -1$
    end if
end for
if $T_{\min} \neq -1$ and $T_{\min} < P_{i-1}$ **then**
    $P_i \leftarrow T_{\min}$
    return P_i
    else
    return -1
end if

8.4.3 基于预积分的行人位姿预测方法

本节利用基于相对坐标系的预积分技术，这种基于优化的方法可以快速实现重线性化，从而提高精度。当获得新的零速量测值时，将对两个连续的零速量测值之间的惯性量测值进行预积分。

由于 MEMS - IMU 的体积和功耗限制，其测量精度相对较低。为了建模 MEMS - IMU 的误差，通常使用误差随机游走模型，该模型考虑随时间缓慢变化的零偏，并将其建模为高斯噪声。因此，两个连续采样时间点之间的 MEMS - IMU 的零偏可以视为一个常量。陀螺仪和加速度计的输出 $\tilde{\boldsymbol{\omega}}_k^{\mathrm{b}}$ 和 $\tilde{\boldsymbol{a}}_k^{\mathrm{b}}$ 如下：

$$
\begin{aligned}
\tilde{\boldsymbol{\omega}}_k^{\mathrm{b}} &= \boldsymbol{\omega}_k^{\mathrm{b}} + \boldsymbol{b}_k^{\mathrm{g}} + \boldsymbol{\eta}_k^{\mathrm{gd}} \\
\tilde{\boldsymbol{a}}_k^{\mathrm{b}} &= \boldsymbol{R}_k^{\mathrm{bw}}(\boldsymbol{a}_k^{\mathrm{w}} - \boldsymbol{g}) + \boldsymbol{b}_k^{\mathrm{a}} + \boldsymbol{\eta}_k^{\mathrm{ad}}
\end{aligned}
\tag{8.15}
$$

其中，$\boldsymbol{\omega}_k^{\mathrm{b}}$ 和 $\boldsymbol{a}_k^{\mathrm{w}}$ 分别为时间 k 处的真实角速度和加速度；$\boldsymbol{R}_k^{\mathrm{bw}}$ 为时间 k 处从世界坐标系到机体坐标系的旋转矩阵；$\boldsymbol{b}_k^{\mathrm{g}}$ 和 $\boldsymbol{b}_k^{\mathrm{a}}$ 分别为时间 k 处陀螺仪和加速度计的零偏；$\boldsymbol{\eta}_k^{\mathrm{gd}}$ 和 $\boldsymbol{\eta}_k^{\mathrm{ad}}$ 分别为时间 k 处陀螺仪和加速度计的噪声。

对于传统方法，根据世界坐标系，将 IMU 测量进行积分，以预测从时间 k 到时间 $k+1$ 的姿态 $\boldsymbol{R}$、速度 $\boldsymbol{v}$ 和位置 $\boldsymbol{p}$，如下所示：

$$
\begin{aligned}
\boldsymbol{R}_{k+1}^{\mathrm{wb}} &= \boldsymbol{R}_k^{\mathrm{wb}} \exp((\tilde{\boldsymbol{\omega}}_k^{\mathrm{b}} - \boldsymbol{b}_k^{\mathrm{g}} - \boldsymbol{\eta}_k^{\mathrm{gd}})\Delta t) \\
\boldsymbol{v}_{k+1}^{\mathrm{w}} &= \boldsymbol{v}_k^{\mathrm{w}} + \boldsymbol{g}\Delta t + \boldsymbol{R}_k^{\mathrm{wb}}(\tilde{\boldsymbol{a}}_k^{\mathrm{b}} - \boldsymbol{b}_k^{\mathrm{a}} - \boldsymbol{\eta}_k^{\mathrm{ad}})\Delta t \\
\boldsymbol{p}_{k+1}^{\mathrm{w}} &= \boldsymbol{p}_k^{\mathrm{w}} + \boldsymbol{v}_k^{\mathrm{w}}\Delta t + \frac{1}{2}\boldsymbol{g}\Delta t^2 + \frac{1}{2}\boldsymbol{R}_k^{\mathrm{wb}}(\tilde{\boldsymbol{a}}_k^{\mathrm{b}} - \boldsymbol{b}_k^{\mathrm{a}} - \boldsymbol{\eta}_k^{\mathrm{ad}})\Delta t^2
\end{aligned}
\tag{8.16}
$$

其中，Δt 是两个惯性测量之间的时间间隔。

基于此，可以预测从时间 i 的前一个零速度测量到时间 j 的当前零速度测量之间的状态，如下所示：

$$
\begin{aligned}
\boldsymbol{R}_j^{\mathrm{wb}} &= \boldsymbol{R}_i^{\mathrm{wb}} \prod_{k=i}^{j-1} \exp((\tilde{\boldsymbol{\omega}}_k^{\mathrm{b}} - \boldsymbol{b}_k^{\mathrm{g}} - \boldsymbol{\eta}_k^{\mathrm{gd}})\Delta t) \\
\boldsymbol{v}_j^{\mathrm{w}} &= \boldsymbol{v}_i^{\mathrm{w}} + \boldsymbol{g}\Delta t_{ij} + \sum_{k=i}^{j-1} \boldsymbol{R}_k^{\mathrm{wb}}(\tilde{\boldsymbol{a}}_k^{\mathrm{b}} - \boldsymbol{b}_k^{\mathrm{a}} - \boldsymbol{\eta}_k^{\mathrm{ad}})\Delta t \\
\boldsymbol{p}_j^{\mathrm{w}} &= \boldsymbol{p}_i^{\mathrm{w}} + \sum_{k=i}^{j-1} \left[\boldsymbol{v}_k^{\mathrm{w}}\Delta t + \frac{1}{2}\boldsymbol{g}\Delta t^2 + \frac{1}{2}\boldsymbol{R}_k^{\mathrm{wb}}(\tilde{\boldsymbol{a}}_k^{\mathrm{b}} - \boldsymbol{b}_k^{\mathrm{a}} - \boldsymbol{\eta}_k^{\mathrm{ad}})\Delta t^2\right]
\end{aligned}
\tag{8.17}
$$

其中，$\Delta t_{ij} = \sum_{k=i}^{j-1} \Delta t$。

对于传统基于滤波的方法，前一次发生的任何误差都会随着整个系统的累积而影响未来的精度。如果根据全局坐标重新积分惯性信息来消除误差，这将耗费大量时间。如果将基线坐标从世界坐标转换为局部坐标，则状态预测将完全独立于之前的状态。这样就可以避免重新传播，从而提高效率。因此，时间 i 的状态会从时间 j 的状态中扣除，从而与世界坐标脱离关系。本地坐标中的状态变化量如下：

$$
\begin{aligned}
\Delta\boldsymbol{R}_{ij} &= \prod_{k=i}^{j-1} \exp((\tilde{\boldsymbol{\omega}}_k^{\mathrm{b}} - \boldsymbol{b}_k^{\mathrm{g}} - \boldsymbol{\eta}_k^{\mathrm{gd}})\Delta t) \\
\Delta\boldsymbol{v}_{ij} &= \sum_{k=i}^{j-1} \Delta\boldsymbol{R}_{ik}(\tilde{\boldsymbol{a}}_k^{\mathrm{b}} - \boldsymbol{b}_k^{\mathrm{a}} - \boldsymbol{\eta}_k^{\mathrm{ad}})\Delta t \\
\Delta\boldsymbol{p}_{ij} &= \sum_{k=i}^{j-i} \left[\Delta\boldsymbol{v}_{ik}\Delta t + \frac{1}{2}\Delta\boldsymbol{R}_{ik}(\tilde{\boldsymbol{a}}_k^{\mathrm{b}} - \boldsymbol{b}_k^{\mathrm{a}} - \boldsymbol{\eta}_k^{\mathrm{ad}})\Delta t^2\right] \\
\boldsymbol{\Sigma}_{ij} &= \boldsymbol{A}_{j-1}\boldsymbol{\Sigma}_{ij-1}\boldsymbol{A}_{j-1}^{\mathrm{T}} + \boldsymbol{B}_{j-1}\boldsymbol{\Sigma}_{\eta}\boldsymbol{B}_{j-1}^{\mathrm{T}}
\end{aligned}
\tag{8.18}
$$

其中，$\Delta\boldsymbol{R}_{ik}$ 为从时间 i 到时间 k 相对于机体坐标系的旋转矩阵；MEMS－IMU 的不确定性 $\boldsymbol{\Sigma}_{\eta}$ 和状态的协方差 $\boldsymbol{\Sigma}_{ij}$ 可以看成置信参考；$\boldsymbol{A}_{j-1}$ 为状态转移矩阵；$\boldsymbol{B}_{j-1}$ 为噪声转移矩阵。这个增量只涉及零偏和噪声，可以导出线性化的雅可比矩阵来在短时间内更新它。由于 MEMS－IMU 的零偏变化缓慢，这种变化可以看成残差，反映了 MEMS－IMU 的性能。

8.4.4 基于因子图的 IPDR 融合方法

在处理测量数据后，首先进行初始化，然后使用滑动窗口技术融合它们，以获得高度准确的行人姿态估计。

在本章提出的 IPDR 系统中，滑动窗口中的完整状态 $\boldsymbol{\theta}$ 定义为

$$\begin{aligned}\boldsymbol{\theta} &= \{\boldsymbol{x}_0,\ \boldsymbol{x}_1,\ \boldsymbol{x}_2,\ \cdots,\ \boldsymbol{x}_n\} \\ \boldsymbol{x}_k &= [\boldsymbol{R}_k^{wb} \quad \boldsymbol{p}_k^{w} \quad \boldsymbol{v}_k^{w} \quad \boldsymbol{b}_k^{a} \quad \boldsymbol{b}_k^{g}]\end{aligned} \tag{8.19}$$

其中，$\boldsymbol{x}_k$ 为行人脚上安装的 MEMS－IMU 在第 k 个零速测量时的状态，这些状态包括姿态 $\boldsymbol{R}$、位置 $\boldsymbol{p}$、速度 $\boldsymbol{v}$、加速度计和陀螺仪的零偏 $\boldsymbol{b}^a$ 和 $\boldsymbol{b}^g$。

在所提出的方法中，使用批量估计，并将目标函数最小化，其中包含先验因子残差、惯性因子残差和零速因子残差，如下所示：

$$\boldsymbol{\theta}^{*} = \arg\min_{\theta}\left\{\boldsymbol{E}_p + \sum_{t=0}^{n}\boldsymbol{E}_t^{\text{zero}} + \sum_{t=0}^{n-1}\boldsymbol{E}_{tt+1}^{\text{imu}}\right\} \tag{8.20}$$

其中，$\boldsymbol{E}_t^{\text{zero}}$ 和 $\boldsymbol{E}_t^{\text{imu}}$ 分别为 t 时刻零速和惯性测量的残差。通过推导残差和相应的雅可比矩阵，可以实现高效的优化。为了反映基于检测器输出的可靠性，零速测量因子附加了自适应因子 α。

1. 零速因子构建

在站立阶段，速度接近零，可以通过加速度计输出观测到横滚角和俯仰角。零速测量可以通过估计 MEMS－IMU 的零偏有效抑制发散。绝对姿态约束也减小了姿态误差。本节中时间点 i 的零速因子如下所示：

$$\begin{aligned}
&\boldsymbol{E}_i^{\text{zero}} = \rho([\boldsymbol{e}_{\boldsymbol{R}}^{\text{T}}\boldsymbol{e}_{\boldsymbol{v}}^{\text{T}}]\boldsymbol{\Sigma}_z[\boldsymbol{e}_{\boldsymbol{R}}^{\text{T}}\boldsymbol{e}_{\boldsymbol{v}}^{\text{T}}]^{\text{T}}) \\
&\boldsymbol{e}_{\boldsymbol{R}} = \lg(\boldsymbol{R}_i^{\text{wbT}}\boldsymbol{R}_{\boldsymbol{a}_i^{\text{b}}}^{\text{wb}}) \\
&\boldsymbol{e}_{\boldsymbol{v}} = \boldsymbol{v}_i^{\text{w}} - \boldsymbol{0} \\
&\boldsymbol{R}_{\boldsymbol{a}_i^{\text{b}}}^{\text{wb}} = \begin{bmatrix}\cos\theta & \sin\theta\sin\phi & -\sin\phi\cos\theta \\ 0 & \cos\phi & \sin\theta \\ \sin\phi & -\cos\phi\sin\phi & \cos\phi\cos\theta\end{bmatrix} \\
&\theta = \arcsin(-a_i^x),\quad \phi = \arctan(a_i^y/a_i^z)
\end{aligned} \tag{8.21}$$

其中，$\boldsymbol{R}_{\boldsymbol{a}_i^{\mathrm{b}}}^{\mathrm{wb}}$ 为等效于站立阶段从加速度计输出计算得出的横滚角 θ 和俯仰角 ϕ 的旋转矩阵；ρ 为 Huber 鲁棒误差函数；$\boldsymbol{\Sigma}_z$ 为零速因子的协方差，根据检测器的输出进行自适应调整。通过在初始站立阶段考虑特定零速情况下检测器的输出作为参考，可以确定该因子的置信水平。该因子可以描述如下：

$$\begin{aligned}\boldsymbol{\Sigma}_z &= \alpha_i \boldsymbol{I}_{3\times3}\\ \alpha_i &= \lg\left(\frac{T_{z_i}}{T_{z_{\text{initial}}}}\right)\end{aligned} \tag{8.22}$$

其中，$T_{z_{\text{initial}}}$ 是在开始时 GLRT 检测器的初始值，而 T_{z_i} 是在第 i 步态时 GLRT 的最小值。雅可比矩阵 $\boldsymbol{J}_{\text{zero}}$ 如下所示：

$$\begin{aligned}\boldsymbol{J}_i^{\text{zero}} &= \begin{bmatrix}\boldsymbol{J}_{11} & \mathbf{0} & \mathbf{0} & \mathbf{0} & \mathbf{0}\\ \mathbf{0} & \mathbf{0} & \boldsymbol{I}_{3\times3} & \mathbf{0} & \mathbf{0}\end{bmatrix}\\ \boldsymbol{J}_{11} &= \boldsymbol{J}_r^{-1}(\log(\boldsymbol{R}_i^{\mathrm{wbT}}\boldsymbol{R}_{\boldsymbol{a}_i^{\mathrm{b}}}^{\mathrm{wb}}))\ (\boldsymbol{R}_{\boldsymbol{a}_i^{\mathrm{b}}}^{\mathrm{wb}})^{\mathrm{T}}\boldsymbol{R}_i^{\mathrm{wb}}\begin{bmatrix}\boldsymbol{I}_{2\times2}\\ \mathbf{0}\end{bmatrix}\\ \boldsymbol{J}_r^{-1}(\phi) &= \boldsymbol{I} + \frac{1}{2}\phi^{\wedge} + \left(\frac{1}{\|\phi\|^2} - \frac{1+\cos(\|\phi\|)}{2\|\phi\|\sin(\|\phi\|)}\right)(\phi^{\wedge})^2\end{aligned} \tag{8.23}$$

2. 惯性因子构建

对于时间点 i 和 $j = i+1$ 处连续零速测量之间的惯性因子，其残差可以定义为

$$\begin{aligned}\boldsymbol{E}_{ij}^{\text{imu}} &= [\boldsymbol{e}_{\boldsymbol{R}}^{\mathrm{T}}\boldsymbol{e}_{\boldsymbol{v}}^{\mathrm{T}}\boldsymbol{e}_{\boldsymbol{p}}^{\mathrm{T}}]\boldsymbol{\Sigma}_{ij}\,[\boldsymbol{e}_{\boldsymbol{R}}^{\mathrm{T}}\boldsymbol{e}_{\boldsymbol{v}}^{\mathrm{T}}\boldsymbol{e}_{\boldsymbol{p}}^{\mathrm{T}}]^{\mathrm{T}} + \boldsymbol{e}_{\boldsymbol{b}}^{\mathrm{T}}\boldsymbol{\Sigma}_{\eta}\boldsymbol{e}_{\boldsymbol{b}}\\ \boldsymbol{e}_{\boldsymbol{R}} &= \lg((\Delta\bar{\boldsymbol{R}}_{ij}^{\mathrm{wb}}(\bar{\boldsymbol{b}}_i^{\mathrm{g}})\exp(\boldsymbol{J}\Delta_{\bar{R}}^{\mathbf{b}^{\mathrm{g}}}\delta\boldsymbol{b}^{\mathrm{g}}))^{\mathrm{T}}\boldsymbol{R}_i^{\mathrm{wbT}}\boldsymbol{R}_j^{\mathrm{wb}})\\ \boldsymbol{e}_{\boldsymbol{v}} &= \boldsymbol{R}_i^{\mathrm{wbT}}(\boldsymbol{v}_j^{\mathrm{w}} - \boldsymbol{v}_i^{\mathrm{w}} - \boldsymbol{g}\Delta t_{ij})\\ &\quad - [\Delta\bar{\boldsymbol{v}}_{ij}(\bar{\boldsymbol{b}}_i^{\mathrm{g}},\bar{\boldsymbol{b}}_i^{\mathrm{a}}) + \boldsymbol{J}\Delta_{\bar{v}}^{\mathbf{b}^{\mathrm{g}}}\delta\boldsymbol{b}^{\mathbf{b}^{\mathrm{g}}} + \boldsymbol{J}\Delta_{\bar{v}}^{\mathbf{b}^{\mathrm{a}}}\delta\boldsymbol{b}^{\mathrm{a}}]\\ \boldsymbol{e}_{\boldsymbol{p}} &= \boldsymbol{R}_i^{\mathrm{wbT}}\left(\boldsymbol{p}_j^{\mathrm{w}} - \boldsymbol{p}_i^{\mathrm{w}} - \boldsymbol{v}_i^{\mathrm{w}}\Delta t_{ij} - \frac{1}{2}\boldsymbol{g}\Delta t_{ij}^2\right)\\ &\quad - [\Delta\bar{\boldsymbol{p}}_{ij}(\bar{\boldsymbol{b}}_i^{\mathrm{g}},\bar{\boldsymbol{b}}_i^{\mathrm{a}}) + \boldsymbol{J}\Delta_{\bar{p}}^{\mathbf{b}^{\mathrm{g}}}\delta\boldsymbol{b}^{\mathrm{g}} + \boldsymbol{J}\Delta_{\bar{R}}^{\mathbf{b}^{\mathrm{a}}}\delta\boldsymbol{b}^{\mathrm{a}}]\\ \boldsymbol{e}_b &= \boldsymbol{b}_j - \boldsymbol{b}_i\end{aligned} \tag{8.24}$$

其中，$\Delta\bar{\cdot}(\bar{\boldsymbol{b}})$ 为当零偏等于 $\bar{\boldsymbol{b}}$ 时状态的增量变化；$\delta\boldsymbol{b}^{\mathrm{a}}$ 和 $\delta\boldsymbol{b}^{\mathrm{g}}$ 为当前迭代中零偏值与优化过程中的初始值之间的差异。$\boldsymbol{J}\Delta_{\bar{\cdot}}^{\mathbf{b}^{\mathrm{a}}}$ 为加速度计零偏相对于状态的雅可比矩

阵；$\boldsymbol{J}\Delta_{\div}^{b^g}$ 为陀螺仪零偏相对于状态的雅可比矩阵。通过推导这些雅可比矩阵，优化过程的计算复杂性被降低为线性。所提出的基于优化的方法可以通过实时多次重新线性化来消除非线性误差。

3. 融合与批量优化估计过程

在构建了零速和惯性因子之后，使用 Ceres 求解器执行非线性优化，以精确估计状态。当新的惯性和零速因子对被添加到因子图中时，执行非线性优化。随着时间的推移，优化中的因子数量会增加，这将导致大量计算。因此，在所提出的 IPDR 系统中采用滑动窗口算法。当状态数量等于滑动窗口的大小时，最旧的状态将被丢弃，以确保实时性能。然而，滑动窗口有时可能导致系统陷入窗口大小的最优解。

为了平衡保持精度和实时性能之间的关系，所提出的 IPDR 系统引入了边缘化操作。当收到新的测量并且窗口已满时，滑动窗口中最旧的状态、零速因子和惯性因子被边缘化为先验因子。边缘化基于舒尔补，以确保所有来自边缘化量测的信息被保留在先验因子中，同时保持系统的实时性能和精度。

本章提出的 IPDR 系统优化频率与行人步频相同，有时可能不满足导航需求。为了进一步提高系统的实时性，提出基于最新优化结果的惯性信息的前向传播机制。这使得系统输出与 MEMS - IMU 的采样频率一致，以适应更多实时导航场景。

8.5　验证与分析

本节首先介绍试验设置，然后进行实际试验来验证所提出的 IPDR 系统的性能，并将该方法与四种不同的方法进行比较。首先是 OpenShoe 项目，这是一个知名的 MATLAB 开源滤波器 IPDR 系统，在工业中被广泛使用。第二个是 Shoe - Adaptive，为另一个广泛使用的 MATLAB 开源方法，采用贝叶斯方法自适应调整零速检测的阈值，它可以适应更广泛的环境，第三种方法是基于无迹卡尔曼滤波的行人导航系统(UKF - PNS)，结合 ZUPT 和 ZARU，在现有的 IPDR 方法中实现相对较高的定位精度。因此，它适合作为滤波器方法的比较方法。最后一种方法是基于因子图优化的方法，据我们所知，这是唯一公开可用的基于优化的技术，也适合作为比较方法。

第一组试验旨在验证所提出方法在正常条件下的定位性能。第二组试验旨在展示所提出方法在复杂条件下比传统方法更灵活的优势。

如图 8.6 所示，所提出的 IPDR 系统由安装在鞋垫上的数据采集设备和自主设计及开发的应用程序组成。该设备可以收集、传输和存储惯性数据。应用程序在计算机和手机上都可以运行算法并控制设备。在导航过程中，测试者需要安装应用程序来控制设备。运行应用程序的唯一要求是测试者在点击开始按钮后至少保持静止 3 s。之后,步行轨迹和定位结果将实时显示在应用程序内。在定位结束时,测试者可以点击“保存”按钮来保存原始数据。

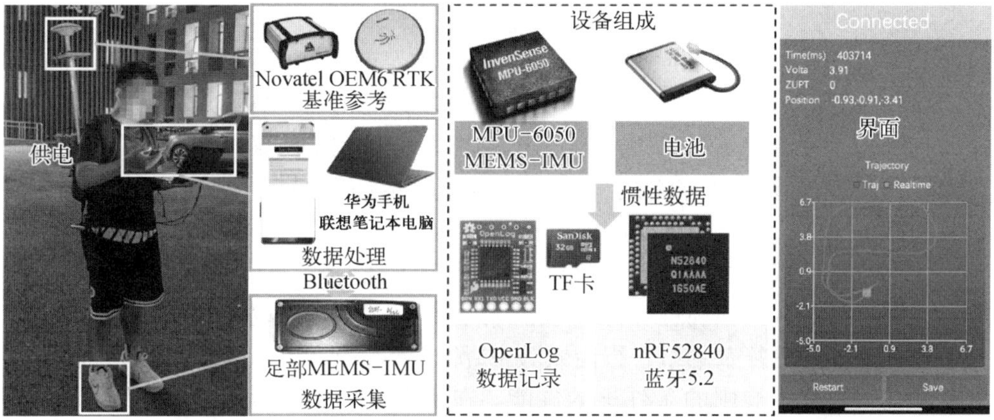

图 8.6　设备架构示意图

对于数据采集设备,采用了 InvenSense MPU - 6050 六轴 MEMS - IMU 来感知惯性数据。它旨在满足可穿戴传感器的低功耗、低成本和高性能要求。惯性数据被封装并使用 Nordic nRF 52840 多协议蓝牙传输到手机或计算机。此外,所有原始数据都由 OpenLog 记录,这是一个开源的数据记录器,通过简单的串行连接操作,并支持 microSD 卡。后续将使用原始数据与其他 IPDR 方法进行性能比较。表 8.1显示了设备的规格。

表 8.1　IPDR 系统惯性采集装置参数表

参　数	数　值	单　位
陀螺仪量程	±1000	(°)/s
陀螺仪噪声	0.005	$(°)/(s\cdot\sqrt{Hz})$
加速度计量程	±8	g
加速度噪声	400	$\mu g/\sqrt{Hz}$
频率	200	Hz
质量	90	g
尺寸	95.7×36×15.8	mm×mm×mm
续航时间	40	h

本章的算法基于机器人操作系统(robot operating system, ROS),使用 C++语言实现。为了公平比较,其他算法也在 C++中重现,并在相同的平台上运行。本节中设置的参数分别为 t_s = 0.9 s、t_n = 0.3 s 和 k_r = 30。

为了全面评估所提出方法的性能,使用精度优于 2 cm 的 Novatel OEM6 RTK - GNSS 作为参考。测试者在携带所有设备的情况下在校园内行走。在试验过程中,通过 ROS 进行时间同步,每个试验运行多次以确保可重复性。

在这一部分,进行了三个试验:直线行走、矩形行走和更复杂的组合行走。这些试验旨在全面比较所提出的 IPDR 系统与传统 IPDR 系统的性能。所有方法都使用相同的参数进行测试。测试者在实验室楼和操场周围行走,其中 GPS 信号较强。

在直线行走试验中,测试者按照直线路径行走,以测试算法在简单条件下的性能。在矩形行走试验中,测试者按照矩形路径行走,以测试算法在复杂但规则的条件下的性能。在更复杂的组合行走试验中,测试者按照不规则路径进行行走,以测试算法在复杂且不规则的条件下的性能。在所有试验中,将所提出的 IPDR 系统与其他传统 IPDR 系统进行比较,以评估其定位性能。所有试验都进行了多次重复,以确保结果的可靠性和稳定性。

试验的轨迹如图 8.7 所示。第一个试验旨在评估当航向角的变化较小时的性能。在操场上选择了一条长度为 195 m 的直线作为行走路径。为了更好地激发航向角误差,选择了较大的航向角变化。因此,第二个试验是绕一个 40 m×16 m 的矩形行走两次,总长度为 224 m,航向角变化为 720°,这可以更好地激发航向误差。最后一个试验长达 392 m,包括直线和转弯,以更全面地评估系统的性能。试验 1~3 中不同方法的轨迹估计结果分别如图 8.8~图 8.10 所示。

此外,表 8.2 列出了 RMSE(均方根误差)和 MAX(最大值),以统计比较不同方法的性能。可以清楚地看出,所提出的方法提供了比传统方法更准确的位置估计。

图 8.7 试验轨迹示意

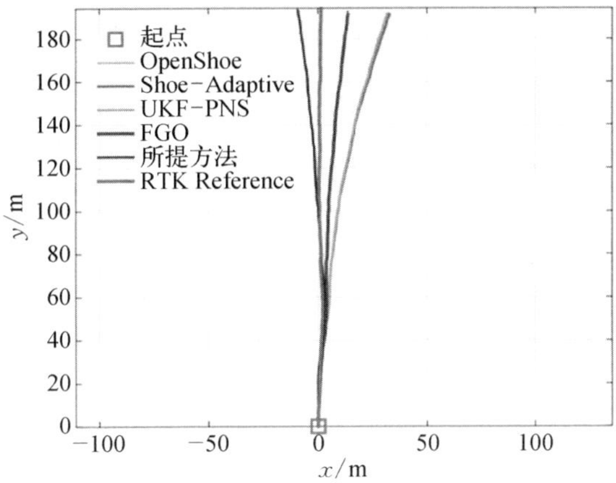

图 8.8 试验 1 中不同方法轨迹估计结果(**RTK Reference** 指实时动态定位参考基准)

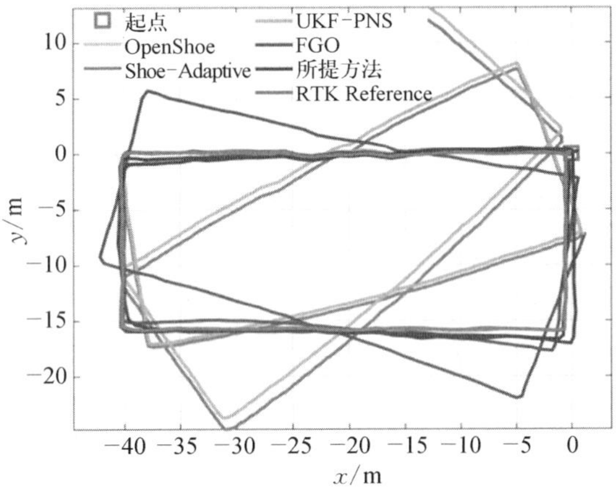

图 8.9 试验 2 中不同方法轨迹估计结果

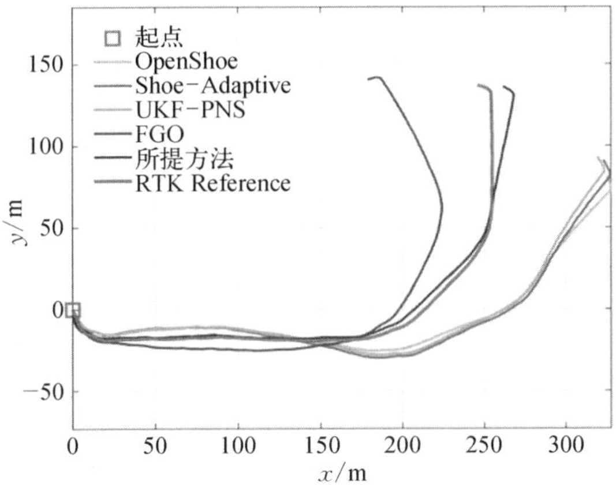

图 8.10 试验 3 中不同方法轨迹估计结果

表 8.2　不同方法定位误差结果对比　（单位：m）

误差类型	误差指标	组数	OpenShoe	Shoe - Adaptive	UKF - PNS	FGO	所提方法
位置误差	RMSE	1	15.34	14.93	14.55	7.32	4.38
		2	8.79	9.19	8.72	4.24	1.28
		3	45.34	45.95	45.55	41.08	4.63
	MAX	1	31.93	14.93	30.61	12.68	10.72
		2	17.47	19.05	17.82	7.39	2.56
		3	95.61	94.85	94.79	71.17	13.92
距离误差	RMSE	1	0.34	0.38	0.28	0.33	0.31
		2	1.53	1.63	1.24	2.19	2.28
		3	1.47	1.76	1.21	0.23	0.63
	MAX	1	0.63	0.67	0.61	0.70	0.69
		2	3.60	3.62	2.43	3.15	3.65
		3	3.35	3.53	3.05	0.75	1.14

如图 8.11 所示，由于包含航向角误差，不同方法的 RMSE 存在显著差异。OpenShoe 的 RMSE 百分比分别为 7.9%、3.9% 和 11.6%，Shoe - Adaptive 为 7.7%、4.1%和 11.7%，UKF - PNS 为 7.5%、3.9%和 11.6%。这是因为这些方法基于卡尔

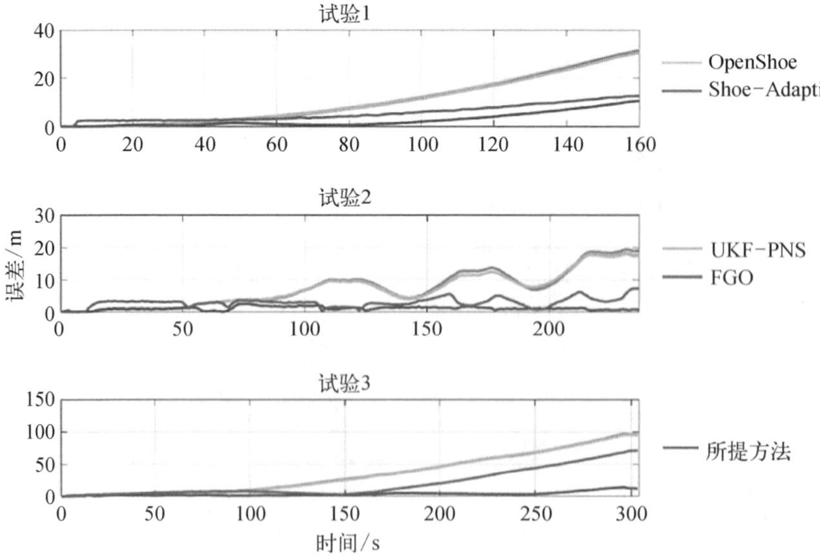

图 8.11　不同算法的 RMSE 对比图

曼滤波,并采用相同的零偏估计方法,导致定位精度相似。对于优化方法,FGO 的 RMSE 百分比分别为 3.75%、1.89%和 10.48%。由于利用历史测量进行批处理优化,FGO 的 RMSE 显著低于滤波器方法。然而,FGO 的 RMSE 高于所提出的方法,这是因为其使用的零速测量不是概率最高的测量。所提出的方法由于使用了更准确的零速测量,其 RMSE 百分比分别仅为 2.25%、0.57%和 1.18%。所提出的方法相比于滤波器方法的改进分别为 71.4%、85.4%和 89.8%,这证明了所提出方法的优越性。

值得注意的是,优化方法引入了额外的计算量。为了比较计算耗时,在一台装有 Ubuntu 16.04 的 I5 - 7200U 平台上比较了 CPU 使用率和时间成本。由于简单的 EKF 结构,OpenShoe 表现出最高的效率。UKF - PNS 需要额外的计算时间,因为它在积分和融合过程中分别进行了 30 次随机采样。随着估计状态数量的增加,优化方法的计算负担也增加。

在基于优化的方法中,由于在每一步中引入了两个零速测量,以及对所有历史时刻的零速检测测量进行融合,FGO 方法的计算时间是所提出的优化方法的 2 倍。这些因素导致优化复杂性随时间无限增长,在试验 3 中最终的优化时间达到了 4.5 s,这在实际系统中是不可行的。为了控制计算负担同时保持精度,所提出的方法对最近 50 步的数据进行批处理优化和边缘化。这使得所提出的方法可以在 40 ms 内进行优化,满足平均步频。此外,所提出的算法在实时中设计了并行线程,用于从上一次优化时刻到当前时刻的惯性积分,以满足更多的行人导航需求。

由于零速约束使得当前速度为零,在行人仍在移动时检测到零速可能会引入显著误差。因此,防止误检零速点是提高 IPDR 系统定位精度的关键因素。

本节进一步开展了变化步态情况下的定位性能验证。首先使用一组包含非正常步态的数据来评估零速检测性能。如图 8.12 所示,GLRT 检测器的输出反映了运动特征。然而,在非零速状态下,GLRT 输出值可能仍然低于先前试验中设置的固定阈值。然后,测试者进行行走,包括一个包含一些非正常步幅步态的 39 m 短直线,以观察对导航性能的影响。在 OpenShoe、UKF - PNS 和 FGO 中基于固定阈值的方法检测到的误检零速测量将在融合过程中被融合,降低了性能。相反,Shoe - Adaptive 方法能够根据行人移动的特性实时调整阈值,从而实现准确的零速检测。所提出的基于历史数据的方法通常可以通过搜索最接近零速的最低值来检测零速点。

图 8.13 展示了不同方法估计的轨迹。误检的零速导致 OpenShoe、UKF - PNS 和 FGO 估计的定位信息不正确,导致位置估计明显缩短。虽然 Shoe - Adaptive 大致检测到了所有步态,但由于只考虑当前测量,存在因不准确的零偏估计而产生的发散问题。另外,所提出的检测方法实现了良好的定位性能,使得穿戴者可以在相对复杂的环境中知道自己的位置。

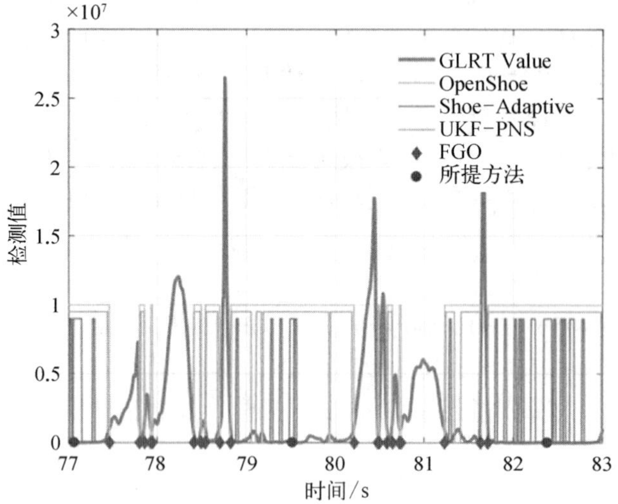

图 8.12 变化步态下不同方法的零速检测结果

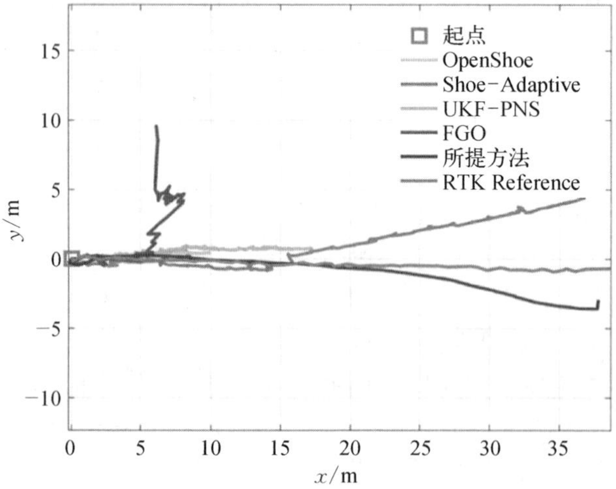

图 8.13 变化步态下不同方法的轨迹估计结果

8.6 本章小结

本章提出了一种新颖的实时 IPDR 系统,采用了基于优化和历史数据的零速检测,而无须进行任何额外的假设。与基于滤波的 IPDR 系统不同,后者可能由于只进行一次线性化过程并且没有考虑历史测量而引入非线性误差。所提出的方法考虑了所有原始惯性信息,以更好地估计位置和零偏。与其他基于优化的方法相比,所提出的方法在使用滑动窗口和边缘化的情况下足够高效,可以实时在低功耗平台上运行。此外,所提出的方法利用历史测量更好地估计 MEMS - IMU 的零偏。该方法还可以在实时中应用延迟处理的零速检测算法。所提出的零速检测方法可以适应更多情况,包括具有不同步行特征的不同穿戴者。试验结果表明,与传统方法相比,包括基于滤波器和基于优化的方法,所提出的方法在定位精度方面表现更好。

此外,所提出的基于优化的方法利用因子图框架,可以轻松地集成其他导航信息,进一步提高定位性能,它提供了一种与现有 IPDR 系统无缝集成的新的步行导航估计方法。总体来说,所提出的方法为能够处理复杂运动模式并实现高精度的实时 IPDR 系统提供了一个有前景的解决方案,而无需额外的传感器。

第 9 章
因子图在无人系统视觉 SLAM 中的应用

9.1 引言

在室内 GNSS 拒止环境下，常用的导航传感器有激光雷达、相机和惯性传感器，相机相比于激光雷达有感知的信息更为丰富且体积小等优点，惯性传感器则可以提高视觉导航系统的定位精度和鲁棒性，因此惯性/视觉组合导航系统得到了广泛应用。

本章首先阐述基于因子图优化的惯性/视觉组合导航，对单目 VIO 的原理与误差特性进行分析，并设计基于因子图优化的惯性/视觉 SLAM 方法。目前，传统的 VIO 方法通过离线标定得到固定的相机畸变参数，当相机畸变参数标定不准确或发生变化时定位精度会下降。针对该问题，提出一种相机畸变参数在线自标定的鲁棒 VIO 方法，首先设计相机畸变参数在线自标定的 VIO 算法架构，之后构建相机的高阶畸变参数因子，并将其加入 VIO 系统的待优化变量中，推导视觉重投影误差关于待优化变量的雅可比矩阵。然后通过因子图优化技术，在基于滑动窗口的紧耦合后端，实现相机畸变参数的在线自标定与载体导航信息的实时优化求解。最后，通过数据集试验验证所提方法的性能及有效性。

9.2 惯性/视觉组合导航技术概述

惯性传感器量测信息中噪声较大，通过两次积分得到的位姿信息发散迅速，视觉传感器可以对惯性传感器的漂移进行估计并修正；视觉传感器易受外界环境干扰，惯性传感器可以测量自身的加速度和角速度信息，一定程度上可以减小外界环境对视觉数据的影响，视觉/惯性融合定位方法可以得到精度更高、可靠性更强的导航信息。VIO 是常用的视觉/惯性组合导航方法，可以分为基于滤波的 VIO 和基于优化的 VIO 两大类。

基于滤波的 VIO 方法主要采用 EKF 技术对系统状态量进行预测和更新。基于滤波的松耦合 VIO 代表方案为苏黎世联邦理工学院的 Ethzasl_SSF[155] 和 Ethzasl_MSF[156]，该类方法结构简单，计算量小，但精度相比于紧耦合方法较差。基于滤波的紧耦合 VIO 代表方案为明尼苏达大学的 MSCKF(multi-state constraint kalman filter)[157] 和苏黎世联邦理工学院的 ROVIO(robust visual inertial Odometry)[158]。MSCKF 算法在 2007 年首次提出，相比于传统的基于 EKF 的紧耦合 VIO 算法，该方法没有在系统状态向量中维护数量庞大的特征点坐标，而是通过零空间投影使重投影误差与视觉特征点无关，降低了系统运算量，并且建立了一个视觉特征点和多帧状态之间的约束关系，实现了高精度的位姿估计。2012 年，Li 等对 MSCKF 算法进行了改进，进一步提高了 VIO 算法的精度[159]。ROVIO 没有通过特征点的重投影误差构建量测方程，其视觉误差项为光度误差。

基于优化的 VIO 方法通过最小化由 IMU 约束残差和视觉约束残差构建的联合代价函数来获得载体状态的最优估计。与基于滤波的 VIO 方法相比，基于优化的 VIO 方法可以进行多次状态量的线性化，因此可以得到更高的精度。IMU 量测信息通过图像帧之间的惯性信息积分得到，传统 IMU 积分方法与第一帧 IMU 的初始位姿密切相关，当状态估计值发生变化时，所有 IMU 量测信息需要重新积分计算。悉尼大学的 Lupton 等提出了一种 IMU 预积分技术[160]，避免了重复积分。苏黎世大学的 Forster 等使用李群和李代数代替欧拉角表示旋转，推导了基于流形的 IMU 预积分技术[128]，IMU 预积分技术目前广泛应用在基于优化的 VIO 方案中。基于优化的松耦合 VIO 方法研究较少，其将视觉和 IMU 分别得到的位姿残差构建非线性优化问题，进而对系统状态量进行求解。基于优化的 VIO 方法以紧耦合为主，2015 年，苏黎世联邦理工学院提出了 OKVIS(open keyframe-based visual-inertial SLAM)算法[161]，OKVIS 算法是基于关键帧优化的 VIO 方法，其视觉误差项为重投影误差，惯性误差项为预积分误差。2015 年和 2017 年，萨拉戈萨大学的 Mur - Artal 等在自己的 ORB - SLAM 算法[162,163]的基础上加入了惯性信息，提出了 ORB - SLAM - VI 算法[164]。ORB - SLAM - VI 算法是第一个可以重复利用短期、中期和长期数据地图的视觉惯性系统，基于惯性预积分理论，该算法可以实现精确的局部批量视觉惯性位姿优化。2018 年，慕尼黑工业大学在先前的工作 DSO(direct sparse odometry)[165]的基础上，提出了 VI - DSO(direct sparse visual-inertial odometry)算法[166]，该算法通过最小化惯性误差和视觉光度误差估计相机位姿，取得了很好的效果。2020 年，慕尼黑工业大学提出了双目 VIO 系统，即 BASALT 算法[167]，该算法利用非线性因子恢复(non-linear factor recovery, NFR)[168] 提取相关信息进行视觉惯性建图，使地图的滚转角和俯仰角可观，提高了建图的鲁棒性和准确性。2021 年，萨拉戈萨大学的 Campos 等提出了 ORB - SLAM3 算法[169]，该算法是第一个支持针孔和鱼眼相机模型，能够使用单目、双目和 RGB - D 相机，可以执行视觉、视觉/惯性和多地图 SLAM 的系统。

国内也开展了许多关于 VIO 系统的研究工作。2017 年,东南大学提出了一种基于滤波的松耦合视觉/惯性 SLAM 方法[170],针对视觉 SLAM 易受环境影响的问题,通过卡尔曼滤波方法融合了惯性信息,提高了系统的定位精度和稳定性。2018 年,香港科技大学提出了 VINS - Mono(monocular visual-inertial system)算法[171],VINS - Mono 算法的视觉误差项和惯性误差项与 OKVIS 一致,在系统级别上 VINS - Mono 更为完整,具备自动初始化、回环检测和全局位姿图优化等功能。同年,南京航空航天大学导航研究中心提出了一种容错 VIO 导航定位框架[172],在视觉特征相似或稀疏的环境下,该方法通过 IMU 预积分技术提高了运动估计的精度和鲁棒性。此外,该系统还引入了突变检测器和自适应观测噪声因子,减小了快速角运动和特征错误匹配造成的误差。2019 年,香港科技大学将 VINS - Mono 算法扩展到双目视觉系统和双目视觉/惯性系统,公开了 VINS - Fusion 算法[173]。2020 年,厦门大学提出了一种融合惯性信息的半直接单目视觉里程计(visual odometry, VO)[174],该方法通过惯性信息恢复了环境真实尺度,并设计了一种 IMU 加权先验模型为系统前端提供初值。系统后端构建了紧耦合图优化模型,联合惯性、视觉和地图点信息进行优化求解,提高了位姿估计的精度和稳定性。2021 年,湖南大学提出一种基于改进 SuperPoint 网络的单目视觉惯性 SLAM 方法[175],该方法将特征提取网络融入视觉处理前端,提高了在光照变化剧烈场景中系统的定位精度。

综上,目前的视觉/惯性融合定位技术研究以基于优化的紧耦合 VIO 方案为主。在上述基于优化的紧耦合 VIO 方案中,相机的畸变参数均通过离线标定的方法得到,并在系统的运行过程中将其作为固定值。当相机畸变参数标定不准确或发生变化时,导航定位精度将下降,针对此问题,2014 年,加利福尼亚大学在 EKF 框架下实现了相机畸变参数的自标定[176],但该算法只对状态量进行一次线性化,非线性误差较大,影响了定位精度。科罗拉多大学和苏黎世联邦理工学院分别在 2015 年和 2017 年在图优化框架下实现了相机畸变参数的在线标定[177,178],但都只建立了相机畸变参数的一阶近似模型,对畸变的描述精度不足。因此,目前的 VIO 算法在相机畸变参数不准确情况下的定位精度及鲁棒性还有待提升。

9.3　基于优化的惯性/视觉组合导航技术原理

9.3.1　惯性/视觉里程计原理与误差分析

VIO 系统融合了视觉信息与 IMU 信息,基于优化的紧耦合 VIO 框架如图 9.1 所示,包括数据预处理、初始化和滑动窗口联合优化模块。在数据预处理模块主要完成图像特征的提取、跟踪以及 IMU 预积分操作,并为系统的状态优化提供初值;在初始化模块首先通过 VO 的方法进行纯视觉初始化,之后与 IMU 预积分序列对齐求解初始化参数;在滑动窗口联合优化模块联合视觉约束、IMU 约束以及边缘化先验信息求解滑动窗口内的所有状态变量,最终输出载体的导航信息。

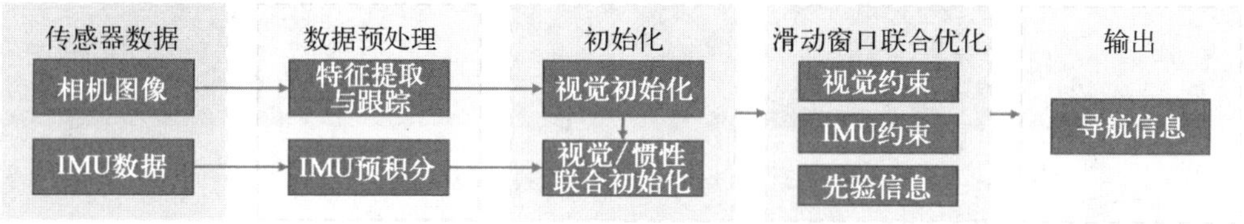

图 9.1　基于优化的紧耦合 VIO 框架

在 VIO 系统中,特征点的错误匹配、相机的畸变以及累积误差的存在等问题均会影响系统的导航解算精度,特征点的错误匹配问题目前通过随机抽样一致(random sample consensus, RANSAC)算法[179]、反向光流跟踪算法得到了较好的解决;相机的畸变问题目前常通过离线标定的方法估计其畸变参数,并在 VIO 系统中通过畸变参数对提取的特征点进行去畸变操作。然而,相机的畸变参数标定结果不一定准确,并且在长期的使用过程中相机的畸变参数可能会发生变化,这些情况会使导航系统的精度降低,目前的 VIO 方法在此类情况下的鲁棒性仍然不足;在 VIO 系统后端优化求解时,当前时刻的状态估计结果依赖于之前的状态估计值,因而会产生累积误差,长时间工作后定位结果将不可靠。针对此类问题,目前常用的解决方法是在 VIO 系统中添加回环约束,并通过全局位姿图优化减小系统的累积误差,但回环约束仅在载体到达先前经过的位置时才能添加,并且全局位姿图优化会增加系统的计算负担,因此减小 VIO 系统累积误差的方法还有待进一步的研究。

本节对相机畸变参数标定不准确或发生变化时对 VIO 系统的影响进行具体的试验分析,试验基于 PennCOSYVIO 数据集[180]和 VINS - Mono 算法,分别使用数据集提供的畸变参数参考值和引入误差后的畸变参数值,以模拟相机畸变参数准确和不准确的情况,分析两种情况下 VINS - Mono 算法的定位精度。

PennCOSYVIO 数据集是美国宾夕法尼亚大学于 2016 年提出的一个 VIO 基准,数据集场景如图 9.2 所示,包括室内和室外的数据,具有光照变化、快速旋转、不同纹理、重复结构以及大面积的玻璃墙面等挑战性因素,所有传感器数据在时间上进行了同步,并提供了传感器的内参、外参以及定位轨迹的基准值。本节使用 VI - Sensor 的左目相机和 IMU 的数据,其传感器型号及参数如表 9.1 所示。

图 9.2　PennCOSYVIO 数据集场景

表 9.1　VI - Sensor 型号及参数

传感器	型　号	参　　数
相机	MT9V034	频率 20 Hz,分辨率 2 mm×752 mm×480 mm,垂直视角57°,水平视角 2×80°
IMU	ADIS16488	频率 200 Hz

PennCOSYVIO 数据集提供了较为精确的相机畸变参数,本节分别将畸变参数参考值和引入畸变误差后的值应用到 VINS - Mono 算法中,在没有回环的情况下对比分析 VINS - Mono 算法的定位精度。本节选择绝对轨迹误差(absolute trajectory error, ATE)作为评估指标,比较估计轨迹和提供的轨迹真值之间的误差。PennCOSYVIO 数据集提供了定位轨迹的绘制工具以及定位精度的评估工具,其中,均方根误差(RMSE)的计算方法如下。

定义 $\boldsymbol{P}_{1:N}$ 为 VIO 估计的位姿变换矩阵序列, $\boldsymbol{Q}_{1:N}$ 为真实的位姿变换矩阵序列,具体有

$$\begin{cases} \boldsymbol{P}_i = \boldsymbol{T}_{\mathrm{b}_i}^{\mathrm{w}'} \\ \boldsymbol{Q}_i = \boldsymbol{T}_{\mathrm{b}_i}^{\mathrm{w}_{\mathrm{ref}}} \end{cases}, \quad i \in [1,\ n] \tag{9.1}$$

通过最小二乘的方法计算变换矩阵 $\boldsymbol{T}_{\mathrm{w}'}^{\mathrm{w}_{\mathrm{ref}}}$ 对齐 $\boldsymbol{P}_{1:N}$ 和 $\boldsymbol{Q}_{1:N}$,位姿的误差可由式(9.2)表示:

$$\boldsymbol{F}_i = \boldsymbol{Q}_i^{-1} \boldsymbol{T}_{\mathrm{w}'}^{\mathrm{w}_{\mathrm{ref}}} \boldsymbol{P}_i \tag{9.2}$$

则平移分量的 RMSE 可通过式(9.3)计算, Δt_i 为当前帧与上一帧之间的时间差, T_t 为总时间,如式(9.4)所示。

$$\mathrm{ATE}(\boldsymbol{F}_{1:N}) = \left(\frac{1}{T_t}\sum_{i=1}^{N}\Delta t_i \ \| \mathrm{trans}(\boldsymbol{F}_i) \|^2\right)^{1/2} \tag{9.3}$$

$$T_t = \sum_{i=1}^{N}\Delta t_i \tag{9.4}$$

VIO 系统的累积误差主要是由姿态估计的不准确导致的，在平移估计准确的情况下，姿态估计不准确会使定位误差随着距离的增加不断增加，而在姿态估计准确的情况下，平移估计不准确引入的定位误差则是固定的。因此，VIO 系统对姿态的估计精度差会使定位结果产生较大的累积误差。

综上所述，传统的 VIO 方法在相机畸变参数不准确时系统的定位精度会下降，并且 VIO 系统产生累积误差的主要原因是姿态估计不准确。

9.3.2　基于因子图优化的惯性/视觉 SLAM 方法

根据是否对图像信息提取特征点，可以将 VO 的实现方法分为特征点法和直接法，特征点法 VO 通过特征的提取和匹配解算相邻两帧图像之间相机的位姿变换，直接法 VO 则直接根据图像中像素的灰度信息估计相机运动。特征点法 VO 由于提取了图像中较为稳定的特征，因而对光照变化等情况不敏感，相较于直接法 VO 鲁棒性更高。因此，本节对特征点法 VO 进行分析，其框架如图 9.3 所示，包括数据预处理、帧间相机运动估计、位姿及地图优化模块。

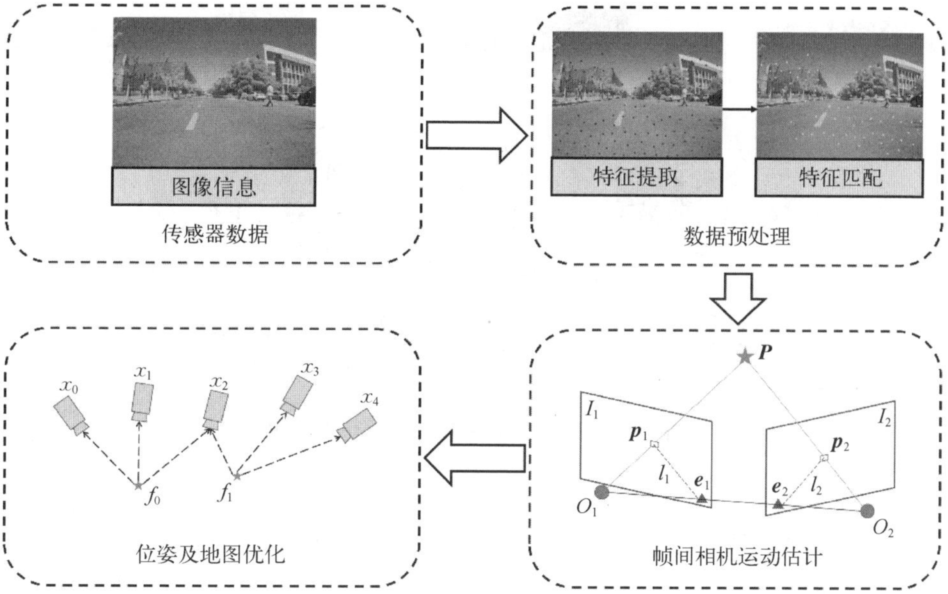

图 9.3　特征点法 VO 框架

VO 的数据预处理模块主要是完成图像特征的提取及匹配过程,建立相邻两帧图像之间的特征关联。目前常用的点特征有 Shi - Tomasi[181]、加速段测试特征(feature from accelerated segment test, FAST)角点[182],以及尺度不变特征变换(scale-invariant feature transform, SIFT)[183]、定向 FAST 和旋转 BRIEF(oriented FAST and rotated BRIEF, ORB)[184]等特征点,本节选取了 TUM 数据集[185]中的图像进行特征点提取,数据集原始图像如图 9.4(a)所示,特征点提取结果如图 9.4(b)~(e)所示。Shi - Tomasi 和 FAST 特征只包括关键点信息,而 SIFT 和 ORB 特征点则包含关键点和描述子两部分信息,例如,SIFT 特征点由 SIFT 关键点和 SIFT 描述子组成,描述子可用于特征点的匹配。SIFT 特征对图像的亮度、旋转和尺度等变化进行了充分的考虑,因此提取的特征点十分稳定,但计算量大。ORB 特征改进了 FAST 关键点,并用 BEIEF 描述子进行特征匹配,具有尺度和旋转不变性,并且计算速度快。Shi - Tomasi 和 FAST 角点在进行特征提取时不需要计算描述子,提取速度相较于 ORB 特征更快,在使用 Shi - Tomasi 或 FAST 角点时,可以通过光流法跟踪特征点的运动,以建立特征之间的关联。

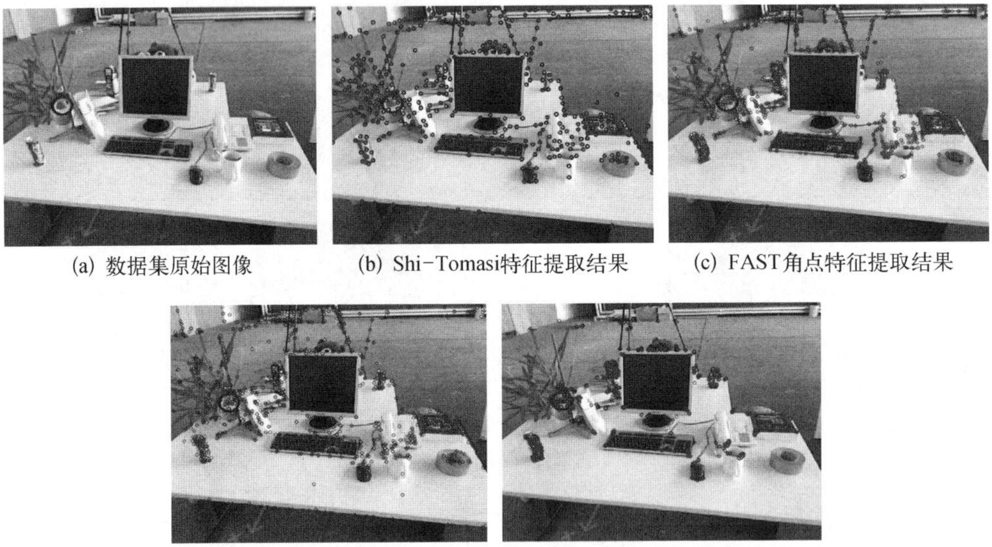

(a) 数据集原始图像　(b) Shi-Tomasi特征提取结果　(c) FAST角点特征提取结果

(d) SIFT特征提取结果　(e) ORB特征提取结果

图 9.4　数据集原始图像与特征提取结果

1. 帧间相机运动估计方法研究

单目相机无法感知环境的真实深度,只能获得数据预处理阶段提取和匹配好的特征点对的二维信息,所以首先需要通过对极几何约束解算出相邻两帧图像之间相机的位姿变换,之后通过三角化解算出特征点在三维空间的位置。

对极几何约束如图 9.5 所示，$\boldsymbol{p}_1$ 和 $\boldsymbol{p}_2$ 为已经匹配成功的特征点对，I_1 和 I_2 为相邻的两帧图像，O_1 和 O_2 为对应两帧图像的相机光心，$\overrightarrow{O_1\boldsymbol{p}_1}$ 和 $\overrightarrow{O_2\boldsymbol{p}_2}$ 的交点 $\boldsymbol{P}$ 即该特征点在三维空间中的位置，假设两帧图像对应的相机之间的旋转矩阵为 $\mathrm{R}_{c_1}^{c_2}$，平移向量为 $\boldsymbol{t}_{c_1}^{c_2}$，则对极约束为

$$\boldsymbol{p}_2^{\mathrm{T}}\boldsymbol{K}^{-\mathrm{T}}\boldsymbol{t}_{c_1}^{c_2\wedge}\boldsymbol{R}_{c_1}^{c_2}\boldsymbol{K}^{-1}\boldsymbol{p}_1 = 0 \tag{9.5}$$

其几何意义为 O_1、O_2 和 $\boldsymbol{P}$ 三点共面，式中，$\boldsymbol{p}_1$ 和 $\boldsymbol{p}_2$ 分别为特征点在两帧图像中对应的像素坐标，$\boldsymbol{K}$ 为相机的内参矩阵，“$\wedge$”运算符表示将三维向量映射为 3×3 反对称矩阵，如式(9.6)所示：

$$\begin{bmatrix} t_1 \\ t_2 \\ t_3 \end{bmatrix}^{\wedge} = \begin{bmatrix} 0 & -t_3 & t_2 \\ t_3 & 0 & -t_1 \\ -t_2 & t_1 & 0 \end{bmatrix} \tag{9.6}$$

$\boldsymbol{t}_{c_1}^{c_2\wedge}\boldsymbol{R}_{c_1}^{c_2}$ 描述了空间中的点在两帧图像相机坐标下坐标之间的关系，称为本质矩阵 $\boldsymbol{E}$，$\boldsymbol{K}^{-\mathrm{T}}\boldsymbol{t}_{c_1}^{c_2\wedge}\boldsymbol{R}_{c_1}^{c_2}\boldsymbol{K}^{-1}$ 则描述了空间中的点在两帧图像像素坐标系下坐标之间的关系，称为基础矩阵 $\boldsymbol{F}$，如式(9.7)所示：

$$\begin{aligned} \boldsymbol{E} &= \boldsymbol{t}_{c_1}^{c_2\wedge}\boldsymbol{R}_{c_1}^{c_2} \\ \boldsymbol{F} &= \boldsymbol{K}^{-\mathrm{T}}\boldsymbol{t}_{c_1}^{c_2\wedge}\boldsymbol{R}_{c_1}^{c_2}\boldsymbol{K}^{-1} \end{aligned} \tag{9.7}$$

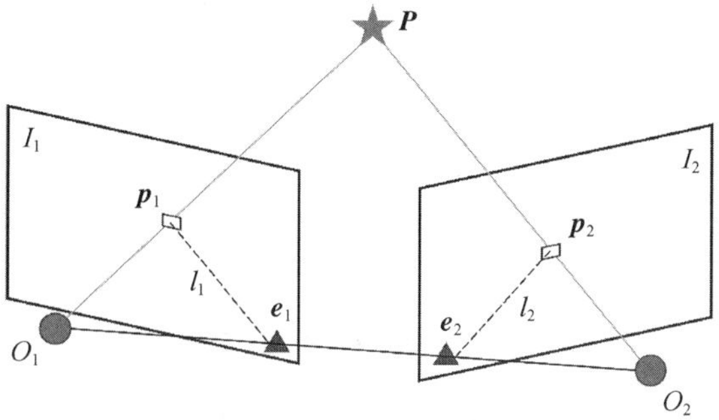

图 9.5　对极几何约束

本质矩阵 $\boldsymbol{E}$ 和基础矩阵 $\boldsymbol{F}$ 只相差了相机的内参，相机的内参矩阵可以通过标定得到，因此可以通过八点法先求解 $\boldsymbol{E}$，之后通过 $\boldsymbol{E}$ 的奇异值分解(singular value decomposition，SVD)估计相机的运动 $\boldsymbol{R}_{c_1}^{c_2}$ 和 $\boldsymbol{t}_{c_1}^{c_2}$。得到两帧图像间相机的位姿变换后，需要进一步求解特征点的深度值，在对极几何中，$\boldsymbol{p}_1$ 和 $\boldsymbol{p}_2$ 满足如下约束关系：

$$s_1\boldsymbol{K}^{-1}\boldsymbol{p}_1 = s_2\boldsymbol{R}_{c_1}^{c_2}(\boldsymbol{K}^{-1}\boldsymbol{p}_2) + \boldsymbol{t}_{c_1}^{c_2} \tag{9.8}$$

式中，s_1、s_2 分别为特征点在两帧图像中的深度值，令 $\boldsymbol{x}_1 = \boldsymbol{K}^{-1}\boldsymbol{p}_1$，$\boldsymbol{x}_2 = \boldsymbol{K}^{-1}\boldsymbol{p}_2$，$\boldsymbol{x}_1$、$\boldsymbol{x}_2$ 分别表示特征点在两个归一化相机坐标系下的坐标，则

$$s_1\boldsymbol{x}_1 = s_2\boldsymbol{R}_{c_1}^{c_2}\boldsymbol{x}_2 + \boldsymbol{t}_{c_1}^{c_2} \tag{9.9}$$

对式(9.9)两侧同时左乘 $\boldsymbol{x}_1{}^{\wedge}$ 使等式左侧为零，可以求得 s_2，之后根据 s_2 的值可以求解出 s_1，从而完成特征点的深度估计。

2. 位姿及地图优化方法研究

对极几何通过构建相邻两帧图像之间的约束关系求解相机的位姿变换，三角测量根据该位姿变换估计特征点的深度值，这种方法虽然可以得到相机的运动轨迹及特征点地图，但由于累积误差的存在，长时间工作后相机的位姿及地图都将变得不准确，为了得到长时间内最优的轨迹和地图，需要构建全局范围内的相机位姿与特征约束，并通过非线性优化的方法实现相机位姿和地图点的最优估计。

基于非线性优化的位姿与地图估计，是一个最小化特征点重投影误差的过程。重投影误差示意图如图 9.6 所示，$\hat{\boldsymbol{p}}_2$ 是特征点 $\boldsymbol{P}$ 根据当前的相机位姿在成像平面上的投影，$\boldsymbol{p}_2$ 是特征在像素平面上的实际观测位置，重投影误差如式(9.10)所示：

$$\boldsymbol{r}_C = \boldsymbol{p}_2 - \hat{\boldsymbol{p}}_2 = \boldsymbol{p}_2 - \frac{1}{s_2}\boldsymbol{K}(\boldsymbol{R}_{w}^{c}\boldsymbol{P} + \boldsymbol{t}_{w}^{c}) = \boldsymbol{p}_2 - \frac{1}{s_2}\boldsymbol{K}\boldsymbol{T}_{w}^{c}\boldsymbol{P} \tag{9.10}$$

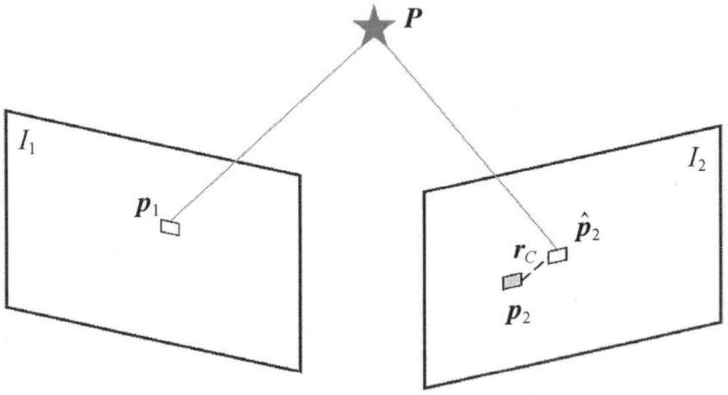

图 9.6　重投影误差示意图

在实际的 VO 运行过程中，一帧图像会观测到大量的特征点，将所有特征点的视觉重投影误差求和构建最小二乘问题，通过调整相机的位姿与特征点的位置，使重投影误差之和最小化，从而得到最优的相机位姿估计。在非线性优化问题中，通过李代数 ξ 表示相机的位姿可以更方便地进行优化求解，因此非线性优化问题的目标函数如下：

$$\boldsymbol{\chi}^* = \arg\min_{\xi,\boldsymbol{P}_i}\frac{1}{2}\sum_{i=1}^{n}\left\|\boldsymbol{p}_{2i} - \frac{1}{s_{2i}}\boldsymbol{K}\exp(\boldsymbol{\xi}^{\wedge})\boldsymbol{P}_i\right\|_2^2 \tag{9.11}$$

其中，$\boldsymbol{\chi}^*$ 为待优化变量最优估计值，包括相机的位姿以及特征点的位置，$\exp(\boldsymbol{\xi}^\wedge)=\boldsymbol{T}_\mathrm{w}^\mathrm{c}$，使用高斯牛顿（GN）算法或列文伯格-马夸尔特（LM）算法对式(9.11)进行优化求解，在优化过程中，从待优化变量的初值 $\boldsymbol{\chi}_0$ 开始进行迭代更新，可以得到最优的状态估计值：

$$\boldsymbol{\chi}'_{t+1}=\boldsymbol{\chi}_t+\delta\boldsymbol{\chi} \tag{9.12}$$

对于每一次迭代，增量 $\delta\boldsymbol{\chi}$ 可以通过式(9.13)求解：

$$\boldsymbol{H}\delta\boldsymbol{\chi}=\boldsymbol{b} \tag{9.13}$$

其中，$\boldsymbol{H}$ 为重投影误差的海塞矩阵，$\boldsymbol{H}=\boldsymbol{J}^\mathrm{T}\boldsymbol{J}$，$\boldsymbol{b}=-\boldsymbol{J}^\mathrm{T}\boldsymbol{r}_C$，$\boldsymbol{J}$ 为重投影误差关于待优化变量 $\boldsymbol{\chi}$ 的雅可比矩阵，雅可比矩阵可由式(9.14)计算：

$$\boldsymbol{J}=\begin{bmatrix}\dfrac{\partial\boldsymbol{r}_C}{\partial\delta\boldsymbol{\xi}} & \dfrac{\partial\boldsymbol{r}_C}{\partial\boldsymbol{P}}\end{bmatrix} \tag{9.14}$$

重投影误差关于李代数的导数可以通过扰动模型求解，记特征点在相机坐标系下的坐标为 $\boldsymbol{P}^\mathrm{c}$，则

$$\boldsymbol{P}^\mathrm{c}=(\exp(\boldsymbol{\xi}^\wedge)\boldsymbol{P})_{1:3}=[X'\quad Y'\quad Z']^\mathrm{T} \tag{9.15}$$

相机投影点 $\boldsymbol{p}_2$ 与 $\boldsymbol{P}^\mathrm{c}$ 之间的关系为

$$\begin{gathered}s_2\boldsymbol{p}_2=\boldsymbol{K}\boldsymbol{P}^\mathrm{c}\\ \begin{bmatrix}u\\v\\1\end{bmatrix}=\frac{1}{Z'}\begin{bmatrix}f_x&0&c_x\\0&f_y&c_y\\0&0&1\end{bmatrix}\begin{bmatrix}X'\\Y'\\Z'\end{bmatrix}\end{gathered} \tag{9.16}$$

利用链式求导法则，可以求得重投影误差关于相机位姿李代数扰动和特征点位置的雅可比矩阵，如式(9.17)所示：

$$\begin{gathered}\frac{\partial\boldsymbol{r}_\mathrm{c}}{\partial\delta\boldsymbol{\xi}}=\frac{\partial\boldsymbol{r}_\mathrm{c}}{\partial\boldsymbol{P}^\mathrm{c}}\frac{\partial\boldsymbol{P}^\mathrm{c}}{\partial\delta\boldsymbol{\xi}}=-\begin{bmatrix}\dfrac{f_x}{Z'}&0&-\dfrac{f_xX'}{Z'^2}\\ 0&\dfrac{f_y}{Z'}&-\dfrac{f_yY'}{Z'^2}\end{bmatrix}\begin{bmatrix}\boldsymbol{I}_{3\times3} & -[\boldsymbol{R}_\mathrm{w}^\mathrm{c}\boldsymbol{P}+\boldsymbol{t}_\mathrm{w}^\mathrm{c}]^\wedge\end{bmatrix}\\ \frac{\partial\boldsymbol{r}_\mathrm{c}}{\partial\boldsymbol{P}}=\frac{\partial\boldsymbol{r}_\mathrm{c}}{\partial\boldsymbol{P}^\mathrm{c}}\frac{\partial\boldsymbol{P}^\mathrm{c}}{\partial\boldsymbol{P}}=-\begin{bmatrix}\dfrac{f_x}{Z'}&0&-\dfrac{f_xX'}{Z'^2}\\ 0&\dfrac{f_y}{Z'}&-\dfrac{f_yY'}{Z'^2}\end{bmatrix}\boldsymbol{R}_\mathrm{w}^\mathrm{c}\end{gathered} \tag{9.17}$$

在迭代优化求解过程中，当达到设定的迭代次数或者通过式(9.13)计算得到的增

量 $\delta\boldsymbol{\chi}$ 足够小时，停止迭代，此时的 $\boldsymbol{\chi}$ 即状态量的最优估计值。

9.4　鲁棒惯性/视觉里程计方法

9.4.1　相机畸变参数在线自标定的 VIO 算法架构

本节提出的相机畸变参数在线自标定的 VIO 算法架构如图 9.7 所示，与已有的 VIO 方法框架基本一致，其改进主要在于对相机的畸变误差进行了实时估计与补偿，提高了传统 VIO 算法的精度。本节所提 VIO 方法主要包括数据预处理、初始化和滑动窗口联合优化三个模块。前端数据预处理模块用于对图像和 IMU 信息进行预处理，包括图像信息的特征提取与跟踪以及 IMU 信息的预积分，同时对特征点进行去畸变处理。初始化模块联合视觉位姿序列和 IMU 预积分序列完成 VIO 系统的初始化。后端滑动窗口联合优化模块联合边缘化的先验信息、IMU 预积分残差、视觉重投影残差，这些误差被用来估计和优化载体状态，此外还用来实时估计相机畸变参数。本节提出的改进 VIO 框架的主要区别是：现有的 VIO 方法将相机畸变参数作为常数，而本节提出的方法在前端对图像特征点进行去畸变操作，并将相机畸变参数作为优化变量建模到视觉重投影误差中，在后端联合视觉约束与 IMU 约束优化求解载体状态、特征点坐标以及相机畸变参数。

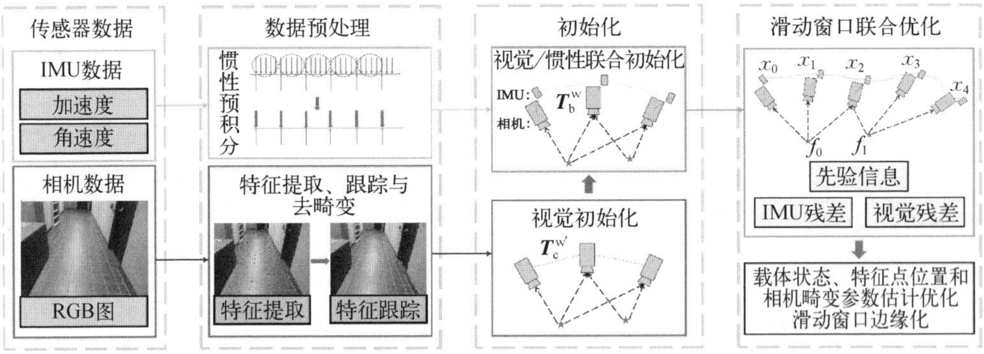

图 9.7　相机畸变参数在线自标定的 VIO 算法架构

9.4.2　基于滑动窗口的紧耦合因子图优化方法

为了在保证定位精度的同时提高算法的实时性，本节采用了基于滑动窗口的紧耦合因子图框架来估计优化 VIO 的所有状态变量。图 9.8 为滑动窗口 VIO 示意图，包括滑动窗口内的状态变量、视觉测量、IMU 测量以及视觉特征点，采用因子图优化的方式联合视觉约束、IMU 约束优化求解状态变量以及特征点位置。

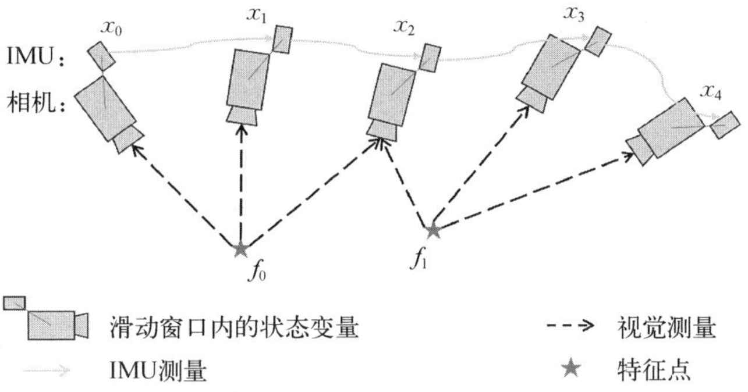

图 9.8　滑动窗口 VIO 示意图

本节所提方法的因子图如图 9.9 所示，圆形节点表示需要优化的状态变量和特征点位置，带有方框的边表示视觉约束和 IMU 约束。与传统 VIO 方法不同，本节所提方法的状态变量不仅包括 IMU 状态，还包括相机畸变参数。

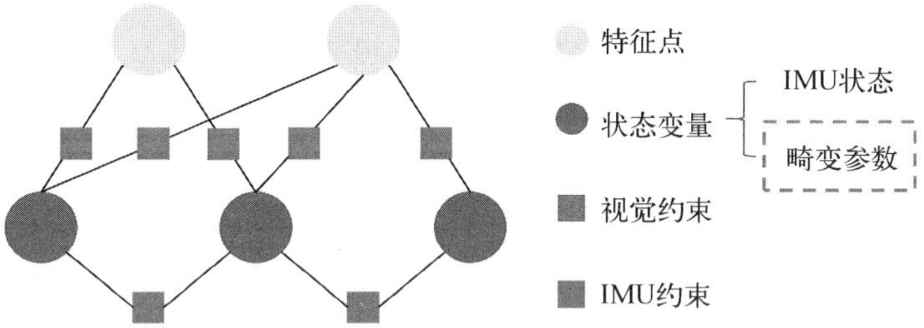

图 9.9　本节所提方法的因子图

传统 VIO 系统中滑动窗口内的所有待优化变量定义为

$$
\begin{aligned}
&\boldsymbol{X} = [\boldsymbol{x}_0 \quad \boldsymbol{x}_1 \quad \cdots \quad \boldsymbol{x}_n \quad \boldsymbol{P}_0 \quad \boldsymbol{P}_1 \quad \cdots \quad \boldsymbol{P}_m] \\
&\boldsymbol{x}_k = [\boldsymbol{p}^{\mathrm{w}}_{\mathrm{b}_k} \quad \boldsymbol{v}^{\mathrm{w}}_{\mathrm{b}_k} \quad \boldsymbol{q}^{\mathrm{w}}_{\mathrm{b}_k} \quad \boldsymbol{b}_{a_{\mathrm{b}_k}} \quad \boldsymbol{b}_{\omega_{\mathrm{b}_k}}], \quad k \in [0, n]
\end{aligned}
\tag{9.18}
$$

其中，$\boldsymbol{x}_k$ 为采集第 k 帧图像时对应的 IMU 状态，包括 IMU 在导航坐标系下的位置 $\boldsymbol{p}^{\mathrm{w}}_{\mathrm{b}_k}$、速度 $\boldsymbol{v}^{\mathrm{w}}_{\mathrm{b}_k}$，IMU 坐标系到导航坐标系的旋转的四元数 $\boldsymbol{q}^{\mathrm{w}}_{\mathrm{b}_k}$ 以及加速度计和陀螺仪的零偏 $\boldsymbol{b}_{a_{\mathrm{b}_k}}$、$\boldsymbol{b}_{\omega_{\mathrm{b}_k}}$，$\boldsymbol{P}_l(l \in [0, m])$ 为特征点的位置。

本节所提方法在传统 VIO 系统滑动窗口内所有待优化变量的基础上加入了相机畸变参数，本节所提 VIO 方法中滑动窗口内所有待优化变量定义如下：

$$
\begin{aligned}
&\boldsymbol{X} = [\boldsymbol{x}_0 \quad \boldsymbol{x}_1 \quad \cdots \quad \boldsymbol{x}_n \quad \boldsymbol{x}_c \quad \boldsymbol{P}_0 \quad \boldsymbol{P}_1 \quad \cdots \quad \boldsymbol{P}_m] \\
&\boldsymbol{x}_k = [\boldsymbol{p}^{\mathrm{w}}_{\mathrm{b}_k} \quad \boldsymbol{v}^{\mathrm{w}}_{\mathrm{b}_k} \quad \boldsymbol{q}^{\mathrm{w}}_{\mathrm{b}_k} \quad \boldsymbol{b}_{a_{\mathrm{b}_k}} \quad \boldsymbol{b}_{\omega_{\mathrm{b}_k}}], \quad k \in [0, n] \\
&\boldsymbol{x}_{\mathrm{c}} = [k_1, k_2]
\end{aligned}
\tag{9.19}
$$

本节通过最小化所有测量的残差之和来优化求解滑动窗口内的所有状态变量，目标函数定义如式(9.20)所示：

$$\min_{X}\left\{\left\|\boldsymbol{r}_P-\boldsymbol{H}_P\boldsymbol{X}\right\|^2+\sum_{k\in B}\left\|\boldsymbol{r}_B(\boldsymbol{z}_{\mathrm{b}_{k+1}}^{\mathrm{b}_k},\boldsymbol{X})\right\|_{\boldsymbol{P}_{\mathrm{b}_{k+1}}^{\mathrm{b}_k}}^2+\sum_{(l,j)\in C}\left\|\boldsymbol{r}_C(\boldsymbol{z}_l^{c_j},\boldsymbol{X})\right\|_{\boldsymbol{P}_{P_l}^{c_j}}^2\right\} \tag{9.20}$$

其中，$\|\boldsymbol{r}_P-\boldsymbol{H}_P\boldsymbol{X}\|^2$ 为边缘化约束；$\{\boldsymbol{r}_P,\boldsymbol{H}_P\}$ 为边缘化的先验信息，在优化求解时，只有部分测量和状态变量保存在滑动窗口内，其他关键状态和测量被边缘化并保存成先验信息，以在提高运算速度的同时保留尽可能多的约束来提高解算精度；$\boldsymbol{r}_B(\boldsymbol{z}_{\mathrm{b}_{k+1}}^{\mathrm{b}_k},\boldsymbol{X})$ 为 IMU 预积分残差；B 是滑窗内所有 IMU 测量的集合；$\boldsymbol{P}_{\mathrm{b}_{k+1}}^{\mathrm{b}_k}$ 为 IMU 预积分误差的协方差；$\boldsymbol{r}_C(\boldsymbol{z}_l^{c_j},\boldsymbol{X})$ 为视觉测量残差；C 为滑窗内至少被两帧图像观测到的特征点集合；$\boldsymbol{P}_{P_l}^{c_j}$ 为视觉重投影误差的协方差。IMU 预积分残差与视觉残差需要通过它们各自协方差的逆将其转换成马氏距离进行加权求和。通过 LM 算法优化求解式(9.20)。

在传统的特征点法 VO 中，视觉残差为重投影误差。特征点在视觉重投影误差中有两种参数化方法：导航坐标系下特征点三维位置参数化和相机坐标系下特征点逆深度参数化。传统视觉重投影误差没有考虑相机的畸变参数，无法抑制离线标定不准确或相机畸变参数发生变化时引入的误差，本部分构建了相机高阶畸变参数因子并通过两种特征点参数化方法将其建模到传统视觉重投影误差中，实现了相机畸变参数的在线自标定优化。

1. 特征点三维位置参数化

在该参数化方法下，特征点被参数化为导航坐标系下的三维位置，如式(9.21)所示：

$$\boldsymbol{P}_l=[X_l\quad Y_l\quad Z_l]^{\mathrm{T}} \tag{9.21}$$

在归一化图像平面上，传统视觉重投影误差为

$$\boldsymbol{r}_C(\boldsymbol{z}_l^{c_j},\boldsymbol{X})=\boldsymbol{z}_l^{c_j}-\frac{1}{Z_l^{c_j}}\{\boldsymbol{R}_{\mathrm{b}}^{\mathrm{c}}[\boldsymbol{R}_{\mathrm{w}}^{\mathrm{b}_j}(\boldsymbol{P}_l-\boldsymbol{p}_{\mathrm{b}_j}^{\mathrm{w}})-\boldsymbol{t}_{\mathrm{c}}^{\mathrm{b}}]\} \tag{9.22}$$

$$\boldsymbol{z}_l^{c_j}=[x_l^j\quad y_l^j]^{\mathrm{T}}$$

其中，$\boldsymbol{z}_l^{c_j}$ 为特征点 l 在第 j 帧相机归一化图像平面上的坐标；$(\boldsymbol{R}_{\mathrm{w}}^{\mathrm{b}_j},\boldsymbol{p}_{\mathrm{b}_j}^{\mathrm{w}})$ 为第 j 帧图像采集时刻 IMU 在导航坐标系下的位姿；$(\boldsymbol{R}_{\mathrm{b}}^{\mathrm{c}},\boldsymbol{t}_{\mathrm{b}}^{\mathrm{c}})$ 为相机和 IMU 之间的外参；$Z_l^{c_j}$ 为特征点 l 从导航坐标系经坐标变换到第 j 帧相机坐标系后在 z 轴的分量。

本部分将相机畸变参数建模到视觉重投影误差中，如式(9.23)所示：

$$\boldsymbol{r}_C(\boldsymbol{z}_l^{c_j},\ \boldsymbol{X}) = \boldsymbol{z}_l^{c_j}(k_1,\ k_2) - \frac{1}{Z_l^{c_j}}\{\boldsymbol{R}_{\mathrm{b}}^{\mathrm{c}}[\boldsymbol{R}_{\mathrm{w}}^{\mathrm{b}_j}(\boldsymbol{P}_l - \boldsymbol{p}_{\mathrm{b}_j}^{\mathrm{w}}) - \boldsymbol{t}_{\mathrm{c}}^{\mathrm{b}}]\}$$

$$\boldsymbol{z}_l^{c_j}(k_1,\ k_2) = \frac{1 + 3k_1 r_{\mathrm{d}}^2 + 5k_2 r_{\mathrm{d}}^4}{1 + 4k_1 r_{\mathrm{d}}^2 + 6k_2 r_{\mathrm{d}}^4}[x_l^j \quad y_l^j]^{\mathrm{T}} \tag{9.23}$$

通过优化 IMU 位姿 ($\boldsymbol{R}_{\mathrm{w}}^{\mathrm{b}_j}$, $\boldsymbol{p}_{\mathrm{b}_j}^{\mathrm{w}}$)、特征点位置 $\boldsymbol{P}_l$、相机畸变参数 k_1 及 k_2 使重投影误差最小,本部分将相应的雅可比矩阵进行了推导,雅可比矩阵的推导需要利用链式法则,因此本节先求解重投影误差关于相机坐标系下特征点的导数,如式(9.24)所示:

$$\boldsymbol{P}_l^{c_j} = \begin{bmatrix} X_l^{c_j} & Y_l^{c_j} & Z_l^{c_j} \end{bmatrix}^{\mathrm{T}} = \boldsymbol{R}_{\mathrm{b}}^{\mathrm{c}}[\boldsymbol{R}_{\mathrm{w}}^{\mathrm{b}_j}(\boldsymbol{P}_l - \boldsymbol{p}_{\mathrm{b}_j}^{\mathrm{w}}) - \boldsymbol{t}_{\mathrm{c}}^{\mathrm{b}}]$$

$$\frac{\partial \boldsymbol{r}_C}{\partial \boldsymbol{P}_l^{c_j}} = -\begin{bmatrix} \dfrac{1}{Z_l^{c_j}} & 0 & -\dfrac{X_l^{c_j}}{(Z_l^{c_j})^2} \\ 0 & \dfrac{1}{Z_l^{c_j}} & -\dfrac{Y_l^{c_j}}{(Z_l^{c_j})^2} \end{bmatrix} \tag{9.24}$$

重投影误差关于待优化变量的雅可比矩阵如式(9.25)~式(9.28)所示:

$$\boldsymbol{J}^0 = \begin{bmatrix} \dfrac{\partial \boldsymbol{r}_C}{\partial \boldsymbol{p}_{\mathrm{b}_j}^{\mathrm{w}}} & \dfrac{\partial \boldsymbol{r}_C}{\partial \boldsymbol{q}_{\mathrm{b}_j}^{\mathrm{w}}} \end{bmatrix} = \begin{bmatrix} \dfrac{\partial \boldsymbol{r}_C}{\partial \boldsymbol{P}_l^{c_j}} \dfrac{\partial \boldsymbol{P}_l^{c_j}}{\partial \boldsymbol{p}_{\mathrm{b}_j}^{\mathrm{w}}} & \dfrac{\partial \boldsymbol{r}_C}{\partial \boldsymbol{P}_l^{c_j}} \dfrac{\partial \boldsymbol{P}_l^{c_j}}{\partial \boldsymbol{q}_{\mathrm{b}_j}^{\mathrm{w}}} \end{bmatrix}$$

$$\frac{\partial \boldsymbol{P}_l^{c_j}}{\partial \boldsymbol{p}_{\mathrm{b}_j}^{\mathrm{w}}} = -\boldsymbol{R}_{\mathrm{b}}^{\mathrm{c}} \boldsymbol{R}_{\mathrm{w}}^{\mathrm{b}_j} \tag{9.25}$$

$$\frac{\partial \boldsymbol{P}_l^{c_j}}{\partial \boldsymbol{q}_{\mathrm{b}_j}^{\mathrm{w}}} = \boldsymbol{R}_{\mathrm{b}}^{\mathrm{c}}[\boldsymbol{R}_{\mathrm{w}}^{\mathrm{b}_j}(\boldsymbol{P}_l - \boldsymbol{p}_{\mathrm{b}_j}^{\mathrm{w}})]^{\wedge}$$

$$\boldsymbol{J}^1 = \begin{bmatrix} \dfrac{\partial \boldsymbol{r}_C}{\partial \boldsymbol{P}_l} \end{bmatrix} = \begin{bmatrix} \dfrac{\partial \boldsymbol{r}_C}{\partial \boldsymbol{P}_l^{c_j}} & \dfrac{\partial \boldsymbol{P}_l^{c_j}}{\partial \boldsymbol{P}_l} \end{bmatrix}$$

$$\frac{\partial \boldsymbol{P}_l^{c_j}}{\partial \boldsymbol{P}_l} = \boldsymbol{R}_{\mathrm{b}}^{\mathrm{c}} \boldsymbol{R}_{\mathrm{w}}^{\mathrm{b}_j} \tag{9.26}$$

$$\boldsymbol{J}^2 = \begin{bmatrix} \dfrac{\partial \boldsymbol{r}_C}{\partial k_1} \end{bmatrix} = \frac{-(r_{\mathrm{d}}^2 + 2k_2 r_{\mathrm{d}}^6)}{(1 + 4k_1 r_{\mathrm{d}}^2 + 6k_2 r_{\mathrm{d}}^4)^2} \begin{bmatrix} x_l^j \\ y_l^j \end{bmatrix} \tag{9.27}$$

$$\boldsymbol{J}^3 = \begin{bmatrix} \dfrac{\partial \boldsymbol{r}_C}{\partial k_2} \end{bmatrix} = \frac{-r_{\mathrm{d}}^4 + 2k_1 r_{\mathrm{d}}^6}{(1 + 4k_1 r_{\mathrm{d}}^2 + 6k_2 r_{\mathrm{d}}^4)^2} \begin{bmatrix} x_l^j \\ y_l^j \end{bmatrix} \tag{9.28}$$

2. 特征点逆深度参数化

在该参数化方法下,特征点被参数化为某一图像帧对应的相机坐标系下深度的倒数,假设在第 i 帧图像上特征点 l 的逆深度为 λ_l,则第 i 帧图像与第 j 帧图像关于特征点 l 的传统视觉重投影误差为

$$\boldsymbol{r}_C(\boldsymbol{z}_l^{c_j}, \boldsymbol{X}) = \boldsymbol{z}_l^{c_j} - \frac{1}{Z_l^{c_j}}\boldsymbol{R}_{\mathrm{b}}^{\mathrm{c}}\left\{\boldsymbol{R}_{\mathrm{w}}^{\mathrm{b}_j}\left[\boldsymbol{R}_{\mathrm{b}_i}^{\mathrm{w}}\left(\boldsymbol{R}_{\mathrm{c}}^{\mathrm{b}}\frac{1}{\lambda_l}\boldsymbol{z}_l^{c_i} + \boldsymbol{t}_{\mathrm{c}}^{\mathrm{b}}\right) + \boldsymbol{p}_{\mathrm{b}_i}^{\mathrm{w}} - \boldsymbol{p}_{\mathrm{b}_j}^{\mathrm{w}}\right] - \boldsymbol{t}_{\mathrm{c}}^{\mathrm{b}}\right\} \tag{9.29}$$

$$\boldsymbol{z}_l^{c_i} = [x_l^i \quad y_l^i]^{\mathrm{T}}, \quad \boldsymbol{z}_l^{c_j} = [x_l^j \quad y_l^j]^{\mathrm{T}}$$

其中,$\boldsymbol{z}_l^{c_i}$ 为特征点 l 在第 i 帧相机归一化图像平面上的坐标;$Z_l^{c_j}$ 为特征点 l 从第 i 帧经坐标变换到第 j 帧后在相机坐标系下 z 轴的分量;$(\boldsymbol{R}_{\mathrm{w}}^{\mathrm{b}_i}, \boldsymbol{p}_{\mathrm{b}_i}^{\mathrm{w}})$ 为第 i 帧图像采集时刻 IMU 在导航坐标系下的位姿(其中 $\boldsymbol{R}_{\mathrm{b}_i}^{\mathrm{w}}$ 和 $\boldsymbol{R}_{\mathrm{w}}^{\mathrm{b}_i}$ 是互逆的关系)。

与特征点三维位置参数化中采用的方法类似,本部分将相机畸变参数建模到式(9.29)中:

$$\boldsymbol{r}_C(\boldsymbol{z}_l^{c_j}, \boldsymbol{X}) = \boldsymbol{z}_l^{c_j}(k_1, k_2) - \frac{1}{Z_l^{c_j}}\boldsymbol{R}_{\mathrm{b}}^{\mathrm{c}}\left\{\boldsymbol{R}_{\mathrm{w}}^{\mathrm{b}_j}\left[\boldsymbol{R}_{\mathrm{b}_i}^{\mathrm{w}}\left(\boldsymbol{R}_{\mathrm{c}}^{\mathrm{b}}\frac{1}{\lambda_l}\boldsymbol{z}_l^{c_i}(k_1, k_2) + \boldsymbol{t}_{\mathrm{c}}^{\mathrm{b}}\right) + \boldsymbol{p}_{\mathrm{b}_i}^{\mathrm{w}} - \boldsymbol{p}_{\mathrm{b}_j}^{\mathrm{w}}\right] - \boldsymbol{t}_{\mathrm{c}}^{\mathrm{b}}\right\}$$

$$\boldsymbol{z}_l^{c_i}(k_1, k_2) = \frac{1 + 3k_1r_{\mathrm{d}}^2 + 5k_2r_{\mathrm{d}}^4}{1 + 4k_1r_{\mathrm{d}}^2 + 6k_2r_{\mathrm{d}}^4}[x_l^i \quad y_l^i]^{\mathrm{T}}$$

$$\boldsymbol{z}_l^{c_j}(k_1, k_2) = \frac{1 + 3k_1r_{\mathrm{d}}^2 + 5k_2r_{\mathrm{d}}^4}{1 + 4k_1r_{\mathrm{d}}^2 + 6k_2r_{\mathrm{d}}^4}[x_l^j \quad y_l^j]^{\mathrm{T}} \tag{9.30}$$

通过优化两帧 IMU 的位姿 $(\boldsymbol{R}_{\mathrm{b}_i}^{\mathrm{w}}, \boldsymbol{p}_{\mathrm{b}_i}^{\mathrm{w}})$、$(\boldsymbol{R}_{\mathrm{b}_j}^{\mathrm{w}}, \boldsymbol{p}_{\mathrm{b}_j}^{\mathrm{w}})$(其中 $\boldsymbol{R}_{\mathrm{w}}^{\mathrm{b}_j}$ 和 $\boldsymbol{R}_{\mathrm{b}_j}^{\mathrm{w}}$ 为互逆的关系)、特征点 l 的逆深度 λ_l 和相机畸变参数 k_1、k_2 使重投影误差最小,本部分将相应的雅可比矩阵进行了推导,重投影误差关于相机坐标系下特征点的导数如式(9.31)所示:

$$\boldsymbol{P}_l^{c_j} = [X_l^{c_j} \quad Y_l^{c_j} \quad Z_l^{c_j}]^{\mathrm{T}} = \boldsymbol{R}_{\mathrm{b}}^{\mathrm{c}}\left\{\boldsymbol{R}_{\mathrm{w}}^{\mathrm{b}_j}\left[\boldsymbol{R}_{\mathrm{b}_i}^{\mathrm{w}}\left(\boldsymbol{R}_{\mathrm{c}}^{\mathrm{b}}\frac{1}{\lambda_l}\boldsymbol{z}_l^{c_i}(k_1, k_2) + \boldsymbol{t}_{\mathrm{c}}^{\mathrm{b}}\right) + \boldsymbol{p}_{\mathrm{b}_i}^{\mathrm{w}} - \boldsymbol{p}_{\mathrm{b}_j}^{\mathrm{w}}\right] - \boldsymbol{t}_{\mathrm{c}}^{\mathrm{b}}\right\}$$

$$\frac{\partial \boldsymbol{r}_C}{\partial \boldsymbol{P}_l^{c_j}} = -\begin{bmatrix} \dfrac{1}{Z_l^{c_j}} & 0 & -\dfrac{X_l^{c_j}}{(Z_l^{c_j})^2} \\ 0 & \dfrac{1}{Z_l^{c_j}} & -\dfrac{Y_l^{c_j}}{(Z_l^{c_j})^2} \end{bmatrix} \tag{9.31}$$

重投影误差关于待优化变量的雅可比矩阵如式(9.32)~式(9.36)所示:

$$
\begin{aligned}
&\boldsymbol{J}^0 = \left[\frac{\partial \boldsymbol{r}_C}{\partial \boldsymbol{p}_{\mathrm{b}_i}^{\mathrm{w}}} \quad \frac{\partial \boldsymbol{r}_C}{\partial \boldsymbol{q}_{\mathrm{b}_i}^{\mathrm{w}}}\right] = \left[\frac{\partial \boldsymbol{r}_C}{\partial \boldsymbol{P}_l^{\mathrm{c}_j}} \frac{\partial \boldsymbol{P}_l^{\mathrm{c}_j}}{\partial \boldsymbol{p}_{\mathrm{b}_i}^{\mathrm{w}}} \quad \frac{\partial \boldsymbol{r}_C}{\partial \boldsymbol{P}_l^{\mathrm{c}_j}} \frac{\partial \boldsymbol{P}_l^{\mathrm{c}_j}}{\partial \boldsymbol{q}_{\mathrm{b}_i}^{\mathrm{w}}}\right] \\
&\frac{\partial \boldsymbol{P}_l^{\mathrm{c}_j}}{\partial \boldsymbol{p}_{\mathrm{b}_i}^{\mathrm{w}}} = \boldsymbol{R}_{\mathrm{b}}^{\mathrm{c}} \boldsymbol{R}_{\mathrm{w}}^{\mathrm{b}_j} \\
&\frac{\partial \boldsymbol{P}_l^{\mathrm{c}_j}}{\partial \boldsymbol{q}_{\mathrm{b}_i}^{\mathrm{w}}} = -\boldsymbol{R}_{\mathrm{b}}^{\mathrm{c}} \boldsymbol{R}_{\mathrm{w}}^{\mathrm{b}_j} \boldsymbol{R}_{\mathrm{b}_i}^{\mathrm{w}} \left[\boldsymbol{R}_{\mathrm{c}}^{\mathrm{b}} \frac{1}{\lambda_l} \boldsymbol{z}_l^{c_i}(k_1, k_2) + \boldsymbol{t}_{\mathrm{c}}^{\mathrm{b}}\right]^{\wedge}
\end{aligned} \tag{9.32}
$$

$$
\begin{aligned}
&\boldsymbol{J}^1 = \left[\frac{\partial \boldsymbol{r}_C}{\partial \boldsymbol{p}_{\mathrm{b}_j}^{\mathrm{w}}} \quad \frac{\partial \boldsymbol{r}_C}{\partial \boldsymbol{q}_{\mathrm{b}_j}^{\mathrm{w}}}\right] = \left[\frac{\partial \boldsymbol{r}_C}{\partial \boldsymbol{P}_l^{\mathrm{c}_j}} \frac{\partial \boldsymbol{P}_l^{\mathrm{c}_j}}{\partial \boldsymbol{p}_{\mathrm{b}_j}^{\mathrm{w}}} \quad \frac{\partial \boldsymbol{r}_C}{\partial \boldsymbol{P}_l^{\mathrm{c}_j}} \frac{\partial \boldsymbol{P}_l^{\mathrm{c}_j}}{\partial \boldsymbol{q}_{\mathrm{b}_j}^{\mathrm{w}}}\right] \\
&\frac{\partial \boldsymbol{P}_l^{\mathrm{c}_j}}{\partial \boldsymbol{p}_{\mathrm{b}_j}^{\mathrm{w}}} = -\boldsymbol{R}_{\mathrm{b}}^{\mathrm{c}} \boldsymbol{R}_{\mathrm{w}}^{\mathrm{b}_j} \\
&\frac{\partial \boldsymbol{P}_l^{\mathrm{c}_j}}{\partial \boldsymbol{q}_{\mathrm{b}_j}^{\mathrm{w}}} = \boldsymbol{R}_{\mathrm{b}}^{\mathrm{c}} \left\{\boldsymbol{R}_{\mathrm{w}}^{\mathrm{b}_j} \left[\boldsymbol{R}_{\mathrm{b}_i}^{\mathrm{w}} \left(\boldsymbol{R}_{\mathrm{c}}^{\mathrm{b}} \frac{1}{\lambda_l} \boldsymbol{z}_l^{c_i}(k_1, k_2) + \boldsymbol{t}_{\mathrm{c}}^{\mathrm{b}}\right) + \boldsymbol{p}_{\mathrm{b}_i}^{\mathrm{w}} - \boldsymbol{p}_{\mathrm{b}_j}^{\mathrm{w}}\right]\right\}^{\wedge}
\end{aligned} \tag{9.33}
$$

$$
\begin{aligned}
&\boldsymbol{J}^2 = \left[\frac{\partial \boldsymbol{r}_C}{\partial \lambda_l}\right] = \left[\frac{\partial \boldsymbol{r}_C}{\partial \boldsymbol{P}_l^{\mathrm{c}_j}} \frac{\partial \boldsymbol{P}_l^{\mathrm{c}_j}}{\partial \lambda_l}\right] \\
&\frac{\partial \boldsymbol{P}_l^{\mathrm{c}_j}}{\partial \lambda_l} = -\boldsymbol{R}_{\mathrm{b}}^{\mathrm{c}} \boldsymbol{R}_{\mathrm{w}}^{\mathrm{b}_j} \boldsymbol{R}_{\mathrm{b}_i}^{\mathrm{w}} \boldsymbol{R}_{\mathrm{c}}^{\mathrm{b}} \frac{1}{\lambda_l^2} \boldsymbol{z}_l^{c_i}(k_1, k_2)
\end{aligned} \tag{9.34}
$$

$$
\begin{aligned}
&\boldsymbol{J}^3 = \left[\frac{\partial \boldsymbol{r}_C}{\partial k_1}\right] = \frac{-(r_{\mathrm{d}}^2 + 2k_2 r_{\mathrm{d}}^6)}{(1 + 4k_1 r_{\mathrm{d}}^2 + 6k_2 r_{\mathrm{d}}^4)^2} \begin{bmatrix} x_l^j \\ y_l^j \end{bmatrix} + \frac{\partial \boldsymbol{r}_C}{\partial \boldsymbol{P}_l^{\mathrm{c}_j}} \frac{\partial \boldsymbol{P}_l^{\mathrm{c}_j}}{\partial k_1} \\
&\frac{\partial \boldsymbol{P}_l^{\mathrm{c}_j}}{\partial k_1} = \boldsymbol{R}_{\mathrm{b}}^{\mathrm{c}} \boldsymbol{R}_{\mathrm{w}}^{\mathrm{b}_j} \boldsymbol{R}_{\mathrm{b}_i}^{\mathrm{w}} \boldsymbol{R}_{\mathrm{c}}^{\mathrm{b}} \frac{1}{\lambda_l} \frac{-(r_{\mathrm{d}}^2 + 2k_2 r_{\mathrm{d}}^6)}{(1 + 4k_1 r_{\mathrm{d}}^2 + 6k_2 r_{\mathrm{d}}^4)^2} \begin{bmatrix} x_l^i \\ y_l^i \end{bmatrix}
\end{aligned} \tag{9.35}
$$

$$
\begin{aligned}
&\boldsymbol{J}^4 = \left[\frac{\partial \boldsymbol{r}_C}{\partial k_2}\right] = \frac{-r_{\mathrm{d}}^4 + 2k_1 r_{\mathrm{d}}^6}{(1 + 4k_1 r_{\mathrm{d}}^2 + 6k_2 r_{\mathrm{d}}^4)^2} \begin{bmatrix} x_l^j \\ y_l^j \end{bmatrix} + \frac{\partial \boldsymbol{r}_C}{\partial \boldsymbol{P}_l^{\mathrm{c}_j}} \frac{\partial \boldsymbol{P}_l^{\mathrm{c}_j}}{\partial k_2} \\
&\frac{\partial \boldsymbol{P}_l^{\mathrm{c}_j}}{\partial k_2} = \boldsymbol{R}_{\mathrm{b}}^{\mathrm{c}} \boldsymbol{R}_{\mathrm{w}}^{\mathrm{b}_j} \boldsymbol{R}_{\mathrm{b}_i}^{\mathrm{w}} \boldsymbol{R}_{\mathrm{c}}^{\mathrm{b}} \frac{1}{\lambda_l} \frac{-r_{\mathrm{d}}^4 + 2k_1 r_{\mathrm{d}}^6}{(1 + 4k_1 r_{\mathrm{d}}^2 + 6k_2 r_{\mathrm{d}}^4)^2} \begin{bmatrix} x_l^i \\ y_l^i \end{bmatrix}
\end{aligned} \tag{9.36}
$$

通过上述推导,可以在 VIO 系统运行过程中实现相机畸变参数和其他状态变量的共同实时优化求解,从而得到更高精度的位姿信息。在实际应用中,逆深度更加符合高斯分布,同时也具有更高的数值稳定性,因此在本节的试验中采用了逆深度参数化方法。

由于相机标定后仍然存在一定的重投影误差 pix，假设提取到的特征点在图像平面的 x 和 y 方向上均受像素噪声的影响，视觉重投影误差的协方差矩阵 $\boldsymbol{P}_{P_l}^{c_j}$ 定义为 2 × 2 的对角矩阵，由于本节的重投影误差定义在归一化图像平面上，为了统一单位，因此还需要除以相机的焦距f，如式(9.37)所示：

$$\boldsymbol{P}_{P_l}^{c_j} = \begin{bmatrix} \left(\dfrac{\text{pix}}{f_x}\right)^2 & 0 \\ 0 & \left(\dfrac{\text{pix}}{f_y}\right)^2 \end{bmatrix} \tag{9.37}$$

9.5　验证与分析

为了验证本章所提算法的性能及有效性，本节在 EuRoC 数据集[186]上进行了试验验证，通过与 VINS-Mono 算法的对比，验证当相机畸变参数标定不准确或发生变化时本节算法的优越性。

EuRoC 数据集是苏黎世联邦理工学院开发的 VIO 测试数据集，由微型无人机在两个室内场景中采集，搭载的相机传感器为 MT9V034，惯性传感器为 ADIS16448。数据集信息包括 20 Hz 的双目图像信息，与图像信息同步的 200 Hz 的 IMU 测量信息，由激光跟踪扫描仪、运动捕捉系统获取的无人机的基准位姿信息，以及传感器的标定参数。在本节试验测试中，使用了左目相机的图像信息和 IMU 信息。图 9.10 为 EuRoC 数据集 MH_01_easy、MH_05_difficult 序列场景图。

(a) MH_01_easy序列场景图

(b) MH_05_difficult序列场景图

图 9.10　EuRoC 数据集场景图

EuRoC 数据集提供了较为精确的相机畸变参数作为参考值，本节分别将其用于 VINS-Mono 和本节所提的方法，对比其定位精度。开源工具包 evo 可以用来评估对比不同的 VIO 方法，本节使用 evo 工具包对比 VINS-Mono 与本节所提方法的定位均方根误差。

表 9.2 为 VINS - Mono 与本节所提方法在几个数据集序列上的定位均方根误差,从表中的结果中可以看出,即使 EuRoC 数据集提供了较为精确的相机畸变参数,但仍然存在一定的误差,错误标定参数导致在进行特征点重投影时引入额外的像素误差,造成后端优化时精度的下降。本节所提方法由于在线优化补偿了相机畸变参数,因而定位精度优于 VINS - Mono。

表 9.2　VINS - Mono 与本节所提方法的定位均方根误差

数据集序列	VINS - Mono/m	本节所提方法/m	精度提升/%
MH_01_easy	0.1546	0.1299	15.98
MH_02_easy	0.1782	0.1554	12.79
MH_03_medium	0.1952	0.1934	0.92
MH_04_difficult	0.3476	0.3260	6.21
MH_05_difficult	0.3025	0.2902	4.07

图 9.11 为 VINS - Mono 与本节所提方法在 MH_02_easy 序列上的解算轨迹与基准轨迹的对比图,解算轨迹颜色越红表明估计误差越大,颜色越紫表明估计误差越小。表 9.3 为 MH_02_easy 序列上 VINS - Mono 与本节所提方法的定位误差数据,从表中数据可以看出,本节所提方法在定位误差的最大值、平均值、最小值以及标准差上均小于 VINS - Mono,因此本节所提方法具有更高的定位精度。图 9.12 为本节所提方法在 MH_02_easy 序列试验中相机畸变参数误差估计值的变化曲线,从图中可以看出,估计的误差值会在 20 s 内迅速收敛到稳定值。

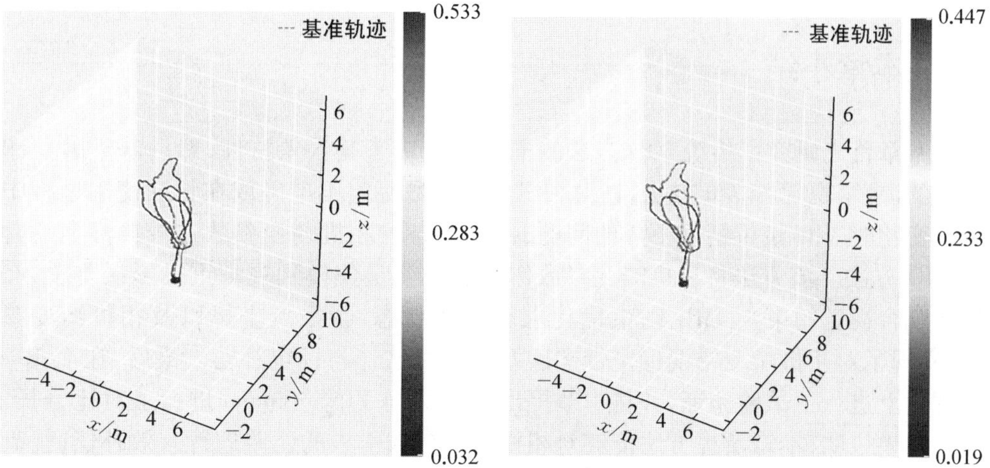

(a) VINS-Mono解算轨迹与基准轨迹对比　(b) 本节所提方法解算轨迹与基准轨迹对比

图 9.11　VINS - Mono 与本节所提方法对比图(MH_02_easy)

表 9.3　VINS - Mono 与本节所提方法的定位误差(MH_02_easy)　（单位：m）

VIO 算法	最大值	平均值	最小值	标准差
VINS - Mono	0.5332	0.1337	0.0324	0.1178
本节所提方法	0.4474	0.1211	0.0186	0.0973

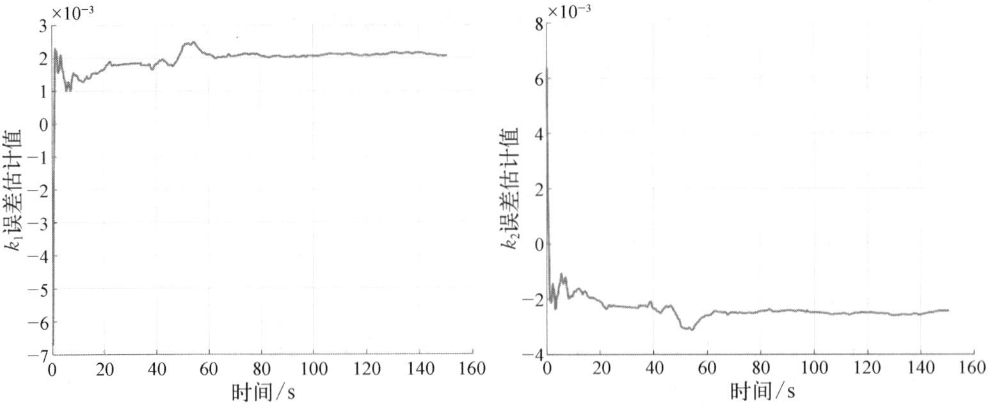

(a) k_1误差估计值　(b) k_2误差估计值

图 9.12　相机畸变参数误差估计值变化曲线(MH_02_easy)

综上所述,本节所提方法能够有效解决因相机畸变参数标定不准确或在长期使用中发生变化时导致的 VIO 算法定位精度下降的问题,提高了 VIO 系统的鲁棒性。

9.6　本章小结

本章首先研究了传统 VIO 方法的框架并分析了其误差特性,然后基于因子图优化的惯性/视觉 SLAM 方法,针对相机畸变参数标定不准确或在长期使用过程中发生变化时 VIO 定位精度下降的问题,提出了一种相机畸变参数在线自标定的鲁棒 VIO 方法。该方法将相机畸变参数作为优化变量建模到视觉重投影误差中,在后端联合视觉约束与 IMU 约束优化求解载体状态、特征点坐标以及相机畸变参数,实现了对相机畸变错误标定带来误差的实时估计与标定补偿。最后,在 EuRoc 数据集上进行了试验验证,并将本节提出的方法与 VINS - Mono 进行了对比分析。试验结果表明,本章所提方法能够对相机畸变参数引入的误差进行有效补偿,提高了相机畸变参数标定不准确或发生变化时 VIO 系统的定位精度及鲁棒性。

第 10 章
因子图在无人系统激光雷达 SLAM 中的应用

10.1 引言

与视觉导航技术类似,激光雷达导航技术也是一种通过感知周围环境实现自身定位的导航技术。与视觉传感器相比,激光雷达具有测量精度高以及视角覆盖广的优点,因此基于激光雷达的 SLAM 技术也得到了广泛的关注与应用。

基于激光雷达的组合导航方法主要分为松耦合方法与紧耦合方法。传统松耦合方法首先通过激光雷达点云匹配求解出一个位姿,然后将该求解出的位姿与 IMU、里程计进行融合,这种方法独立进行点云匹配,无法利用 IMU 和里程计的信息优化点云匹配,如果点云匹配由于动态环境或者退化环境发生错误,那么后续只能使用该错误的匹配位姿进行融合,因此不可避免地会使精度降低。本章采用紧耦合方法对激光雷达/IMU/里程计进行融合,将激光雷达的原始特征点(而不是点云匹配结果)与 IMU/里程计数据融合,在点云匹配过程中同时考虑 IMU/里程计的量测,构建关于特征点、IMU/里程计位姿预测的综合目标函数,以获取更精确的位姿估计。最后,在室内环境对提出的方法进行试验验证。结果表明,本章提出的方法能够有效提高载体在动态环境中的定位精度。

10.2 激光雷达 SLAM 技术概述

对于激光雷达,其存在着如下缺点:垂直于扫描方向获得的点云较为稀疏,可能会使垂直方向无法提取足够多的特征用于定位;激光雷达在载体运动时由于“滚动快门”效应,扫描点云会产生畸变,直接影响定位和建图的精度;在长直走廊等结构退化环境,激光雷达扫描点云在退化方向无法提取到足够的有效特征用于位姿估计;此外,在载体快速运动或机动时,激光雷达的扫描频率(通常 10~20 Hz)通常无法满足需求。通过多传感器融合的方式,可以弥补单一传感器的不足,提高定位系统的精度和鲁棒性。通过融合 IMU,可以提高在载体快速运动时的定位精度和鲁棒性,同时提高定位结果的输出频率;通过融合视觉传感器,可以利用环境中的颜色纹理信息实现更精确的定位,同时给构建的地图着色,在结构退化环境中还可以利用视觉特征补偿激光雷达退化方向的位姿估计;通过融合 GPS,可以消除激光里程计的累积误差,构建全局无漂的精确地图。

对于激光雷达与其他传感器融合的各种方法,可以分为松组合(松耦合)和紧组合(紧耦合)两类,通常,如果融合环节的量测输入是激光雷达点云匹配获得的位姿结果,就属于松耦合方法,如果融合环节的量测输入是激光雷达点云或从点云中提取的特征,就属于紧耦合方法,相比于松耦合方法,紧耦合的融合方式可以利用其他传感器的量测信息辅助优化点云匹配,综合考虑点云匹配的误差和其他传感器的测量误差,因此可以达到更高的精度,但由于其量测的维数较高,因此计算量也较大。

LOAM[187]、LeGO - LOAM[188]中利用 IMU 去除激光雷达扫描点云中的畸变,解耦了激光雷达和 IMU 的测量,IMU 主要用于预测点云匹配的初始位姿,无法对后续的位姿估计进行进一步优化。激光 SLAM 开源方案 LIO - SAM[189]中通过因子图融合激光雷达里程计和 IMU、GPS 等的传感器测量,通过在因子图中加入激光里程计的相对位姿约束、IMU 预积分约束以及 GPS 三维位置约束,通过 GTSAM 库[190]进行优化求解,但其仍属于松耦合的融合方式。

基于紧耦合的融合方式将所有传感器的量测误差构建到一个统一的量测模型中同时进行优化,具有更高的准确性。Ye 等提出的 LIO - mapping 框架[191],通过因子图融合的方法实现了激光雷达和 IMU 的紧耦合,类似于 LOAM,从激光雷达点云中提取平面点和角点,针对平面点构建点到平面的距离因子,针对角点构建点到直线的距离因子,针对 IMU 测量构建 IMU 预积分因子,将所有因子添加到后端因子图中,利用 Ceres 库[192]进行位姿的优化求解。Qin 等通过误差状态卡尔曼滤波器(ESKF)融合激光雷达和 IMU[193],从激光雷达点云中提取特征点构建点到相应特征的距离残差作为滤波器的量测,实现了激光雷达和 IMU 的紧耦合。Xu 等通过迭代误差状态卡尔曼滤波器(ISEKF)实现了激光雷达和 IMU 的紧耦合[194,195],针对激光雷达特征点量测维度过大导致计算量大的问题,推导了另一种与量测维度无关而只与状态维度相关的卡尔曼增益的计算方法,提高了计算效率。Nguyen 等采用因子图框架实现了激光雷达与 IMU、UWB 的紧组合[196],在一个滑窗内联合优化 IMU 预积分因子、激光雷达特征点因子以及 UWB 测距因子构成的总体残差,仅需两三个 UWB 锚点就能有效消除激光雷达里程计的漂移。

激光雷达和视觉传感器由于其优势互补的特点,激光雷达可以获得精确的测距信息,视觉传感器可以获取丰富的颜色和纹理信息,两者的融合逐渐成为近几年的研究热点。Zhang 等于 2015 年提出的 VLOAM 作为较早的激光雷达/视觉融合方案[197]，在 KITTI 里程计的排行榜上以 0.54%的漂移率位于第二，其他典型的框架还有 R2LIVE[198]、R3LIVE[199]、LVI - SAM[200]、CamVox[201]等，通过联合优化激光雷达点云匹配残差和视觉特征点匹配残差求解位姿，最终构建和维护一个统一的带有视觉色彩信息的地图。

10.3　激光雷达点云匹配与位姿估计原理

10.3.1　激光雷达测量误差建模

激光雷达通过扫描环境获取点云数据，记 k 时刻扫描获得的点云为 $\boldsymbol{P}_k = \{\boldsymbol{p}_1, \boldsymbol{p}_2, \cdots, \boldsymbol{p}_i, \cdots, \boldsymbol{p}_n\}$，其中 $\boldsymbol{p}_i = (r_i, \alpha_i, \beta_i)^{\mathrm{T}}$ 为一个测距值和两个测角值组成的三元组，如图 10.1 所示，激光雷达扫描中心位于 $\boldsymbol{O}$，$\boldsymbol{P}$ 为扫描点云中的一点，其测量值为 $\boldsymbol{p}_i = (r_i, \alpha_i, \beta_i)^{\mathrm{T}}$，$r_i$ 为扫描中心到 $\boldsymbol{P}$ 的距离，α_i 为水平出射角，β_i 为垂直出射角，$\boldsymbol{p}_i = (r_i, \alpha_i, \beta_i)^{\mathrm{T}}$ 为 $\boldsymbol{P}$ 在 $\boldsymbol{O}xyz$ 系中的球坐标表示。

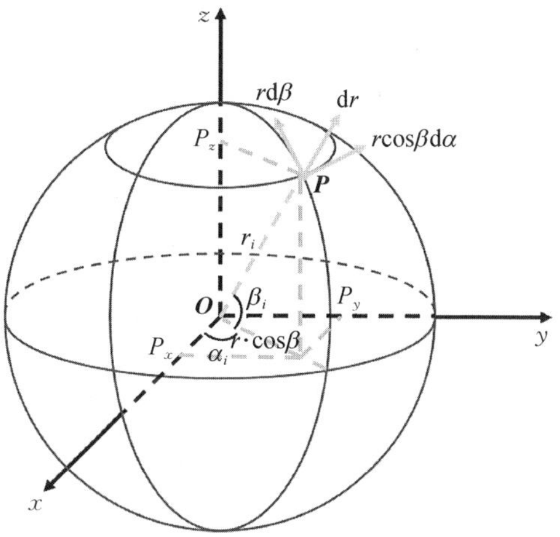

图 10.1　激光雷达测量误差分析示意图

设 r_i、α_i、β_i 的测量噪声为高斯分布且相互独立，方差分别为 σ_r^2、σ_α^2、σ_β^2，则可将测量值表示如下：

$$\begin{bmatrix} r_i \\ \alpha_i \\ \beta_i \end{bmatrix} \sim N\left(\begin{bmatrix} r_{i0} \\ \alpha_{i0} \\ \beta_{i0} \end{bmatrix}, \begin{bmatrix} \sigma_r^2 & 0 & 0 \\ 0 & \sigma_\alpha^2 & 0 \\ 0 & 0 & \sigma_\beta^2 \end{bmatrix}\right) \tag{10.1}$$

其中，r_{i0}、α_{i0}、β_{i0} 分别为测量值对应的真值。

测量向量 $(r_i, \alpha_i, \beta_i)^{\mathrm{T}}$ 的误差向量为

$$\begin{bmatrix} \mathrm{d}r_i \\ \mathrm{d}\alpha_i \\ \mathrm{d}\beta_i \end{bmatrix} = \begin{bmatrix} r_i - r_{i0} \\ \alpha_i - \alpha_{i0} \\ \beta_i - \beta_{i0} \end{bmatrix} \sim N\left(\begin{bmatrix} 0 \\ 0 \\ 0 \end{bmatrix}, \begin{bmatrix} \sigma_r^2 & 0 & 0 \\ 0 & \sigma_\alpha^2 & 0 \\ 0 & 0 & \sigma_\beta^2 \end{bmatrix}\right) \tag{10.2}$$

由于点云匹配过程是在直角坐标系下进行的，需要将 $\boldsymbol{p}_i = (r_i, \alpha_i, \beta_i)^{\mathrm{T}}$ 的球坐标表示转换为直角坐标表示，设 $\boldsymbol{p}_i$ 的直角坐标表示为 $\boldsymbol{p}_i = (x_i, y_i, z_i)^{\mathrm{T}}$，则

$$\begin{bmatrix} x_i \\ y_i \\ z_i \end{bmatrix} = \begin{bmatrix} r_i\cos\beta_i\cos\alpha_i \\ r_i\cos\beta_i\sin\alpha_i \\ r_i\sin\beta_i \end{bmatrix} \tag{10.3}$$

$$\begin{bmatrix} x_{i0} \\ y_{i0} \\ z_{i0} \end{bmatrix} = \begin{bmatrix} r_{i0}\cos\beta_{i0}\cos\alpha_{i0} \\ r_{i0}\cos\beta_{i0}\sin\alpha_{i0} \\ r_{i0}\sin\beta_{i0} \end{bmatrix} \tag{10.4}$$

其中，$(x_{i0},\ y_{i0},\ z_{i0})^{\mathrm{T}}$ 为直角坐标表示下的坐标真值。

式(10.3)等号右边表达式在 $(r_{i0},\ \alpha_{i0},\ \beta_{i0})^{\mathrm{T}}$ 处一阶泰勒级数展开，有

$$\begin{aligned}\begin{bmatrix} x_i \\ y_i \\ z_i \end{bmatrix} &= \begin{bmatrix} r_i\cos\beta_i\cos\alpha_i \\ r_i\cos\beta_i\sin\alpha_i \\ r_i\sin\beta_i \end{bmatrix} = \begin{bmatrix} r_{i0}\cos\beta_{i0}\cos\alpha_{i0} \\ r_{i0}\cos\beta_{i0}\sin\alpha_{i0} \\ r_{i0}\sin\beta_{i0} \end{bmatrix} \\ &+ \begin{bmatrix} \mathrm{d}r_i\cos\beta_{i0}\cos\alpha_{i0} - r_{i0}\sin\beta_{i0}\cos\alpha_{i0}\mathrm{d}\beta_i - r_{i0}\cos\beta_{i0}\sin\alpha_{i0}\mathrm{d}\alpha_i \\ \mathrm{d}r_i\cos\beta_{i0}\sin\alpha_{i0} - r_{i0}\sin\beta_{i0}\sin\alpha_{i0}\mathrm{d}\beta_i + r_{i0}\cos\beta_{i0}\cos\alpha_{i0}\mathrm{d}\alpha_i \\ \mathrm{d}r_i\sin\beta_{i0} + r_{i0}\cos\beta_{i0}\mathrm{d}\beta_i \end{bmatrix} \\ &= \begin{bmatrix} r_{i0}\cos\beta_{i0}\cos\alpha_{i0} \\ r_{i0}\cos\beta_{i0}\sin\alpha_{i0} \\ r_{i0}\sin\beta_{i0} \end{bmatrix} + \begin{bmatrix} \cos\beta_{i0}\cos\alpha_{i0} & -\sin\alpha_{i0} & -\sin\beta_{i0}\cos\alpha_{i0} \\ \cos\beta_{i0}\sin\alpha_{i0} & \cos\alpha_{i0} & -\sin\beta_{i0}\sin\alpha_{i0} \\ \sin\beta_{i0} & 0 & \cos\beta_{i0} \end{bmatrix} \\ &\quad \begin{bmatrix} \mathrm{d}r_i \\ r_{i0}\cos\beta_{i0}\mathrm{d}\alpha_i \\ r_{i0}\mathrm{d}\beta_i \end{bmatrix}\end{aligned} \tag{10.5}$$

式(10.5)-式(10.4)，得

$$\begin{bmatrix} x_i \\ y_i \\ z_i \end{bmatrix} - \begin{bmatrix} x_{i0} \\ y_{i0} \\ z_{i0} \end{bmatrix} = \begin{bmatrix} \cos\beta_{i0}\cos\alpha_{i0} & -\sin\alpha_{i0} & -\sin\beta_{i0}\cos\alpha_{i0} \\ \cos\beta_{i0}\sin\alpha_{i0} & \cos\alpha_{i0} & -\sin\beta_{i0}\sin\alpha_{i0} \\ \sin\beta_{i0} & 0 & \cos\beta_{i0} \end{bmatrix} \begin{bmatrix} \mathrm{d}r_i \\ r_{i0}\cos\beta_{i0}\mathrm{d}\alpha_i \\ r_{i0}\mathrm{d}\beta_i \end{bmatrix} \tag{10.6}$$

记

$$\begin{bmatrix} \mathrm{d}x_i \\ \mathrm{d}y_i \\ \mathrm{d}z_i \end{bmatrix} = \begin{bmatrix} x_i \\ y_i \\ z_i \end{bmatrix} - \begin{bmatrix} x_{i0} \\ y_{i0} \\ z_{i0} \end{bmatrix} \tag{10.7}$$

为直角坐标表示下的激光雷达测量误差向量，并且令

$$\boldsymbol{R}_i^{\mathrm{L}}=\begin{bmatrix}\cos\beta_{i0}\cos\alpha_{i0} & -\sin\alpha_{i0} & -\sin\beta_{i0}\cos\alpha_{i0}\\ \cos\beta_{i0}\sin\alpha_{i0} & \cos\alpha_{i0} & -\sin\beta_{i0}\sin\alpha_{i0}\\ \sin\beta_{i0} & 0 & \cos\beta_{i0}\end{bmatrix} \tag{10.8}$$

则

$$\begin{bmatrix}\mathrm{d}x_i\\ \mathrm{d}y_i\\ \mathrm{d}z_i\end{bmatrix}=\boldsymbol{R}_i^{\mathrm{L}}\begin{bmatrix}\mathrm{d}r_i\\ r_{i0}\cos\beta_{i0}\mathrm{d}\alpha_i\\ r_{i0}\mathrm{d}\beta_i\end{bmatrix} \tag{10.9}$$

其中，误差向量即点 $\boldsymbol{P}$ 处三个黄色坐标轴构成的局部直角坐标系下的测量误差表示。

根据式(10.2)，结合高斯分布性质，则

$$\begin{bmatrix}\mathrm{d}r_i\\ r_{i0}\cos\beta_{i0}\mathrm{d}\alpha_i\\ r_{i0}\mathrm{d}\beta_i\end{bmatrix}\sim\boldsymbol{N}\left(\begin{bmatrix}0\\0\\0\end{bmatrix},\begin{bmatrix}\sigma_r^2 & 0 & 0\\ 0 & r_{i0}^2\cos^2\beta_{i0}\sigma_\alpha^2 & 0\\ 0 & 0 & r_{i0}^2\sigma_\beta^2\end{bmatrix}\right) \tag{10.10}$$

从而得到 $(\mathrm{d}x_i, \mathrm{d}y_i, \mathrm{d}z_i)^{\mathrm{T}}$ 的分布如下：

$$\begin{aligned}\begin{bmatrix}\mathrm{d}x_i\\ \mathrm{d}y_i\\ \mathrm{d}z_i\end{bmatrix}&=\boldsymbol{R}_i^{\mathrm{L}}\begin{bmatrix}\mathrm{d}r_i\\ r_{i0}\cos\beta_{i0}\mathrm{d}\alpha_i\\ r_{i0}\mathrm{d}\beta_i\end{bmatrix}\\ &\sim\boldsymbol{N}\left(\begin{bmatrix}0\\0\\0\end{bmatrix},\boldsymbol{R}_i^{\mathrm{L}}\begin{bmatrix}\sigma_r^2 & 0 & 0\\ 0 & r_{i0}^2\cos^2\beta_{i0}\sigma_\alpha^2 & 0\\ 0 & 0 & r_{i0}^2\sigma_\beta^2\end{bmatrix}(\boldsymbol{R}_i^{\mathrm{L}})^{\mathrm{T}}\right)\end{aligned} \tag{10.11}$$

其中，$\boldsymbol{R}_i^{\mathrm{L}}$ 的定义见式(10.8)。

10.3.2　点云体素滤波过程介绍

由于激光雷达扫描点云的非均匀性(图 10.2)，其扫描近处的物体获得的点云密度较大，扫描远处的物体获得的点云密度较小，通常在点云匹配之前，为了平衡近处物体和远处物体对点云匹配的影响，通常首先会对原始点云(或提取的特征点云)进行体素滤波，以平衡近处和远处的点云密度。体素滤波过程如图 10.3 所示，通过将三维空间划分为等大小的立方格，然后每个立方格中用一个点替代落在立方格中的所有点，通常该点设置为立方格中所有点的质心或者是立方格的中心。

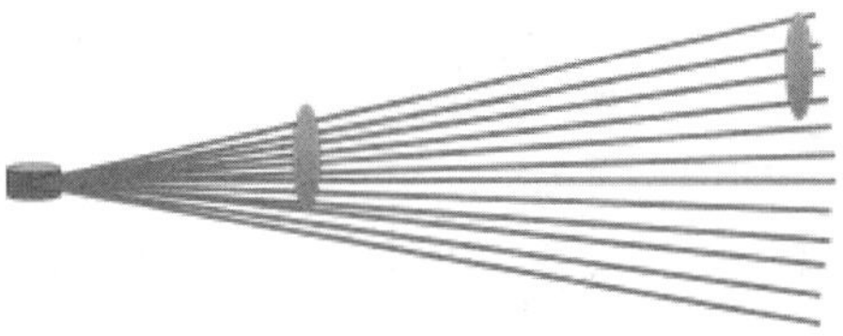

图 10.2　激光雷达扫描点云的非均匀性

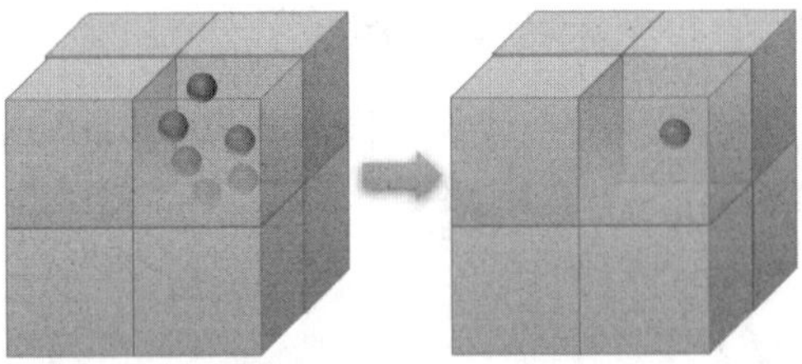

图 10.3　体素滤波示意图

10.3.3　点到面迭代最近点云匹配方法分析

在环境不变假设下,如果激光雷达相对环境静止,那么扫描得到的点云也应该不变,如果激光雷达相对周围环境存在运动,那么扫描得到的点云也会发生相应变化,该变化由激光雷达本身的运动引起,因此可以根据点云的变化反推出激光雷达自身的运动,该过程通过点云匹配算法实现。

一般地,点云匹配问题可以描述如下:设 k 时刻激光雷达扫描获得的点云为 $\boldsymbol{P}_k = \{\boldsymbol{p}_1, \boldsymbol{p}_2, \cdots, \boldsymbol{p}_i, \cdots, \boldsymbol{p}_n\}$, $k+1$ 时刻激光雷达扫描获得的点云为 $\boldsymbol{P}_{k+1} = \{\boldsymbol{q}_1, \boldsymbol{q}_2, \cdots, \boldsymbol{q}_j, \cdots, \boldsymbol{q}_m\}$, 其中 $\boldsymbol{p}_i = (p_{ix}, p_{iy}, p_{iz})^{\mathrm{T}}$, $\boldsymbol{q}_j = (q_{jx}, q_{jy}, q_{jz})^{\mathrm{T}}$ 都已转换为直角坐标表示,求激光雷达在 $k+1$ 时刻相对于 k 时刻的位姿变换 $\boldsymbol{T}$, 通常 $\boldsymbol{T} = \{\boldsymbol{R}, \boldsymbol{t}\}$ 由一个旋转矩阵和一个平移向量构成。

点云匹配算法利用两个时刻扫描到的不同点云,构建关于 $\boldsymbol{T}$ 的目标函数 $f(\cdot)$, 通过最小/最大化 $f(\cdot)$ 求解最优位姿变换 $\boldsymbol{T}^*$, 即

$$\boldsymbol{T}^* = \arg \min/\max f(\boldsymbol{T}, \boldsymbol{P}_k, \boldsymbol{P}_{k+1}) \tag{10.12}$$

目标函数 $f(\cdot)$ 的构建方法,通常是在 $\boldsymbol{P}_{\mathrm{k}}$ 和 $\boldsymbol{P}_{\mathrm{k+1}}$ 的对应点/特征之间,构造关于 $\boldsymbol{T}$ 的代价函数 $g(\cdot)$, 然后综合所有点/特征的代价函数,得到最终的目标函数。记 $\boldsymbol{P}_{k+1}$ 中第 l 个点/特征为 $\mathbf{msrq}_l$, 其在 $\boldsymbol{P}_k$ 中的对应点/特征为 $\mathbf{msrp}_l$, 则

$$\begin{aligned} f(\boldsymbol{T}, \boldsymbol{P}_k, \boldsymbol{P}_{k+1}) = h(&g(\boldsymbol{T}, \mathbf{msrq}_l, \mathbf{msrp}_l), g(\boldsymbol{T}, \mathbf{msrq}_2, \mathbf{msrp}_2), \cdots, \\ &g(\boldsymbol{T}, \mathbf{msrq}_l, \mathbf{msrp}_l), \cdots, g(\boldsymbol{T}, \mathbf{msrq}_M, \mathbf{msrp}_M)) \end{aligned} \tag{10.13}$$

其中, $h(\cdot)$ 为各点/特征代价函数 $g(\cdot)$ 对目标函数 $f(\cdot)$ 的贡献方式; M 为总点/特征数。

由于激光雷达点云局部特征不明显,且计算特征描述子耗时较长,无法从点云中快速地提取到能够形成稳定和正确对应关系的特征点,通常采取的做法是选择欧氏距离最近的点/特征对构成对应关系,在小运动假设下,该方法被证明是迭代收敛的。

由于激光雷达扫描点云的稀疏性,不同时刻扫描到的点云通常是不同的,因此无法找到精确的点到点对应关系。对此,采取的做法是寻找点到面的对应关系,即在 $\boldsymbol{P}_k$ 中寻找局部平面,和 $\boldsymbol{P}_{k+1}$ 中的点构成点-面对应关系,由于面是连续的,必然能和点形成精确的对应关系,具体做法如下。

设 $\boldsymbol{P}_{k+1}$ 中一点 $\boldsymbol{q}_l$, 现需要从 $\boldsymbol{P}_k$ 中寻找与 $\boldsymbol{q}_l$ 欧氏距离最近的局部平面 $\mathbf{lcp}_l$, 设需要寻找的局部平面尺寸(半径)为 r, 从 $\boldsymbol{P}_k$ 中搜索所有距离 $\boldsymbol{q}_l$ 小于 r 的点,记为 $\mathbf{ps}_l = \{\boldsymbol{p}_{l1}, \boldsymbol{p}_{l2}, \cdots, \boldsymbol{p}_{li}, \cdots, \boldsymbol{p}_{lL}\}$, 然后根据点集 $\mathbf{ps}_l$ 拟合局部平面,计算点集 $\mathbf{ps}_l$ 的协方差矩阵:

$$\boldsymbol{Q} = \frac{1}{L}\sum_{i=1}^{L}(\widetilde{\boldsymbol{p}}_{li} \cdot \widetilde{\boldsymbol{p}}_{li}^{\mathrm{T}}) \tag{10.14}$$

其中, $\widetilde{\boldsymbol{p}}_{li} = \boldsymbol{p}_{li} - \bar{\boldsymbol{p}}_l$ 为 $\boldsymbol{p}_{li}$ 的去中心化坐标, $\bar{\boldsymbol{p}}_l = 1/L \sum_{i=1}^{L} \boldsymbol{p}_{li}$ 为 $\mathbf{ps}_l$ 的质心。计算 $\boldsymbol{Q}$ 的特征值和特征向量,设最小特征值对应的单位特征向量为 $\boldsymbol{v}_l$, 则 $\boldsymbol{v}_l$ 即点集 $\mathbf{ps}_l$ 构成平面的法向量, $\bar{\boldsymbol{p}}_l$ 为平面中心。然后,点到平面的代价函数 $g(\boldsymbol{q}_l, \boldsymbol{v}_l, \bar{\boldsymbol{p}}_l)$ 构建如下:

$$g(\boldsymbol{q}_l, \boldsymbol{v}_l, \bar{\boldsymbol{p}}_l) = \boldsymbol{v}_l^{\mathrm{T}}(\boldsymbol{q}_l - \bar{\boldsymbol{p}}_l) \tag{10.15}$$

含义是点到面的距离。

将位姿变换 $\boldsymbol{T}$ 作用于 $\boldsymbol{P}_{k+1}$ 时, $\boldsymbol{q}_l$ 的坐标变换如下:

$$\boldsymbol{T}(\boldsymbol{q}_l) = \boldsymbol{R}\boldsymbol{q}_l + \boldsymbol{t} \tag{10.16}$$

从而代价函数 $g(\boldsymbol{q}_l, \boldsymbol{v}_l, \bar{\boldsymbol{p}}_l)$ 变为

$$g(\boldsymbol{T}, \boldsymbol{q}_l, \boldsymbol{v}_l, \bar{\boldsymbol{p}}_l) = \boldsymbol{v}_l^{\mathrm{T}}(\boldsymbol{T}(\boldsymbol{q}_l) - \bar{\boldsymbol{p}}_l) = \boldsymbol{v}_l^{\mathrm{T}}(\boldsymbol{R}\boldsymbol{q}_l + \boldsymbol{t} - \bar{\boldsymbol{p}}_l) \tag{10.17}$$

目标函数 $f(\cdot)$ 构建如下:

$$f(\boldsymbol{T}, \boldsymbol{P}_k, \boldsymbol{P}_{k+1}) = \| \boldsymbol{G}(\boldsymbol{T}, \boldsymbol{P}_k, \boldsymbol{P}_{k+1}) \|_2^2 \tag{10.18}$$

其中

$$\boldsymbol{G}(\boldsymbol{T}, \boldsymbol{P}_k, \boldsymbol{P}_{k+1}) = \begin{bmatrix} g(\boldsymbol{T}, \boldsymbol{q}_1, \boldsymbol{v}_1, \bar{\boldsymbol{p}}_1) \\ g(\boldsymbol{T}, \boldsymbol{q}_2, \boldsymbol{v}_2, \bar{\boldsymbol{p}}_2) \\ \vdots \\ g(\boldsymbol{T}, \boldsymbol{q}_l, \boldsymbol{v}_l, \bar{\boldsymbol{p}}_l) \\ \vdots \\ g(\boldsymbol{T}, \boldsymbol{q}_M, \boldsymbol{v}_M, \bar{\boldsymbol{p}}_M) \end{bmatrix} \tag{10.19}$$

最小化 $f(\boldsymbol{T}, \boldsymbol{P}_k, \boldsymbol{P}_{k+1})$ 以求解最优位姿变换 $\boldsymbol{T}^*$。

通过高斯-牛顿迭代法求解上述非线性最小二乘问题。设第 t 次迭代后的结果为 $\boldsymbol{T}_t = \{\boldsymbol{t}_t, \boldsymbol{R}_t\}$，将 $f(\boldsymbol{T}, \boldsymbol{P}_k, \boldsymbol{P}_{k+1})$ 在 $\boldsymbol{T}_t$ 处一阶线性展开，对每一项 $g(\boldsymbol{T}, \boldsymbol{q}_l, \boldsymbol{v}_l, \bar{\boldsymbol{p}}_l)$，展开如下：

$$g(\boldsymbol{T}, \boldsymbol{q}_l, \boldsymbol{v}_l, \bar{\boldsymbol{p}}_l) = g(\boldsymbol{T}_t, \boldsymbol{q}_l, \boldsymbol{v}_l, \bar{\boldsymbol{p}}_l) + \frac{\partial g(\boldsymbol{R}, \boldsymbol{t}, \boldsymbol{q}_l, \boldsymbol{v}_l, \bar{\boldsymbol{p}}_l)}{\partial \boldsymbol{\varphi}}\bigg|_{\boldsymbol{T}_t} \Delta\boldsymbol{\varphi} + \frac{\partial g(\boldsymbol{R}, \boldsymbol{t}, \boldsymbol{q}_l, \boldsymbol{v}_l, \bar{\boldsymbol{p}}_l)}{\partial t}\bigg|_{\boldsymbol{T}_t} \Delta\boldsymbol{t} \tag{10.20}$$

其中，$\boldsymbol{\varphi}$ 为 $\boldsymbol{R}_t$ 处的小扰动 $\Delta\boldsymbol{R}$ 对应的李代数，根据李代数的右乘扰动模型，有

$$\frac{\partial(\boldsymbol{R}\boldsymbol{q}_l)}{\partial \boldsymbol{\varphi}}\bigg|_{\boldsymbol{R}_t} = -\boldsymbol{R}_t\boldsymbol{q}_l^{\wedge} \tag{10.21}$$

其中，$\boldsymbol{q}_l^{\wedge}$ 表示向量 $\boldsymbol{q}_l$ 的反对称矩阵。从而

$$\frac{\partial(g(\boldsymbol{T}, \boldsymbol{q}_l, \boldsymbol{v}_l, \bar{\boldsymbol{p}}_l))}{\partial \boldsymbol{\varphi}}\bigg|_{\boldsymbol{T}_t} = \frac{\partial(\boldsymbol{v}_l^{\mathrm{T}}(\boldsymbol{R}\boldsymbol{q}_l + \boldsymbol{t} - \bar{\boldsymbol{p}}_l))}{\partial \boldsymbol{\varphi}}\bigg|_{\boldsymbol{T}_t} = -\boldsymbol{v}_l^{\mathrm{T}}\boldsymbol{R}_t\boldsymbol{q}_l^{\wedge} \tag{10.22}$$

$$\frac{\partial g(\boldsymbol{R}, \boldsymbol{t}, \boldsymbol{q}_l, \boldsymbol{v}_l, \bar{\boldsymbol{p}}_l)}{\partial \boldsymbol{t}}\bigg|_{\boldsymbol{T}_t} = \frac{\partial(\boldsymbol{v}_l^{\mathrm{T}}(\boldsymbol{R}\boldsymbol{q}_l + \boldsymbol{t} - \bar{\boldsymbol{p}}_l))}{\partial \boldsymbol{\varphi}}\bigg|_{\boldsymbol{T}_t} = \boldsymbol{v}_l^{\mathrm{T}} \tag{10.23}$$

$$g(\boldsymbol{T}_t, \boldsymbol{q}_l, \boldsymbol{v}_l, \bar{\boldsymbol{p}}_l) = \boldsymbol{v}_l^{\mathrm{T}}(\boldsymbol{R}_t\boldsymbol{q}_l + \boldsymbol{t}_t - \bar{\boldsymbol{p}}_l) \tag{10.24}$$

将式(10.22)、式(10.24)代入式(10.20)，得

$$\begin{aligned} g(\boldsymbol{T}_t, \boldsymbol{q}_l, \boldsymbol{v}_l, \bar{\boldsymbol{p}}_l) &= \boldsymbol{v}_l^{\mathrm{T}}(\boldsymbol{R}_t\boldsymbol{q}_l + \boldsymbol{t}_t - \bar{\boldsymbol{p}}_l) - \boldsymbol{v}_l^{\mathrm{T}}\boldsymbol{R}_t\boldsymbol{q}_l^{\wedge}\Delta\boldsymbol{\varphi} + \boldsymbol{v}_l^{\mathrm{T}}\Delta\boldsymbol{t} \\ &= \boldsymbol{v}_l^{\mathrm{T}}(\boldsymbol{R}_t\boldsymbol{q}_l + \boldsymbol{t}_t - \bar{\boldsymbol{p}}_l) + \begin{bmatrix} \boldsymbol{v}_l^{\mathrm{T}} & -\boldsymbol{v}_l^{\mathrm{T}}\boldsymbol{R}_t\boldsymbol{q}_l^{\wedge} \end{bmatrix} \begin{bmatrix} \Delta\boldsymbol{t} \\ \Delta\boldsymbol{\varphi} \end{bmatrix} \\ &= \boldsymbol{v}_l^{\mathrm{T}}(\boldsymbol{R}_t\boldsymbol{q}_l + \boldsymbol{t}_t - \bar{\boldsymbol{p}}_l) + \begin{bmatrix} \boldsymbol{v}_l^{\mathrm{T}} & (\boldsymbol{q}_l^{\wedge}\boldsymbol{R}_t^{\mathrm{T}}\boldsymbol{v}_l)^{\mathrm{T}} \end{bmatrix} \begin{bmatrix} \Delta\boldsymbol{t} \\ \Delta\boldsymbol{\varphi} \end{bmatrix} \end{aligned} \tag{10.25}$$

从而 $\boldsymbol{G}(\boldsymbol{T}, \boldsymbol{P}_k, \boldsymbol{P}_{k+1})$ 可以线性化为

$$\boldsymbol{G}(\boldsymbol{T}, \boldsymbol{P}_k, \boldsymbol{P}_{k+1}) = \boldsymbol{G}(\boldsymbol{T}, \boldsymbol{P}_k, \boldsymbol{P}_{k+1}) + \boldsymbol{J}(\boldsymbol{T}_t)\Delta\boldsymbol{T} \tag{10.26}$$

其中

$$\boldsymbol{G}(\boldsymbol{T}, \boldsymbol{P}_k, \boldsymbol{P}_{k+1}) = \begin{bmatrix} g(\boldsymbol{T}_t, \boldsymbol{q}_1, \boldsymbol{v}_1, \bar{\boldsymbol{p}}_1) \\ \vdots \\ g(\boldsymbol{T}_t, \boldsymbol{q}_M, \boldsymbol{v}_M, \bar{\boldsymbol{p}}_M) \end{bmatrix} \tag{10.27}$$

$$\boldsymbol{J}(\boldsymbol{T}_t)=\begin{bmatrix}\boldsymbol{v}_1^{\mathrm{T}} & -\boldsymbol{v}_1^{\mathrm{T}}\boldsymbol{R}_t\boldsymbol{q}_1^{\wedge}\\ \vdots & \vdots\\ \boldsymbol{v}_M^{\mathrm{T}} & -\boldsymbol{v}_M^{\mathrm{T}}\boldsymbol{R}_t\boldsymbol{q}_M^{\wedge}\end{bmatrix} \tag{10.28}$$

$$\Delta\boldsymbol{T}=\begin{bmatrix}\Delta\boldsymbol{t}\\ \Delta\boldsymbol{\varphi}\end{bmatrix} \tag{10.29}$$

根据高斯-牛顿迭代法，第 $t+1$ 次迭代步长计算如下：

$$\Delta\boldsymbol{T}_{t+1}=\begin{bmatrix}\Delta\boldsymbol{t}_{t+1}\\ \Delta\boldsymbol{\varphi}_{t+1}\end{bmatrix}=\boldsymbol{H}^{-1}\boldsymbol{g} \tag{10.30}$$

其中

$$\begin{aligned}\boldsymbol{H}&=(\boldsymbol{J}(\boldsymbol{T}_t))^{\mathrm{T}}\boldsymbol{J}(\boldsymbol{T}_t)\\ &=\begin{bmatrix}\boldsymbol{v}_1 & \cdots & \boldsymbol{v}_M\\ \boldsymbol{q}_1^{\wedge}\boldsymbol{R}_t^{\mathrm{T}}\boldsymbol{v}_1 & \cdots & \boldsymbol{q}_M^{\wedge}\boldsymbol{R}_t^{\mathrm{T}}\boldsymbol{v}_M\end{bmatrix}\begin{bmatrix}\boldsymbol{v}_1^{\mathrm{T}} & -\boldsymbol{v}_1^{\mathrm{T}}\boldsymbol{R}_t\boldsymbol{q}_1^{\wedge}\\ \vdots & \vdots\\ \boldsymbol{v}_M^{\mathrm{T}} & -\boldsymbol{v}_M^{\mathrm{T}}\boldsymbol{R}_t\boldsymbol{q}_M^{\wedge}\end{bmatrix}\\ &=\begin{bmatrix}\boldsymbol{v}_1\boldsymbol{v}_1^{\mathrm{T}}+\cdots+\boldsymbol{v}_M\boldsymbol{v}_M^{\mathrm{T}} & -\boldsymbol{v}_1\boldsymbol{v}_1^{\mathrm{T}}\boldsymbol{R}_t\boldsymbol{q}_1^{\wedge}-\cdots-\boldsymbol{v}_M\boldsymbol{v}_M^{\mathrm{T}}\boldsymbol{R}_t\boldsymbol{q}_M^{\wedge}\\ \boldsymbol{q}_1^{\wedge}\boldsymbol{R}_t^{\mathrm{T}}\boldsymbol{v}_1\boldsymbol{v}_1^{\mathrm{T}}+\cdots+\boldsymbol{q}_M^{\wedge}\boldsymbol{R}_t^{\mathrm{T}}\boldsymbol{v}_M\boldsymbol{v}_M^{\mathrm{T}} & -\boldsymbol{q}_1^{\wedge}\boldsymbol{R}_t^{\mathrm{T}}\boldsymbol{v}_1\boldsymbol{v}_1^{\mathrm{T}}\boldsymbol{R}_t\boldsymbol{q}_1^{\wedge}-\cdots-\boldsymbol{q}_M^{\wedge}\boldsymbol{R}_t^{\mathrm{T}}\boldsymbol{v}_M\boldsymbol{v}_M^{\mathrm{T}}\boldsymbol{R}_t\boldsymbol{q}_M^{\wedge}\end{bmatrix}\end{aligned} \tag{10.31}$$

$$\begin{aligned}\boldsymbol{g}&=-(\boldsymbol{J}(\boldsymbol{T}_t))^{\mathrm{T}}\boldsymbol{G}(\boldsymbol{T}_t,\boldsymbol{P}_k,\boldsymbol{P}_{k+1})\\ &=-\begin{bmatrix}\boldsymbol{v}_1 & \cdots & \boldsymbol{v}_M\\ \boldsymbol{q}_1^{\wedge}\boldsymbol{R}_t^{\mathrm{T}}\boldsymbol{v}_1 & \cdots & \boldsymbol{q}_M^{\wedge}\boldsymbol{R}_t^{\mathrm{T}}\boldsymbol{v}_M\end{bmatrix}\begin{bmatrix}g(\boldsymbol{T}_t,\boldsymbol{q}_1,\boldsymbol{v}_1,\bar{\boldsymbol{p}}_1)\\ \vdots\\ g(\boldsymbol{T}_t,\boldsymbol{q}_M,\boldsymbol{v}_M,\bar{\boldsymbol{p}}_M)\end{bmatrix}\\ &=-\begin{bmatrix}\boldsymbol{v}_1 g(\boldsymbol{T}_t,\boldsymbol{q}_1,\boldsymbol{v}_1,\bar{\boldsymbol{p}}_1)+\cdots+\boldsymbol{v}_M g(\boldsymbol{T}_t,\boldsymbol{q}_M,\boldsymbol{v}_M,\bar{\boldsymbol{p}}_M)\\ \boldsymbol{q}_1^{\wedge}\boldsymbol{R}_t^{\mathrm{T}}\boldsymbol{v}_1 g(\boldsymbol{T}_t,\boldsymbol{q}_1,\boldsymbol{v}_1,\bar{\boldsymbol{p}}_1)+\cdots+\boldsymbol{q}_M^{\wedge}\boldsymbol{R}_t^{\mathrm{T}}\boldsymbol{v}_M g(\boldsymbol{T}_t,\boldsymbol{q}_M,\boldsymbol{v}_M,\bar{\boldsymbol{p}}_M)\end{bmatrix}\end{aligned} \tag{10.32}$$

从而第 $t+1$ 次迭代结果更新如下：

$$\boldsymbol{T}_{t+1}=\{\boldsymbol{t}_t+\Delta\boldsymbol{t}_{t+1},\ \boldsymbol{R}_t\exp(\Delta\boldsymbol{\varphi}_{t+1})\} \tag{10.33}$$

重复上述步骤，通过多次迭代，最终可以求出最优位姿变换 $\boldsymbol{T}^*$。

10.4　惯性/激光雷达紧耦合因子图优化融合方法

定义系统状态量 $\boldsymbol{X}$ 如下：

$$\boldsymbol{X} = [\boldsymbol{R}_{\mathrm{I}}^{\mathrm{WT}},\ \boldsymbol{t}_{\mathrm{I}}^{\mathrm{WT}},\ \boldsymbol{v}_{\mathrm{I}}^{\mathrm{WT}},\ \boldsymbol{R}_{\mathrm{L}}^{\mathrm{IT}},\ \boldsymbol{t}_{\mathrm{L}}^{\mathrm{IT}},\ \boldsymbol{R}_{\mathrm{O}}^{\mathrm{IT}},\ \boldsymbol{t}_{\mathrm{O}}^{\mathrm{IT}},\ \boldsymbol{b}_{\omega}^{\mathrm{T}},\ \boldsymbol{b}_{\mathrm{a}}^{\mathrm{T}}]^{\mathrm{T}} \tag{10.34}$$

其中，$\boldsymbol{R}_{\mathrm{I}}^{\mathrm{W}}$、$\boldsymbol{t}_{\mathrm{I}}^{\mathrm{w}}$ 为 IMU 坐标系相对于世界坐标系的旋转矩阵和平移向量；$\boldsymbol{v}_{\mathrm{I}}^{\mathrm{W}}$ 为 IMU 坐标系在世界坐标系下的三维速度；$\boldsymbol{R}_{\mathrm{L}}^{\mathrm{I}}$、$\boldsymbol{t}_{\mathrm{L}}^{\mathrm{I}}$ 为激光雷达坐标系相对于 IMU 坐标系的旋转矩阵和平移向量，即外参；$\boldsymbol{R}_{\mathrm{O}}^{\mathrm{I}}$ 和 $\boldsymbol{t}_{\mathrm{O}}^{\mathrm{I}}$ 为里程计所在坐标系相对于 IMU 坐标系的外参；$\boldsymbol{b}_{\omega}$、$\boldsymbol{b}_{\mathrm{a}}$ 分别为陀螺仪和加速度计的零偏。

系统输入 $\boldsymbol{u}$ 为陀螺仪和加速度计的输出：

$$\boldsymbol{u} = [\boldsymbol{\omega}_{\mathrm{m}}^{\mathrm{T}} \quad \boldsymbol{a}_{\mathrm{m}}^{\mathrm{T}}]^{\mathrm{T}} \tag{10.35}$$

系统的噪声建模为陀螺仪、加速度计的测量噪声以及随机游走过程，均建模为高斯过程：

$$\boldsymbol{w} = [\boldsymbol{n}_{\omega}^{\mathrm{T}} \quad \boldsymbol{n}_{\mathrm{b}}^{\mathrm{T}} \quad \boldsymbol{n}_{\mathrm{b}\omega}^{\mathrm{T}} \quad \boldsymbol{n}_{\mathrm{ba}}^{\mathrm{T}}]^{\mathrm{T}} \tag{10.36}$$

根据 IMU 的动力学模型，通过 i 时刻的系统输入 $\boldsymbol{u}_i$ 和噪声 $\boldsymbol{w}_i$，将 i 时刻的系统状态 $\boldsymbol{X}_i$ 转移至 $i+1$ 时刻的系统状态 $\boldsymbol{X}_{i+1}$：

$$\boldsymbol{X}_{i+1} = \boldsymbol{X}_i \boxplus (\Delta t_i \boldsymbol{f}(\boldsymbol{X}_i,\ \boldsymbol{u}_i,\ \boldsymbol{w}_i)) \tag{10.37}$$

其中，$\Delta t_i = t_{i+1} - t_i$ 为 i 时刻到 $i+1$ 时刻的时间步长。

$$\boldsymbol{f}(\boldsymbol{X}_i,\ \boldsymbol{u}_i,\ \boldsymbol{w}_i) = \begin{bmatrix} \boldsymbol{w}_{\mathrm{m}i} - \boldsymbol{b}_{\mathrm{w}i} - \boldsymbol{n}_{\mathrm{w}i} \\ \boldsymbol{v}_{\mathrm{I}i}^{\mathrm{W}} \\ \boldsymbol{R}_{\mathrm{I}i}^{\mathrm{W}}(\boldsymbol{a}_{\mathrm{m}i} - \boldsymbol{b}_{\mathrm{a}i} - \boldsymbol{n}_{\mathrm{a}i}) + \boldsymbol{g}^{\mathrm{W}} \\ \boldsymbol{0}_{3\times1} \\ \boldsymbol{0}_{3\times1} \\ \boldsymbol{0}_{3\times1} \\ \boldsymbol{0}_{3\times1} \\ \boldsymbol{n}_{\mathrm{bw}i} \\ \boldsymbol{n}_{\mathrm{ba}i} \end{bmatrix} \tag{10.38}$$

激光雷达的扫描过程并非瞬间完成的，而是一个持续过程，因此如果在激光雷达扫描过程中无人车发生运动（尤其在载体转动较快时（如 30(°)/s 或以上）或移动较快时（如 5 m/s 或以上）），由于“滚动快门”效应，会不可避免地使点云产生畸变，如图 10.4 所示，当激光雷达静止状态下进行扫描时，扫描到平直墙面时生成的点云未发生畸变，但当激光雷达在扫描过程中同时自身发生运动时，在后续将扫描点拼接成点云时，平直墙面所返回的点云产生了畸变，原因就是生成每个点的扫描时刻不同，由于激光雷达自身的运动，每个点对应的传感器位置也不同。激光雷达自身无法处理这种畸变,需要引入外部传感器量测,本节通过 IMU 和轮速计对激光雷达点云进行运动补偿,去除畸变。

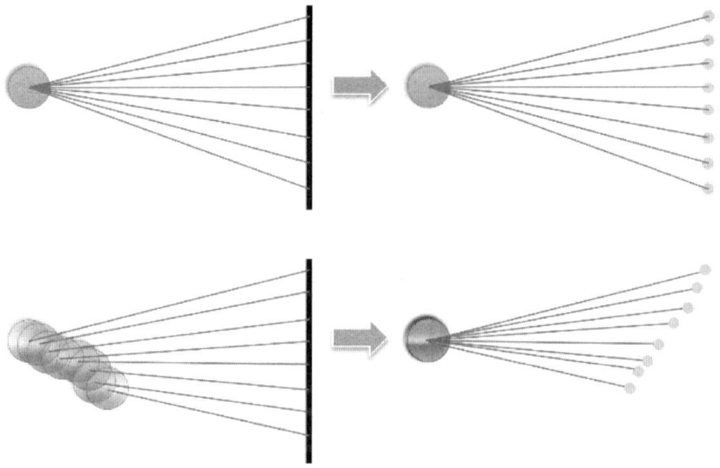

图 10.4　激光雷达点云畸变示意图

当激光雷达完成 $(t_{k-1},\ t_k]$ 的一帧扫描时,记录下 $(t_{k-1},\ t_k]$ 区间的 IMU/轮速计融合结果,设为 $\{\boldsymbol{X}_{k1},\ \boldsymbol{X}_{k2},\ \cdots,\ \boldsymbol{X}_{ki},\ \cdots,\ \boldsymbol{X}_{kN}\}$, $\boldsymbol{X}_{ki}$ 为 i 时刻的系统状态量,对应的时间为 t_{ki}。通过 IMU/轮速计的融合结果,插值得到特征点所在时刻的载体位姿(即 IMU 位姿),从而将 $(t_{k-1},\ t_k]$ 时间段内的所有扫描点云都变换至 t_k 时刻的激光雷达坐标系。

对激光雷达特征点 $(\boldsymbol{q}_{f,j},\ t_{f,j})$ 进行运动补偿的具体步骤如下:

(1) $(\boldsymbol{q}_{f,j},\ t_{f,j})$ 变换至 $t_{f,j}$ 时刻的 IMU 坐标系,得到 $\boldsymbol{q}_{f,j}^{\mathrm{I},\ tfj}$。$(\boldsymbol{q}_{f,j},\ t_{f,j})$ 位于 $t_{f,j}$ 时刻的激光雷达坐标系 $F_{\mathrm{L},\ tj}$,首先通过激光雷达和 IMU 之间的外参 $\boldsymbol{R}_{\mathrm{L}}^{\mathrm{I}}$、$\boldsymbol{t}_{\mathrm{L}}^{\mathrm{I}}$(该外参为上一次 IMU 和激光雷达融合的结果)将 $\boldsymbol{q}_{f,j}$ 变换至 $t_{f,j}$ 时刻的 IMU 坐标系,得到 $\boldsymbol{q}_{f,j}^{\mathrm{I},\ tfj}$:

$$\boldsymbol{q}_{f,j}^{\mathrm{I},\ tfj} = \boldsymbol{R}_{\mathrm{L}}^{\mathrm{I}} \boldsymbol{q}_{f,j} + \boldsymbol{t}_{\mathrm{L}}^{\mathrm{I}} \tag{10.39}$$

(2) 递推获取 $t_{f,j}$ 时刻的 IMU 坐标系位姿 $\boldsymbol{R}_{\mathrm{I},\ tfj}^{\mathrm{W}}$、$\boldsymbol{t}_{\mathrm{I},\ tfj}^{\mathrm{W}}$。设 $(t_{k-1},\ t_k]$ 区间的 IMU/轮速计融合结果中, $t_{f,j}$ 位于 i 时刻和 $i+1$ 时刻之间,即满足:

$$t_{ki} \leqslant t_{f,j} \leqslant t_{k,\ i+1} \tag{10.40}$$

通过 i 时刻的融合结果,推算至 $t_{f,j}$ 时刻,得到 $t_{f,j}$ 时刻的 IMU 坐标系位姿 $\boldsymbol{R}_{\mathrm{I},\ tfj}^{\mathrm{W}}$、$\boldsymbol{t}_{\mathrm{I},\ tfj}^{\mathrm{W}}$:

$$\boldsymbol{R}_{\mathrm{I},\ tfj}^{\mathrm{W}} = \hat{\boldsymbol{R}}_{\mathrm{I},\ ki}^{\mathrm{W}} \exp(\hat{\omega}_{ki} \Delta t_{fj}) \tag{10.41}$$

$$\boldsymbol{t}_{\mathrm{I},\,tfj}^{\mathrm{W}}=\hat{\boldsymbol{t}}_{\mathrm{I},\,ki}^{\mathrm{W}}+\hat{\boldsymbol{v}}_{\mathrm{I},\,ki}^{\mathrm{W}}\Delta t_{fj}+\frac{1}{2}\hat{\boldsymbol{a}}_{\mathrm{I},\,ki}^{\mathrm{W}}\Delta t_{fj}^{2} \tag{10.42}$$

其中，$\Delta t_{fj}=t_{f,\,j}-t_{ki}$ 为 i 时刻到 $t_{f,\,j}$ 时刻的时间步长。

(3) $\boldsymbol{q}_{f,\,j}^{\mathrm{I},\,tfj}$ 变换至世界坐标系，得到 $\boldsymbol{q}_{f,\,j}^{\mathrm{W}}$。通过 $t_{f,\,j}$ 时刻的 IMU 坐标系位姿 $\boldsymbol{R}_{\mathrm{I},\,tfj}^{\mathrm{W}}$、$\boldsymbol{t}_{\mathrm{I},\,tfj}^{\mathrm{W}}$，将特征点变换至世界坐标系，得到 $\boldsymbol{q}_{f,\,j}^{\mathrm{W}}$：

$$\boldsymbol{q}_{f,\,j}^{\mathrm{W}}=\boldsymbol{R}_{\mathrm{I},\,tfj}^{\mathrm{W}}\boldsymbol{q}_{f,\,j}^{\mathrm{I},\,tfj}+\boldsymbol{t}_{\mathrm{I},\,tfj}^{\mathrm{W}}=\boldsymbol{R}_{\mathrm{I},\,tfj}^{\mathrm{W}}(\boldsymbol{R}_{\mathrm{L}}^{\mathrm{I}}\boldsymbol{q}_{f,\,j}+\boldsymbol{t}_{\mathrm{L}}^{\mathrm{I}})+\boldsymbol{t}_{\mathrm{I},\,tfj}^{\mathrm{W}} \tag{10.43}$$

(4) $\boldsymbol{q}_{f,\,j}^{\mathrm{W}}$ 变换至扫描结束时刻 t_k 的 IMU 坐标系，得到 $\boldsymbol{q}_{f,\,j}^{\mathrm{I},\,tk}$。通过上述方式，设得到的扫描结束时刻 t_k 的 IMU 坐标系位姿为 $\boldsymbol{R}_{\mathrm{I},\,tk}^{\mathrm{W}}$、$\boldsymbol{t}_{\mathrm{I},\,tk}^{\mathrm{W}}$，将世界坐标系下的 $\boldsymbol{q}_{f,\,j}^{\mathrm{W}}$ 变换至 t_k 时刻的 IMU 坐标系，得到 $\boldsymbol{q}_{f,\,j}^{\mathrm{I},\,tk}$：

$$\boldsymbol{q}_{f,\,j}^{\mathrm{I},\,tk}=\boldsymbol{R}_{\mathrm{I},\,tk}^{\mathrm{WT}}(\boldsymbol{q}_{f,\,j}^{\mathrm{W}}-\boldsymbol{t}_{\mathrm{I},\,tk}^{\mathrm{W}}) \tag{10.44}$$

(5) $\boldsymbol{q}_{f,\,j}^{\mathrm{I},\,tk}$ 变换至 t_k 时刻的激光雷达坐标系，得到 $\boldsymbol{q}_{f,\,j}^{\mathrm{L},\,tk}$。将 t_k 时刻 IMU 坐标系下的特征点 $\boldsymbol{q}_{f,\,j}^{\mathrm{I},\,tk}$ 变换至 t_k 时刻的激光雷达坐标系 $F_{\mathrm{L},\,tk}$，得到 $\boldsymbol{q}_{f,\,j}^{\mathrm{I},\,tk}$：

$$\boldsymbol{q}_{f,\,j}^{\mathrm{L},\,tk}=\boldsymbol{R}_{\mathrm{L}}^{\mathrm{IT}}(\boldsymbol{q}_{f,\,j}^{I,\,tk}-\boldsymbol{t}_{\mathrm{L}}^{\mathrm{I}})=\boldsymbol{R}_{\mathrm{L}}^{\mathrm{IT}}\{\boldsymbol{R}_{\mathrm{I},\,tk}^{\mathrm{WT}}[\boldsymbol{R}_{\mathrm{I},\,tfj}^{\mathrm{W}}(\boldsymbol{R}_{\mathrm{L}}^{\mathrm{I}}\boldsymbol{q}_{f,\,j}+\boldsymbol{t}_{\mathrm{L}}^{\mathrm{I}})+\boldsymbol{t}_{\mathrm{I},\,tfj}^{\mathrm{W}}-\boldsymbol{t}_{\mathrm{I},\,tk}^{\mathrm{W}}]-\boldsymbol{t}_{\mathrm{L}}^{\mathrm{I}}\} \tag{10.45}$$

如图 10.5 所示，黄色点云为原始未进行运动补偿的畸变点云，红色点云为进行运动补偿后的点云，在蓝色圆圈内可以看到，原始未去畸变的黄色点云在扫描同一面墙时产生了明显不重合的现象，去畸变后的红色点云则无此现象。

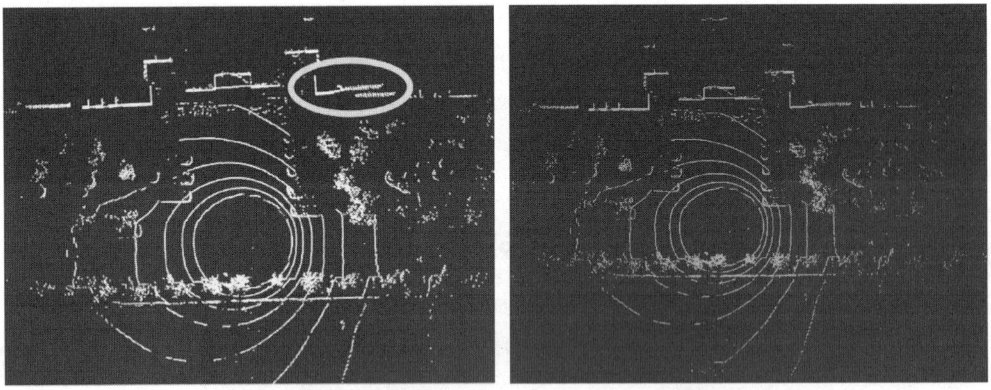

(a) 原始未进行运动补偿的畸变点云　　(b) 进行运动补偿后的点云

图 10.5　激光雷达点云运动补偿前后效果对比

设经过运动补偿后的特征点集为 $\boldsymbol{P}_{f,\,k}^{\mathrm{L},\,tk}=\{\boldsymbol{q}_{f,\,1}^{\mathrm{L},\,tk},\ \boldsymbol{q}_{f,\,2}^{\mathrm{L},\,tk},\ \cdots,\ \boldsymbol{q}_{f,\,j}^{\mathrm{L},\,tk},\ \cdots,\ \boldsymbol{q}_{f,\,s}^{\mathrm{L},\,tk}\}$，时间戳为扫描结束时刻 t_k，所在坐标系为 t_k 时刻的激光雷达坐标系 $F_{\mathrm{L},\,tk}$。

设特征点集 $\boldsymbol{P}_{f,k}^{\mathrm{L},tk}=\{\boldsymbol{q}_{f,1}^{\mathrm{L},tk},\boldsymbol{q}_{f,2}^{\mathrm{L},tk},\cdots,\boldsymbol{q}_{f,j}^{\mathrm{L},tk},\cdots,\boldsymbol{q}_{f,s}^{\mathrm{L},tk}\}$ 在地图点云中的对应平面集合为 $\mathbf{Pl}=\{(\boldsymbol{v}_1,\bar{\boldsymbol{p}}_1),(\boldsymbol{v}_2,\bar{\boldsymbol{p}}_2),\cdots,(\boldsymbol{v}_j,\bar{\boldsymbol{p}}_j),\cdots,(\boldsymbol{v}_s,\bar{\boldsymbol{p}}_s)\}$，其中，$\boldsymbol{v}_j$ 为第 j 个特征点 $\boldsymbol{q}_{f,j}^{\mathrm{L},tk}$ 对应平面的法向量，平面中心坐标为 $\bar{\boldsymbol{p}}_j$。

考察第 j 个特征点 $\boldsymbol{q}_{f,j}^{\mathrm{L},tk}$，用 $i+1$ 时刻的系统状态量表示，首先通过激光雷达到 IMU 的外参将特征点变化至 IMU 坐标系，然后构建点到面残差如下：

$$\begin{aligned}g(\boldsymbol{q}_{f,j}^{\mathrm{L},tk},\boldsymbol{v}_j,\bar{\boldsymbol{p}}_j)&=\boldsymbol{v}_j^{\mathrm{T}}[\boldsymbol{R}_{\mathrm{I}\,i+1}^{\mathrm{W}}(\boldsymbol{R}_{\mathrm{L}\,i+1}^{\mathrm{I}}\boldsymbol{q}_{f,j}^{\mathrm{L},tk}+\boldsymbol{t}_{\mathrm{L}\,i+1}^{\mathrm{I}})+\boldsymbol{t}_{\mathrm{I}\,i+1}^{\mathrm{W}}-\bar{\boldsymbol{p}}_j]\\&=\boldsymbol{v}_j^{\mathrm{T}}\boldsymbol{R}_{\mathrm{I}\,i+1}^{\mathrm{W}}\boldsymbol{R}_{\mathrm{L}\,i+1}^{\mathrm{I}}\boldsymbol{q}_{f,j}^{\mathrm{L},tk}+\boldsymbol{v}_j^{\mathrm{T}}\boldsymbol{R}_{\mathrm{I}\,i+1}^{\mathrm{W}}\boldsymbol{t}_{\mathrm{L}\,i+1}^{\mathrm{I}}+\boldsymbol{v}_j^{\mathrm{T}}\boldsymbol{t}_{\mathrm{I}\,i+1}^{\mathrm{W}}-\boldsymbol{v}_j^{\mathrm{T}}\bar{\boldsymbol{p}}_j\end{aligned}\tag{10.46}$$

将残差 $g(\boldsymbol{q}_{f,j}^{\mathrm{L},tk},\boldsymbol{v}_j,\bar{\boldsymbol{p}}_j)$ 线性化如下：

$$\begin{aligned}&g(\boldsymbol{q}_{f,j}^{\mathrm{L},tk},\boldsymbol{v}_j,\bar{\boldsymbol{p}}_j)\\&=\boldsymbol{v}_j^{\mathrm{T}}\hat{\boldsymbol{R}}_{\mathrm{I}\,i+1}^{\mathrm{W}}\exp(\boldsymbol{\theta}_{\mathrm{I}\,i+1}^{\mathrm{W}})\hat{\boldsymbol{R}}_{\mathrm{L}\,i+1}^{\mathrm{I}}(\boldsymbol{\theta}_{\mathrm{L}\,i+1}^{\mathrm{I}})\boldsymbol{q}_{f,j}^{\mathrm{L},tk}\\&\quad+\boldsymbol{v}_j^{\mathrm{T}}\hat{\boldsymbol{R}}_{\mathrm{I}\,i+1}^{\mathrm{W}}\exp(\boldsymbol{\theta}_{\mathrm{I}\,i+1}^{\mathrm{W}})(\hat{\boldsymbol{t}}_{\mathrm{L}\,i+1}^{\mathrm{I}}+\tilde{\boldsymbol{t}}_{\mathrm{L}\,i+1}^{\mathrm{I}})+\boldsymbol{v}_j^{\mathrm{T}}(\hat{\boldsymbol{t}}_{\mathrm{I}\,i+1}^{\mathrm{W}}+\tilde{\boldsymbol{t}}_{\mathrm{I}\,i+1}^{\mathrm{W}})-\boldsymbol{v}_j^{\mathrm{T}}\bar{\boldsymbol{p}}_j\\&=\boldsymbol{v}_j^{\mathrm{T}}\hat{\boldsymbol{R}}_{\mathrm{I}\,i+1}^{\mathrm{W}}(\boldsymbol{I}+\boldsymbol{\theta}_{\mathrm{I}i+1}^{\mathrm{W}}{}^{\wedge})\hat{\boldsymbol{R}}_{\mathrm{L}\,i+1}^{\mathrm{I}}(\boldsymbol{I}+\boldsymbol{\theta}_{\mathrm{L}i+1}^{\mathrm{I}}{}^{\wedge})\boldsymbol{q}_{f,j}^{\mathrm{L},tk}\\&\quad+\boldsymbol{v}_j^{\mathrm{T}}\hat{\boldsymbol{R}}_{\mathrm{I}\,i+1}^{\mathrm{W}}(\boldsymbol{I}+\boldsymbol{\theta}_{\mathrm{I}i+1}^{\mathrm{W}}{}^{\wedge})(\hat{\boldsymbol{t}}_{\mathrm{L}\,i+1}^{\mathrm{I}}+\tilde{\boldsymbol{t}}_{\mathrm{L}\,i+1}^{\mathrm{I}})+\boldsymbol{v}_j^{\mathrm{T}}(\hat{\boldsymbol{t}}_{\mathrm{I}\,i+1}^{\mathrm{W}}+\tilde{\boldsymbol{t}}_{\mathrm{I}\,i+1}^{\mathrm{W}})-\boldsymbol{v}_j^{\mathrm{T}}\bar{\boldsymbol{p}}_j\\&=\boldsymbol{v}_j^{\mathrm{T}}[\hat{\boldsymbol{R}}_{\mathrm{I}\,i+1}^{\mathrm{W}}(\hat{\boldsymbol{R}}_{\mathrm{L}\,i+1}^{\mathrm{I}}\boldsymbol{q}_{f,j}^{\mathrm{L},tk}+\hat{\boldsymbol{t}}_{\mathrm{L}\,i+1}^{\mathrm{I}})+\hat{\boldsymbol{t}}_{\mathrm{I}\,i+1}^{\mathrm{W}}-\bar{\boldsymbol{p}}_j]\\&\quad-\boldsymbol{v}_j^{\mathrm{T}}\hat{\boldsymbol{R}}_{\mathrm{I}\,i+1}^{\mathrm{W}}(\hat{\boldsymbol{R}}_{\mathrm{L}\,i+1}^{\mathrm{I}}\boldsymbol{q}_{f,j}^{\mathrm{L},tk})^{\wedge}\boldsymbol{\theta}_{\mathrm{I}\,i+1}^{\mathrm{W}}-\boldsymbol{v}_j^{\mathrm{T}}\hat{\boldsymbol{R}}_{\mathrm{I}\,i+1}^{\mathrm{W}}\hat{\boldsymbol{R}}_{\mathrm{L}\,i+1}^{\mathrm{I}}\boldsymbol{q}_{f,j}^{\mathrm{L},tk\wedge}\boldsymbol{\theta}_{\mathrm{L}\,i+1}^{\mathrm{I}}\\&\quad-\boldsymbol{v}_j^{\mathrm{T}}\hat{\boldsymbol{R}}_{\mathrm{I}\,i+1}^{\mathrm{W}}\hat{\boldsymbol{t}}_{\mathrm{L}\,i+1}^{\mathrm{I}}{}^{\wedge}\boldsymbol{\theta}_{\mathrm{I}\,i+1}^{\mathrm{W}}+\boldsymbol{v}_j^{\mathrm{T}}\hat{\boldsymbol{R}}_{\mathrm{I}\,i+1}^{\mathrm{W}}\tilde{\boldsymbol{t}}_{\mathrm{L}\,i+1}^{\mathrm{I}}+\boldsymbol{v}_j^{\mathrm{T}}\tilde{\boldsymbol{t}}_{\mathrm{I}\,i+1}^{\mathrm{W}}\end{aligned}\tag{10.47}$$

理想情况下无测量噪声存在，此时点到面的残差为零，即

$$g(\boldsymbol{q}_{f,j}^{\mathrm{L},tk},\boldsymbol{v}_j,\bar{\boldsymbol{p}}_j)=0\tag{10.48}$$

实际情况下，考虑测量噪声，设残差的测量误差为 $n_{f,j}$，则

$$g(\boldsymbol{q}_{f,j}^{\mathrm{L},tk},\boldsymbol{v}_j,\bar{\boldsymbol{p}}_j)=n_{f,j}\tag{10.49}$$

$$\begin{aligned}&\boldsymbol{v}_j^{\mathrm{T}}[\hat{\boldsymbol{R}}_{\mathrm{I}\,i+1}^{\mathrm{W}}(\hat{\boldsymbol{R}}_{\mathrm{L}\,i+1}^{\mathrm{I}}\boldsymbol{q}_{f,j}^{\mathrm{L},tk}+\hat{\boldsymbol{t}}_{\mathrm{L}\,i+1}^{\mathrm{I}})+\hat{\boldsymbol{t}}_{\mathrm{I}\,i+1}^{\mathrm{W}}-\bar{\boldsymbol{p}}_j]\\&\quad-\boldsymbol{v}_j^{\mathrm{T}}\hat{\boldsymbol{R}}_{\mathrm{I}\,i+1}^{\mathrm{W}}(\hat{\boldsymbol{R}}_{\mathrm{L}\,i+1}^{\mathrm{I}}\boldsymbol{q}_{f,j}^{\mathrm{L},tk})^{\wedge}\boldsymbol{\theta}_{\mathrm{I}\,i+1}^{\mathrm{W}}-\boldsymbol{v}_j^{\mathrm{T}}\hat{\boldsymbol{R}}_{\mathrm{I}\,i+1}^{\mathrm{W}}\hat{\boldsymbol{R}}_{\mathrm{L}\,i+1}^{\mathrm{I}}\boldsymbol{q}_{f,j}^{\mathrm{L},tk\wedge}\boldsymbol{\theta}_{\mathrm{L}\,i+1}^{\mathrm{I}}\\&\quad-\boldsymbol{v}_j^{\mathrm{T}}\hat{\boldsymbol{R}}_{\mathrm{I}\,i+1}^{\mathrm{W}}\hat{\boldsymbol{t}}_{\mathrm{L}\,i+1}^{\mathrm{I}\,\wedge}\boldsymbol{\theta}_{\mathrm{I}\,i+1}^{\mathrm{W}}+\boldsymbol{v}_j^{\mathrm{T}}\hat{\boldsymbol{R}}_{\mathrm{I}\,i+1}^{\mathrm{W}}\tilde{\boldsymbol{t}}_{\mathrm{L}\,i+1}^{\mathrm{I}}+\boldsymbol{v}_j^{\mathrm{T}}\tilde{\boldsymbol{t}}_{I\,i+1}^{\mathrm{W}}\\&=n_{f,j}\end{aligned}\tag{10.50}$$

从而，第 j 个特征点的点到面残差的观测矩阵 $\boldsymbol{H}_{\tilde{X}f,j}$ 表示如下：

$$\boldsymbol{H}_{\tilde{X}f,j}=[-\boldsymbol{v}_j^{\mathrm{T}}\hat{\boldsymbol{R}}_{\mathrm{I}\,i+1}^{\mathrm{W}}(\hat{\boldsymbol{R}}_{\mathrm{L}\,i+1}^{\mathrm{I}}\boldsymbol{q}_{f,j}^{\mathrm{L},tk}+\hat{\boldsymbol{t}}_{\mathrm{L}\,i+1}^{\mathrm{I}})^{\wedge}\ \boldsymbol{v}_j^{\mathrm{T}}\boldsymbol{0}\ -\boldsymbol{v}_j^{\mathrm{T}}\hat{\boldsymbol{R}}_{\mathrm{I}\,i+1}^{\mathrm{W}}\hat{\boldsymbol{R}}_{\mathrm{L}\,i+1}^{\mathrm{I}}\boldsymbol{q}_{f,j}^{\mathrm{L},tk\wedge}$$

$$\boldsymbol{v}_j^{\mathrm{T}} \hat{\boldsymbol{R}}_{\mathrm{I}i+1}^{\mathrm{W}} \quad \boldsymbol{0} \quad \boldsymbol{0} \quad \boldsymbol{0} \quad \boldsymbol{0}] \tag{10.51}$$

观测值 $z_{\tilde{X}f,j}$ 表示如下：

$$z_{\tilde{X}f,j} = -\boldsymbol{v}_j^{\mathrm{T}}[\hat{\boldsymbol{R}}_{\mathrm{I}i+1}^{\mathrm{W}}(\hat{\boldsymbol{R}}_{\mathrm{L}i+1}^{\mathrm{I}}\boldsymbol{q}_{f,j}^{\mathrm{L},tk} + \hat{\boldsymbol{t}}_{\mathrm{L}i+1}^{\mathrm{I}}) + \hat{\boldsymbol{t}}_{\mathrm{I}i+1}^{\mathrm{W}} - \bar{\boldsymbol{p}}_j] \tag{10.52}$$

观测方程表示如下：

$$z_{\tilde{X}f,j} = \boldsymbol{H}_{\tilde{X}f,j}\tilde{\boldsymbol{X}}_{i+1} + n_{f,j} \frac{n!}{r!(n-r)!} \frac{n!}{r!(n-r)!} \tag{10.53}$$

因此，考虑所有激光雷达特征点的量测，令

$$\boldsymbol{H}_{\tilde{X}\mathrm{L}} = \begin{bmatrix} \boldsymbol{H}_{\tilde{X}f,1} \\ \vdots \\ \boldsymbol{H}_{\tilde{X}f,s} \end{bmatrix}, \quad z_{\tilde{X}\mathrm{L}} = \begin{bmatrix} z_{\tilde{X}f,1} \\ \vdots \\ z_{\tilde{X}f,s} \end{bmatrix}, \quad \boldsymbol{n}_{\mathrm{L}} = \begin{bmatrix} n_{f,1} \\ \vdots \\ n_{f,s} \end{bmatrix} \tag{10.54}$$

则激光雷达的观测方程表示如下：

$$z_{\tilde{X}\mathrm{L}} = \boldsymbol{H}_{\tilde{X}\mathrm{L}}\tilde{\boldsymbol{X}}_{i+1} + \boldsymbol{n}_{\mathrm{L}} \tag{10.55}$$

10.5　验证与分析

10.5.1　激光雷达/惯性/轮速计紧耦合算法试验设计

试验验证平台为以松灵机器人 SCOUT2.0 底盘搭建的无人车平台，采用全站仪作为定位基准（图 10.6），其定位精度可达毫米级，无人车搭载 Ouster OS1－64 激光雷达进行定位，是一个线数为 64 线的机械旋转式激光雷达，水平扫描视场为 360°，水平角分辨率为 0.176°，垂直扫描视场为 45°，垂直角分辨率为 0.714°，测距范围为 120 m，测距精度 3~5 cm，扫描频率为 10 Hz，所采用的 IMU 为 Ouster OS1－64 激光雷达内置 IMU，其陀螺仪噪声 0.015(°)/(s · $\sqrt{\mathrm{Hz}}$)，加速度计噪声 230 μg/$\sqrt{\mathrm{Hz}}$，采用的轮速计为 SCOUT2.0 底盘内置轮速编码计，其精度为 0.5D%（D 表示行驶里程）。

无人车在大楼内的运行轨迹和试验场景如图 10.7 所示，无人车沿图 10.7(a)的黄线所示轨迹行进，具体行进轨迹如图 10.8 所示，按照编号 1~9 的顺序行进，用于验证本章算法在动态环境中的定位精度，用于对比的传统方法为 A－Loam 以及融合 IMU 信息的 LeGO－LOAM。

此外，为对比本章算法相对传统算法在动态场景中的优势，如图 10.8 所示，试验中在特定路段引入若干行人进行干扰，具体的干扰路段及干扰方式如图 10.8 中红框部分所示。

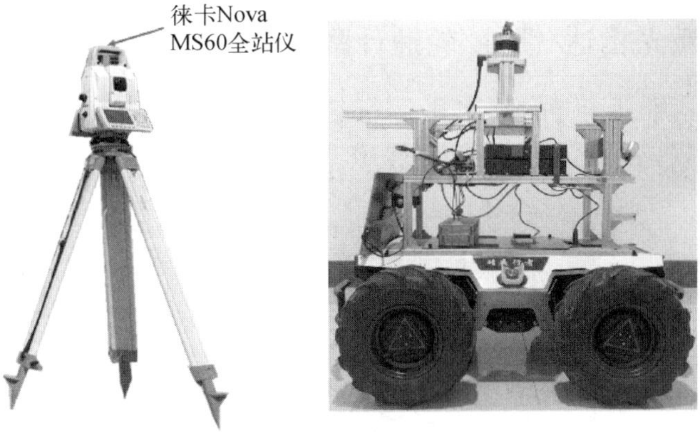

图 10.6　无人车定位试验验证平台

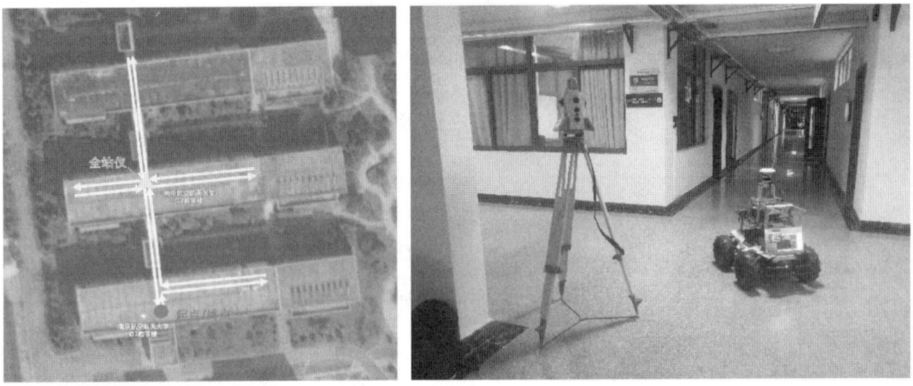

(a) 试验场景鸟瞰图　　(b) 试验硬件平台和场景

图 10.7　无人车室内试验场景

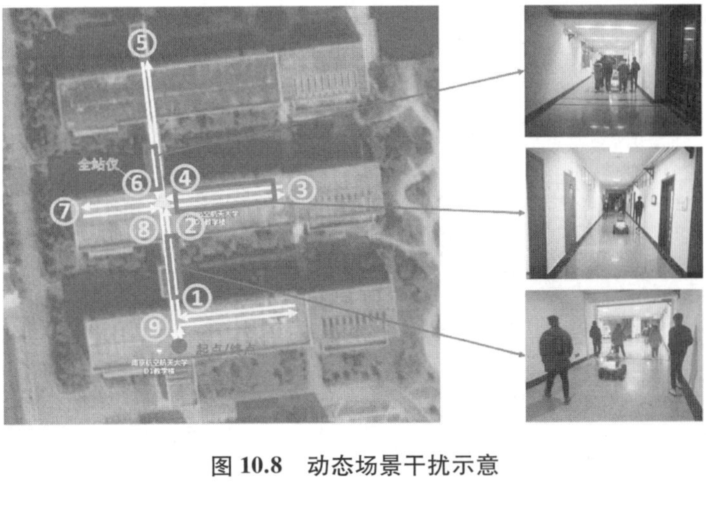

图 10.8　动态场景干扰示意

10.5.2　激光雷达/惯性/轮速计紧耦合算法试验结果分析

无人车的三维运行轨迹、水平运行轨迹及高度运行轨迹分别如图 10.9～图 10.11 所示，误差对比曲线分别如图 10.12～图 10.15 所示。

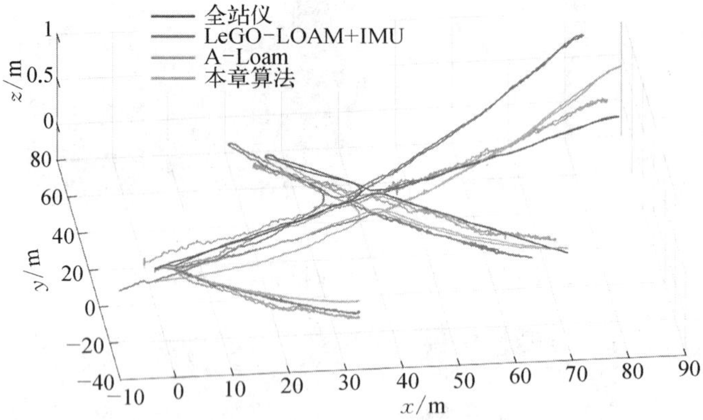

图 10.9　无人车三维运行轨迹对比

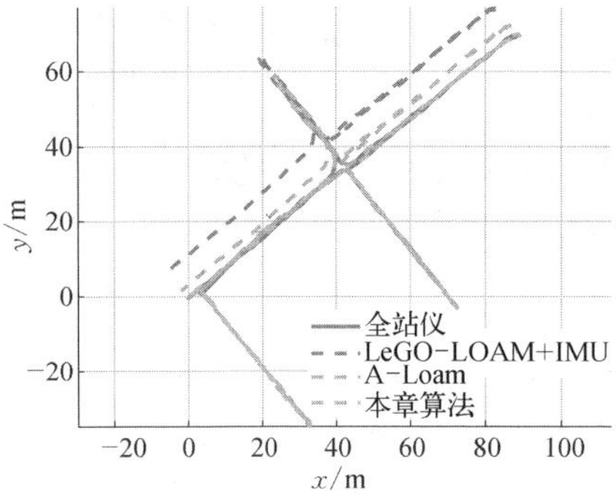

图 10.10　无人车水平运行轨迹对比

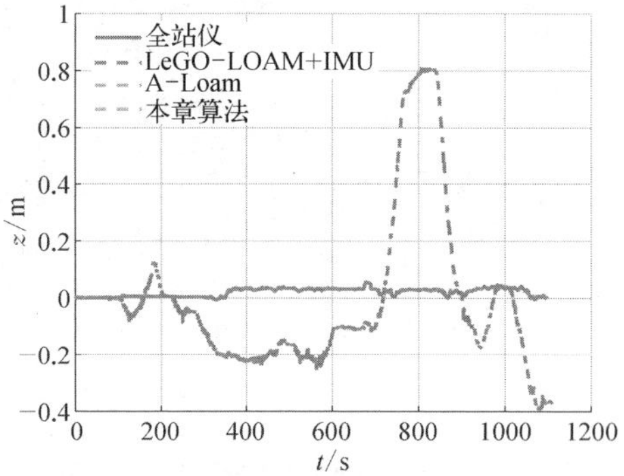

图 10.11　无人车高度运行轨迹对比

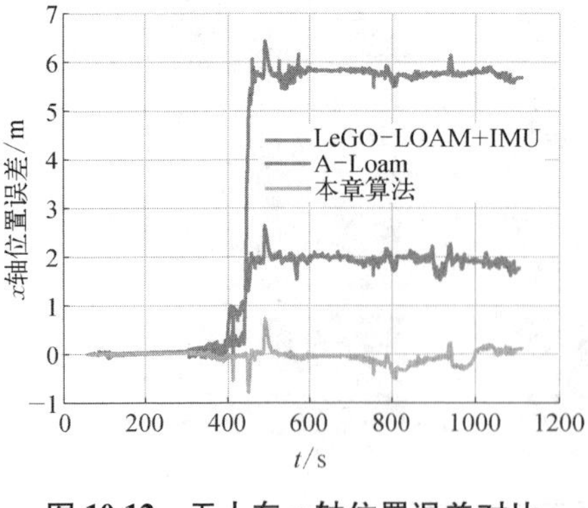

图 10.12　无人车 *x* 轴位置误差对比

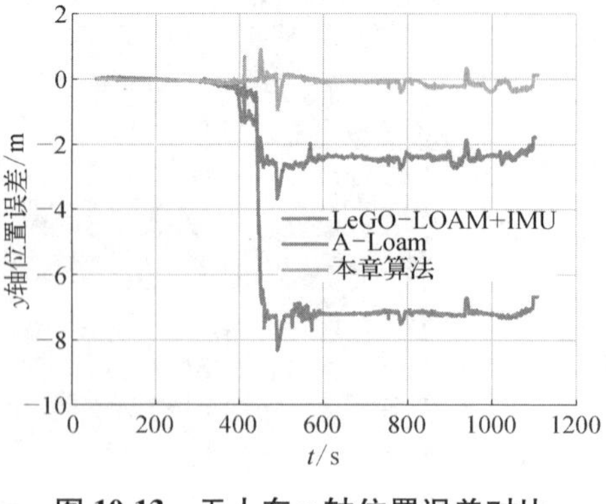

图 10.13　无人车 *y* 轴位置误差对比

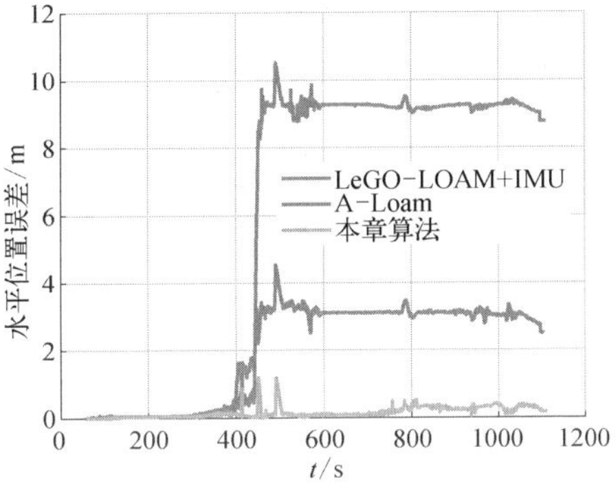

图 10.14 无人车水平位置误差对比

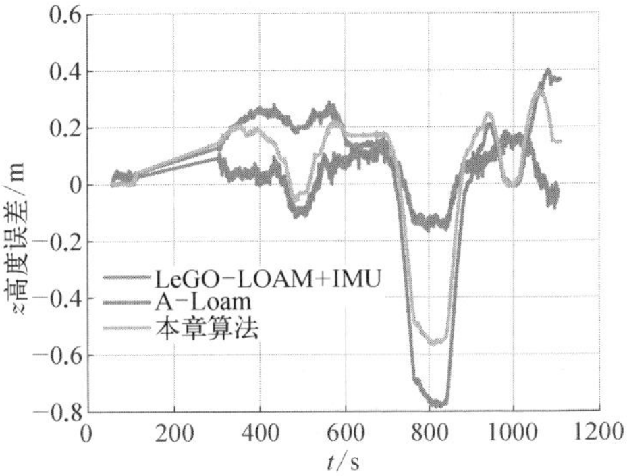

图 10.15 无人车高度误差对比

各算法试验全程定位精度对比如表 10.1 所示，可以看到相比于传统方法，本章算法有效提高了无人车在动态环境中的定位精度。

表 10.1 各算法试验全程定位精度对比

RMSE/m	LeGO - LOAM+IMU	A - Loam	本章算法
水平位置误差	7.9806	2.7567	0.2393
高度误差	0.3186	0.0859	0.2306
总误差	7.9869	2.7580	0.3391

从上述误差曲线可以看出，无人车在行进至图 10.8 中的路段 2→3→4 时，传统方法误差明显增大，为进一步分析动态环境的干扰情况，以下对引入动态行人干扰的四个路段进行单独分析，即路段 1→2、2→3、3→4、5→6 中的红框部分，该四部分路段的误差曲线及均方根误差分别如图 10.16~图 10.19 及表 10.2 所示。

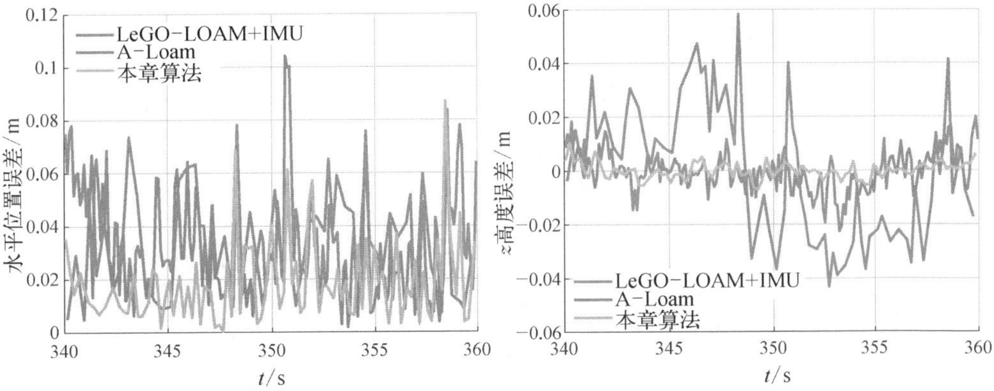

(a) 水平位置误差随时间变化曲线　　(b) 高度误差随时间变化曲线

图 10.16 1→2 红框路段误差曲线

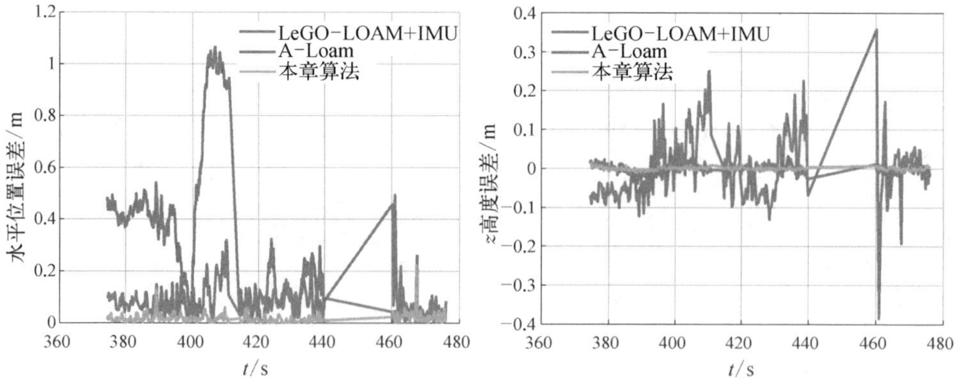

(a) 水平位置误差随时间变化曲线　　(b) 高度误差随时间变化曲线

图 10.17　2→3 红框路段误差曲线

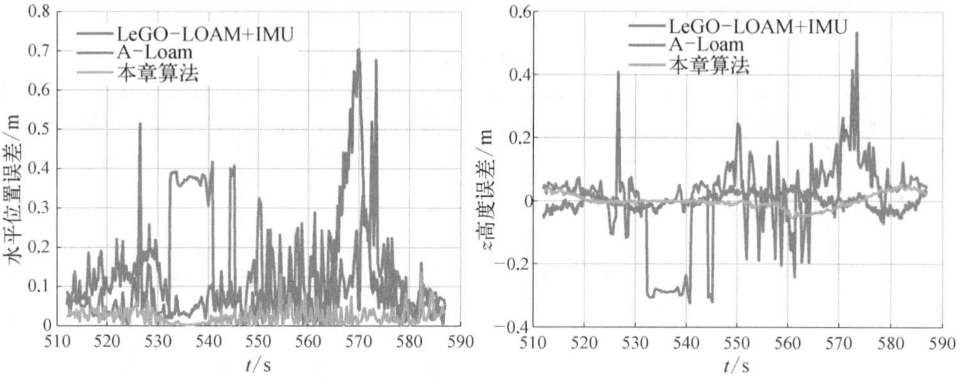

(a) 水平位置误差随时间变化曲线　　(b) 高度误差随时间变化曲线

图 10.18　3→4 红框路段误差曲线

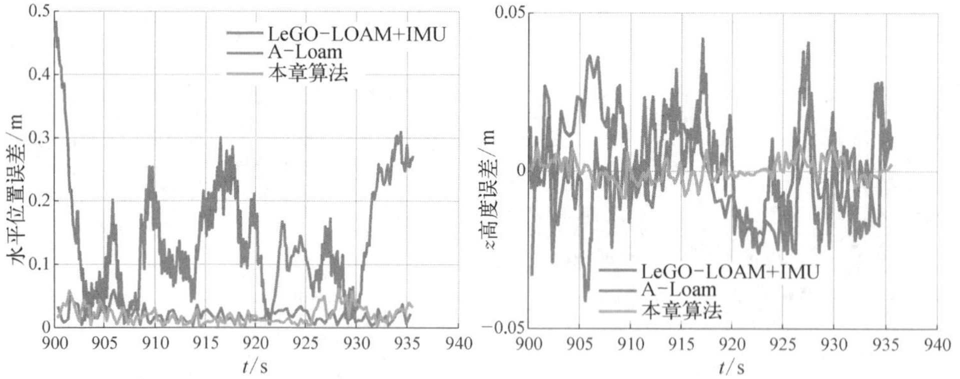

(a) 水平位置误差随时间变化曲线　　(b) 高度误差随时间变化曲线

图 10.19　5→6 红框路段误差曲线

表 10.2　不同算法在各路段内的精度对比

RMSE/m	LeGO－LOAM+IMU	A－Loam	本章算法
1→2	0.0461	0.0394	0.0245
2→3	0.1373	0.4019	0.0278
3→4	0.2377	0.1617	0.0370
5→6	0.0279	0.1695	0.0237

可以看出，路段 2→3 和 3→4 中传统算法受到的影响较大，图 10.20 为该路段内某一时刻的扫描点云，其中蓝色圈内为走廊中行走的行人，可以看到这两个路段处于长廊环境，沿长廊纵向的有效静态特征较少，动态物体返回的点云占比较大，因此定位结果易受干扰，本章算法通过融合轮速计，校正了激光雷达在点云匹配时由动态物体产生的误匹配，有效消除了动态物体的干扰。

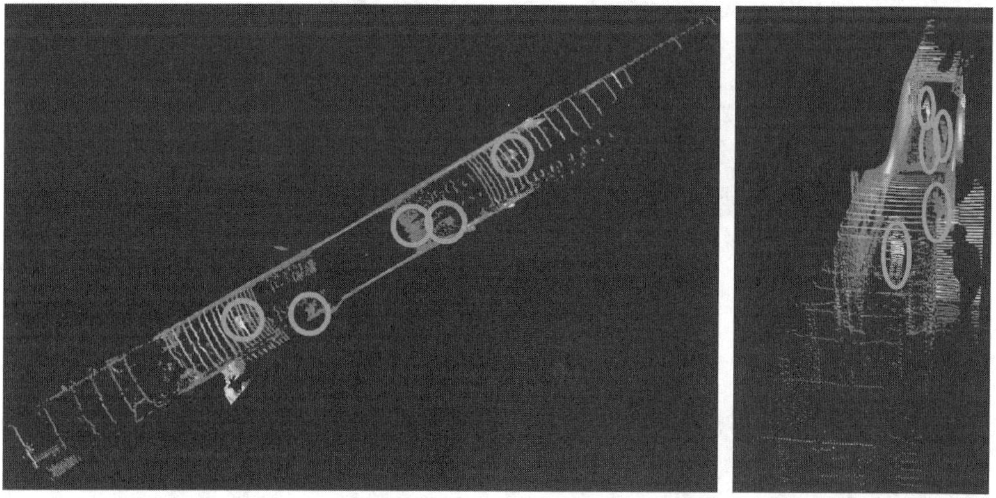

(a) 俯视图　　(b) 斜视图

图 10.20　路段 2→3 和 3→4 扫描点云

由于传统方法在路段 2→3 和 3→4 的位姿解算出现较大误差，如图 10.21(a)和图 10.22(a)所示，蓝色框内部分的一条走廊所属的点云在地图中被构建为两条不同的走廊，出现较大重影，而本章算法则构建了完好的地图，如图 10.23所示。

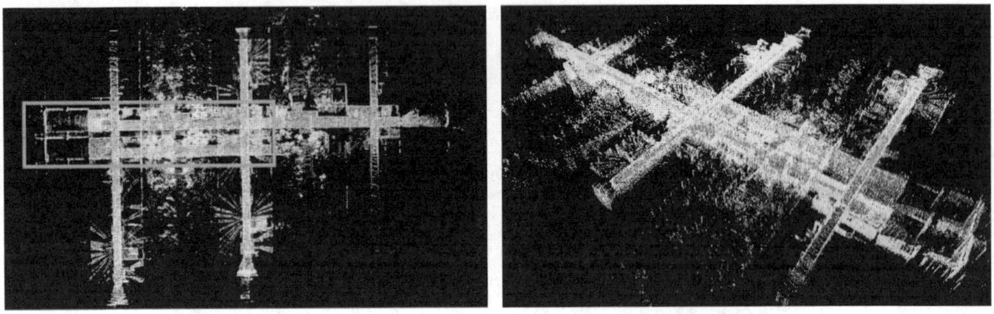

(a) 俯视图　　(b) 斜视图

图 10.21　LeGO－LOAM+IMU 地图构建结果

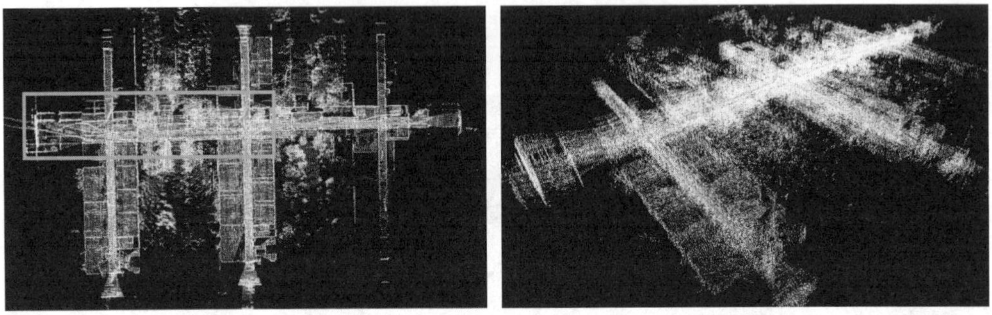

(a) 俯视图　　(b) 斜视图

图 10.22　A－Loam 地图构建结果

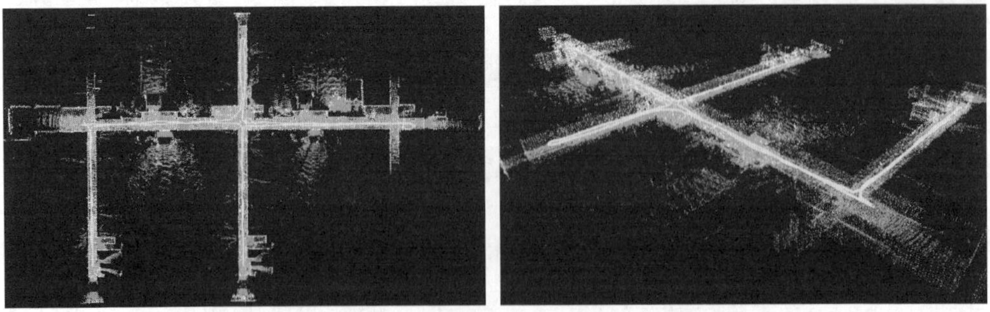

(a) 俯视图　　(b) 斜视图

图 10.23　本章算法地图构建结果

10.6 本章小结

本章针对激光雷达 SLAM 过程中的动态物体干扰问题,尤其是退化环境或近似退化环境(如走廊)中的动态物体干扰问题,通过引入惯性和轮速计的量测信息以消除动态物体对点云匹配的影响,提出了基于因子图优化的激光雷达/惯性/轮速计的紧耦合方法。首先通过惯性/轮速计的融合结果对激光雷达点云进行运动补偿,以消除由于载体自身运动而引入的点云畸变效应;其次,针对激光雷达的点云量测,构建了关于激光雷达点到面残差的量测模型,通过惯性/轮速计的融合结果预测特征点位置,然后基于优化框架,利用惯性/里程计的融合结果优化点云匹配过程,从而消除动态物体对点云匹配的不良影响,从而提高动态环境下的点云匹配精度;最后,在室内环境对本章算法进行了试验验证,结果表明,本章所提出的紧耦合方法能够有效提高无人车在动态环境中的定位精度。

第 11 章
因子图在多无人机协同导航中的应用

11.1 引言

针对一定数量且动态重构特性变化较小的集群无人机协同网络,传统基于卡尔曼滤波架构的协同定位方法利用协同网络中丰富的外源相对感知信息作为系统观测量,能够有效解决卫星拒止环境下无人机定位精度不足的问题。然而,此种定制型的滤波估计架构通常根据集群协同网络中特定数量的导航信息源,事先构建对应的状态递推模型和观测模型。此种架构下的协同导航系统灵活性、可拓展性较弱。此外,传统基于卡尔曼滤波的估计架构通常利用当前时刻的观测信息对从机状态进行最优估计,没有充分利用历史观测信息,状态估计精度有待进一步提高。

为此,本章针对传统定制型滤波估计架构的不足,首先对因子图的集群无人机协同优化系统架构进行研究;结合集群无人机协同网络内外源观测信息,提出一种基于内外源观测信息辅助的多无人机协同优化方法;针对传统基于相对距离约束协同优化方法没有充分考虑协同信息导航性能导致系统计算复杂性较大、实时性难以满足应用需求的问题,提出一种基于导航性能评估的权值因子图协同优化方法;通过构建基于相对距离信息辅助的多无人机协同定位系统模型,建立基于费雪信息/相对熵的协同信息导航性能评估模型,能够实现对协同信息导航性能的在线评估。根据协同信息导航性能评估结果,提出一种基于相对距离信息约束的权值因子图协同优化方法。最后,通过仿真与实际数据对提出方法的综合导航性能进行验证。

11.2 无人机协同导航技术概述

在智能协同策略的引导下,通过无人机之间的紧密协作,无人机群体作战表现出的优越性能越发显著。为此,世界各国均致力于开展无人机集群协同方面的研究。以美国为首的西方发达国家在此方面的研究起步较早。美国军方在总体策略规划上十分注重无人机集群化与智能化的发展,先后提出多项重要长期的研究计划以实现集群无人机智能化、自主化、集群化。2005 年,美国国防部发布了《无人飞行器系统路线图 2005～2030》[202],该研究路线图将无人机系统研究分为 10 级,将集群全自主作为最高研究等级。

2016 年 5 月,美国空军正式发布了《小型无人机系统飞行计划 2016～2036》[203],从战略层面肯定了小型无人机智能集群化系统的前景及应用价值。2018 年 8 月,美国国防部发布了《无人系统综合路线图(2017～2042)》,再次强调了飞行器集群协同技术的重要性[204]。

2015 年 4 月,美国海军实施了低成本无人机集群技术(low-cost UAV swarming technology, LOCUST)[205],该技术通过快速发射大量无人机进行集群压制,无人机之间通过信息共享,自主协同完成目标攻击任务。同年 9 月,美国国防部高级研究计划局发布了“小精灵”(Gremlins)项目。该项目旨在通过 C－130 大型运输机在距离目标 500 km 处投放大量小型化、低成本、可重复使用的无人机。无人机通过集群编队形式飞抵目标区域,协同完成电子侦察、目标打击等任务。目前该技术已进入实际研发阶段[206]。

2016 年 10 月,美国麻省理工学院发布了“灰山鹑”项目并进行了 103 架无人机飞行器发射试验,单架无人机仅有 0.3 kg,通过三架 F/A－18 战斗机释放并进行了编队飞行、集体决策等试验,基本验证了集群无人机自主协同飞行能力,达到了能够自行调整进入稳定飞行状态的类实战水平[207]。同年 12 月,美国国防部高级研究计划局发布了针对城市环境的进攻性集群无人机使能战术项目 OFFSET,该项目的目标主要是对集群无人机飞行器战术试验、飞行器自主集群、人机协同等关键技术进行研究并进行了多机飞行试验验证。

相较于美国,西方其他发达国家也相继开展了集群无人机协同技术研究。匈牙利罗兰大学 Vicsek 团队于 2014 年在室外环境下实现了四旋翼无人机的鸟群飞行试验[208,209]。2016 年,英国启动了集群无人机竞赛项目以发展集群无人机协同导航、协同决策等关键技术,并于 2020 年 4 月组建了第 216 飞行试验中队,通过作战试验加速集群无人机协同导航技术转化过程,探索集群无人机协同作战优势。同年 10 月,英国皇家空军开展了集群无人机快速研发项目,通过释放大量搭载莱昂纳多公司研发的闪云诱饵低成本小型无人机,以迷惑并压制防空雷达的搜捕,凸显了集群无人机协同作战的巨大优势。2019 年 10 月,欧盟提出了压制防空飞行器集群项目,预想通过多无人机协同作战的方式迷惑并摧毁敌防空系统[210]。

相对于西方发达国家,我国也高度重视集群无人机协同技术的发展,国内科研团队紧跟国际先进技术步伐,虽然相较于西方发达国家起步较晚,但近年来发展迅速并取得了一定的研究成果。在民用领域,利用多无人机协同飞行进行灯光表演已成为验证集群无人机编队飞行的重要方式。2016 年 11 月,Intel 公司在杭州进行了 500 架无人机同时升空,并编队表演了灯光秀。在军用领域,中国电子科技集团有限公司(China Electronics Technology Group Corporation, CETC)在 2016~2018 年分别通过 67 架、119 架固定翼无人机开展了集群飞行试验,完成了集群无人机空中分组集结、协同行动、动态无中心自组网、感知与规避等试验内容[211]。国内开展的集群无人机协同试验虽然在集群数量上获得一定的优势,但是集群无人机之间缺少信息交互,且在集群协同导航方式上依然依赖卫星导航系统提供的高精度位姿信息。卫星干扰或拒止环境下,不依赖卫星的协同导航技术仍需要进一步研究。

由上述可以看出,国内外对多无人机协同技术十分重视,尤其是数量多、自主性强、智能性高的集群无人机投入了大量的成本进行技术探索与验证,成为未来无人机中长期发展的重要趋势。

11.3 无人机协同导航方式及多源信息组合协同导航架构

1. 集群无人机协同导航方式

集群无人机在复杂环境下工作,不同的协同导航方式将直接影响系统导航定位性能。目前集群无人机协同导航方式主要可分为主从式和平行式两种[212]。

1) 主从式

主从式作为集群无人机协同导航领域广泛采用的一种协同导航方式,根据集群无人机中主机节点数量的不同,一般可分为单主和多主等结构。主从式方式在集群无人机导航信息能够互享的前提下,利用搭载高精度传感器主机节点的导航信息以及与主机节点之间的相对感知信息来估计需定位从机节点的位置。此种方式能够充分利用主机节点高精度导航信息进行协同定位解算,可以有效提高集群无人机整体的导航定位性能。本节主要对主从式集群无人机开展高精度鲁棒协同导航方法研究。主从式结构示意图如图 11.1 所示。

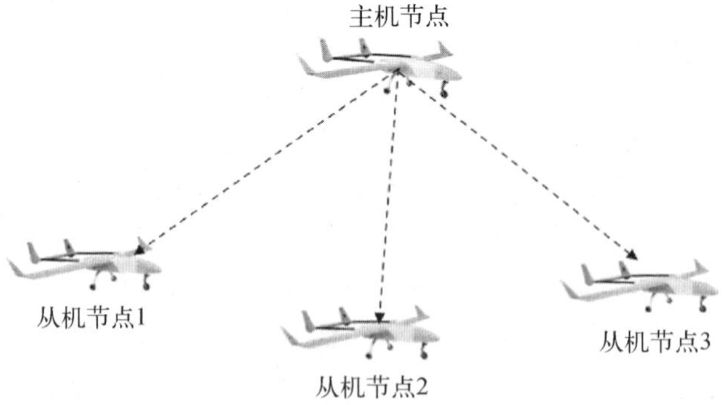

图 11.1 主从式结构示意图

2）平行式

平行式的集群无人机协同网络中没有位置已知的高精度主机节点。在集群无人机导航信息能够共享的条件下，利用无人机之间的相对感知信息对自身位置进行估计。由于平行式的集群协同网络中缺少主机节点高精度导航信息作为系统观测约束，相较于主从式结构协同定位性能不足。平行式结构示意图如图 11.2 所示。

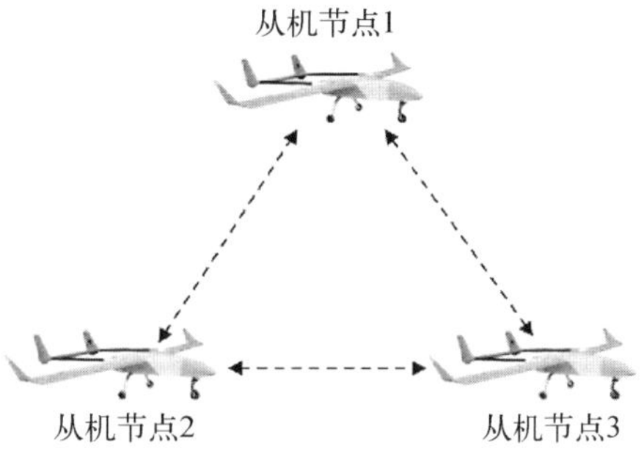

图 11.2　平行式结构示意图

2. 多源信息组合协同导航架构

为了有效融合协同网络中海量异类异构的多源导航信息，需结合实际应用需求选择最优的多源信息组合协同导航架构。在协同导航领域根据导航信息处理方式的不同，一般有集中式协同导航架构、分层式协同导航架构以及分布式协同导航架构[213]。

1）集中式协同导航架构

集中式协同导航架构作为一种在协同导航领域应用最广的多源信息组合协同导航架构[214,215]，在集中式协同导航架构中某架无人机作为中心节点，多源导航信息融合协同定位解算时，集群无人机将自身导航传感器信息和无人机之间海量的相对距离、角度观测信息集中传输给中心节点。中心节点对集群协同网络中所有导航信息进行统一处理，并将处理好的多源信息组合协同导航结果传输给集群无人机节点。集中式协同导航架构如图 11.3 所示。

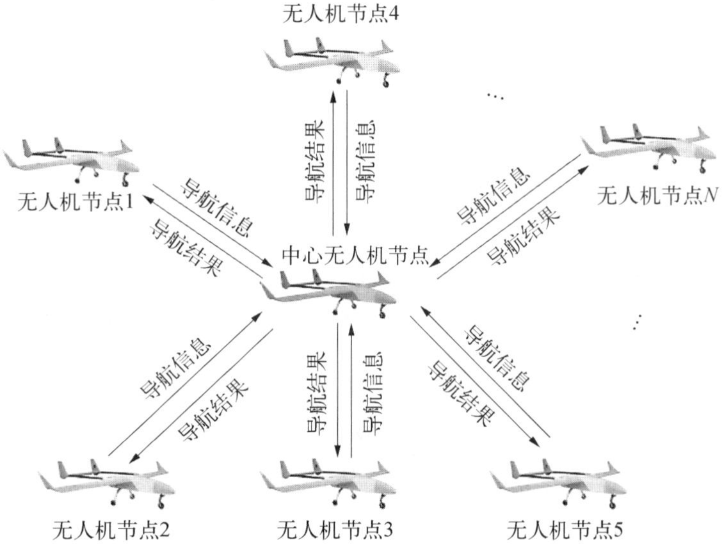

图 11.3　集中式协同导航架构

由于集中式协同导航架构融合了协同网络中所有的观测传感器数据,可以获得集群最优导航状态估计值。考虑到中心节点需要实时传输、处理协同网络海量导航信息,集中式协同导航架构对系统的通信带宽和导航计算机的处理能力具有较高的要求。因此,集中式协同导航架构对集群数量较少的协同网络实现多源导航信息融合估计具有较好的适用性,在满足协同导航系统实时性的同时,最大限度地提高集群协同导航精度。但对于集群数量较多的协同网络,实际应用过程中中心节点很难实时处理整个集群海量的导航信息。针对集群数量较多的协同网络,集中式协同导航架构表现出一定的不适用性。

2）分层式协同导航架构

为了弥补集中式协同导航架构的不足,分层式协同导航架构应运而生。分层式协同导航架构与集中式协同导航架构相似,也存在中心无人机节点。协同导航信息处理时,为了减轻系统的通信和计算负担,无人机节点仅将自身部分导航信息和观测信息传输给中心无人机节点。中心无人机节点集中数据处理后将协同修正信息发送给无人机节点,无人机节点根据自身导航信息和协同修正信息进行融合估计得到最终的协同导航结果。相对于集中式协同导航架构,分层式协同导航架构可以有效减轻协同导航系统的通信和计算负担,但也存在一定的精度损失。考虑到分层式协同导航架构仍然需要中心无人机节点对海量导航信息进行集中处理,实际应用过程中一旦中心节点损毁,将会导致整个协同导航系统的崩溃。分层式协同导航架构如图 11.4 所示。

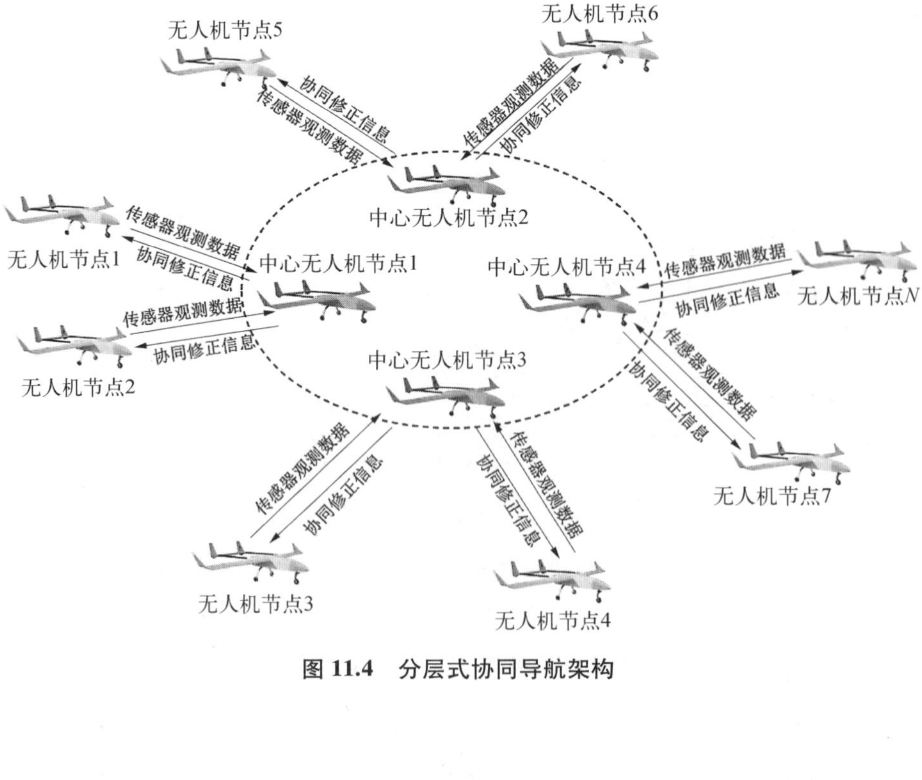

图 11.4　分层式协同导航架构

3）分布式协同导航架构

集中式和分层式的协同导航架构对中心无人机节点表现出极强的依赖性，协同导航系统的鲁棒性、可扩展性较弱。而分布式协同导航架构不存在中心无人机节点，无人机节点利用自身导航信息以及与邻居节点之间的相对观测信息构建分布式协同导航滤波器，通过融合估计得到导航状态估计值。由于分布式协同导航架构不需要中心无人机节点集中处理整个协同网络海量导航信息，协同导航系统具有最优的计算效率、鲁棒性和可扩展能力，能够更好地适用于集群无人机节点数量较多的协同导航系统。分布式协同导航架构如图 11.5 所示。

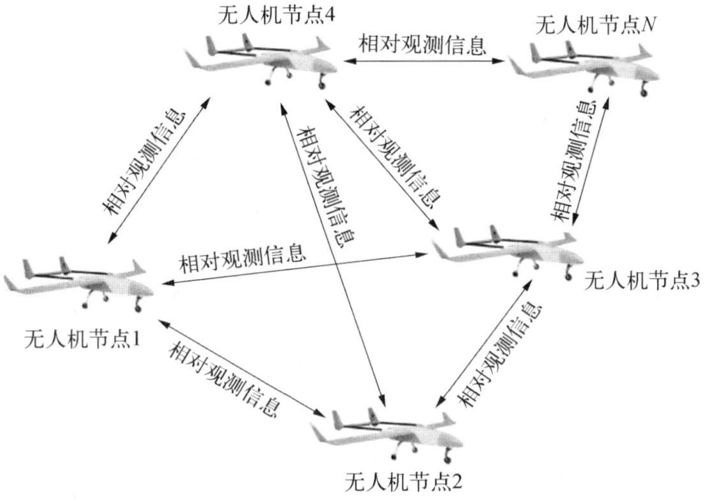

图 11.5　分布式协同导航架构

综上所述，针对集群数量较多的无人机协同网络，综合考虑系统的计算负担、导航精度、鲁棒性等因素，本节采用分布式的协同导航系统架构有效融合协同网络中异类异构多源导航传感器信息，并针对不同的协同定位场景研究对应的协同导航方法，保证系统定位精度的同时，提高系统的运算效率。

11.4　基于导航性能评估的权值因子图协同优化方法

在没有外界环境干扰的情况下，上述基于因子图优化的协同定位算法充分利用机载内源观测导航传感器信息和外源相对距离信息作为系统观测约束，能够获得相对于传统卡尔曼滤波更高的定位精度。然而实际环境下，包含协同节点位置和距离观测协同信息的导航性能易受到外界环境干扰。若将从机接收的所有协同信息都用于协同定位解算，一方面具有较差导航性能的协同信息将会影响从机状态估计精度；另一方面，系统计算复杂度也将呈指数形式显著增加。

为了降低系统的计算复杂度，提高系统的实时性，集群无人机在协同定位过程中，需要对从机所接收协同信息的导航性能进行在线评估。选择具有较高估计精度和贡献度的协同信息用于协同定位解算，充分利用高质量协同信息对从机状态进行优化估计。为了满足上述需求，本节研究一种基于导航性能评估的权值因子图协同优化方法，构建一种基于费雪信息/相对熵的协同信息导航性能综合评估模型，能够实现对从机所接收协同信息的导航性能进行在线评估。根据协同信息导航性能评估结果，选择具有较高估计精度和贡献度的协同信息用于协同定位解算。为了充分挖掘高质量协同信息对集群从机状态估计的贡献度，根据不同高质量协同信息对从机节点状态估计的差异性，通过计算协同信息的权值系数，建立基于导航性能评估的因子图全局优化图模型。利用集群协同网络有限数量的高质量协同观测信息，为了进一步提高从机状态的优化估计精度，本节将滑动窗口的概念引入协同导航算法中。通过将历史时刻从机所获得的高质量协同信息保存于滑动窗口中，利用滑动窗口内历史时刻到当前时刻的较高估计精度和贡献度的协同信息，构建从机状态全局优化代价函数。通过非线性迭代最小二乘法对滑动窗口内从机状态增量进行迭代优化估计，以获得从机节点全局最优导航解。为此，针对集群协同网络中一架需定位的从机节点，本节提出的基于导航性能评估的权值因子图协同定位方法流程如图 11.6 所示。

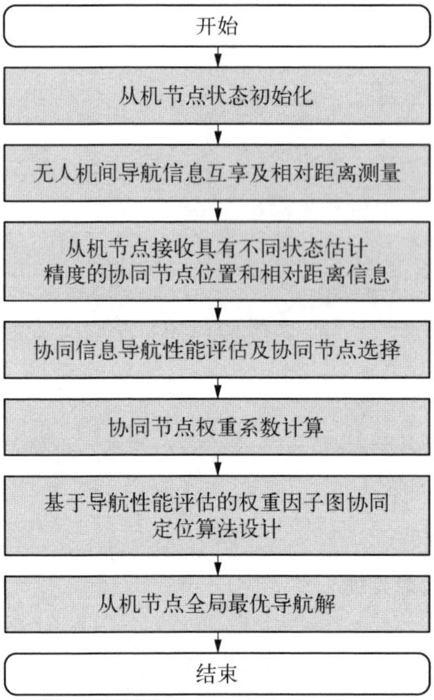

图 11.6　基于导航性能评估的权值因子图协同定位方法流程图

11.4.1　基于相对距离信息辅助的多无人机协同定位系统模型构建

假设集群无人机协同网络中从机节点 i 与协同节点 j ($j \in \boldsymbol{S}_{\to i}$) 之间的相对距离表示为

$$\boldsymbol{Z}_{ij} = \|\boldsymbol{p}_i - \boldsymbol{p}_j\|_2 + \lambda \boldsymbol{w}_{\text{noise}} \tag{11.1}$$

其中，$\boldsymbol{S}$ 为协同网络中无人机节点集合；$\boldsymbol{S}_{\to i}$ 为除从机节点 i 之外其他无人机节点的集合；$\boldsymbol{Z}_{ij}$ 为无人机节点之间的相对距离约束；$\boldsymbol{p}_i$、$\boldsymbol{p}_j$ 分别为从机节点 i 和协同节

点 j 的位置；$\|\cdot\|_2$ 为欧氏距离 L_2 范数；$\boldsymbol{w}_{\text{noise}}$ 为相对距离测量噪声，满足均值为 $\mathbf{0}$、方差为 $\boldsymbol{R}$ 的高斯白噪声；$\boldsymbol{\lambda}$ 为与距离长度相关的噪声系数。在集群协同网络无人机节点导航信息能够互相通信的前提下，多无人机协同定位的目的是利用协同节点的位置信息和相应的距离观测信息估计得到从机节点最优状态估计值。在协同导航领域人们通常通过克拉默-罗下界[216,217]（Cramer - Rao lower bound, CRLB）来描述从机节点的协同定位性能。假设从机节点状态量 $\boldsymbol{X}$ 的无偏估计值为 $\hat{\boldsymbol{X}}$，那么从机节点状态估计值 $\hat{\boldsymbol{X}}$ 的克拉默-罗下界函数可表示为

$$E_{\mathrm{Z},\,X}\{(\hat{\boldsymbol{X}}-\boldsymbol{X})(\hat{\boldsymbol{X}}-\boldsymbol{X})\} \geqslant [\boldsymbol{J}_X^{-1}]_{3N\times 3N} \tag{11.2}$$

其中，$E_{\mathrm{Z},\,X}$ 为状态估计值 $\hat{\boldsymbol{X}}$ 的期望；$\boldsymbol{J}_X$ 为费雪信息矩阵，可表示为

$$\boldsymbol{J}_X = E_{\mathrm{Z},\,X}\left\{-\frac{\partial^2}{\partial \boldsymbol{X}\partial \boldsymbol{X}^{\mathrm{T}}}\ln \boldsymbol{f}(\boldsymbol{X} \mid \boldsymbol{Z})\right\} \tag{11.3}$$

$\boldsymbol{f}(\boldsymbol{X} \mid \boldsymbol{Z})$ 为状态量 $\boldsymbol{X}$ 的后验概率密度函数。式(11.2)可进一步改写为

$$E_{\mathrm{Z},\,X}\{\|\hat{\boldsymbol{X}}-\boldsymbol{X}\|^2\} \geqslant \mathrm{tr}\{[\boldsymbol{J}_X^{-1}]_{3N\times 3N}\} \tag{11.4}$$

根据式(11.4)，利用协同节点位置和相应距离观测信息，从机节点协同定位误差下界（positioning error bound, PEB）可表示为

$$\mathrm{PEB} = \sqrt{\mathrm{tr}\{[\boldsymbol{J}_X^{-1}]_{3N\times 3N}\}} \tag{11.5}$$

其中，$\mathrm{tr}\{[\boldsymbol{J}_X^{-1}]_{3N\times 3N}\}$ 为费雪信息逆矩阵的迹。针对集群无人机协同网络从机节点 i，从机节点 i 定位误差下界可表示为

$$\mathrm{PEB}_i = \sqrt{\mathrm{tr}\{[\boldsymbol{J}_X^{-1}]_{3\times 3}\}} \tag{11.6}$$

利用从机节点自身惯性导航系统解算的导航信息，协同节点位置及距离观测信息，从机节点状态 $\boldsymbol{X}$ 的后验概率分布函数可表示为

$$\boldsymbol{f}(\boldsymbol{X}_i \mid \boldsymbol{Z}) \propto \boldsymbol{m}_{\boldsymbol{h}_i \to \boldsymbol{X}_i}(\boldsymbol{X}_i) \prod_{j\in \boldsymbol{S}_{\to i}} \boldsymbol{m}_{\boldsymbol{h}_{j\to i}\to \boldsymbol{X}_i}(\boldsymbol{X}_i) \tag{11.7}$$

其中，$\boldsymbol{m}_{\boldsymbol{h}_i \to \boldsymbol{X}_i}(\boldsymbol{X}_i)$ 为从机节点自身惯性导航系统状态估计信息；$\boldsymbol{X}_i$ 为从机节点 i 系统状态量；$\boldsymbol{h}_i$ 为从机节点惯性导航系统状态预测函数；$\boldsymbol{h}_i \to \boldsymbol{X}_i$ 为通过状态预测函数得到的从机节点的状态；$\boldsymbol{m}_{\boldsymbol{h}_{j\to i}\to \boldsymbol{X}_i}(\boldsymbol{X}_i)$ 为从机节点 i 所接收的协同信息；$\boldsymbol{h}_{j\to i}$ 为无人机节点之间的相对距离测量函数；$\boldsymbol{h}_{j\to i} \to \boldsymbol{X}_i$ 为通过协同信息估计得到的从机节点状态。由式(11.7)可知，费雪信息矩阵由以下两部分组成：

$$\boldsymbol{J}_x = \boldsymbol{J}_{\text{Self}} + \boldsymbol{J}_{\text{Cooperative}} \tag{11.8}$$

其中，$\boldsymbol{J}_{\text{Self}}$ 为通过惯性导航系统状态预测函数得到的从机节点状态估计信息；

$\boldsymbol{J}_{\text{Cooperative}}$ 为从机所接收的协同信息。在从机惯性导航系统精度一定的条件下，协同信息的贡献度越大，从机节点具有越高的定位精度。考虑到从机节点所接收的协同信息包含了不同估计精度协同节点的位置和对应的距离观测信息，若将所接收的所有协同信息都用于从机协同定位解算，具有较低估计精度和贡献度的协同信息将影响从机状态估计精度。同时，协同定位系统的计算量也将呈指数形式增加，一定程度上限制了协同定位算法的实际工程应用。为此，在协同信息数据预处理时需对协同信息的导航性能进行实时在线评估，选择高质量的协同信息用于从机协同定位解算。

11.4.2 基于费雪信息/相对熵的协同信息导航性能综合评估方法

在信息理论中，费雪信息[218,219]（Fisher information, FI）用于描述随机变量 $\boldsymbol{Y}$ 包含未知变量 $\boldsymbol{X}$ 的信息量。一个概率分布的费雪信息表示此概率分布中包含未知变量 $\boldsymbol{X}$ 的信息量。一个概率分布的估计精度越高，表示此概率分布中包含越多信息量的未知变量 $\boldsymbol{X}$。费雪信息值越大，对应的核函数协方差也就越大。在协同定位信息处理时，从机节点所接收协同信息的费雪信息值越大，意味着协同信息的估计精度也就越高。从机节点接收协同信息的费雪信息值可通过式(11.9)实时计算得到：

$$\boldsymbol{J}_{\text{Cooperative}}^{\boldsymbol{X}_i} = E\left[-\frac{\partial^2}{\partial \boldsymbol{X}_i^2}\ln \boldsymbol{m}_{\boldsymbol{h}_{j\to i}\to \boldsymbol{X}_i}(\boldsymbol{X}_i)\right] \tag{11.9}$$

考虑到从机节点接收的协同信息包含了协同节点的位置和相应的距离观测信息，若协同节点为位置已知的主机节点，则其位置通过 INS/GPS 松耦合导航系统得到；若协同节点为需定位的从机节点，则其位置通过自身惯性导航系统实时解算获得。假设协同节点的状态估计信息服从高斯分布，其均值为 u_{X_j}，标准差为 σ_{X_j}，下一时刻状态估计均值和标准差分别通过状态递推和协方差预测得到。那么，协同节点状态估计的高斯概率密度分布函数可表示为

$$\boldsymbol{p}(\boldsymbol{m}_{\boldsymbol{h}_j\to \boldsymbol{X}_j}(\boldsymbol{X}_j)) \propto \exp\left\{-\frac{\|\boldsymbol{X}_j - u_{X_j}\|^2}{2\,(\sigma_{X_j})^2}\right\} \tag{11.10}$$

从机节点 i 与协同节点 j 相对距离观测的高斯概率密度分布函数可表示为

$$\boldsymbol{p}(\boldsymbol{m}_{\boldsymbol{h}_{j\to i}}(\boldsymbol{X}_i)) \propto \exp\left\{\frac{\|\boldsymbol{Z}_{ij} - \boldsymbol{h}(\boldsymbol{X}_i,\ \boldsymbol{X}_j)\|^2}{2(\sigma_{ij})}\right\} \tag{11.11}$$

其中，$\boldsymbol{p}(\boldsymbol{m}_{\boldsymbol{h}_{j\to i}}(\boldsymbol{X}_i))$ 为无人机节点之间的相对距离观测高斯概率密度分布函数；$\boldsymbol{m}_{\boldsymbol{h}_{j\to i}}(\boldsymbol{X}_i)$ 为从机节点 i 和协同节点 j 与距离相关的协同信息；$\boldsymbol{h}(\boldsymbol{X}_i,\ \boldsymbol{X}_j)$ 为从机节

点 i 和协同节点 j 相对距离计算函数；$\boldsymbol{Z}_{ij}$ 为相对距离实际测量值；σ_{ij} 为相对距离估计协方差。联合式(11.10)和式(11.11)，可以得到

$$\boldsymbol{m}_{h_{j\to i}\to X_i}(\boldsymbol{X}_i) \propto \sum_{j\in \boldsymbol{S}_{\to i}} \exp\left\{\frac{\|\boldsymbol{Z}_{ij}-\boldsymbol{h}(\boldsymbol{X}_i,\ \boldsymbol{X}_j)\|^2}{2(\boldsymbol{\sigma}_{ij})}\right\} \times \exp\left\{-\frac{\|\boldsymbol{X}_j-u_{X_j}\|^2}{2(\boldsymbol{\sigma}_{X_j})^2}\right\} \tag{11.12}$$

根据式(11.12)，从机节点 i 所接收协同信息的费雪信息可以实时计算得到。

由式(11.8)可知，从机节点 i 的定位精度由自身状态估计信息 $\boldsymbol{J}_{\text{Self}}$ 和协同信息 $\boldsymbol{J}_{\text{Cooperative}}$ 两部分共同确定。费雪信息仅考虑了协同信息的估计精度，并没有将从机节点自身状态估计信息考虑在内。因此，需结合从机节点自身状态估计信息，综合评估协同信息对从机节点位置估计的贡献度。

相对熵又称 Kullback - Leibler 散度[220,221]（Kullback - Leibler divergence，KLD），用于描述两个概率分布的差异。两个概率分布的差异越大，相对熵的值也就越大。假设随机变量 $\boldsymbol{Y}$ 的两个概率分布分别为 $\boldsymbol{p}(\boldsymbol{Y})$ 和 $\boldsymbol{Q}(\boldsymbol{Y})$，那么 $\boldsymbol{p}(\boldsymbol{Y})$ 和 $\boldsymbol{Q}(\boldsymbol{Y})$ 的相对熵可定义为

$$\text{KLD}(\boldsymbol{p}(\boldsymbol{Y}) \| \boldsymbol{Q}(\boldsymbol{Y})) = \int \boldsymbol{p}(\boldsymbol{Y}) \ln \frac{\boldsymbol{p}(\boldsymbol{Y})}{\boldsymbol{Q}(\boldsymbol{Y})} \mathrm{d}\boldsymbol{Y} \tag{11.13}$$

根据相对熵的定义，将从机节点所接收的协同信息和从机节点惯性导航系统状态递推得到的状态估计信息代入式(11.13)，协同信息对从机节点状态估计的贡献度可进一步表示为

$$\text{KLD}(\boldsymbol{m}_{h_i\to X_i}(\boldsymbol{X}_i) \| \boldsymbol{m}_{h_{j\to i}\to X_i}(\boldsymbol{X}_i)) = \int \boldsymbol{m}_{h_i\to X_i}(\boldsymbol{X}_i) \ln \frac{\boldsymbol{m}_{h_i\to X_i}(\boldsymbol{X}_i)}{\boldsymbol{m}_{h_{j\to i}\to X_i}(\boldsymbol{X}_i)} \mathrm{d}\boldsymbol{X}_i \tag{11.14}$$

其中，$\text{KLD}(\boldsymbol{m}_{h_i\to X_i}(\boldsymbol{X}_i) \| \boldsymbol{m}_{h_{j\to i}\to X_i}(\boldsymbol{X}_i))$ 为始终大于零的正数。$\text{KLD}(\boldsymbol{m}_{h_i\to X_i}(\boldsymbol{X}_i) \| \boldsymbol{m}_{h_{j\to i}\to X_i}(\boldsymbol{X}_i)) = \boldsymbol{0}$ 意味着协同信息对从机状态估计具有最小的贡献度。协同信息对从机节点状态估计的贡献度越大，相对熵的值也就越大。结合协同信息的估计精度和协同信息对从机节点状态估计的贡献度，本节提出的导航性能评估策略综合评估协同信息性能如下：

$$Y(\boldsymbol{m}_{h_{j\to i}\to X_i}(\boldsymbol{X}_i)) = \boldsymbol{J}_{\text{Cooperative}}^{X_i} \times \text{KLD}(\boldsymbol{m}_{h_i\to X_i}(\boldsymbol{X}_i) \| \boldsymbol{m}_{h_{j\to i}\to X_i}(\boldsymbol{X}_i)) \tag{11.15}$$

其中，$Y(\boldsymbol{m}_{h_{j\to i}\to X_i}(\boldsymbol{X}_i))$ 为协同信息导航性能评估值。根据式(11.15)导航性能评估结果，选择具有较高估计精度和贡献度的协同节点位置和距离观测信息估计得到从机节点的位置。

11.4.3　基于相对距离信息约束的权值因子图协同优化方法

1. 基于综合导航性能的协同节点权值自适应计算方法

根据导航性能评估结果,本节选择 r 个具有较高估计精度和贡献度的协同节点位置和距离观测信息来估计从机节点的位置。考虑到所选择的协同信息具有不同的估计精度,为了充分挖掘较高估计精度的协同信息对从机节点状态估计的贡献度,本节采用了线性加权策略。从机节点估计得到的位置可表示为

$$\hat{\boldsymbol{p}}_i = \omega_1\boldsymbol{p}_1 + \omega_2\boldsymbol{p}_2 + \cdots + \omega_r\boldsymbol{p}_r \tag{11.16}$$

其中,$(\boldsymbol{p}_1,\ \boldsymbol{p}_2,\ \cdots,\ \boldsymbol{p}_r)$ 为选择的协同节点的位置;ω_i 为权重系数,满足 $\omega_1 + \omega_2 + \cdots + \omega_r = 1$;$\hat{\boldsymbol{p}}_i$ 为从机节点位置估计值。为了最小化从机节点的位置误差,本节采用加权最小二乘方法对从机状态进行全局优化估计。结合协同节点位置、距离观测和协同节点的权重系数,加权最小二乘目标函数构建为如下形式:

$$F_{\mathrm{WLS}} = \omega_1^2(\|\bar{\boldsymbol{p}}_i - \boldsymbol{p}_1\| - \tilde{d}_{i1})^2 + \cdots + \omega_r^2(\|\bar{\boldsymbol{p}}_i - \boldsymbol{p}_r\| - \tilde{d}_{ir})^2 \tag{11.17}$$

其中,$\boldsymbol{F}_{\mathrm{WLS}}$ 为加权最小二乘目标函数;$\|\bar{\boldsymbol{p}}_i - \boldsymbol{p}_1\| - \tilde{d}_{ij}(j \in 1,\ 2,\ \cdots,\ r)$ 为从机节点 i 和协同节点 j 相对距离误差;$\tilde{\boldsymbol{z}}_{ij} = [\tilde{d}_{i1},\ \tilde{d}_{i2},\ \cdots,\ \tilde{d}_{ir}]$ 为基于导航性能评估结果选择的距离观测信息。本节采用指数函数的形式来描述相对距离误差和相对距离测量值之间的关系:

$$\Delta d_{ij} = \mathrm{e}^{\tilde{d}_{ij}/(\sqrt{2}\sigma_{\tilde{d}_{ij}})} \tag{11.18}$$

其中,Δd_{ij} 为从机节点 i 和协同节点 j 相对距离误差;$\sigma_{\tilde{d}_{ij}}$ 为相关的相对距离协方差参数。将式(11.18)代入式(11.17),加权最小二乘目标函数可改写为如下形式:

$$F_{\mathrm{WLS}} = \sum_{j=1}^{r}\omega_j^2\Delta d_{ij}^2 = \sum_{j=1}^{r}\omega_j^2\mathrm{e}^{\tilde{d}_{ij}^2/(2\sigma_{d_{ij}}^2)} \tag{11.19}$$

通过构建拉格朗日函数,原始的加权最小二乘目标函数可进一步改写为如下形式的目标函数:

$$F_{\mathrm{new}}^{\mathrm{WLS}} = \sum_{j=1}^{r}\omega_j^2\mathrm{e}^{\tilde{d}_{ij}^2/(2\sigma_{d_{ij}}^2)} + 2\lambda_{\mathrm{WLS}}\left(\sum_{j=1}^{r}\omega_j - 1\right) \tag{11.20}$$

式(11.20)两边分别对 ω_j 和 λ_{WLS} 求偏导数,并令 $\dfrac{\partial F_{\mathrm{new}}^{\mathrm{WLS}}}{\partial\omega_j} = 0$、$\dfrac{\partial F_{\mathrm{new}}^{\mathrm{WLS}}}{\partial\lambda_{\mathrm{WLS}}} = 0$,可得

$$\frac{\partial F_{\mathrm{new}}^{\mathrm{WLS}}}{\partial\omega_j} = 2\omega_j\mathrm{e}^{\tilde{d}_{ij}^2/(2\sigma_{ij}^2)} + 2\lambda_{\mathrm{WLS}} = 0$$

$$\frac{\partial F_{\text{new}}^{\text{WLS}}}{\partial \lambda_{\text{WLS}}} = 2\left(\sum_{j=1}^{r} \omega_j - 1\right) = 0 \tag{11.21}$$

通过求解式(11.21),可以实时解算得到协同节点的权重系数 ω_j(其计算公式如下),为后续实现基于相对距离辅助的集群无人机状态全局优化估计奠定基础。

$$\omega_j = \frac{\dfrac{1}{e^{\tilde{d}_{ij}^2}}}{\dfrac{1}{e^{\tilde{d}_{i1}^2}} + \dfrac{1}{e^{\tilde{d}_{i2}^2}} + \cdots + \dfrac{1}{e^{\tilde{d}_{ir}^2}}}, \quad \lambda_{\text{WLS}} = \frac{\dfrac{1}{e^{2\sigma_{d_{ij}}^2}}}{\dfrac{1}{e^{\tilde{d}_{i1}^2}} + \dfrac{1}{e^{\tilde{d}_{i2}^2}} + \cdots + \dfrac{1}{e^{\tilde{d}_{ir}^2}}} \tag{11.22}$$

2. 基于相对距离信息辅助的全局优化图模型构建

利用上述导航性能评估结果选择得到的协同节点位置和计算得到的权值系数,实现状态高精度优化估计是提高从机卫星拒止环境下导航定位性能的关键。考虑到在无人机协同定位过程中,较低估计精度和贡献度的协同节点位置和距离观测信息并不参与协同定位解算。为了在有限数量高质量协同信息的条件下提高从机的定位精度,本小节设计一种基于导航性能评估的权值因子图协同定位算法。

因子图作为一种基于贝叶斯网络和马尔可夫随机场的概率图模型,通常由变量节点和因子节点两部分组成。定义基于导航性能评估的权值因子图协同定位方法系统状态量为

$$\boldsymbol{X} = \{\boldsymbol{p}_i, \boldsymbol{v}_i, \boldsymbol{\phi}_i, \boldsymbol{B}_i, i \in N - M\} \tag{11.23}$$

其中,$\boldsymbol{p}_i = [x_i \quad y_i \quad z_i]$、$\boldsymbol{v}_i = [v_i^x \quad v_i^y \quad v_i^z]$,$\boldsymbol{\phi}_i = [\theta_i \quad \varphi_i \quad \psi_i]$ 分别为从机节点 i 的位置、速度和姿态信息;$\boldsymbol{B}_i = (b_a^x \quad b_a^y \quad b_a^z \quad b_g^x \quad b_g^y \quad b_g^z)$ 分别为陀螺仪和加速度计常值零偏。利用协同节点的位置、从机节点 i 和协同节点 j 之间的相对距离观测,从机节点状态的后验概率分布函数可表示为

$$\boldsymbol{p}(\boldsymbol{X}/\boldsymbol{Z}_{\text{c}}) \tag{11.24}$$

其中,$\boldsymbol{Z}_{\text{c}}$ 为通过导航性能评估结果选择的具有较高估计精度和贡献度的协同信息。为此,从机节点状态的最大后验概率估计可表示为

$$\hat{\boldsymbol{X}}_{\text{MAP}} = \arg\max \boldsymbol{p}(\boldsymbol{X}/\boldsymbol{Z}_{\text{c}}) \tag{11.25}$$

图优化理论可将从机节点状态的后验概率分布函数进一步分解为一系列局部函数的乘积:

$$\boldsymbol{P}(\boldsymbol{X}/\boldsymbol{Z}_{\text{c}}) \propto \prod_{k_n} \boldsymbol{f}^{k_n}(\boldsymbol{X}_k) \tag{11.26}$$

其中，$\boldsymbol{X}_k \in \boldsymbol{X}$ 为与因子节点$\boldsymbol{f}^{k_n}$ 相关的部分系统状态量；k_n 为协同网络中因子节点数量。假设从机节点状态估计信息和相对距离测量噪声服从高斯分布，协同网络中 IMU 因子节点和相对距离因子节点可表示为如下形式：

$$
\begin{aligned}
f^{\text{distance}}(\boldsymbol{X}_i,\ \boldsymbol{X}_j) &= \exp\left\{-\frac{1}{2}\ \left\| \boldsymbol{h}_k(\boldsymbol{X}_i,\ \boldsymbol{X}_j) - \tilde{\boldsymbol{Z}}_k^{ij} \right\|_{\boldsymbol{R}_k}^2\right\} \\
f^{\text{imu}}(\boldsymbol{X}_i) &= \exp\left\{-\frac{1}{2}\ \left\| \boldsymbol{h}_k^{\text{imu}}(\boldsymbol{X}_{k-1}^i) - \tilde{\boldsymbol{X}}_k^i \right\|_{\boldsymbol{Q}_k}^2\right\}
\end{aligned}
\tag{11.27}
$$

其中，$\tilde{\boldsymbol{Z}}_k^{ij}$ 为相对距离实际测量值；$\boldsymbol{R}_k$ 为和相对距离测量噪声相关的协方差矩阵；$\boldsymbol{h}_k^{\text{imu}}(\boldsymbol{X}_{k-1}^i)$ 为从机节点惯性导航系统状态预测函数；$\tilde{\boldsymbol{X}}_k^i$ 为从机节点惯性导航系统实际测量值；$\boldsymbol{Q}_k$ 为和无人机运动特性相关的系统噪声矩阵。对式(11.27)左右两边同时取对数，则从机节点状态的最大后验概率估计问题可以转换为求解下列非线性最小二乘问题：

$$
\hat{\boldsymbol{X}}_{\text{MAP}} = \arg\min \sum_{i=1,\ j=1}^{r} \left\| \boldsymbol{h}_k(\boldsymbol{X}_i,\ \boldsymbol{X}_j) - \tilde{\boldsymbol{Z}}_k^{ij} \right\|_{\boldsymbol{R}_k}^2 + \sum_{i=1}^{r} \left\| \boldsymbol{h}_k^{\text{imu}}(\boldsymbol{X}_{k-1}^i) - \tilde{\boldsymbol{X}}_k^i \right\|_{\boldsymbol{Q}_k}^2
\tag{11.28}
$$

利用所选择的协同节点位置和计算得到的协同节点权值系数，本节提出的基于导航性能评估的权值因子图协同定位算法图优化模型可构建成如图 11.7 所示的形式。

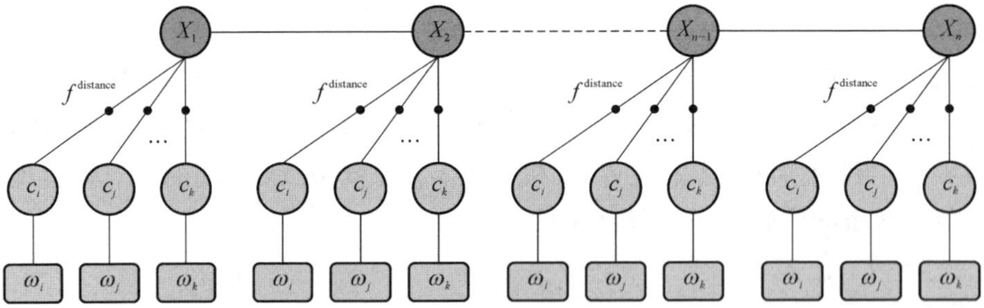

图 11.7　基于导航性能评估的权值因子图协同定位算法图优化模型

图 11.7 中，深蓝色圆圈表示从机状态变量节点，橙色圆圈表示通过上述导航性能评估结果选择的具有较高估计精度和贡献度的协同节点，黑色圆点表示从机节点与协同节点之间的相对距离因子，浅绿色方框表示协同节点权重。

3. 因子节点建立及全局优化代价函数构建

为了最小化从机节点协同定位误差，利用协同网络中导航信息实际测量值和状态预测值构建与从机节点状态相关的误差项，实现对从机状态的全局优化估计。为此，根据从机节点自身惯性导航信息和所选择的较高估计精度及贡献度的协同信息，构建从机状态全局优化 IMU 因子节点和相对距离因子节点。在此基础上通过建立基于加权最小二乘迭代的从机状态全局优化代价函数，利用最小二乘方法对从机状态增量进行迭代优化估计以获得从机状态全局最优导航解。

1）IMU 预积分因子节点

在初始状态精确已知的条件下，从机惯性导航系统根据相关公式预测下一时刻的状态。利用从机惯性导航系统导航信息实际测量值与状态预测值，构建如下形式的因子图全局优化 IMU 因子节点：

$$\boldsymbol{f}^{\mathrm{IMU}}(\tilde{\boldsymbol{X}}_k, \boldsymbol{X}_{k-1}) = \exp\left\{-\frac{1}{2}\left\| \tilde{\boldsymbol{X}}_k - \boldsymbol{h}^{\mathrm{imu}}(\boldsymbol{X}_{k-1}) \right\|_{Q_k}^2\right\} \tag{11.29}$$

考虑到实际应用中机载低精度 MEMS - IMU 的采样频率一般高于数据链相对距离观测的采样频率，一般低精度 MEMS - IMU 的采样频率为 200 Hz，而数据链相对距离观测的采样频率为 10 Hz。MEMS - IMU 和数据链相对距离观测的时间序列如图 11.8 所示，由图可以看出在数据链相对距离观测相邻关键帧，从机节点惯性导航系统需要进行多次惯性积分运算。更多的 IMU 因子节点被加入因子图优化模型中，影响协同定位系统计算复杂度的同时，降低了系统的计算实时性。假设从机惯性导航系统每次惯性积分运算时间相同，在数据链相对距离观测相邻关键帧，从机惯性导航系统多次积分运算的时间复杂度为 $O(n_{\mathrm{times}})$，n_{times} 表示惯性积分运算次数。

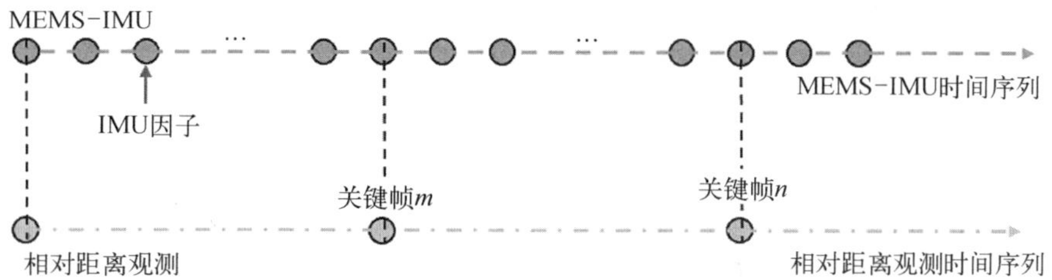

图 11.8　MEMS - IMU 和相对距离观测时间序列图

为了解决这个问题，本节采用 IMU 预积分技术。IMU 预积分表示在数据链相对距离观测相邻关键帧，从机节点状态相对测量约束。采用本节提出的 IMU 预积分技术，在数据链相对距离观测相邻关键帧，从机节点仅需要进行一次惯性积分解算。采用了 IMU 预积分技术，系统计算的时间复杂度为 $O(1)$，有效降低了系统的计算量。在图 11.8 中，从数据链相对距离观测关键帧 m 到关键帧 n，从机节点状态 IMU 预积分过程如下所示：

$$
\begin{aligned}
\boldsymbol{R}_n &= \boldsymbol{R}_m \prod_{k=m}^{n-1} \exp\{\tilde{\boldsymbol{\omega}}_{\mathrm{ib}k}^{\mathrm{b}} - \boldsymbol{b}_{\mathrm{g}}^{k} - \boldsymbol{\eta}_{\mathrm{g}}^{k}\} T \\
\boldsymbol{v}_n &= \boldsymbol{v}_m + \boldsymbol{g}\Delta t_{mn} + \sum_{k=m}^{n-1} \boldsymbol{R}_k(\tilde{\boldsymbol{a}}_{\mathrm{ib}k}^{\mathrm{b}} - \boldsymbol{b}_{\mathrm{a}}^{k} - \boldsymbol{\eta}_{\mathrm{a}}^{k}) T \\
\boldsymbol{p}_n &= \boldsymbol{p}_m + \sum_{k=m}^{n-1} \left[\boldsymbol{v}_k T + \frac{1}{2}\boldsymbol{g}T^2 + \frac{1}{2}\boldsymbol{R}_k(\tilde{\boldsymbol{a}}_{\mathrm{ib}k}^{\mathrm{b}} - \boldsymbol{b}_{\mathrm{a}}^{k} - \boldsymbol{\eta}_{\mathrm{a}}^{k}) T^2\right]
\end{aligned}
\tag{11.30}
$$

其中，$\boldsymbol{R}_m$、$\boldsymbol{R}_n$、$\boldsymbol{v}_m$、$\boldsymbol{v}_n$、$\boldsymbol{p}_m$、$\boldsymbol{p}_n$ 分别为从机节点在关键帧 m 和关键帧 n 的姿态、速度、位置信息；T 为从机惯性导航系统相邻采样周期时间间隔；Δt_{mn} 为数据链相对距离观测相邻关键帧时间间隔。为此在相对距离观测相邻关键帧内，IMU 预积分相对姿态、速度、位置测量约束可表示为

$$
\begin{aligned}
\Delta\tilde{\boldsymbol{R}}_{mn} &= \prod_{k=m}^{n-1} \exp\{(\tilde{\boldsymbol{\omega}}_{\mathrm{ib}k}^{\mathrm{b}} - \boldsymbol{b}_{\mathrm{g}}^{k} - \boldsymbol{\eta}_{\mathrm{g}}^{k}) T\} \\
\Delta\tilde{\boldsymbol{v}}_{mn} &= \sum_{k=m}^{n-1} \boldsymbol{R}_m^{\mathrm{T}}\boldsymbol{R}_k(\tilde{\boldsymbol{a}}_{\mathrm{ib}k}^{\mathrm{b}} - \boldsymbol{b}_{\mathrm{a}}^{k} - \boldsymbol{\eta}_{\mathrm{a}}^{k}) T \\
\Delta\tilde{\boldsymbol{p}}_{mn} &= \sum_{k=m}^{n-1} \left[\boldsymbol{R}_m^{\mathrm{T}}(\boldsymbol{v}_k - \boldsymbol{v}_m - \boldsymbol{g}T) T + \frac{1}{2}\boldsymbol{R}_m^{\mathrm{T}}\boldsymbol{R}_k(\tilde{\boldsymbol{a}}_{\mathrm{ib}k}^{\mathrm{b}} - \boldsymbol{b}_{\mathrm{a}}^{k} - \boldsymbol{\eta}_{\mathrm{a}}^{k}) T^2\right]
\end{aligned}
\tag{11.31}
$$

其中，$\Delta\tilde{\boldsymbol{R}}_{mn}$、$\Delta\tilde{\boldsymbol{v}}_{mn}$、$\Delta\tilde{\boldsymbol{p}}_{mn}$ 分别为从机相对姿态、速度、位置测量约束。在数据链相对距离观测相邻关键帧，根据从机惯性导航系统状态预测值和 IMU 预积分相对测量约束计算 IMU 预积分因子残差项，构建图优化模型中 IMU 预积分因子节点。图优化模型中 IMU 预积分因子残差项如式(11.32)所示，式中 $\boldsymbol{r}_{\Delta\tilde{\boldsymbol{R}}_{mn}}$、$\boldsymbol{r}_{\Delta\tilde{\boldsymbol{v}}_{mn}}$、$\boldsymbol{r}_{\Delta\tilde{\boldsymbol{p}}_{mn}}$、$\boldsymbol{r}_{\mathrm{ba}}$、$\boldsymbol{r}_{\mathrm{bg}}$ 分别表示从机节点姿态、速度、位置、陀螺仪和加速度计零偏残差约束项。

$$
\begin{aligned}
\boldsymbol{r}_{\Delta\tilde{\boldsymbol{R}}_{mn}} &\doteq \log\left(\left(\Delta\tilde{\boldsymbol{R}}_{mn}(\boldsymbol{b}_{\mathrm{g}}^{m}) \exp\left\{\frac{\partial(\Delta\tilde{\boldsymbol{R}}_{mn}(\boldsymbol{b}_{\mathrm{g}}^{m}))}{\partial\boldsymbol{b}_{\mathrm{g}}}\delta\boldsymbol{b}_{\mathrm{g}}^{m}\right\}\right)^{\mathrm{T}} \boldsymbol{R}_m^{\mathrm{T}}\boldsymbol{R}_n\right) \\
\boldsymbol{r}_{\Delta\tilde{\boldsymbol{v}}_{mn}} &\doteq \boldsymbol{R}_m^{n}(\boldsymbol{v}_n - \boldsymbol{v}_m + \boldsymbol{g}\Delta t_{mn}) \\
&\quad - \left[\Delta\tilde{\boldsymbol{v}}_{mn}(\boldsymbol{b}_{\mathrm{g}}^{m}, \boldsymbol{b}_{\mathrm{a}}^{m}) + \frac{\partial\Delta\tilde{\boldsymbol{v}}_{mn}(\boldsymbol{b}_{\mathrm{g}}^{m}, \boldsymbol{b}_{\mathrm{a}}^{m})}{\partial\boldsymbol{b}_{\mathrm{g}}}\delta\boldsymbol{b}_{\mathrm{g}}^{m} + \frac{\partial\Delta\tilde{\boldsymbol{v}}_{mn}(\boldsymbol{b}_{\mathrm{g}}^{m}, \boldsymbol{b}_{\mathrm{a}}^{m})}{\partial\boldsymbol{b}_{\mathrm{a}}}\delta\boldsymbol{b}_{\mathrm{a}}^{m}\right] \\
\boldsymbol{r}_{\Delta\tilde{\boldsymbol{p}}_{mn}} &\doteq \boldsymbol{R}_m^{n}\left(\boldsymbol{p}_n - \boldsymbol{p}_m - \boldsymbol{v}_m\Delta t_{mn} + \frac{1}{2}\boldsymbol{g}\Delta t_{mn}^2\right) \\
&\quad - \left[\Delta\tilde{\boldsymbol{p}}_{mn}(\boldsymbol{b}_{\mathrm{g}}^{m}, \boldsymbol{b}_{\mathrm{a}}^{m}) + \frac{\partial\Delta\tilde{\boldsymbol{p}}_{mn}(\boldsymbol{b}_{\mathrm{g}}^{m}, \boldsymbol{b}_{\mathrm{a}}^{m})}{\partial\boldsymbol{b}_{\mathrm{g}}}\delta\boldsymbol{b}_{\mathrm{g}}^{m} + \frac{\partial\Delta\tilde{\boldsymbol{p}}_{mn}(\boldsymbol{b}_{\mathrm{g}}^{m}, \boldsymbol{b}_{\mathrm{a}}^{m})}{\partial\boldsymbol{b}_{\mathrm{a}}}\delta\boldsymbol{b}_{\mathrm{a}}^{m}\right] \\
\boldsymbol{r}_{\mathrm{ba}} &= \boldsymbol{b}_{n}^{\mathrm{a}} - \boldsymbol{b}_{m}^{\mathrm{a}} \\
\boldsymbol{r}_{\mathrm{bg}} &= \boldsymbol{b}_{n}^{\mathrm{g}} - \boldsymbol{b}_{m}^{\mathrm{g}}
\end{aligned}
\tag{11.32}
$$

2）相对距离因子节点

在集群无人机协同网络中从机节点和主机节点能够相对测距的同时，与其他从机节点也能够相对测距。基于导航性能评估的协同定位图优化模型中主要有两种类型的相对距离因子节点，即从机节点与主机节点之间的相对距离因子节点以及从机节点之间的相对距离因子节点。采用本节提出的导航性能评估策略和权值计算方法，从机节点 i 和协同节点 j 之间的相对距离计算函数可表示为

$$h(\boldsymbol{X}_i,\ \omega_j\boldsymbol{X}_j) = \sqrt{\omega_j\boldsymbol{X}_i\boldsymbol{X}_j^{\mathrm{T}}} = \sqrt{(x_i - \omega_j x_j) + (y_i - \omega_j y_j) + (z_i - \omega_j z_j)} \tag{11.33}$$

其中，ω_j 为协同节点的权值系数。当协同节点为位置已知的主机节点时，协同节点的位置通过 INS/GPS 松耦合导航系统得到；否则，协同节点为需定位的从机节点，其位置信息通过自身惯性积分解算得到。结合从机节点 i 和协同节点 j 之间的相对距离测量值，图优化模型中相对距离因子节点可表示为

$$\begin{aligned}\boldsymbol{f}_k^{\text{distance}}(\boldsymbol{X}_i,\ \boldsymbol{X}_j) &= \exp\left\{-\frac{1}{2}\left\| \boldsymbol{h}_k(\boldsymbol{X}_i,\ \boldsymbol{X}_j) - \tilde{\boldsymbol{Z}}_k^{ij} \right\|_{\boldsymbol{R}_k}^2\right\} \\ &= \exp\left\{-\frac{1}{2}\left\| \sqrt{\omega_j\boldsymbol{X}_i\boldsymbol{X}_j^{\mathrm{T}}} - \tilde{\boldsymbol{Z}}_k^{ij} \right\|_{\boldsymbol{R}_k}^2\right\}\end{aligned} \tag{11.34}$$

3）基于迭代最小二乘的协同优化方法

在上述构建图优化模型因子节点的基础上，本小节采用基于迭代最小二乘的协同优化方法对从机节点状态进行全局优化估计。在传统的协同定位算法中，从机节点一般采用当前时刻所接收的协同节点的位置和对应的距离观测信息对从机状态进行优化估计。为了提高从机状态优化估计精度，本小节采用滑动窗口的概念。从机节点历史时刻选择的具有较高估计精度和贡献度的协同信息被实时保存于滑动窗口中。利用滑动窗口中历史时刻协同信息以及当前时刻通过导航性能评估结果选择的协同信息，构建从机全局优化代价函数。利用迭代最小二乘法对滑动窗口内从机状态进行全局优化估计。通过采用滑动窗口有效利用了历史时刻选择的高质量协同信息对从机状态进行优化估计，有效提高了从机的协同定位性能。滑动窗口内全局优化代价函数构建如式(11.35)所示：

$$\hat{\boldsymbol{X}}_{\text{MAP}} = \arg\min \sum_{i=1}^{L}\sum_{j=1}^{N}\left\| \sqrt{\omega_j\boldsymbol{X}_i\boldsymbol{X}_j^{\mathrm{T}}} - \tilde{\boldsymbol{Z}}_k^{ij} \right\|_{\boldsymbol{R}_k}^2 + \sum_{i=1}^{L}\sum_{j=1}^{N-M}\left\| \boldsymbol{r}_{\Delta\xi_{mn}}^{i} \right\|_{\boldsymbol{\Sigma}\Delta\xi_{mn}}^2 \tag{11.35}$$

其中，L 为滑动窗口长度；$\boldsymbol{\Sigma}\Delta\xi_{mn}$ 为从机节点 IMU 预积分协方差矩阵。利用迭代最小二乘法对式(11.36)从机状态增量进行迭代优化估计获得从机状态全局最优导航解。

$$\Delta \boldsymbol{X} = (\boldsymbol{A}_k^{\mathrm{T}} \boldsymbol{W}_k \boldsymbol{A}_k)^{-1} \boldsymbol{A}_k^{\mathrm{T}} \boldsymbol{W}_k \boldsymbol{b}_k \tag{11.36}$$

其中，$\Delta \boldsymbol{X}$ 为从机节点状态增量；$\boldsymbol{A}_k$ 为观测雅可比矩阵；$\boldsymbol{b}_k$ 为观测残差矩阵；$\boldsymbol{W}_k$ 为权值系数矩阵。

11.5 验证与分析

11.5.1 仿真验证分析

为了验证本节提出的算法对协同网络中从机节点的协同定位性能，接下来以7架无人机为例通过仿真分析对算法的可行性进行验证。仿真中三架无人机作为协同主机节点，飞行在卫星信号可用区域。其他均为需要定位的从机节点，飞行在卫星信号拒止区域。主机节点搭载低精度 MEMS - IMU 导航传感器、单点模式卫星接收机及数据链通信装置。从机节点仅搭载低精度 MEMS - IMU 导航传感器和数据链通信装置。假设在无人机编队起飞前，无人机节点通过卫星系统时间完成协同网络时间同步。为了使算法仿真模拟更加贴合多无人机协同飞行实际工程应用，仿真中设置主机节点 MEMS - IMU 精度和从机节点 MEMS - IMU 精度相同。仿真中集群协同网络异类异构导航传感器性能参数和相对距离噪声系数设置分别如表 11.1 和表 11.2 所示。

表 11.1 导航传感器性能参数仿真设置

传感器误差参数类型	参数设置
陀螺仪随机游走误差/((°)/$\sqrt{\mathrm{h}}$)	[0.2, 0.2, 0.2]
陀螺仪常值零偏/((°)/h)	[10, 10, 10]
加速度计常值零偏/g	[0.0045, 0.0045, 0.0045]
加速度计随机游走误差/(g/ $\sqrt{\mathrm{Hz}}$)	[0.001, 0.001, 0.001]
单点模式 GPS 定位误差/(m, m, m)	[2, 2, 5]
相对距离误差/m	0.5

表 11.2 相对距离噪声系数仿真设置

相对距离/m	噪声系数
$d \leqslant 10$	$\lambda = 1$
$10 < d \leqslant 50$	$\lambda = 5$
$d > 50$	$\lambda = 10$

注：d 为从机节点 i 与协同节点 j 之间的相对距离。

在协同定位过程中主机节点通过 INS/GPS 松耦合导航系统得到高精度的位置信息，并实时将自身位置和方差估计信息传输给从机节点。从机节点通过惯性积分运算得到自身位置和方差信息，并通过机载数据链通信装置将导航信息传输给其他从机节点。从机节点接收协同节点位置和方差信息的同时，基于 TOA 方式实时测量与协同节点之间的距离信息。针对集群无人机协同网络中一架从机节点，从机节点接收到具有不同估计精度的协同节点位置和距离观测信息。因此，需要对协同信息的导航性能进行实时在线评估，选择出具有较高估计精度和贡献度的高质量协同信息用于协同定位解算。

结合集群无人机实际环境下加速、减速、转弯等不同运动特性，通过设计航迹发生器模拟无人机不同运动轨迹。利用无人机航迹发生器数据，分别模拟三轴陀螺仪、三轴加速度计、单点模式 GPS 数据以及相对距离观测信息。仿真设计时从机机载三轴陀螺仪和加速度计的采样频率为 100 Hz，GPS 数据和相对距离信息的采样频率均设置为 1 Hz。整个仿真时间为 600 s，滑动窗口长度设置为 10。仿真中 7 架无人机协同飞行三维运动轨迹如图 11.9 所示。

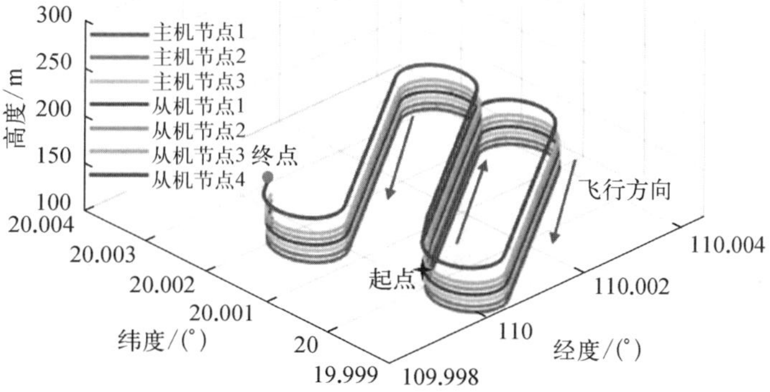

图 11.9　7 架无人机协同飞行三维运动轨迹

为了评估本节提出的导航性能评估方法的可行性及有效性，在相同传感器测量精度的条件下进行了 50 次蒙特卡罗仿真试验。以协同网络中协同节点和对应的距离观测参与协同定位解算的次数作为导航性能评估的基准。图 11.10 给出了协同定位解算时不同协同节点参与协同定位解算的次数。

图 11.10 中，$m_i(i \in 1 \rightarrow 3)$ 为协同网络中位置已知的主机节点，$s_j(j \in 1 \rightarrow 4)$ 为需定位的从机节点。由图 11.10 可知，采用本节提出的导航性能评估方法可以有效选择出具有较高估计精度和贡献度的协同信息用于协同定位解算。根据导航性能评估结果选择出的高质量协同信息，利用本节提出的权值解算方法计算得到协同节点的权值系数。为了对比分析本节提出的协同定位算法的性能，以协同网络中从机节点 1 为例，图 11.11 给出了采用不同协同定位算法，从机节点 1 位置轨迹对比图。

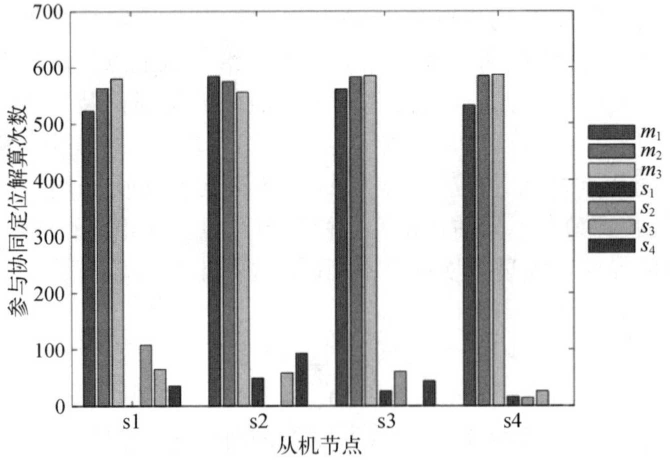

图 11.10　协同定位解算时不同协同节点参与协同定位解算次数

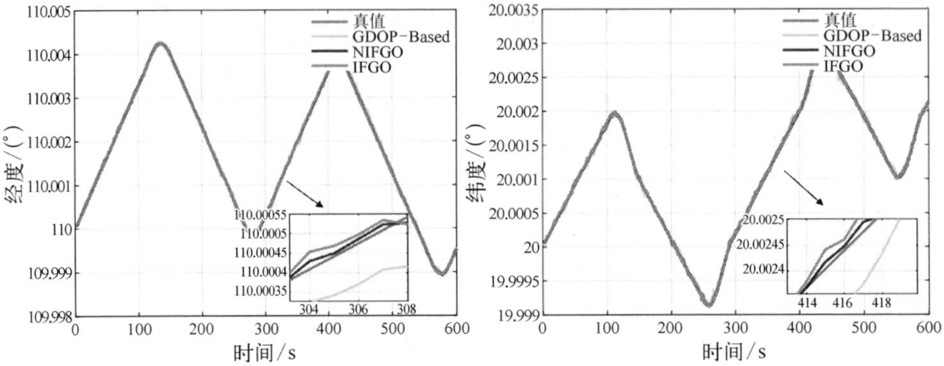

(a) 采用不同协同定位算法从机节点1位置经度对比 (b) 采用不同协同定位算法从机节点1位置纬度对比

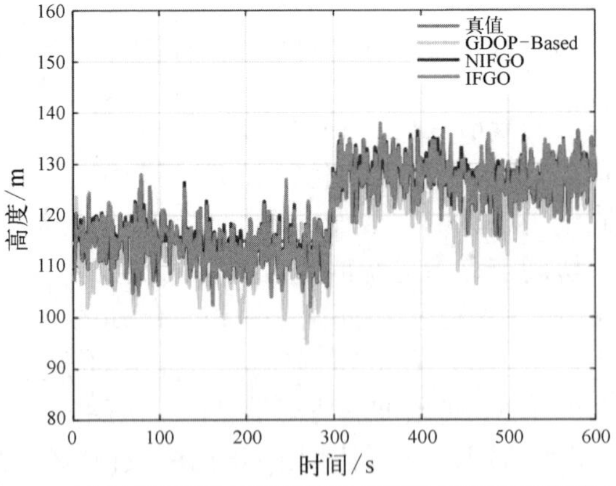

(c) 采用不同协同定位算法从机节点1位置高度对比

图 11.11　采用不同协同定位算法从机节点 1 位置轨迹对比

图 11.11 中 GDOP - Based 表示传统的基于空间构型优选的协同定位算法。基于空间构型最优准则，利用最优空间构型中协同节点的位置和距离观测信息作为系统观测量，实现从机节点 1 高精度协同定位。采用的滤波估计架构为传统的卡尔曼滤波架构。NIFGO 表示在没有考虑协同信息导航性能的条件下，从机节点 1 利用所接收的所有协同信息，通过因子图优化方法实现状态全局优化估计。IFGO 表示本节提出的基于导航性能评估的权值因子图协同定位方法。由从机节点采用不同协同定位方法位置轨迹对比图可知，相对于传统的基于空间构型优选的协同定位方法，本节提出的方法从机节点 1 位置估计值更接近于位置真值，从机节点具有更高的定位精度。

为了更加直观地对比本节提出的算法对从机节点 1 的协同定位性能，图 11.12 给出了采用不同协同定位算法从机节点 1 位置和速度误差曲线。采用不同协同定位算法，从机节点 1 位置误差的均值和方差对比如图 11.13 所示。

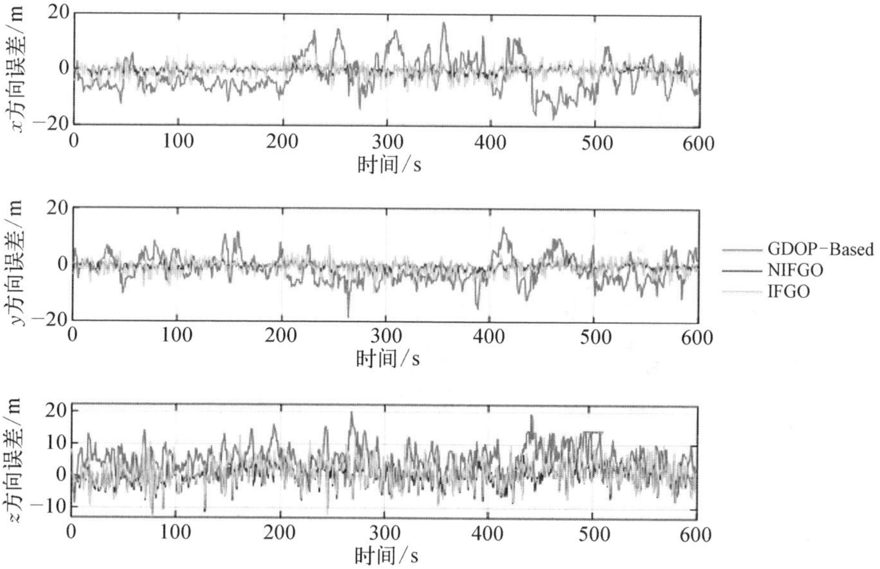

(a) 采用不同协同定位算法从机节点1位置误差曲线

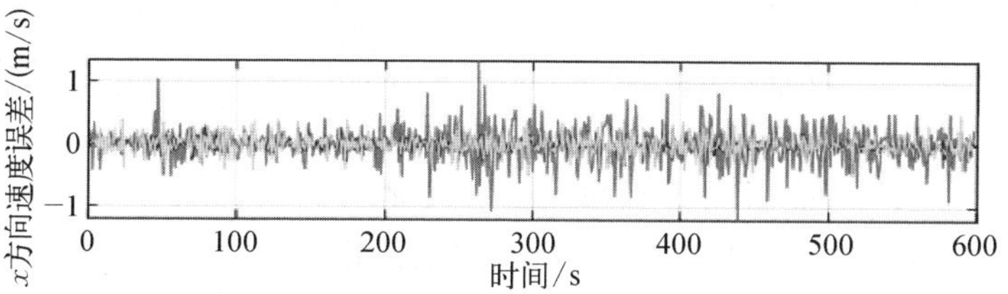

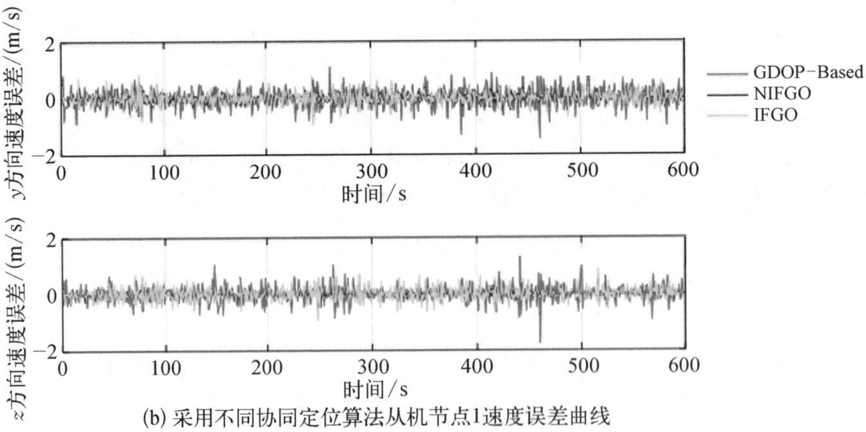

(b) 采用不同协同定位算法从机节点1速度误差曲线

图 11.12 采用不同协同定位算法从机节点 1 位置和速度误差曲线对比

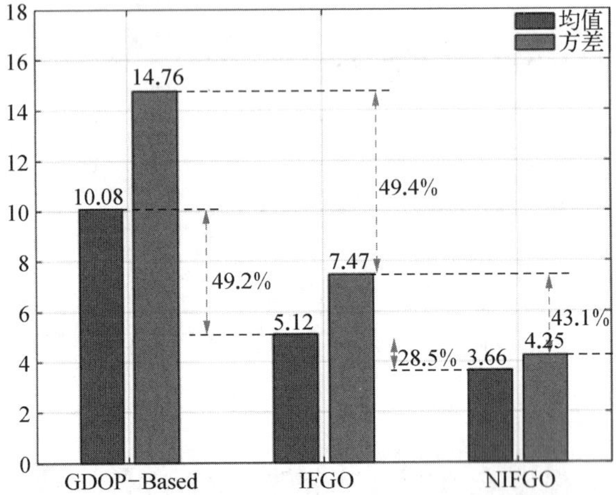

图 11.13 采用不同协同定位方法从机节点 1 位置误差的均值和方差对比

由从机节点 1 位置和速度误差曲线可知，采用最优构型下协同节点的位置和距离观测信息，传统基于空间构型优选的协同定位算法可以一定程度上抑制从机定位误差累积发散。然而，传统的基于空间构型优选的协同定位方法，没有充分考虑最优空间构型中协同节点位置性能和距离观测的估计精度。从最优空间构型中选择的具有较差位置性能和距离观测估计精度的协同信息用于协同定位解算，将影响从机状态的估计精度，从而影响从机的导航定位性能。

采用本节提出的导航性能评估策略，具有较高估计精度和贡献度的协同节点及对应的距离观测信息可以有效选择出来用于协同定位解算。考虑到所选择的协同信息对从机状态估计具有不同的贡献度，本节通过权值计算策略实现了从机状态估计的线性加权。为了进一步提高从机状态估计精度，本节采用了滑动窗口的概念。通过实时保存历史时刻从机选择的高质量协同信息，利用滑动窗口中历史时刻到当前时刻协同节点位置和距离观测信息，构建从机状态全局优化代价函数。采用非线性最小二乘迭代对从机状态进行全局优化估计。本节提出的方法充分利用了历史观测信息对从机状态进行迭代优化，可有效提高集群协同网络中从机节点的定位精度。由图 11.13 可知，相对于传统的基于构型优选的协同定位方法，采用本节提出的方法从机节点 1 定位精度提高约 49%。考虑到在协同定位解算时，由于较低估计精度和贡献度的协同节点位置和距离观测信息并没有参与协同定位解算，由图 11.12 可知，相对于不进行导航性能评估，从机节点 1 接收的所有协同信息都用于协同定位解算，采用本节提出的方法从机节点 1 具有一定程度的定位精度损失。从误差均值方面上对比分析，精度损失小于 2 m。本节提出的方法充分利用了高估计精度和贡献度的协同信息参与协同定位解算，在不显著影响从机定位性能的条件下，可以有效降低系统的计算复杂度，提高系统的实时性。

为了从不同角度对比分析本节提出方法的协同定位性能，表 11.3 给出了采用不同协同定位算法从机节点定位误差均方根。

表 11.3　采用不同协同定位方法从机节点定位误差均方根　（单位：m）

无人机	从机节点 1	从机节点 2	从机节点 3	从机节点 4
GDOP - Based	10.79	15.54	20.74	39.94
NIFGO	4.30	4.07	3.96	4.73
IFGO	5.80	5.74	5.61	6.03

为了验证本节提出方法的实时性和计算复杂度，在相同导航计算机硬件条件下，以不同协同定位算法系统运行时间作为性能评价基准对算法的实时性进行分析。表 11.4 给出了在 600 s 的仿真时间内，采用不同协同定位算法系统运行时间。

表 11.4　600 s 仿真时间，采用不同协同定位算法系统运行时间　（单位：s）

项　目	GDOP - Based	NIFGO	IFGO
系统运行时间	23.52	95.51	31.31

由表 11.4 可以看出，由于仅采用当前时刻接收的协同节点位置和距离观测信息对从机状态进行估计，传统基于空间构型优选的协同定位方法具有最好的系统

实时性。相对于不进行导航性能评估,所有协同信息都用于从机协同定位解算,本节提出的算法具有较好的系统实时性。

11.5.2　试验验证分析

本节以 7 架无人机为例对基于导航性能评估的权值因子图协同优化方法进行试验验证。试验中 3 架无人机作为协同主机节点,其他均为需定位的从机节点。协同定位试验前,通过卫星接收机系统时间实现协同网络时间同步。考虑到上述构建的从机节点试验平台搭载了气压高度计、磁传感器等内源观测导航传感器,为了验证本节提出的基于导航性能评估的权值因子图协同优化方法的有效性,从机节点仅采用低精度 MEMS－IMU 导航传感器。为此,基于导航性能评估的 7 架无人机自主飞行协同定位试验如图 11.14 所示。

图 11.14　基于导航性能评估的 7 架无人机自主飞行协同定位试验

协同定位过程中主机节点通过 INS/GPS 松耦合导航系统实时得到高精度的位置信息,并实时将自身位置和方差信息传输给从机节点。从机节点接收协同节点位置和方差信息的同时,基于 TOA 方式实时测量与协同节点之间的相对距离信息。从机节点通过惯性积分运算得到自身位置和方差导航信息,并通过数据交互方式实时将自身位置和方差导航信息传输给集群协同网络中的其他从机节点。从机节点差分模式卫星接收机输出的位置信息并不参与协同定位解算,用于无人机之间相对距离观测信息模拟的同时,作为从机导航性能位置参考基准。

为了进一步验证本节提出方法在实际复杂环境下对无人机不同运动轨迹的鲁棒适用性,试验中无人机节点在不同高度以不同的运动轨迹自主协同飞行。多无人机自主飞行协同定位试验时间为 260 s。协同定位试验过程中,集群无人机异类异构导航传感器数据实时保存于机载导航计算机中,通过事后处理的方式对提出方法的协同定位性能进行验证分析。事后协同定位导航传感器数据处理时,全局优化滑动窗口长度设置为 10。7 架无人机自主飞行三维运动轨迹如图 11.15 所示。

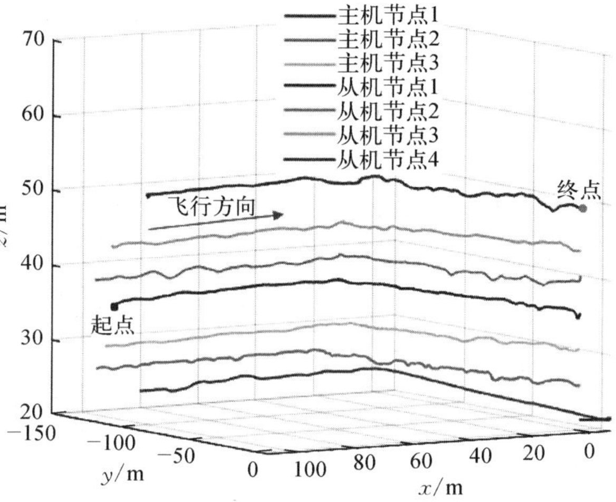

图 11.15　7 架无人机自主飞行三维运动轨迹

根据协同定位试验时 7 架无人机飞行间距，相对距离噪声系数设置如表 11.5 所示。

表 11.5　无人机节点之间相对距离噪声系数设置

距离长度 d/m	噪声系数
$d \leqslant 5$	$\lambda = 1$
$5 < d \leqslant 15$	$\lambda = 5$
$d > 15$	$\lambda = 10$

考虑到无人机协同定位过程中，从机节点实时接收到具有不同估计精度和贡献度的协同节点位置和距离观测信息。若接收的所有协同信息都用于从机节点协同定位解算，则具有较差估计精度和贡献度的协同信息将影响从机节点状态估计精度。同时，协同导航系统的计算复杂度也将呈指数形式增长，从而进一步影响算法的实时性。为了评估本节提出的导航性能评估策略，在相同导航传感器数据情况下进行了 50 次蒙特卡罗仿真试验。以协同节点位置和相应的距离观测参与协同定位解算的次数作为导航性能评价基准，对本节提出的导航性能评估策略进行验证。图 11.16 给出了在 260 s 协同定位时间，集群协同网络不同协同节点参与协同定位解算的次数。

由图 11.16 可以看出，本节提出的导航性能评估策略可以有效评估选择具有较高估计精度和贡献度的协同信息。考虑到所选择的协同信息对从机节点状态估计具有不同的贡献度，采用本节提出的权值计算方法实时计算协同节点权重系数。

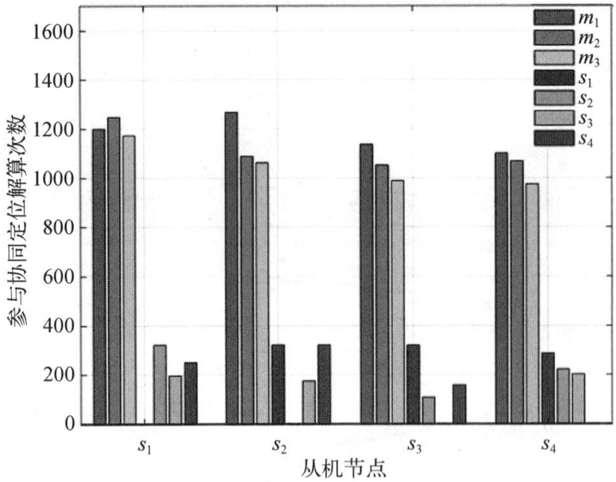

图 11.16 集群协同网络不同协同节点参与协同定位解算次数

基于上述选择的高质量协同信息,为了进一步验证本节提出方法对从机节点的协同定位性能,以集群协同网络中从机节点 1 为例,图 11.17 和图 11.18 给出了采用不同协同定位算法从机节点 1 位置和速度误差曲线。图中 GDOP - Based 表示传统基于空间构型优选的协同定位方法;NIFGO 表示没有进行协同信息导航性能评估,采用基于因子图优化的协同定位方法;IFGO 表示本节提出的方法。由从机节点 1 位置和速度误差曲线可知,在协同节点位置估计精度和相对距离测量精度一定的条件下,传统基于空间构型优选的协同定位方法能够实时选择最优空间构型下协同节点的位置和距离观测信息作为系统观测量,可以将从机节点位置误差抑制在一定范围内。然而,传统基于空间构型优选的协同定位方法没有充分考虑协同信息导航性能。最优空间构型中具有较差估计精度协同节点位置和距离观测信息,将会影响从机节点状态估计精度。采用本节提出的方法,具有较高估计精度和贡献度的协同信息可以有效实时选择出来用于估计从机节点位置。

基于所选择的高质量协同信息,为了进一步提高从机节点定位性能,本节采用了滑动窗口的概念。将历史时刻从机节点选择的高质量协同信息实时保存于滑动窗口中。利用历史时刻和当前时刻从机节点所选择的高质量协同信息,构建从机状态全局优化代价函数。相对于传统基于空间构型优选的协同定位方法,采用本节提出的方法从机节点具有更好的协同定位性能。由于协同信息中具有较差估计精度和贡献度的协同节点位置、距离观测信息,并不参与协同定位解算。相对于不进行协同信息导航性能评估,从机节点 1 接收的所有协同信息都用于位置估计,采用本节提出的方法从机节点具有一定程度的精度损失。在没有显著影响从机定位性能的条件下,提出的方法可有效降低系统的计算复杂性。

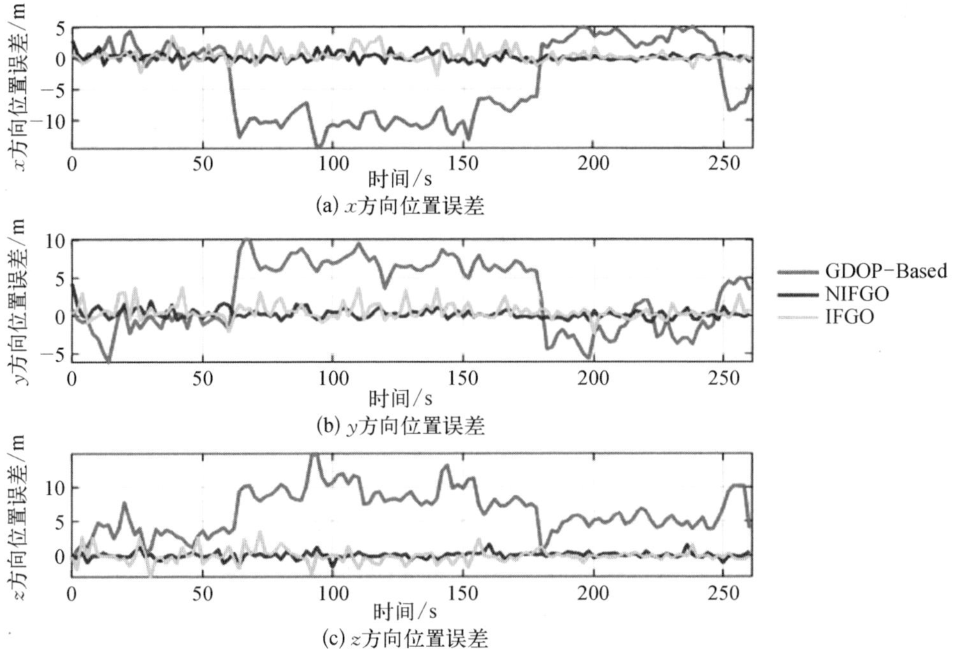

图 11.17　采用不同协同定位方法从机节点 1 位置误差曲线

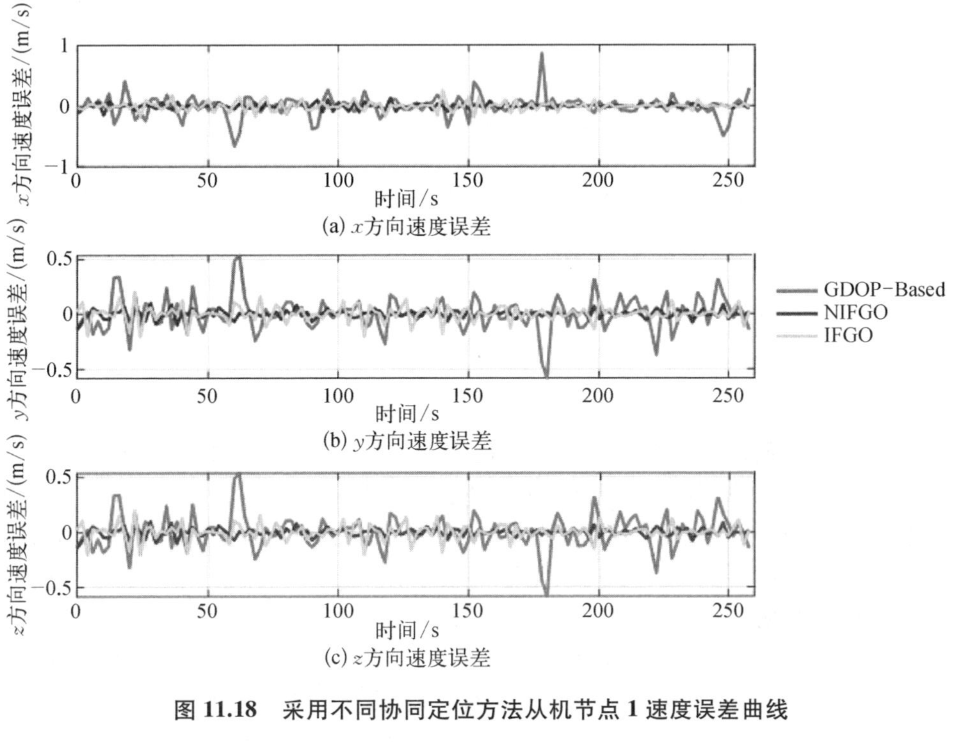

图 11.18　采用不同协同定位方法从机节点 1 速度误差曲线

为了直观对比分析本节提出的方法对从机节点的协同定位性能,表 11.6 给出了采用不同协同定位算法从机节点位置误差均方根。由表 11.6 可以看出,相对于传统基于空间构型优选的协同定位方法,采用本节提出的方法从机节点具有更好的定位性能。基于从机节点位置误差均方根的分析结果与从机节点位置误差曲线分析结果一致。

表 11.6　采用不同协同定位算法从机节点位置均方根误差　（单位：m）

无人机	从机节点 1	从机节点 2	从机节点 3	从机节点 4
GDOP - Based	11.35	11.56	12.94	11.29
NIFGO	1.12	1.23	1.45	1.36
IFGO	1.99	2.08	2.16	2.11

为了进一步验证本节提出算法的系统运算实时性,表 11.7 给出了 260 s 协同定位时间,在相同导航计算机硬件性能条件下,不同协同定位算法的系统运行时间。

表 11.7　260 s 协同定位时间采用不同协同定位算法系统运行时间　（单位：s）

项　目	GDOP - Based	NIFGO	IFGO
系统运行时间	37.61	131.98	48.17

通过上述试验分析结果,本节提出的导航性能评估策略可以对协同信息导航性能进行有效评估。根据导航性能评估结果,选择高质量的协同信息对集群协同网络从机节点状态进行优化估计。本节提出的方法在系统定位精度和计算复杂性两方面进行了较好的平衡,在没有显著影响从机定位精度的条件下,有效降低了系统计算复杂度,从而验证了本节提出方法的有效性。

11.6　本章小结

本章首先介绍了一种基于因子图的多无人机协同优化架构,研究了一种基于内外源观测信息辅助的多无人机协同优化方法。针对传统相对距离约束协同优化方法没有充分考虑协同信息导航性能导致系统计算复杂度较高、实时性不足的问题,提出了一种基于导航性能评估的权值因子图协同优化方法,构建了协同信息导航性能在线评估模型。根据导航性能评估结果,研究了一种基于相对距离信息约束的权值因子图协同优化方法。仿真与试验结果表明,相对于传统因子图优化方法,本章提出的方法能够有效评估协同信息导航性能。在不显著影响无人机定位性能的情况下,提出的方法可有效降低系统计算复杂性,提高系统的实时性。

第 12 章
展　望

自主智能体的快速发展与深度应用,对导航系统的精度与可靠性提出了越来越高的要求。因子图优化作为一种新兴的多源信息组合方法,具有较强的研究意义与应用前景。本书对因子图优化导航融合方法的一些理论问题进行了较为细致的论述,并对其在不同组合导航系统中的工程实现方法进行了一定程度的探讨。同时,本书也对因子图组合导航的未来发展趋势进行了总结。

1. 基于深度学习的因子图优化融合方法

目前,大多数因子图组合导航方法依然是基于模型进行构建的。但当遭遇复杂环境时,单纯地依赖数学模型难以实现对载体状态的可靠估计。深度学习是近年来兴起的一门全新的技术,通过对样本数据的内在规律与表示层次进行学习,能够获得超越人类的感知与分析能力。近年来,深度学习与因子图的结合主要体现在构建出更加精确的观测信息,进而提升最终的状态估计精度。例如,通过深度学习,直接利用 IMU 信息推算出相对量测信息。这种方式往往适用于系统中使用的为低精度 IMU 或是难以通过建模去补偿器件误差的情况。此外,也有利用深度学习去剔除异常量测,如无线电测距信息中的非视距(non-line-of-sight, NLOS)信号。然而,这种结合模式主要还是体现在对前端传感器信息的补偿上。深度学习并没有被利用以提升因子图优化的性能,如加速迭代的过程或者提升非线性最小二乘的精度等。因此,后续可进一步实现深度学习与因子图优化的深度耦合,构建一种新型的多源信息融合方法,从而克服现有因子图方法在实际应用过程中的一些瓶颈。

2. 面向多智能系统协同导航的因子图优化融合方法

相比于单体导航,协同导航的研究往往会涉及更多的观测信息以及不同智能体之间的交互感知,因此其状态估计问题也会变得更加复杂。相比于卡尔曼滤波,因子图是结合所有的观测信息,并通过迭代优化的方式找到全局最优解,因此这种方式尤其适合多智能体系统的协同导航。尽管本书对因子图在多无人机系统导航中的应用与实现进行了讨论,但仍有诸多问题有待解决。例如,当多智能体系统的动态较大且对状态估计的实时性要求较高时,如何提升全局因子图优化融合的计算效率?此外,随着传感器信息的增多,尽管可以获得更加冗余的观测信息,但也会使系统变得更加不稳定,进而导致全局优化的失效。因此,后续可研究更加鲁棒的全局优化方法,从而使其能够自适应地适用于不同体量的多智能体系统以及多传感器信息。

尽管因子图作为一种状态估计方法已在越来越多的场合使用,但仍有诸多方法与技术上的问题有待解决。希望广大科技工作者能在前人研究的基础上,持续为因子图的发展与普及做出积极的贡献。

参考文献

[1] Tazartes D. An historical perspective on inertial navigation systems[C]. Laguna Beach: International Symposium on Inertial Sensors and Systems, 2014: 1 - 5.

[2] 赵砚驰,程建华,赵琳.惯性导航系统陀螺仪的发展现状与未来展望[J].导航与控制,2020,19(4): 189 - 196.

[3] 史凯,刘马宝.捷联惯导四元数的四阶龙格库塔姿态算法[J].探测与控制学报,2019,41(3): 61 - 65.

[4] 秦永元.惯性导航[M]. 2 版.北京: 科学出版社,2014.

[5] 刘可可,陈亮,马丽亚.常用坐标系之间的转换方法研究[J].中国设备工程,2018(7): 168 - 170.

[6] 刘建业.导航系统理论与应用[M].西安: 西北工业大学出版社,2010.

[7] 陆元九.陀螺及惯性导航原理-上册[M].北京: 科学出版社,1964.

[8] 王巍.新型惯性技术发展及在宇航领域的应用[J].红外与激光工程,2016,45(3): 0301001.

[9] Di Virgilio A D V, Beverini N, Carelli G, et al. Analysis of ring laser gyroscopes including laser dynamics [J]. The European Physical Journal C, 2019, 79(7): 573.

[10] Li Z K, Gao J X, Wang J, et al. PPP/INS tightly coupled navigation using adaptive federated filter[J]. GPS Solutions, 2017, 21(1): 137 - 148.

[11] 孙兆妍,王新龙. SINS/GPS 松组合与紧组合导航系统抗干扰性能比较与验证[J].航空兵器,2014(4): 31 - 35,53.

[12] 单斌,张复建,杨波,等.基于自适应姿态估计的 MIMU/GPS 紧组合导航算法[J].中国惯性技术学报,2018,26(6): 760 - 767.

[13] 陈驵.高动态下惯性北斗深组合导航性能增强技术研究[D].南京: 南京航空航天大学,2018.

[14] Wen W S, Bai X W, Kan Y C, et al. Tightly coupled GNSS/INS integration via factor graph and aided by fish-eye camera[J]. IEEE Transactions on Vehicular

Technology, 2019, 68(11): 10651 - 10662.

[15] 王洪先.陆用惯性导航系统技术发展综述[J].光学与光电技术,2019,17(6):77 - 85.

[16] Li Z K, Wang J, Li B H, et al. GPS/INS/odometer integrated system using fuzzy neural network for land vehicle navigation applications[J]. Journal of Navigation, 2014, 67(6): 967 - 983.

[17] Li L L, Sun H X, Yang S, et al. Online calibration and compensation of total odometer error in an integrated system[J]. Measurement, 2018, 123: 69 - 79.

[18] Seo J, Lee H K, Lee J G, et al. Lever arm compensation for GPS/INS/odometer integrated system[J]. International Journal of Control, Automation, and Systems, 2006, 4(2): 247 - 254.

[19] Ou Y W, Wu Y X, Chen H Y. INS/odometer land navigation by accurate measurement modeling[C]. St. Petersburg: The 27th Saint Petersburg International Conference on Integrated Navigation Systems, 2020: 1 - 9.

[20] Corke P, Lobo J, Dias J. An introduction to inertial and visual sensing[J]. The International Journal of Robotics Research, 2007, 26(6): 519 - 535.

[21] 赵宾.机载捷联子惯导系统动基座对准技术研究[D].南京: 南京航空航天大学,2010.

[22] 吴风喜.基于传感器网络的分布式导航系统研究[D].南京: 南京航空航天大学,2015.

[23] 刘会胜.基于多传感器信息融合的低成本车载组合导航的研究[D].济南: 山东大学,2017.

[24] 曹长虹.城市轨道交通列车定位方法研究[D].兰州: 兰州理工大学,2011.

[25] 郝芮.水下潜航器 SINS/USBL/DVL 组合导航算法研究[D].哈尔滨: 哈尔滨工程大学,2018.

[26] 陈勤.智能容错组合导航系统的设计与研究[D].哈尔滨: 哈尔滨工程大学,2004.

[27] 白丽.自主式水下机器人的导航系统设计及算法研究[D].青岛: 中国海洋大学,2009.

[28] 张士钰.基于 MEMS 惯性传感器的车辆组合导航研究[D].南京: 南京航空航天大学,2010.

[29] 袁建平. GPS 在飞行器定位导航中的应用[M]. 西安: 西北工业大学出版社,2000.

[30] 宋杰.组合导航滤波扩散及检测研究[D].昆明: 昆明理工大学,2012.

[31] 蔡佳,黄长强,李美亚,等.时变噪声统计估计的自适应 UKF 目标跟踪算法

[J].火炮发射与控制学报,2013(1):51-55.

[32] Cho Y, Choi H. Accuracy enhancement of position estimation using adaptive Kalman filter and map matching[J]. International Journal of Control and Automation, 2014, 7(7): 167-178.

[33] 薛丽,高社生,胡高歌.自适应 Sage-Husa 粒子滤波及其在组合导航中的应用[J].中国惯性技术学报,2013,21(1):84-88.

[34] Seah C E, Hwang I. Algorithm for performance analysis of the IMM algorithm[J]. IEEE Transactions on Aerospace and Electronic Systems, 2011, 47(2): 1114-1124.

[35] Ding W D, Wang J L, Rizos C, et al. Improving adaptive Kalman estimation in GPS/INS integration[J]. Journal of Navigation, 2007, 60(3): 517-529.

[36] 马燕玲,赖际舟,吕品,等.一种基于时变噪声的惯性/陆基无线电导航系统信息融合方法[J].电子测量技术,2013,36(3):40-43.

[37] Sepasi S, Ghorbani R, Liaw B Y. Improved extended Kalman filter for state of charge estimation of battery pack[J]. Journal of Power Sources, 2014, 255: 368-376.

[38] Zhou W D, Qiao X W, Meng F B, et al. Study on SINS/GPS tightly integrated navigation based on adaptive extended Kalman filter[C]. Harbin: The IEEE International Conference on Information and Automation, 2010: 2344-2347.

[39] Groves P D. Principles of GNSS, inertial, and multisensor integrated navigation systems[M]. 2nd ed. Boston: Artech House, 2013.

[40] Deng F, Chen J, Chen C. Adaptive unscented Kalman filter for parameter and state estimation of nonlinear high-speed objects[J]. Journal of Systems Engineering and Electronics, 2013, 24(4): 655-665.

[41] Chang L B, Hu B Q, Li A, et al. Transformed unscented Kalman filter[J]. IEEE Transactions on Automatic Control, 2013, 58(1): 252-257.

[42] Hu G G, Gao S S, Zhong Y M. A derivative UKF for tightly coupled INS/GPS integrated navigation[J]. ISA Transactions, 2015, 56: 135-144.

[43] Das M, Dey A, Sadhu S, et al. Adaptive central difference filter for non-linear state estimation[J]. IET Science, Measurement & Technology, 2015, 9(6): 728-733.

[44] Liu M, Lai J Z, Li Z M, et al. An adaptive cubature Kalman filter algorithm for inertial and land-based navigation system[J]. Aerospace Science and Technology, 2016, 51: 52-60.

[45] Crassidis J L. Sigma-point Kalman filtering for integrated GPS and inertial

navigation[J]. IEEE Transcation on Aerospace and Electronic system, 2006, 42(2): 750-756.

[46] 孙枫,唐李军.基于 cubature Kalman filter 的 INS/GPS 组合导航滤波算法[J].控制与决策,2012,27(7):1032-1036.

[47] Li Y, Rizos C, Wang J L, et al. Sigma-point Kalman filtering for tightly coupled GPS/INS integration[J]. Journal of the Institute of Navigation, 2008, 55(3): 167-179.

[48] Doucet A, Godsill S, Chistophe A. On sequential Monte Carlo sampling methods for Bayesian filtering [J]. Statistics and Computing, 2000, 10(3): 197-208.

[49] Gordon N, David S, Craig E. Bayesian state estimation for tracking and guidance using the bootstrap filter[J]. Journal of Guidance Control, and Dynamics, 1995, 18(6): 1434-1443.

[50] 胡士强,敬忠良.粒子滤波算法综述[J].控制与决策,2005,20(4):361-365,371.

[51] Zuo J Y, Liang Y, Zhang Y Z, et al. Particle filter with multimode sampling strategy[J]. Signal Processing, 2013, 93(11): 3192-3201.

[52] 聂琦.非线性滤波及其在导航系统中的应用[D].哈尔滨:哈尔滨工程大学,2008.

[53] Özkan E, Šmídl V, Saha S, et al. Marginalized adaptive particle filtering for nonlinear models with unknown time-varying noise parameters[J]. Automatica, 2013, 49(6): 1566-1575.

[54] 左军毅,张怡哲,梁彦.自适应不完全重采样粒子滤波器[J].自动化学报,2012,38(4):647-652.

[55] 龚俊亮,何昕,魏仲慧,等.采用改进辅助粒子滤波的红外多目标跟踪[J].光学精密工程,2012,20(2):413-421.

[56] 雷明,韩崇昭,肖梅.扩展卡尔曼粒子滤波算法的一种修正方法[J].西安交通大学学报,2005,39(8):824-827.

[57] 周翟和,刘建业,赖际舟.粒子滤波的改进优化方法及在组合导航系统中的应用[J].中国惯性技术学报,2010,18(6):711-715.

[58] Kotecha J H, Djuric P M. Gaussian sum particle filtering[J]. IEEE Transactions on Signal Processing, 2003, 51(10): 2602-2612.

[59] Dellaert F, Kaess M. Factor graphs for robot perception[M]. New York: Now Publishers Inc., 2017.

[60] 吕素.基于因子图的联合迭代检测与译码算法研究[D].郑州:郑州大学,2011.

[61] Tanner R. A recursive approach to low complexity codes[J]. IEEE Transactions on Information Theory, 1981, 27(5): 533-547.
[62] Wiberg N, Loeliger H A, Kotter R. Codes and iterative decoding on general graphs[C]. Whistler: Proceedings of 1995 IEEE International Symposium on Information Theory, 1995: 1-5.
[63] Kschischang F R, Frey B J, Loeliger H A. Factor graphs and the sum-product algorithm[J]. IEEE Transactions on Information Theory, 2001, 47(2): 498-519.
[64] Loeliger H A. Least squares and Kalman filtering on Forney graphs[M]. Berlin: Springer, 2002.
[65] 朱联祥,杨士中,汪纪锋.基于因子图的 Turbo 码译码[J].重庆大学学报(自然科学版),2002,25(7): 40-44.
[66] 巩克现,董政,林华明,等.载波相位同步算法中因子图模型实现方法[J].信息工程大学学报,2012(4): 432-437.
[67] Guo Q H, Ping L. LMMSE turbo equalization based on factor graphs[J]. IEEE Journal on Selected Areas in Communications, 2008, 26(2): 311-319.
[68] Haselmayr W, Etzlinger B, Springer A. Equalization of MIMO-ISI channels based on Gaussian message passing in factor graphs[C]. Gothenburg: The 7th International Symposium on Turbo Codes and Iterative Information Processing, 2012: 1-7.
[69] Ghahramani Z. Factorial hidden Markov models[J]. Machine Learning, 1997, 29(2-3): 245-273.
[70] 吕香玲,张志勇,胡光岷.基于因子图-和积算法的故障链路诊断[J].计算机应用,2012,32(2): 343-346.
[71] 沈毅,张筱磊,王振华.基于 EMD 和有向因子图的航天器故障诊断[J].哈尔滨工业大学学报,2013,45(1): 19-24.
[72] 朱翠涛,杨凡,汪汉新,等.基于因子图的分布式变分稀疏贝叶斯压缩感知[J].通信学报,2014(1): 140-147.
[73] Ta D N, Kobilarov M, Dellaert F. A factor graph approach to estimation and model predictive control on unmanned aerial vehicles[C]. Orlando: International Conference on Unmanned Aircraft Systems, 2014: 1-6.
[74] 陆一,魏东岩,来奇峰,等.一种改进的因子图加权融合算法[C].长沙: 中国卫星导航系统管理办公室学术交流中心第七届中国卫星导航学术年会,2016: 1-6.
[75] 陈恩庆,肖素珍,高新利.因子图在卫星姿态估计中的应用[J].计算机仿真,2015,32(6): 63-66.

[76] 顾智宇,秦涛,王斌.一种基于因子图的搜索广告转化预测模型[J].中文信息学报,2015,29(3): 140 - 149.
[77] 李建平,王宏远,蔡德钧.因子图原理及其应用前景[J].电讯技术,2000,40(2): 20 - 24.
[78] Loeliger H. An introduction to factor graphs [J]. IEEE Signal Processing Magazine, 2004, 21(1): 28 - 41.
[79] Indelman V, Williams S, Kaess M, et al. Information fusion in navigation systems via factor graph based incremental smoothing [J]. Robotics and Autonomous Systems, 2013, 61(8): 721 - 738.
[80] 张宏毅,王立威,陈瑜希.概率图模型研究进展综述[J].软件学报,2013 (11): 2476 - 2497.
[81] Frey B J. Extending factor graphs so as to unify directed and undirected graphical models[C]. San Francisco: Proceedings of the 19th Conference on Uncertainty in Artical Intelligence, 2002: 257 - 264.
[82] Zeng Q H, Chen W N, Liu J Y, et al. An improved multi-sensor fusion navigation algorithm based on the factor graph[J]. Sensors, 2017, 17(3): 641.
[83] 李大威.卡尔曼滤波在 INS/GPS 组合导航中的应用研究[D].太原: 中北大学,2006.
[84] 李俊. SINS/陆基无线电组合导航系统研究[D].哈尔滨: 哈尔滨工业大学,2010.
[85] Sirtkaya S, Seymen B, Alatan A A. Loosely coupled Kalman filtering for fusion of visual odometry and inertial navigation [C]. Istanbul: Proceedings of the 16th International Conference on Information Fusion, 2013: 219 - 226.
[86] Indelman V, Williams S, Kaess M, et al. Factor graph based incremental smoothing in inertial navigation systems [C]. Singapore: The 15th International Conference on Information Fusion, 2012: 2154 - 2161.
[87] 朱云峰.基于多源信息融合的无人机相对导航技术研究[D].南京: 南京航空航天大学,2019.
[88] Kang C, Zhang L, Zhang Y, et al. Factor graph aided distributed multi-navigation cooperative positioning algorithm [C]. Dalian: IEEE International Conference on Signal Processing, Communications and Computing, 2019: 1 - 8.
[89] Merfels C, Stachniss C. Pose fusion with chain pose graphs for automated driving [C]. Daejeon: IEEE/RSJ International Conference on Intelligent Robots and Systems, 2016: 3116 - 3123.
[90] Wen W S, Pfeifer T, Bai X W, et al. Factor graph optimization for GNSS/INS

integration: A comparison with the extended Kalman filter[J]. Navigation, 2021, 68(2): 315 - 331.

[91] Wei X K, Li J, Feng K Q, et al. Vehicle INS/odometer integrated navigation algorithm based on factor graph[C]. Beijing: IEEE International Conference on Unmanned Systems, 2019: 216 - 220.

[92] Chiu H P, Williams S, Dellaert F, et al. Robust vision-aided navigation using Sliding-Window factor graphs[C]. Karlsruhe: IEEE International Conference on Robotics and Automation, 2013: 1 - 4.

[93] 高军强,汤霞清,张环,等.基于因子图的车载 INS/GNSS/OD 组合导航算法[J].系统工程与电子技术,2018,40(11): 2547 - 2553.

[94] 高军强,汤霞清,张环,等.基于因子图算法的 INS/GPS 信息滞后处理方法[J].计算机应用,2018,38(11): 3342 - 3347.

[95] 周雅婧,曾庆化,刘建业,等.因子图发展及其在定位与导航的应用技术[J].全球定位系统,2020,45(1): 1 - 11.

[96] Chen Y M, Zhao S, Farrell J A. Computationally efficient carrier integer ambiguity resolution in multiepoch GPS/INS: A common-position-shift approach [J]. IEEE Transactions on Control Systems Technology, 2016, 24(5): 1541 - 1556.

[97] Vasilyuk N, Vorobiev M, Tokarev D. Heading and attitude determination system with low-cost IMU embedded inside one of multiple antennas[C]. Monterey: IEEE/ION Position, Location and Navigation Symposium, 2018: 267 - 274.

[98] 李安,冯卡力,覃方君.伪距/伪距率/双差分载波相位组合导航方法[J].中国惯性技术学报,2015,23(5): 602 - 606.

[99] Wendel J, Meister O, Monikes R, et al. Time-differenced carrier phase measurements for tightly coupled GPS/INS integration[C]. Coronado: IEEE/ION Position, Location, and Navigation Symposium, 2006: 54 - 60.

[100] Han S L, Wang J L. Integrated GPS/INS navigation system with dual-rate Kalman filter[J]. GPS Solutions, 2012, 16(3): 389 - 404.

[101] Wang G C, Xu X S, Wang J, et al. An enhanced INS/GNSS tightly coupled navigation system using time-differenced carrier phase measurement[J]. IEEE Transactions on Instrumentation and Measurement, 2020, 69(7): 5208 - 5218.

[102] Soon B K H, Scheding S, Lee H K, et al. An approach to aid INS using time-differenced GPS carrier phase (TDCP) measurements[J]. GPS Solutions, 2008, 12(4): 261 - 271.

[103] Zhao Y, Becker M, Becker D, et al. Improving the performance of tightly-

coupled GPS/INS navigation by using time-differenced GPS-carrier-phase measurements and low-cost MEMS IMU[J]. Gyroscopy and Navigation, 2015, 6(2): 133-142.

[104] Zhao Y W. Applying time-differenced carrier phase in nondifferential GPS/IMU tightly coupled navigation systems to improve the positioning performance[J]. IEEE Transactions on Vehicular Technology, 2017, 66(2): 992-1003.

[105] Zhao S, Chen Y M, Farrell J A. High-precision vehicle navigation in urban environments using an MEM's IMU and single-frequency GPS receiver[J]. IEEE Transactions on Intelligent Transportation Systems, 2016, 17(10): 2854-2867.

[106] Suzuki T. Time-relative RTK-GNSS: GNSS loop closure in pose graph optimization[J]. IEEE Robotics and Automation Letters, 2020, 5(3): 4735-4742.

[107] 侯燕青.多卫星导航系统 RTK 定位部分整周模糊度解算方法研究[D].长沙：国防科学技术大学,2017.

[108] Klobuchar J. Ionospheric time-delay algorithm for single-frequency GPS users[J]. IEEE Transactions on Aerospace and Electronic Systems, 1987, AES-23(3): 325-331.

[109] Saastamoinen J. Contributions to the theory of atmospheric refraction[J]. Bulletin Géodésique (1946-1975), 1972, 105(1): 279-298.

[110] Zhang X H, Li P. Benefits of the third frequency signal on cycle slip correction[J]. GPS Solutions, 2016, 20(3): 451-460.

[111] Zhao J J, Hernández-Pajares M, Li Z S, et al. High-rate Doppler-aided cycle slip detection and repair method for low-cost single-frequency receivers[J]. GPS Solutions, 2020, 24(3): 80.

[112] 冯波.多传感器信息融合技术的研究[D].南京：南京航空航天大学,2004.

[113] Groves P D, Wang L, Walter D, et al. The four key challenges of advanced multisensor navigation and positioning[C]. Monterey: IEEE/ION Position, Location and Navigation Symposium, 2014: 1-8.

[114] Li R K. All source positioning, navigation and timing[M]. Boston: Artech House, 2020.

[115] Elsner D L. Universal plug-n-play sensor integration for advanced navigation[D]. Randolph: Air Education and Training Command, 2012.

[116] Chiu H P, Zhou X S, Carlone L, et al. Constrained optimal selection for multi-sensor robot navigation using plug-and-play factor graphs[C]. Hong Kong: IEEE

International Conference on Robotics and Automation, 2014: 1 - 5.

[117] Zhu Z, Adams K, Venable D, et al. Goal-driven sensor configuration in a navigation system[C]. Savannah: IEEE/ION Position, Location and Navigation Symposium, 2016: 527 - 534.

[118] 戴海发,卞鸿巍,马恒,等.全源定位与导航的统一理论框架构建[J].导航定位与授时,2018,5(6):9 - 16.

[119] 张靖,王向东,邓志宝,等.一种基于因子图的异步信息融合定位算法[J].导弹与航天运载技术,2019(3):89 - 95.

[120] Roumeliotis S I, Burdick J W. Stochastic cloning: A generalized framework for processing relative state measurements[C]. Washington, DC: Proceedings IEEE International Conference on Robotics and Automation, 2002: 1788 - 1795.

[121] Mourikis A I, Roumeliotis S I, Burdick J W. SC-KF mobile robot localization: A stochastic cloning Kalman filter for processing relative-state measurements[J]. IEEE Transactions on Robotics, 2007,23(4): 717 - 730.

[122] 严恭敏.车载自主定位定向系统研究[D].西安: 西北工业大学,2006.

[123] Wu Y X. Versatile land navigation using inertial sensors and odometry: Self-calibration, in-motion alignment and positioning[C]. Karlsruhe: DGON Inertial Sensors and Systems, 2014: 1 - 19.

[124] Gao J X, Li K, Chen Y P. Study on integration of FOG single-axis rotational INS and odometer for land vehicle[J]. IEEE Sensors Journal, 2018, 18(2): 752 - 763.

[125] Liu Z, El-Sheimy N, Qin Y. Low-cost INS/odometer integration and sensor-to-sensor calibration for land vehicle applications[C]. Shanghai: Proceedings of the IAG/CPGPS International Conference on GNSS+(ICG+ 2016), 2016: 1 - 5.

[126] Zhao H S, Miao L J, Shao H J. Adaptive two-stage Kalman filter for SINS/odometer integrated navigation systems[J]. Journal of Navigation, 2017, 70(2): 242 - 261.

[127] Zhang P H, Hancock C M, Lau L, et al. Low-cost IMU and odometer tightly coupled integration with robust Kalman filter for underground 3-D pipeline mapping[J]. Measurement, 2019, 137: 454 - 463.

[128] Forster C, Carlone L, Dellaert F, et al. On-manifold preintegration for real-time visual: Inertial odometry[J]. IEEE Transactions on Robotics, 2017, 33(1): 1 - 21.

[129] He Y J, Guo Y, Ye A X, et al. Camera-odometer calibration and fusion using

graph based optimization [C]. Macau: IEEE International Conference on Robotics and Biomimetics, 2017: 1624 - 1629.

[130] Quan M X, Piao S H, Tan M L, et al. Tightly-coupled monocular visual-odometric SLAM using wheels and a MEMS gyroscope[J]. IEEE Access, 2019, 7: 97374 - 97389.

[131] Liu J X, Gao W, Hu Z Y. Visual-inertial odometry tightly coupled with wheel encoder adopting robust initialization and online extrinsic calibration [C]. Macau: IEEE/RSJ International Conference on Intelligent Robots and Systems, 2019: 5391 - 5397.

[132] Chang L, Niu X J, Liu T Y. GNSS/IMU/ODO/LiDAR-SLAM integrated navigation system using IMU/ODO pre-integration [J]. Sensors, 2020, 20 (17): 4702.

[133] Chen Q J, Zhang Q, Niu X J. Estimate the pitch and heading mounting angles of the IMU for land vehicular GNSS/INS integrated system[J]. IEEE Transactions on Intelligent Transportation Systems, 2021, 22(10): 6503 - 6515.

[134] Kong J, Pfeiffer M, Schildbach G, et al. Kinematic and dynamic vehicle models for autonomous driving control design [C]. Seoul: IEEE Intelligent Vehicles Symposium, 2015: 1094 - 1099.

[135] Wu Y X, Goodall C, El-Sheimy N. Self-calibration for IMU/odometer land navigation: Simulation and test results [C]. San Diego: Proceedings of the International Technical Meeting of the Institute of Navigation, 2010: 839 - 849.

[136] Fejes P. Estimation of steering wheel angle in heavy-duty trucks[D]. Uppsala: Uppsala University, 2016.

[137] 于春阳.基于 MEMS 惯性测量技术的单兵导航系统的定位方法研究[D].哈尔滨:哈尔滨工程大学,2014.

[138] Stuntebeck E P, Patel S N, Robertson T, et al. Wideband powerline positioning for indoor localization [C]. Seoul: UBICOMP 2008: Ubiquitous Computing, International Conference, 2008: 94 - 103.

[139] Tjhai C, O'Keefe K. Pedestrian dead-reckoning using multiple low-cost iner tial/magnetic sensors on lower limbs[C]. Pisa: International Conference on Indoor Positioning and Indoor Navigation, 2019: 172 - 179.

[140] Harle R. A survey of indoor inertial positioning systems for pedestrians[J]. IEEE Communications Surveys & Tutorials, 2013, 15(3): 1281 - 1293.

[141] Shin B, Kim C, Kim J, et al. Motion recognition based 3D pedestrian navigation system using smartphone [J]. IEEE Sensors Journal, 2016, 16 (18):

6977 - 6989.

[142] Sébastien F, Raphaël F, Engel T. Adaptive activity and context recognition using multimodal sensors in smart devices[C]. Berlin: The 7th International Conference on Mobile Computing, Applications and Services, 2015: 27 - 36.

[143] Ruotsalainen L, Kuusniemi H, Chen R Z. Visual-aided two-dimensional pedestrian indoor navigation with a smartphone[J]. Journal of Global Positioning Systems, 2011, 10(1): 11 - 18.

[144] Qian J C, Pei L, Zou D P, et al. Optical flow based step length estimation for indoor pedestrian navigation on a smartphone [C]. Monterey: IEEE/ION Position, Location and Navigation Symposium, 2014: 1 - 5.

[145] Zhuang Y, Lan H Y, Li Y, et al. PDR/INS/WiFi integration based on handheld devices for indoor pedestrian navigation [J]. Micromachines, 2015, 6(6): 793 - 812.

[146] Leppäkoski H, Collin J, Takala J. Pedestrian navigation based on inertial sensors, indoor map, and WLAN signals [J]. Journal of Signal Processing Systems, 2013, 71(3): 287 - 296.

[147] Davidson P, Takala J. Algorithm for pedestrian navigation combining IMU measurements and gait models[J]. Gyroscopy and Navigation, 2013, 4(2): 79 - 84.

[148] Zhang L Q, Su Z, Li Q. Pedestrian navigation using iZES framework for bounding heading drift[M]. Singapore: Springer Singapore, 2016.

[149] 张健敏,修春娣,杨威,等.一种多运动模式下自适应阈值零速修正算法[J].北京航空航天大学学报,2018(3): 636 - 644.

[150] Tian X C, Chen J B, Han Y Q, et al. A novel zero velocity interval detection algorithm for self-contained pedestrian navigation system with inertial sensors [J]. Sensors, 2016, 16(10): 1578.

[151] Zhang R, Yang H, Hoflinger F, et al. Adaptive zero velocity update based on velocity classification for pedestrian tracking[J]. IEEE Sensors Journal, 2017, 17(7): 2137 - 2145.

[152] Foxlin E. Pedestrian tracking with shoe-mounted inertial sensors [J]. IEEE Computer Graphics and Applications, 2005, 25(6): 38 - 46.

[153] Le Scornec J, Ortiz M, Renaudin V. Foot-mounted pedestrian navigation reference with tightly coupled GNSS carrier phases, inertial and magnetic data [C]. Sapporo: International Conference on Indoor Positioning and Indoor Navigation, 2017: 1 - 5.

[154] Atchuthan D, Santamaria-Navarro A, Mansard N, et al. Odometry based on auto-calibrating inertial measurement unit attached to the feet[C]. Limassol: European Control Conference, 2018: 1-6.

[155] Weiss S, Siegwart R. Real-time metric state estimation for modular vision-inertial systems[C]. Shanghai: IEEE International Conference on Robotics and Automation, 2011: 4531-4537.

[156] Lynen S, Achtelik M W, Weiss S, et al. A robust and modular multi-sensor fusion approach applied to MAV navigation[C]. Tokyo: IEEE/RSJ International Conference on Intelligent Robots and Systems, 2013: 3923-3929.

[157] Mourikis A I, Roumeliotis S I. A multi-state constraint Kalman filter for vision-aided inertial navigation[C]. Rome: Proceedings IEEE International Conference on Robotics and Automation, 2007: 3565-3572.

[158] Bloesch M, Omari S, Hutter M, et al. Robust visual inertial odometry using a direct EKF-based approach[C]. Hamburg: IEEE/RSJ International Conference on Intelligent Robots and Systems, 2015: 298-304.

[159] Li M Y, Mourikis A I. Improving the accuracy of EKF-based visual-inertial odometry[J]. IEEE International Conference on Robotics and Automation, 2012: 828-835.

[160] Lupton T, Sukkarieh S. Visual-inertial-aided navigation for high-dynamic motion in built environments without initial conditions[J]. IEEE Transactions on Robotics, 2012, 28(1): 61-76.

[161] Leutenegger S, Lynen S, Bosse M, et al. Keyframe-based visual-inertial odometry using nonlinear optimization[J]. The International Journal of Robotics Research, 2015, 34(3): 314-334.

[162] Mur-Artal R, Montiel J M M, Tardos J D. ORB-SLAM: A versatile and accurate monocular SLAM system[J]. IEEE Transactions on Robotics, 2015, 31(5): 1147-1163.

[163] Mur-Artal R, Tardos J D. ORB-SLAM2: An open-source SLAM system for monocular, stereo, and RGB-D cameras[J]. IEEE Transactions on Robotics, 2017, 33(5): 1255-1262.

[164] Mur-Artal R, Tardos J D. Visual-inertial monocular SLAM with map reuse[J]. IEEE Robotics and Automation Letters, 2017, 2(2): 796-803.

[165] Engel J, Koltun V, Cremers D. Direct sparse odometry[J]. IEEE Transactions on Pattern Analysis and Machine Intelligence, 2018, 40(3): 611-625.

[166] Von Stumberg L, Usenko V, Cremers D. Direct sparse visual-inertial odometry

using dynamic marginalization[C]. Brisbane: IEEE International Conference on Robotics and Automation, 2018: 2510-2517.

[167] Usenko V, Demmel N, Schubert D, et al. Visual-inertial mapping with non-linear factor recovery[J]. IEEE Robotics and Automation Letters, 2020, 5(2): 422-429.

[168] Mazuran M, Burgard W, Tipaldi G D. Nonlinear factor recovery for long-term SLAM[J]. The International Journal of Robotics Research, 2016, 35(1-3): 50-72.

[169] Campos C, Elvira R, Rodriguez J J G, et al. ORB-SLAM3: An accurate open-source library for visual, visual-inertial, and multimap SLAM[J]. IEEE Transactions on Robotics, 2021, 37(6): 1874-1890.

[170] 徐晓苏,代维,杨博,等.室内环境下基于图优化的视觉惯性 SLAM 方法[J].中国惯性技术学报,2017,25(3): 313-319.

[171] Qin T, Li P L, Shen S J. VINS-mono: A robust and versatile monocular visual-inertial state estimator[J]. IEEE Transactions on Robotics, 2018, 34(4): 1004-1020.

[172] Yuan C, Lai J Z, Lyu P, et al. A novel fault-tolerant navigation and positioning method with stereo-camera/micro electro mechanical systems inertial measurement unit (MEMS-IMU) in hostile environment[J]. Micromachines, 2018, 9(12): 626.

[173] Qin T, Pan J, Cao S Z, et al. A general optimization-based framework for local odometry estimation with multiple sensors[EB/OL]. http://arxiv.org/abs/1901.03638v1[2024-02-05].

[174] 龚赵慧,张霄力,彭侠夫,等.基于视觉惯性融合的半直接单目视觉里程计[J].机器人,2020,42(5): 595-605.

[175] 余洪山,郭丰,郭林峰,等.融合改进 SuperPoint 网络的鲁棒单目视觉惯性 SLAM[J].仪器仪表学报,2021(1): 116-126.

[176] Li M Y, Yu H S, Zheng X, et al. High-fidelity sensor modeling and self-calibration in vision-aided inertial navigation[C]. Hong Kong: IEEE International Conference on Robotics and Automation, 2014: 409-416.

[177] Keivan N, Sibley G. Online SLAM with any-time self-calibration and automatic change detection[C]. Seattle: IEEE International Conference on Robotics and Automation, 2015: 5775-5782.

[178] Schneider T, Li M Y, Burri M, et al. Visual-inertial self-calibration on informative motion segments[C]. Singapore: IEEE International Conference on

Robotics and Automation, 2017: 6487 - 6494.

[179] Fischler M A, Bolles R C. Random sample consensus: A paradigm for model fitting with applications to image analysis and automated cartography [M]. Amsterdam: Elsevier, 1987.

[180] Pfrommer B, Sanket N, Daniilidis K, et al. PennCOSYVIO: A challenging visual inertial odometry benchmark [C]. Singapore: IEEE International Conference on Robotics and Automation, 2017: 3847 - 3854.

[181] Shi J B, Tomasi C. Good features to track[C]. Seattle: Proceedings of IEEE Conference on Computer Vision and Pattern Recognition, 1994: 593 - 600.

[182] Rosten E, Drummond T. Machine learning for high-speed corner detection[M]. Berlin: Springer, 2006.

[183] Lowe D G. Distinctive image features from scale-invariant keypoints [J]. International Journal of Computer Vision, 2004, 60(2): 91 - 110.

[184] Rublee E, Rabaud V, Konolige K, et al. ORB: An efficient alternative to SIFT or SURF[C]. Barcelona: International Conference on Computer Vision, 2011: 2564 - 2571.

[185] Sturm J, Engelhard N, Endres F, et al. A benchmark for the evaluation of RGB-D SLAM systems[C]. Vilamoura-Algarve: IEEE/RSJ International Conference on Intelligent Robots and Systems, 2012: 573 - 580.

[186] Burri M, Nikolic J, Gohl P, et al. The EuRoC micro aerial vehicle datasets[J]. The International Journal of Robotics Research, 2016, 35(10): 1157 - 1163.

[187] Zhang J, Singh S. LOAM: Lidar odometry and mapping in real-time [C]. Berkeley: Robotics: Science and Systems Foundation, 2014: 1 - 5.

[188] Shan T X, Englot B. LeGO-LOAM: Lightweight and ground-optimized lidar odometry and mapping on variable terrain[C]. Madrid: IEEE/RSJ International Conference on Intelligent Robots and Systems, 2018: 4758 - 4765.

[189] Shan T X, Englot B, Meyers D, et al. LIO-SAM: Tightly-coupled lidar inertial odometry via smoothing and mapping[C]. Las Vegas: IEEE/RSJ International Conference on Intelligent Robots and Systems, 2020: 5135 - 5142.

[190] Kaess M, Johannsson H, Roberts R, et al. iSAM2: Incremental smoothing and mapping using the Bayes tree [J]. The International Journal of Robotics Research, 2012, 31(2): 216 - 235.

[191] Ye H Y, Chen Y Y, Liu M. Tightly coupled 3D lidar inertial odometry and mapping[C]. Montreal: International Conference on Robotics and Automation, 2019: 3144 - 3150.

[192] Agarwal S, Mierle K. Ceres solver: Tutorial & reference[J]. Google Inc., 2012, 2(72): 8.

[193] Qin C, Ye H Y, Pranata C E, et al. LINS: A lidar-inertial state estimator for robust and efficient navigation[EB/OL]. http://arxiv.org/abs/1907.02233v3 [2024-05-08].

[194] Xu W, Zhang F. FAST-LIO: A fast, robust LiDAR-inertial odometry package by tightly-coupled iterated Kalman filter[J]. IEEE Robotics and Automation Letters, 2021, 6(2): 3317-3324.

[195] Xu W, Cai Y X, He D J, et al. FAST-LIO2: Fast direct LiDAR-inertial odometry[EB/OL]. http://arxiv.org/abs/2107.06829v1[2024-06-10].

[196] Nguyen T M, Cao M Q, Yuan S H, et al. LIRO: Tightly coupled lidar-inertia-ranging odometry[C]. Xi'an: IEEE International Conference on Robotics and Automation, 2021: 14484-14490.

[197] Zhang J, Singh S. Visual-lidar odometry and mapping: low-drift, robust, and fast[C]. Seattle: IEEE International Conference on Robotics and Automation, 2015: 2174-2181.

[198] Lin J R, Zheng C R, Xu W, et al. R2LIVE: A robust, real-time, LiDAR-inertial-visual tightly-coupled state estimator and mapping[EB/OL]. http://arxiv.org/abs/2102.12400v1[2024-03-07].

[199] Lin J R, Zhang F. R3LIVE: A robust, real-time, RGB-colored, LiDAR-inertial-visual tightly-coupled state estimation and mapping package[EB/OL]. http://arxiv.org/abs/2109.07982v1[2024-04-10].

[200] Shan T X, Englot B, Ratti C, et al. LVI-SAM: Tightly-coupled lidar-visual-inertial odometry via smoothing and mapping[EB/OL]. http://arxiv.org/abs/2104.10831v2[2024-04-10].

[201] Zhu Y W, Zheng C R, Yuan C J, et al. Camvox: A low-cost and accurate lidar-assisted visual SLAM system[C]. Xi'an: IEEE International Conference on Robotics and Automation, 2021: 5049-5055.

[202] 小小.美国国防部公布最新版《无人飞行器系统路线图 2005～2030》展示了无人机在网络中心战环境下新的发展方向[J].电子工程信息,2005(6): 61-62.

[203] Air Force Deputy Chief of Staff Washington DC. Small unmanned aircraft systems (SUAS) flight plan: 2016-2036. Bridging the gap between tactical and strategic[R]. Fort Belvoir: US Air Force, 2016.

[204] The Office of the Secretary of Defense. Pentagon unmanned systems integrated

roadmap 2017 - 2042[R]. Washington, DC: The Office of the Secretary of Defense, 2018.

[205] Hunter D M, Latchininsky A V, Abashidze E, et al. The efficacy of Metarhizium acridum against nymphs of the Italian locust, Calliptamus italicus (L.) (Orthoptera: Acrididae) in Uzbekistan and Georgia[J]. Journal of Orthoptera Research, 2016, 25(2): 61 - 65.

[206] 焦士俊,王冰切,刘剑豪,等.国内外无人机蜂群研究现状综述[J].航天电子对抗,2019,35(1): 61 - 64.

[207] Bosma J. Lighter-than-air (LTA) "aircraft carriers" of persistent, cheap micro-weaponized UAV swarms for fleet BMD overwatch, EW, and wide-area ASW/surveillance[C]. Denver: The 23rd AIAA Lighter-Than-Air Systems Technology Conference, 2017: 4134.

[208] Vasarhelyi G, Viragh C, Somorjai G, et al. Outdoor flocking and formation flight with autonomous aerial robots[C]. Chicago: IEEE/RSJ International Conference on Intelligent Robots and Systems, 2014: 3866 - 3873.

[209] Virágh C, Vásárhelyi G, Tarcai N, et al. Flocking algorithm for autonomous flying robots[J]. Bioinspiration & Biomimetics, 2014, 9(2): 025012.

[210] 袁成,宋刚,许佳,等. 2019 年国外先进军用无人机研究进展[J].飞航导弹,2020(1): 21 - 29.

[211] 于月平,段海滨,范彦铭,等.仿欧椋鸟大规模超机动行为的无人机集群转弯控制[J].机器人,2020,42(4): 385 - 393.

[212] 许晓伟,赖际舟,吕品,等.多无人机协同导航技术研究现状及进展[J].导航定位与授时,2017,4(4): 1 - 9.

[213] 穆华.多运动平台协同导航的分散式算法研究[D].长沙: 国防科学技术大学,2010.

[214] Gong B C, Wang S, Hao M R, et al. Range-based collaborative relative navigation for multiple unmanned aerial vehicles using consensus extended Kalman filter[J]. Aerospace Science and Technology, 2021, 112: 106647.

[215] Sheng G R, Liu X X, Sheng Y H, et al. Cooperative navigation algorithm of extended Kalman filter based on combined observation for AUVs[J]. Remote Sensing, 2023, 15(2): 533.

[216] Kim A, Eustice R M. Toward AUV survey design for optimal coverage and localization using the Cramer Rao lower bound[C]. Biloxi: Oceans, 2009: 1 - 7.

[217] Min B Y, An C H, Hong S J, et al. Cramer-Rao lower bound (CRLB) analysis

for unmanned aerial vehicle (UAV) tracking with randomly distributed ground stations using FDOA measurements [J]. Journal of Advanced Navigation Technology, 2011, 15(2): 234-240.

[218] Shirazi M, Vosoughi A. On Bayesian fisher information maximization for distributed vector estimation[J]. IEEE Transactions on Signal and Information Processing Over Networks, 2019, 5(4): 628-645.

[219] Abdulkadhim F G, Zhang Y, Alkhayyat A, et al. Factor graph and fisher information matrix-assisted indoor cooperative positioning algorithm for wireless sensor networks[J]. Computers & Electrical Engineering, 2021, 96: 107601.

[220] Jeong K, Park K W, Kim J. Relative entropy as a measure of difference between Hermitian and non-Hermitian systems[J]. Entropy, 2020, 22(8): 809.

[221] Wang L, Zhou D F, Zhang H, et al. Application of relative entropy and gradient boosting decision tree to fault prognosis in electronic circuits[J]. Symmetry, 2018, 10(10): 495.